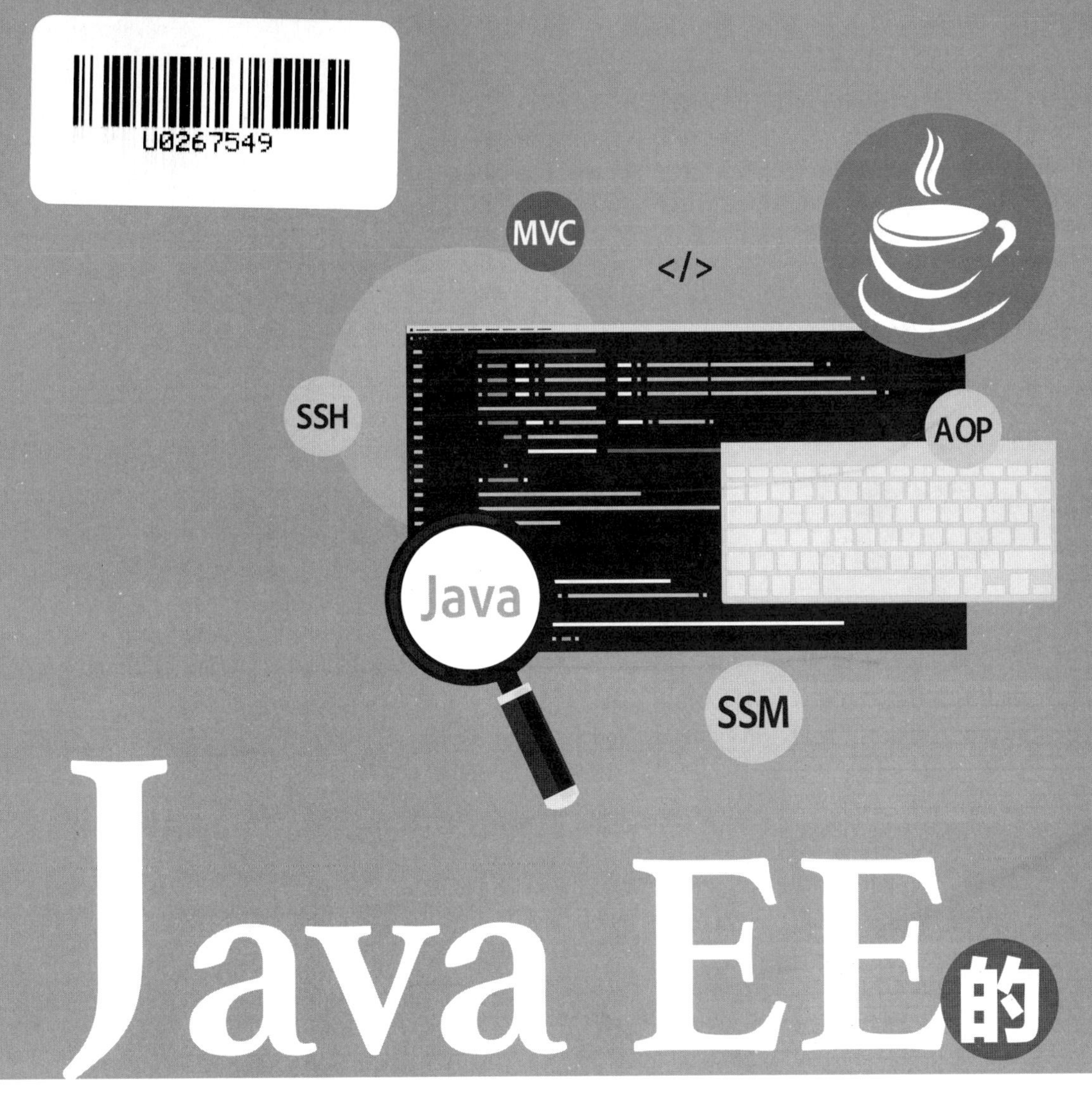

Java EE的轻量级开发利剑

Spring Boot实战

王波◉著

人民邮电出版社
北京

图书在版编目（CIP）数据

Java EE的轻量级开发利剑 : Spring Boot实战 / 王波著. -- 北京 : 人民邮电出版社, 2022.5
ISBN 978-7-115-57765-8

Ⅰ. ①J… Ⅱ. ①王… Ⅲ. ①JAVA语言－程序设计 Ⅳ. ①TP312.8

中国版本图书馆CIP数据核字(2021)第225924号

内 容 提 要

本书以 Java EE 的最佳实践为主题，全面阐述 Spring Boot、Spring MVC、Spring Cloud 等企业级领域内的热门技术。本书讲解相关技术框架的核心知识，并结合汽车管理系统等实战项目，把 Java EE 领域内流行的 SSH、SSM、Spring Boot、Spring Cloud、MyBatis 和 JPA 等框架整合起来，再从代码层面讲述 Activiti、Kafka、Redis、Docker、Maven、WebService 和 POI 等经典技术。通过本书深入浅出的讲解，读者在学习 Java 架构师必备专业技能的同时，还可以学习项目开发的整个过程，真正意义上做到 Spring Boot 从入门到精通。

本书适合 Java EE 领域的开发人员阅读。阅读本书，读者可以学习目前流行的 Java 开发技术，力争在短时间内掌握 Spring Boot 核心技术，成为 Java 架构师，走向自己职业生涯的辉煌。

◆ 著　　　王　波
　责任编辑　刘雅思
　责任印制　王　郁　胡　南
◆ 人民邮电出版社出版发行　　北京市丰台区成寿寺路 11 号
　邮编　100164　　电子邮件　315@ptpress.com.cn
　网址　https://www.ptpress.com.cn
　三河市中晟雅豪印务有限公司印刷
◆ 开本：800×1000　1/16
　印张：24.75　　　　2022 年 5 月第 1 版
　字数：666 千字　　　2022 年 5 月河北第 1 次印刷

定价：109.00 元

读者服务热线：(010)81055410　印装质量热线：(010)81055316
反盗版热线：(010)81055315
广告经营许可证：京东市监广登字 20170147 号

前　言

Java 语言的发展非常迅速，伴随 Java 语言发展起来的各类框架技术也推陈出新。从最初的 Servlet 到 Struts，再到 Spring MVC，直至今天异常火爆的 Spring Boot，一转眼技术的发展就已经过去了二十多年。在这段漫长的时间里，Servlet 从最初的 1.0 版本发展到了如今的 4.0 版本，Struts 从 1.0 版本过渡到了目前的 2.5 版本，Spring MVC 作为 Spring 的重要组成部分（子项目或者技术特性，版本号源自 Spring），也已经从 1.0 版本发展到了如今的 5.0 版本，本书的主要角色 Spring Boot 则从 1.0 版本发展到了目前的 2.1.6 版本。与此同时，Java 语言的 JDK 从第 1 版发展到了第 14 版，但现有的里程碑版本仍然是第 6 版、第 8 版和第 10 版。最新的版本并没有被大面积应用，这是因为做任何事情都是需要时间的，“欲速则不达”，大家仍然习惯使用稳定的里程碑版本来做项目。而在每年发布的编程语言排行榜上，Java 总是名列前茅，经常处于第一的位置，其热门程度可见一斑。

回顾这几十年的发展，Java 语言每次更新后提供的特性总是让 Java 变得越发“高端”且简单。当然，并不是所有的新特性都会很快在项目中应用起来，毕竟广大程序员需要一个学习和适应新特性的过程。无论如何，Java 语言从 JDK 5 开始，就让程序员的编程习惯有了一定的固化，这是因为 JDK 5 引入了泛型、枚举、静态导入、可变参数、内省、注解等令人震惊的概念，让程序员的编程习惯、工作效率得到了巨大的改变，可以说是焕然一新。因此，JDK 6 是一个跨时代的经典版本，这全仰仗于 JDK 5 在技术特性上的革新。当然，JDK 6 本身也提供了一些新的特性，例如提供了 Compiler API 来动态编译 Java 源文件，使得程序员修改 Java 服务器页面（Java Server Pages，JSP）后，不用重启服务器（JSP 本身就是基于 Java 代码的，第一次访问会被服务器编译成.java 文件和.class 文件，以后访问的时候直接调用.class 文件）。虽然 JDK 6 提供的特性远没有 JDK 5 那么丰富，但是两者的特性叠加起来就厉害了，这些特性汇集成了一种成熟的开发模式。因此，JDK 6 成为一个稳定、经典的里程碑版本，这也是很多 Java 图书固执地从 JDK 6 版本讲起的原因。只有从第一个里程碑版本 JDK 6 讲起，再过渡到第二个里程碑版本 JDK 8，当有需要的时候再过渡到第三个里程碑版本 JDK 10，才是正确、科学的教学方法，让读者真正做到从零开始学习和见证 Java 编程的完整过程。

如果说单从技术层面来理解 JDK 版本这件事情略显单薄的话，那么从市场的角度来理解 JDK 版本，我们会发现，上面的结论仍然是正确的。当下很多公司在项目中采用的 JDK 版本通常不是 JDK 6 就是 JDK 8，而 JDK 7 只是一个过渡版本。当然，也有一些公司已经把 JDK 版本升级到了 10，但这样的公司并不是特别多。从实际的项目开发来说，我们选择里程碑版本依然是正确的。至于 JDK 7 和 JDK 8 的新特性，这里就不赘述了，本书的某些合适的章节会讲解一些有用的特性。在这里，我们只需要明白，编程技术的发展是日新月异的，正确的做法就是，在分析完这些新技术之后，找出其中最合适的内容来完成项目的技术选型和框架搭建。当然，这也正是我们学习 Spring Boot 的一个重要原因，它已经逐渐代替或者同化了 Spring MVC，集框架技术之大成，令人刮目相看。

前面说到了 JDK 的版本问题，接着，我们简单地介绍一下框架技术的发展历程，来说明必须学习

Spring Boot 框架的原因。在 Struts1 时代，程序员基本上使用 JavaBean、JSP、Spring 和 Struts 1，在持久层中使用传统的 JDBC 或者 Hibernate，通过这几种技术的叠加形成一个成型的框架技术组合。这样的局面持续几年后，进入了 Struts 2 时代，与此同时，技术圈里也出现了 MyBatis 这种 ORM 框架，只是还没有流行起来。不过，当时确实是“SSH 框架的天下”，如果程序员不懂 SSH，基本上是没法“混饭吃”的。这种局面又持续了几年，Java Web 开发领域逐渐进入 Spring MVC 时代。技术更新换代，新技术比老技术更加具有优势，这些优势主要表现在安全性、易用性与执行效率上。举个典型的例子，Spring MVC 框架本身就是属于 Spring Framework 平台的，我们在集成框架的时候，可以直接集成 Spring 的内容，再加上 ORM 框架，就可以完成整个框架的搭建，又何必多此一举来集成 Struts 呢？况且，Struts 2 在安全性上的表现也不尽如人意，例如，2016 年一些网站的数据泄露事件就是由于有人利用了 Struts 2 的漏洞，虽然 Apache 团队紧急发布了 Struts 2 的新版本来修复这些问题，但已经失去了很多使用者，用户纷纷投入 Spring MVC 的怀抱。再者就是 Spring MVC 在执行效率和开发效率上都要比 Struts 2 高，因此当时的情况就是 Spring MVC 框架逐渐代替了 Struts 2。

那么 Spring MVC 和 Spring Boot 又有什么关系呢？这个问题会在本书的正文中展开讨论。在这里，我们只需要明白一点，那就是这两个框架系出同源，可以笼统地说 Spring Boot 是 Spring MVC 的升级版，也可以称 Spring Boot 是工具集成包。这两者的区别主要是，Spring MVC 框架自身需要用户手动配置的内容过多，而 Spring Boot 框架通过各种工具集成，帮助用户做好了这些配置，甚至将 Tomcat 也内嵌到了框架之中。这样一来，程序员便可以更加安心地投入业务的开发，不用再为那些数不清的配置而烦恼。但是，从框架的技术使用方法来看，使用 Spring Boot 跟使用 Spring MVC 基本上是一样的。因此，我们在学习 Spring Boot 的时候，其实就已经在学习 Spring MVC。不过，笔者还是建议把这两个框架分开来对待，不能把两者混淆，毕竟 Spring Boot 提供的新特性很多。纵观 Java 框架技术的发展历程，我们可以看到，不论是 CGI 还是 EJB，又或者是 SSH，都曾经扮演过重要的角色，而软件开发本身就是一个追求效率的事情，因此它们逐渐落后甚至被淘汰亦是客观规律。在学习的时候，读者应该保持清醒的头脑，重点学习当前迫切需要使用的知识技能，而对于那些逐渐落伍的东西浅尝辄止即可，切莫花费大量的时间去关注，否则得不偿失！

2014 年 4 月，Spring Boot 1.0 正式发布，从此，Java EE 的开发又迎来了新的篇章。直到 2020 年，Spring Boot 占领了大部分市场。Spring Boot 诞生之初就受到了开源社区的持续关注，从企业陆续使用，到现在的遍地开花，短短的几年间便获得了广泛的关注度。这点通过搜索引擎的指数就能知道，Spring Boot 的搜索指数居高不下。

说到底，虽然国内关于 Spring Boot 的图书不少，但它们的侧重点各不相同，有的重点讲知识概念，有的重点讲项目，而能够将两者结合起来，真正做到从入门到精通的图书却是凤毛麟角，这就造成了大家在学习上的困扰。因此，我开始思考如何写一本这样的书，我跟阿里巴巴的工程师赵伟取得了联系，我们各抒己见，讨论了很久，他很支持我的想法。而我思考再三，也总算是确定了这本书的大致内容，遂动笔写作。

最后，希望各位读者与我共勉，都能从技术中得到快乐，从阅读中汲取知识，真正把 Spring Boot 作为 Java EE 领域中的最佳实践来推广和开发，成长为一名优秀的架构师。也希望亲爱的读者朋友通过本书的内容，真正学习到 Spring Boot 这门令人耳目一新的技术。

内容特色

本书结合实际，深入浅出，全书共 10 章。前 9 章着重讲解 Spring Boot 的各类知识技能，其中包括

Spring 的功能（如控制反转、依赖注入、面向切面编程等）和 Spring MVC 的相关知识（如常用的注解、核心类、执行过程等），重点讲解 MyBatis、MySQL、JPA 等数据库方面的内容，其他内容全部都是与 Spring Boot 相关的，通过科学的划分与梳理，更加方便读者学习和掌握。学完前 9 章，读者就掌握了本书的绝大部分内容，接着通过第 10 章，读者可以亲自开发一个汽车管理系统项目，就能把全书的知识串联起来，做到融会贯通。这样的安排可谓匠心独运，非常适合读者从入门到精通。

笔者总结了自己多年来在 Java Web 领域的开发经验，从宏观层面上梳理了 Spring Boot 的整个框架知识体系，对这些内容进行了科学的划分，还亲自编写了大量示例程序，以供读者参考。另外，本书讲解的源码全部是基于浏览器/服务器（Browser/Server，B/S）架构的，读者可以反复练习，这样不但对学习 Spring Boot 这个框架有很大的作用，还能大大提升搭建框架的能力，可谓一举多得。

本书通俗易懂、内容丰富，不但重点讲述 Spring Boot 的核心知识，还提供项目实战的源码，大幅度降低学习难度。在架构知识拓展方面，本书还详细讲解了 Spring 与 Spring MVC 的相关技术。当然，为了让读者能够最大程度上见证 Java 框架技术的发展历程，本书还加入了 EJB 的快速入门级的编程内容，让读者通过编写简单、少量的代码，就能完全明白 EJB 编程是怎么一回事。另外，读者在学习的时候需要学会阅读注释，首先要明白当前这段程序是怎么运行的，然后把整个程序调试一遍，才能掌握讲解的内容。如果读者需要全面掌握 Java 的核心知识技能，可以参考笔者的另一本图书——《Java 架构师指南》，该书在知识的广度上更加突出，而本书则专注于新的框架技术 Spring Boot。本书也适合刚步入职场的新手，因为每段代码中都有详细的注释，并配有代码解析，方便读者领会代码的含义。

结构与组织

本书的内容包含 Spring Boot 的核心技术，以及使用该技术时所需要掌握的其他必备技能，例如 SSH、Spring MVC、前端视图技术、数据库、单点登录等实用技术。这样组织内容的作用非常明显，那就是读者通过阅读本书，便可能成为一名全栈工程师或者架构师。本书各章的主要内容如下。

- 第 1 章讲述 Spring 家族、Spring 基础环境搭建，以及 EJB 编程快速入门等。通过搭建简单的环境，开发出本书第一个程序。
- 第 2 章从 Spring Boot 必备的基础知识入手，讲解 Spring 的常用技术，如依赖注入、面向切面编程开发模式、注解、控制反转等技能；还有一些 Java 的核心 API 知识点，如 Servlet、数据类型、类与接口、多线程与 JVM 等。
- 第 3 章讲解 SSH 框架，虽然 SSH 框架的使用逐年减少，但它仍然不失为一个经典的框架，因此本章的目标在于培养程序员的架构师思维。
- 第 4 章重点讲解 Spring MVC 框架。众所周知，Spring MVC 是 Spring Boot 的基础，只有学习好本章的内容，才能更好地学习后面的章节，而 Spring MVC 是当前框架领域中一个承上启下的节点，因此读者想真正掌握 Spring Boot，是必须认真学习该框架的。
- 第 5 章正式进入 Spring Boot 框架核心技术的讲解，其中包括框架搭建、核心类、需求开发，还有整合 JPA 以及当前热门的前端视图技术（FreeMarker 与 Thymeleaf）。
- 第 6 章讲解数据库方面的知识，主要包括 MySQL、Oracle、MongoDB 等数据库的应用，还有 Redis 快速入门、数据库加锁、分布式事务等内容。
- 第 7 章详细讲解安全框架 Apache Shiro 的权限管理和单点登录技术，演示如何将它们集成到 Spring Boot 框架中，并讲解 WebService 技术。

- 第 8 章讲解 Spring Boot 程序部署，内容包括 Docker 部署、Jenkins 自动化部署等。
- 第 9 章讲解 Spring Cloud 微服务，通过一个简单但全面的项目，深入讲解微服务的常用组件，让读者真正理解微服务 Spring Cloud 与 Spring Boot 的关系与区别。
- 第 10 章是项目实战，通过重点讲解汽车管理系统部分功能的开发过程，带领读者把本书所有的知识串联起来，真正意义上做到对 Spring Boot 从入门到精通。

约定优于配置

约定优于配置是 Spring Boot 的核心思想之一，其重要意义在于，编程的时候，为了最大化地享受简单与高效，框架会把成百上千的配置都设置为默认值。程序员在编写代码的时候，只需要对一些独特的属性进行自定义配置，而其他属性可保持默认值。这样的话，程序员便会更加专心地投入业务的开发，彻底从烦琐的文件配置（如令人诟病的 XML 配置）中解脱出来。在本书中，我也正式引入约定优于配置的概念。具体表现在两个方面：第一，基本上所有的代码都有解析内容，希望读者可以认真阅读，这些内容是掌握技术的重点；第二，书中的部分代码并不是完整的。因为软件项目的代码量特别多，本书无法把完整代码写到书里（部分练习代码除外），所以建议读者在阅读本书的时候，最好从 Spring Boot 源码下载地址获取完整代码并搭建好环境来学习，以获得最好的学习体验。

目标读者

本书讲解 Spring Boot 框架的搭建和需求开发，以及上线部署的完整过程，特别适合 Java EE 领域的开发人员以及正在学习 Java EE 的读者。通过阅读本书的内容，读者朋友能够在较短的时间内，真正做到对 Spring Boot 从入门到精通。

需要明白一点，如果读者想要成为一名 Java 架构师的话，是绕不开 Spring Boot 框架体系的。因此，本书适合每一个想要成为全栈工程师、架构师的程序员，希望本书能给你们的成长带来帮助。

致谢

本书得以顺利出版，离不开我的不懈努力。作为一名软件工程师，必须有不断学习的觉悟，如果故步自封，不用几年，自己原有的知识体系就会落伍，跟不上时代，更谈不上传道解惑。软件工程师要想保证自己的核心竞争力，不但需要主动学习，还需要善于把自己在工作当中遇到的问题归纳起来，及时形成文档，这是一些个人经验，与大家共勉。另外，还要感谢我的家人、朋友对我的帮助，感谢人民邮电出版社的杨海玲编辑对我的信任和支持。

由于我的水平有限，书中难免有不足之处，恳请读者批评指正。欢迎读者通过电子邮件（453621515@qq.com）与我交流。

资源与支持

本书由异步社区出品，社区（https://www.epubit.com/）为您提供相关资源和后续服务。

配套资源

本书提供配套源代码。要获得相关配套资源，请在异步社区本书页面中点击配套资源，跳转到下载界面，按提示进行操作即可。注意：为保证购书读者的权益，该操作会给出相关提示，要求输入提取码进行验证。

提交勘误

作者和编辑尽最大努力来确保书中内容的准确性，但难免会存在疏漏。欢迎您将发现的问题反馈给我们，帮助我们提升图书的质量。

当您发现错误时，请登录异步社区，按书名搜索，进入本书页面，点击“提交勘误”，输入勘误信息，点击“提交”按钮即可。本书的作者和编辑会对您提交的勘误信息进行审核，确认并接受您的建议后，您将获赠异步社区的100积分。积分可用于在异步社区兑换优惠券、样书或奖品。

扫码关注本书

扫描下方二维码，您将会在异步社区微信服务号中看到本书信息及相关的服务提示。

与我们联系

我们的联系邮箱是 contact@epubit.com.cn。

如果您对本书有任何疑问或建议，请您发邮件给我们，并请在邮件标题中注明本书书名，以便我们更高效地做出反馈。

如果您有兴趣出版图书、录制教学视频或者参与图书技术审校等工作，可以直接发邮件给本书的责任编辑（liuyasi@ptpress.com.cn）。

如果您来自学校、培训机构或企业，想批量购买本书或异步社区出版的其他图书，也可以发邮件给我们。

如果您在网上发现有针对异步社区出品图书的各种形式的盗版行为，包括对图书全部或部分内容的非授权传播，请您将怀疑有侵权行为的链接通过邮件发给我们。您的这一举动是对作者权益的保护，也是我们持续为您提供有价值内容的动力之源。

关于异步社区和异步图书

“异步社区”是人民邮电出版社旗下 IT 专业图书社区，致力于出版精品 IT 图书和相关学习产品，为作译者提供优质出版服务。异步社区创办于 2015 年 8 月，提供大量精品 IT 图书和电子书，以及高品质技术文章和视频课程。更多详情请访问异步社区官网 https://www.epubit.com。

“异步图书”是由异步社区编辑团队策划出版的精品 IT 专业图书的品牌，依托于人民邮电出版社近 30 年的计算机图书出版积累和专业编辑团队，相关图书在封面上印有异步图书的 LOGO。异步图书的出版领域包括软件开发、大数据、AI、测试、前端和网络技术等。

异步社区

微信服务号

目　　录

第 1 章　Spring Boot 概述

Spring 是一个家族，里面有很多的项目，如 Spring Boot、Spring Data、Spring Security 和 Spring Cloud 等，这些项目都有自己独特的功能和适应场景。Spring Framework 体系适用于 Web 项目，它提供了很多经典的功能，如控制反转（Inversion of Control，IoC）、依赖注入（Dependency Injection，DI）、面向切面编程（Aspect Oriented Program，AOP）等。本书的主要内容 Spring Boot 的应用场景，则是快速构建 Web 应用程序，如构建以 Spring MVC 架构为主的项目。至于它的效率如何，我们会在后面的章节详细讲解，并且阐述它与其他框架之间的优劣。

1.1　Spring 家族介绍

从 Spring 官方网站可以看到 Spring 家族的主要项目。Spring 家族是非常庞大的，项目非常多，图 1-1 中只展示了 6 个，而目前 Spring 官方网站上列出来的项目多达 22 个，当然这个数量仍然在慢慢增加。在 Java EE 软件开发中，我们经常使用的 Spring 家族中的项目大概只有几个，如常用的 Spring、Spring Boot、Spring Data、Spring Security 等。

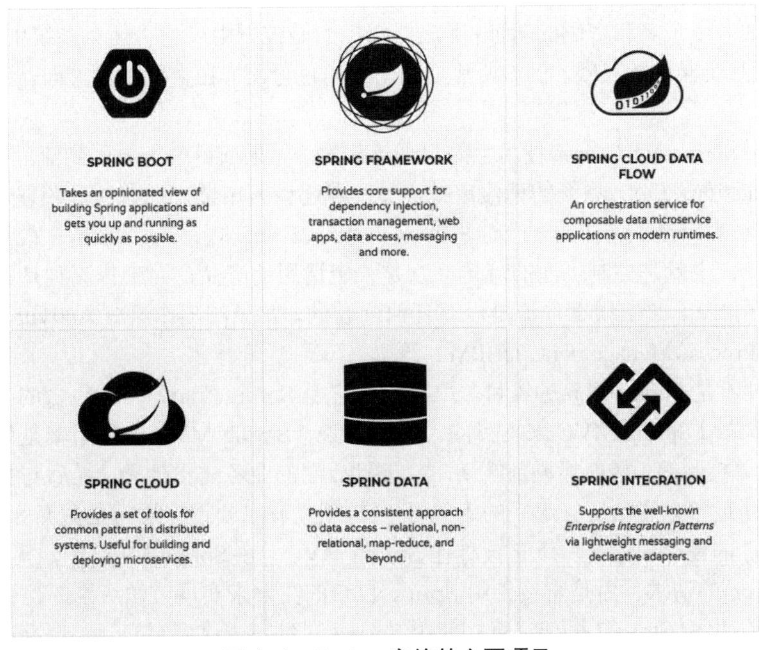

图 1-1　Spring 家族的主要项目

这些项目在软件开发中扮演了不一样的角色，出场方式和出场时机也是不一样的。

Spring现在几乎已经成为Java项目的“标配”，Java项目几乎都需要集成Spring，这是因为需要使用Spring的依赖注入和控制反转功能来管理类，而不是每次都使用new关键字来新建Java类。当然，如何管理不同的逻辑层、业务层和持久层等层次之间的类的关系，也是Spring的主要功能之一。如果在项目中需要使用安全框架，我们的选择就不只有Apache Shiro了，也可以直接使用Spring Security，至于两者之间的优劣，就需要仔细讨论了，可谓仁者见仁，智者见智。如果需要页面流程控制，可以直接使用Spring Web Flow（SWF），当然Activiti也是不错的选择。最后，说说持久层方面的事情，我们可以直接使用传统的JDBC，也可以使用Hibernate，当然还可以使用Spring Data JPA，至于如何选择，就看项目初期的技术选型了。

Spring作为通用的Web框架技术，已经包含Spring MVC技术，而其他Spring项目中或多或少也会用到Spring Framework提供的技术支撑，这也就解释了一些Spring项目使用Spring MVC来开发的原因。例如，常见的SSM框架体系就是Spring、Spring MVC和MyBatis的集合。

Spring Boot是Spring家族最具代表性的产品之一。说到Spring家族，这里有必要介绍一下，该家族的成员非常多，活跃在软件开发领域的各个角落。在这里，我们只谈几个司空见惯的，例如Spring Cloud，它为开发者提供了微服务、分布式系统中所需要使用的工具包，包括配置管理、服务发现、断路器和负载均衡等工具，这些工具就跟Java开发者工具（Java Development Kit，JDK）里的各种API一样，可以开箱即用（直接拿来使用），可极大地提高企业构建分布式系统的效率。

Spring Data的作用是简化数据库的访问，包括关系数据库、非关系数据库等，如果使用关系数据库的话，Spring Data支持的存储技术包括Java数据库互连（Java Database Connectivity，JDBC）、Java持久化API（Java Persistence API，JPA）。

Spring Security是一个基于Spring企业应用的安全框架，能对用户进行可定制的身份验证和访问控制。它提供声明式的安全访问控制，主要包括用户认证和用户授权两个部分。用户认证指的是控制用户是否有登录权限，如对用户名和密码的验证；用户授权指的是控制用户是否拥有系统中某个功能的权限，以及是否拥有执行某个操作的权限。例如，常见的用户角色分配。在实现技术方面，主要使用了拦截器和面向切面编程。

SWF是建立在Spring MVC框架技术上的页面流引擎。如果项目中需要用到流程控制，例如办公自动化（Office Automation，OA）系统的请假审批，员工发起请假申请，先由项目经理审批，再由部门经理审批，最后由总经理审批，这样的一个过程就可以用SWF来实现。当然，SWF跟工作流还是有区别的，SWF是页面流，也就是控制页面的流转，它是一个通用的产品，而工作流则是紧贴工作的流程控制术语。当然，使用SWF来实现工作流是没有任何问题的，常见的工作流有Activiti、Java业务流程管理（Java Business Process Management，JBPM）等。

Spring MVC并不是Spring家族的项目，严格地说它是Spring Framework包含的一种框架技术，很多Spring的项目都是用Spring MVC来支撑的。简单地说，Spring MVC的作用就是处理和响应请求，获取前端参数、表单校验等，接着拦截前端请求，进行后端的业务逻辑处理，最后与数据库进行交互操作。Spring MVC是近年来逐渐流行起来的Java开发框架，其主要设计思想是抛弃Struts 2，直接利用Spring来实现MVC的设计理念，所以它被称作Spring MVC。在Spring MVC中，无须将Struts 2当作控制器来转发Action的请求，而是直接使用Spring自带的注解来实现方法级别的拦截。这样做的好处非常明显，可以不用集成Struts 2框架，直接使用Spring即可完成前后端交互，提高了性能和速度，也降低了开发难度。因为Spring的注解依靠它本身的拦截器机制，这项技术又依赖于面向切面编程设计理念，所以在代码可读性方面，Spring MVC 也比 Struts 2 更有优势。为什么需要使用 Spring MVC 呢？一句话，Spring MVC 简化了 Web 项目的开发流程，是用来处理 Web 方面问题的一个模块。因为 Spring Framework 的主要作用是管理类，所以在程序逻辑控制方面的技术，便直接统称为 Spring MVC 了，大家也习惯这个称呼了。如果在面试的时候，面试官问你项目中有没有使用到 Spring，你可以回答使用过，用 Spring 来管理类，并且用 Spring MVC 来拦截请求。这样回答虽然简单，也是对的。虽然，我们也可以继续使用 Struts 2、Servlet 这些技术，但项目的整体性能便会下降很多，这个无须多言，就像 CPU 从 i3 升级到 i7 一样，性能肯定会大幅度提升。

1.2 Spring Boot 与 MVC 模式

本书的重点是讲述 Spring Boot 框架技术。想顺利、轻松地学习这一框架，并不是一件容易的事情，原因是虽然 Spring Boot 框架简化了 Spring 系列框架所需要的大量且烦琐的配置，并且集成了 Tomcat 服务器，但其开发细节仍然跟 Spring MVC 几乎无异。因此，在做 Spring Boot 项目的时候，我们可以省略配置服务器这个步骤，但仍然需要注意服务器的端口号冲突等问题。在需求开发方面，仍然需要编写大量代码。

1.2.1 Spring Boot 的优势

Spring Boot 框架当前的使用频率非常高，而针对它的介绍却非常简略——它就是一些开发工具的集合。这样的介绍虽然言简意赅，但不够形象、深入，让人无法窥一斑而知全豹。接下来我们从几个方面来阐述 Spring Boot 框架的核心功能和优势，让大家在宏观上对它有清晰的认识，知道它到底能做什么，它与其他框架又有何区别。

1. Spring Boot 简化了哪些配置

首先，使用 Spring Boot 或者 Spring MVC 都需要加入 Spring Framework，这是毋庸置疑的。我们需要使用 Spring Framework 来管理类，说白了就是使用它的控制反转、依赖注入、面向切面编程等技术。而使用这些技术，就需要在 XML 文件中编写大量的配置信息，来完成各种类关系的依赖配置。例如，“类 B 需要注入类 A”这样的引入关系，且不说这些类具体的业务功能，相关的配置工作是必不可少的。如果项目中有成千上万的类都需要手动配置，那工作量会很庞大，极其耗费时间。Spring Boot 就是为了省略这些步骤而出现的，它简化了 Spring Framework 的使用方法，所有的配置都有默认值，完全依赖于注解。在没有使用 Spring Boot 时，我们在做软件开发之前，经常需要写大量的配置信息，而自从使用了 Spring Boot，便基本上不用去处理这些事情了。

2. Spring Boot 能做什么

Spring Boot 简化了框架配置，也让应用程序的部署变得非常简单，在启动的时候依赖 Application 主程序类，可以像调试 Java 代码一样，在集成开发环境（Integrated Development Environment，IDE）中点击鼠标右键，选择“Run As”→“Java Application”来启动整个项目。关于项目启动方面的配置，则在该类里通过注解完成。如果需要调试程序代码，则需要在 IDE 中点击鼠标右键，选择“Debug As”→“Java Application”。当然，你也可以使用外置的 Tomcat 来加载项目，这是可选择的一项配置。总之，Spring Boot 可省去很多烦琐的配置，而且可以通过主程序类来启动，其他方面则与 Spring MVC 差不多。

3. Spring Boot 项目的特点有哪些

构建一个 Spring Boot 项目非常简单，建议使用 Maven 方式，在 pom.xml 中输入必备的几条语句即可自动构建，如下面的语句：

```
<dependency>
   <groupId>org.springframework</groupId>
   <artifactId>springloaded</artifactId>
</dependency>
```

除此之外，无须使用其他配置，如果要使用其他工具，如 MySQL、POI、Swagger UI 等，则需要在 pom.xml 中添加依赖，由程序自动加载依赖 JAR 包等配置文件。整个 Spring Boot 项目只有一个配置文件，这个配置文件基本囊括了所有的配置，包括服务器端口号、数据库连接地址、用户名、密码等，Spring Boot 把所有的信息都放在一个配置文件里，最大程度简化了配置。可以想象，以前我们在做 SSH、SSM 项目的时候，动辄需要好几个配置文件，有时候想要更改某个特定的配置，却往往找不到所需的配置文件。

通过这 3 点，我们已经大致了解了 Spring Boot 的主要特点，其实它就是一个配置工具、整合工具和辅助工具的集合，核心作用是简化框架，降低使用难度，提高开发效率。那么，既然 Spring Boot 是一个工具集合，程序运行的核心类来自哪里呢？其实这个问题的答案很简单，那就是 Spring 家族的各种框架技术，如 Spring、Spring MVC、Spring Security、Spring Data 等。Spring Boot 的最大的作用便是提供一个简单、便捷的环境，让大家能够快速开发项目，而真正运行程序的则是 Spring 自带的那些核心类，它们已经被极大程度地封装，保存在源码里。

1.2.2 MVC 模式介绍

了解了 Spring Boot 的优势之后，我们来学习一下 MVC 模式，只有真正理解了 MVC 模式，在今后的学习当中才不会迷茫。现在基本上所有的浏览器/服务器（Browser/Server，B/S）架构的项目，都是基于 MVC 模式来开发的。因此在这里需要重点讲解一下 MVC 的概念。没错，尽管这是一个老生常谈的问题，但必须认真讲解，它就像高楼大厦的地基似的，如果打不好地基，高楼大厦轻则倾斜，重则倒塌。

MVC 是一种设计模式。以前的软件开发模式处于探索期，在很长的一段时间里，程序员的开发模式可能没有章法，但仍然潜意识地按照 MVC 模式去做，只不过没有形成概念。为什么这么说呢？MVC 产生于 1982 年，M 代表的是模型（model），V 代表的是视图（view），C 代表的是控制器（controller）。很明显 MVC 的意图就是把这三者结合起来，开发程序的时候遵守 MVC 规则。即便是最早期的 Web 软件开发，也会按照 MVC 来做，其中模型就是 JavaBean。JavaBean 是一个软件组件模型类，也可以称作 POJO。这里需要简单说明一下 JavaBean 和 POJO 的区别。

POJO 是 Plain Ordinary Java Object 的缩写，意思是简单、普通的 Java 对象，它具有以下特征。

（1）拥有一些 private 修饰的属性。

（2）这些 private 修饰的属性都提供 get 方法和 set 方法。

具有以上两点特征的类称为 POJO 类，使用 POJO 类实例化出来的对象称为 POJO，POJO 类就是未经特殊加工的普通的 Java 类。而 JavaBean 是可复用的组件，从概念就可以看出来，JavaBean 是一种组件，并且需要不断地重复使用。因此，说 JavaBean 是经过特殊处理过的 POJO 也是不为过的，它需要符合一些特定的标准。

（1）所有的属性都被 private 修饰。

（2）该类有一个无参构造器。

（3）所有的属性必须都提供 get 方法和 set 方法。

（4）该类是可序列化的，实现 Serializable 接口。

举一个典型的例子。POJO 一般用来做数据库映射，例如，员工表 Emp 的 POJO 可以是 Emp.java，而 JavaBean 的官方定义是一种可复用的工具，那么系统分页类便可以作为 JavaBean 的一种。在某些情况下，普通的 POJO 类也可以成为 JavaBean，例如员工类 Emp.java，如果对该类实现了 Serializable 接口，增加了无参构造器，那它不就成为 JavaBean 了吗？首先，我们需要明确一点，序列化的作用是将数据分解成字节流，以便存储在文件中或在网络上传输，等传输完毕还要进行反序列化来重构对象，很明显这种功能就是为了使对象成为可复用的组件。因此给员工类 Emp.java 实现 Serializable 接口，增加了无参构造器，使其成为可复用的 JavaBean 组件，是一件正确的事情，所以 POJO 类可以成为 JavaBean 这个说法是正确的。接下来，我们通过两个基本的实例代码（如代码清单 1-1 和代码清单 1-2 所示）来理解一下 POJO 与 JavaBean 的异同。

代码清单 1-1 Emp.java

```java
package com.example.pojo;

public class Emp {
    private String name;

    public String getName() {
        return name;
    }

    public void setName(String name) {
        this.name = name;
    }
}
```

代码解析

这是一个典型的 POJO 类，拥有 private 修饰的 name 属性，并且实现了 get 方法和 set 方法。

代码清单 1-2 EmpBean.java

```java
package com.example.pojo;

import java.io.Serializable;

public class EmpBean implements Serializable {
    private String name;

    public EmpBean() {}

    public String getName() {
        return name;
    }

    public void setName(String name) {
        this.name = name;
    }
}
```

代码解析

这是一个典型的 JavaBean 类，拥有 private 修饰的 name 属性，并且实现了 get 方法和 set 方法。除此之外，该类还实现了 Serializable 接口，增加了一个无参构造器。

搞懂了 POJO 与 JavaBean 的区别之后，我们再回到 MVC 模式上来。如果没有 MVC 这个经典的设计模式，就好比在开发某一个项目的时候，从头到尾毫无规则地写代码。有些功能实现了，又被改坏了；有些功能明明很简单，却碍于整体架构的紊乱不好去开发，最后拆东墙补西墙，到头来什么都做不好。这就充分体现了一个道理：做什么都需要设计。很幸运，前辈们为我们踏过了荆棘覆盖的丛林，找到了 MVC 模式，让现在的我们不用走太多弯路。

MVC 的具体规则就是，用一种业务逻辑、数据、界面等分离的方法来设计程序框架、组织程序代码。将业务逻辑聚集到一个部件里面，封装成一块，在定制用户界面（User Interface，UI）或者处理用户交互的时候，都不需要重新编写业务逻辑。简而言之，就是分块处理，把庞大的程序代码分成若干部件，虽互相依赖，却不会因为修改某处而造成不好的影响，进而破坏整体结构。在 Java Web 开发中，一些日常操作，如建立在用户界面上的“输入—处理—输出”这个完整的过程，也可以当作 MVC 的一种应用。

举个例子，当用户在提交某个表单的时候，控制器接收到了这个事件，会自动调用相应的模型和视图去完成整个需求。控制器本身不会去做具体的处理，而是将这种处理的需求转发给相应的模型和视图去完成。如此看来，它的作用就更加明显，它决定了调用哪些模型和视图的组合去完成任务，具体应该怎样完成任务。按照 MVC 的规则去开发项目，就算在前期没有把项目做好，但因为整体架构符合 MVC 模式，在后期也可以利用一些方法对项目进行改版、补救。例如，招聘水平更高的软件工程师。如果项目的前期就没有按照 MVC 的规则去做，后期也很难通过各种手段来弥补。所以，MVC 模式也可以说是一个保障项目扩展性的安全模式。

MVC 经过了长期的发展和大量的实践，被证明是可行的，也完全适用于 Java Web 开发领域。近些年来，MVC 的定义被不断地延伸，但一般来说，模型主要指的是业务逻辑（不管该业务逻辑的实际载体是什么，只要明确模型是指业务逻辑）；视图主要指的是界面显示，与之相关的技术如 HTML、EasyUI、ExtJS、Avalon、Vue 这样的前端插件，以及 jQuery（虽然它是前端控制语言，但也可以笼统地归纳在这里）；控制器主要是指对业务逻辑、前端插件、程序架构、数据库接口等的综合掌控，与之相关的技术如 Struts、Spring、Hibernate 等框架，注意，不用追求多么细致的划分，它们都可以归纳到控制器当中。说到这里，其实应该给这种情况定义一个更加准确的称呼，那就是 MVC 框架。

最典型的 MVC 应用场景是“JSP+Servlet+JavaBean”的模式，也是入门级的。JSP 用于界面显示，Servlet 承担了控制器的角色，JavaBean 自然就是业务逻辑的组件了。总之，在软件开发过程中，一些经验欠缺的程序员可能不具备大局观，他们的角色往往是某个模块的开发者。如果架构师采用 MVC 模式来设计项目，就不用担心程序员因为经验不足的问题而导致的一些错误。毕竟在 MVC 模式下，很多错误都是可以挽救的。

Struts 是一个不错的开源框架，在没有 Struts 之前，Java Web 开发非常依赖于 Servlet。在早期的软件项目中，Servlet 扮演了重要的角色，但随着 Java Web 技术的发展，Servlet 的缺点也逐渐暴露出来，因为 Servlet 从配置到处理客户端请求都显得力不从心，尤其是当项目逐渐变大的时候，这种弊端更加严重。举个非常简单的例子，web.xml 里应该配置项目最基础的东西，把 Servlet 的标签放进去，会显得不合时宜。而 Servlet 在页面处理上面也没有自己的标签，使得程序员在写前端 HTML 代码的时候比较费劲。使用 Servlet 最大的好处就是可以轻松地和 JSP 结合起来，完成对项目的整体控制，但 Servlet 对项目的控制程度明显不如 Struts。

Servlet 的生命周期是从客户端请求开始的，当接收到客户端请求时，Servlet 首先会调用 init()方法进行初始化；接着，Servlet 会调用 service()方法来获得关于请求的信息，并且触发 doGet()或 doPost()方法，也可以调用程序员自己写的方法；最后，当这个请求处理完毕之后，Servlet 会调用 destroy()方法对请求进行销毁。这是一个完整的 Servlet 生命周期。如果有多个请求的话，Servlet 仍然重复以上步骤，但不再调用 init()方法。另外，Servlet 的线程安全问题也让一些架构师比较担心，每一个 Servlet 对象在 Tomcat 服务器中都是单例模式生成的，如果出现高并发的情况，很多请求可能访问同一个 Servlet，如访问管理系统的“发货城市统计”功能，因为该功能属于查询模块，即便在非线程安全的情况下也不会出什么问题；但是如果这些并发请求访问的是基础数据的录入模块，如“增加商品”功能，这就有可能产生巨大的隐患，因为它们会同时并发地调用 Servlet 的 service()方法，当然也可以在这些方法里加入线程同步的技术，但这需要增加工作量，相应地人力成本也会上升。

Struts 的一个特点就是融合了 Servlet 和 JSP 的优点，符合 MVC 标准。在配置上，Struts 将配置内容放在 web.xml 文件中，涉及程序控制的业务逻辑则统一放在 struts.xml 文件中，该文件会在项目初始化运行的时候被加载。Struts 采用了 JSP 的 Model2。所谓的 Model1 和 Model2，指的是 JSP 的应用架构：在 Model1 中，JSP 直接处理客户端发送的请求，并且以 JavaBean 处理若干应用逻辑，JSP 就要担任 MVC 中的视图和控制器的角色，可以勉强处理简单的用户请求；在 Model2 中，引入了一个控制器的概念，就是把客户端的请求集中发送给 Servlet，由它统一管理这些请求，再把处理结果通过 ServletResponse 对象响应给客户端。

Struts 采用了 Model2，虽然增加了一些复杂度，却解决了很多棘手的问题。例如，使用 struts.xml 文件来集中管理请求，并将请求分发给对应的 Action，由此做到了“接收请求—转发请求—处理请求”这样有条不紊的逻辑。这样的逻辑，不但方便了开发，也明显降低了维护成本。Struts 2 引入了拦截器的机制来处理请求，在程序接口方面，基本上做到了完全脱离 Servlet，逐步发展成了成熟的开源框架。在 Struts 2 的配置文件中，除了一些基本配置，剩下的都是关于 Action 的配置。举一个典型的例子：

```
<action name="SendCity" class="SendCityAction">
    <result type="json">
        <param name="root">dataMap</param>
    </result>
</action>
```

这段代码就是对一个 Action 的完整配置。在该配置中，Struts 2 的拦截器会自动拦截 SendCity 的请求，并且将控制权交给 SendCityAction，而 SendCityAction 对应的类在 Spring 的配置文件中，这就是 Struts 2 与 Spring 的一次完美结合。结果类型则指的是该 Action 的数据返回值类型，本例中返回 JSON。基本上，Struts 2 对应 Action 的配置都是这样的，对每一个请求配置一个对应的控制类，可以配置具体类路径，也可以交给 Spring 去管理。Struts 2 最主要的特点是：它是线程安全的，因为在 Tomcat 服务器对请求进行处理的时候，Struts 2 会对每一个请求都产生一个新的实例，每个线程分别处理它对应的模块代码，即从 Action 到持久层的数据通道，这样即便是高并发项目，也不会存在线程安全的问题。

Spring 是一个轻量级的开源框架，致力于解决 J2EE 开发中的复杂问题。其实，如果软件项目应用了 Struts，就已经将 MVC 思想发挥得淋漓尽致了，如果再融合 Spring，那就称得上锦上添花了。和 Struts 一样，Spring 相关的配置内容写在 web.xml 中，而 applicationContext.xml 文件是 Spring 的核心文件。在 applicationContext.xml 文件中，我们可以做很多事情。例如，将项目所使用的连接数据库的配置信息写在该文件中，配置信息包括驱动器、地址、用户名、密码、连接池等，并且使用 Spring 提供的<bean>元素来完成对组件的注解。如果不使用 Spring，在 struts.xml 中，就需要在<action>元素中写明 class 所对应的完整路径，如果使用了 Spring，就只需要写明 applicationContext.xml 文件中所对应的<bean>元素。这样的话，Spring 就可以当作一个类管理工厂来使用，这是 Spring 最主要的作用。当然，Spring 还有一些其他的作用，如面向切面编程、直接将 Struts 和 Spring 的优点结合起来的 Spring MVC。

而如果在项目中使用 Spring MVC，那就更省事了。在这种框架组合下，我们只需要引入 Spring 相关的 JAR 包即可，其他框架一律不要，就能完成对整个项目框架的搭建。这也正是 Spring MVC 可以取代 Struts 2 的原因。当然，在持久层上我们可以使用 MyBatis，从而构成“Spring MVC+MyBatis”的技术架构，也就是当前常说的 SSM 架构。需要注意的是，每种技术架构的 XML 配置文件的内容不尽相同，但发展趋势都是越来越简单。而到了 Spring Boot“独领风骚”的时代，我们甚至连这些 XML 配置文件都不用写了。

1.3　Spring 基础环境搭建

在本节中，我们来正式搭建一个 Spring 开发的基础环境。其实，不论是 Java 基础开发环境，还是 Spring 基础开发环境，需要配置的东西本来就不多。可以说相关步骤都是固定的，也是最基础的内容。即便如此，如果不学习它们，后面关于高级内容的学习将无从谈起。只有牢固掌握了基础环境的搭建，再从基础环境出发，在项目里不停地填充内容，并且做各种练习和实验，我们才能逐步地掌握软件开发的技能，所以掌握基础环境的搭建至关重要。

1.3.1　Java 介绍

本节主要讲解 Java 的分类，为广大读者扫除知识障碍。读者的知识背景参差不齐，有些人可能根本分不清 Java 以及它的衍生概念。举个最典型的例子，不少读者分不清 Java 和 Java EE 分别是什么。因此，本节对学习后续章节所必备的知识做系统并且简单扼要的介绍，以方便读者透彻理解它们。想一想，如果我们分不清这些概念，便会有疑问：到底是应该学习 Java EE 还是学习 Java ME？这样就麻烦了！

1. Java 发展

Java 是一种当前非常热门的编程语言，诞生于 20 世纪 90 年代，至今已经有几十年的发展历史了。关于具体的历史，读者可以自行了解，Java 的故事读起来也挺有意思的。首先，Java 的发展绝对是一波三折的，甚至一度进入了低谷，它的浪潮依靠互联网的发展而来。如果互联网发展滞后，Java 不可能变得热门，当然 PHP 也不可能。试想，在单机时代，我们所接触的单机游戏和.exe 可执行程序，大部分都是用 C 语言或者 C++写的，就连 Java 的核心也是用 C 语言写的，只不过其自身的工具类是用 Java 语言写的。但是话说回来，每种语言都有自己的优势，C 语言和 C++的优势在于能直接和汇编语言、机器语言打交道，这种特性也决定了它们擅长写底层的内核。而 Java 的优势就在于开发互联网应用，典型的例子就是电商网站、内容管理系统（Content Management System，CMS）网站，电子政务网站、信息平台等。

随着互联网的飞速发展，各种应用“漫天皆是”。网上购物平台、手机 App 这些软件产品的开发中都可以找到 Java 的身影，而各行各业信息化的需求愈发增多，可谓“一发不可收拾”！一个典型的例子就是电子政务，以前我们做什么事情都需要“事必躬亲”，而现在只需要在互联网上输入地址，填一些表单就可以完成这些事情，这些软件的更新迭代同样也离不开 Java。这就是 Java 语言备受欢迎，并且长期“称霸”编程语言排行榜的原因。2021 年 7 月的 TIOBE 编程语言排行榜如图 1-2 所示。

Jul 2021	Jul 2020	Change	Programming Language	Ratings	Change
1	1		C	11.62%	-4.83%
2	2		Java	11.17%	-3.93%
3	3		Python	10.95%	+1.86%
4	4		C++	8.01%	+1.80%
5	5		C#	4.83%	-0.42%
6	6		Visual Basic	4.50%	-0.73%
7	7		JavaScript	2.71%	+0.23%
8	9	^	PHP	2.58%	+0.68%
9	13	^^	Assembly language	2.40%	+1.46%
10	11	^	SQL	1.53%	+0.13%

图 1-2 2021 年 7 月的 TIOBE 编程语言排行榜

2. Java 特性

下面，我们来介绍一下 Java 语言的特性。读者深入理解了这些特性，就能明白这门语言可以做什么，以及学习这门语言的意义。

（1）简单易学。在 C++中，我们需要花费大量时间去处理内存指针的问题，而在 Java 中，指针实际上存在，只是被隐藏起来了，其实指针对应的就是内存中的地址。Java 为什么要这样做？就是为了降低开发难度。还有 C++里面的多继承概念，Java 也去掉了。但在 Java 中，我们可以通过 extends（继承）和 implement（实现）关键字来完成类功能的扩展。

（2）面向对象和跨平台。Java 是“纯”面向对象的编程语言，意味着在 Java 开发中，所有的需求开发都需要从现实世界中抽取对象。例如，在常见的信息系统中，我们需要处理“张三”和“李四”这类姓名信息，在 Java 中便可以把它统一设计成 User（用户）类，在整个项目周期中，凡是需要涉及“用户”这个数据模型类（POJO 类）的时候，我们都可以使用事先定义好的 User 类。当然，一个项目所需要的数据模型类是非常多的，例如我们还可以定义 Teacher（教师）类，Student（学生）类等，这些 POJO 类组合起来便可以支撑起若干个复杂的业务。

在 Java 文件的运行方面，它采用的是“先编译，再解释”的运行方式。也就是说，我们需要把 Java 语言编写好的类文件编译成.class 文件，然后项目在运行到具体节点的时候，再把.class 文件的内容解释、运行，因此 Java 也被称作半编译、半解释的语言。这样说有些笼统，举个简单的例子，我们之前定义了 Student 类，那么在项目中这个类的体现就是，把 Student 类的 Java 文件编译成了.class 文件，由 Java 虚拟机（Java Virtual Machine，JVM）负责加载运行。这样的话，当项目在执行查询学生成绩的操作的时候，这个类便由 JVM 进行解释并且运行了。.class 文件是字节码文件，本身是二进制编码的，但是它不能被机器运行、识别，它需要由 JVM 进行解释。Java 的跨平台性就体现在这里了，不同的平台，如 Windows 或 Linux，只要有了 JVM 即可以解释、运行 Java 程序。

（3）安全性强。如果说 Java 语言的跨平台性是最受欢迎的，那么 Java 语言的安全性是最让人放心的，这主要得益于 Java 语言中设计的沙箱安全模型。Java 代码的运行全部在类装载器、.class 文件检验器、VM 内置的安全特性、安全管理器这 4 个组件的安全策略下完成，极大地保障了程序运行的安全。

（4）跨平台。Java 在企业级应用方面的优势则越来越大，以至于出现了“一枝独秀”的局面。如果使用 Java 语言开发项目，我们所关注的无非是在某个系统环境下完成代码的编写和调试。至于 Java 程序最终需要用在哪里，没有必要过多地关心，因为无论是在 Windows 系统还是在 Linux 系统中，Java 程序都可以顺利地部署、流畅地运行。Java 跨平台的优点得到了很多公司的青睐，它们纷纷把自己公司的核心技术确定为 Java。

另外，Java 语言还提供了抽象窗口工具集（Abstract Window Toolkit，AWT）和 Swing 方面的开发方法，这两者都是基于图形用户界面（Graphical User Interface，GUI）的，也就是我们常说的 GUI 层面的开发方法。但是，Java 语言在 GUI 领域的优势并不那么明显，更多的开发人员仍然选择了 C++，绕过了虚拟机，直接与操作系统交互。

3. Java 生态环境

除了这些特性，Java 语言“屹立不倒”还有一个很重要的原因：Java 语言的“生态环境”。理解生态环境，其实并不难。试想，如果淘宝只做电商，做好订单方面的管理也完全可以维持日常的运转，可它为什么还要在首页融入那么多其他应用（例如聚划算、优酷、饿了么等）呢？答案很简单，淘宝做的就是生态环境。因为这些应用时时刻刻影响着人们的生活，我们离开一两个应用也许可行，但我们无法离开所有的这些应用。因此，“阿里系”的产品便成了“巨无霸”，用户的黏性越来越大，以至于人们的生活很难离开它们，这便是软件生态环境。别的语言咱们暂且不提，就单独来看看 Java。它的生态环境不断发展，我们可以举一些例子：

- Java EE、Java SE、Java ME 自带的生态环境；
- Tomcat、Jetty、WebLogic 等服务器；
- Struts、Spring、Spring Boot、Hibernate、MyBatis 等框架；
- Activity、Nginx、Redis、Solr、Elasticsearch 等与 Java 关联的第三方生态环境；
- 互联网上成千上万的 Java 技术社区。

经过多年的发展，可以说 Java 生态环境已经形成了很大的规模，在这种形势下，Java 语言可能会持续热门下去。因此，学习 Java 仍然是不错的选择。

4. Java EE

Java EE 原来叫 J2EE，就是 Java 为了解决企业级方案的开发、部署、管理等复杂问题而专门定制的一款技术结构。我们学习 Java 也正是通过企业级项目来入手的。企业级项目的需求太多了，例如，大部分企业都会需要一款人力资源管理系统，这款系统便可以使用 Java 语言来开发。而且，企业级需求的常规开发操作很多是报表的增、删、改、查等，这类需求开发起来也相对简单。当然，随着互联网技术的发展，企业级项目的涵盖范围越来越广。例如，淘宝、京东等都需要大量的 Java 程序员来完成它们平台的日常需求的开发，而相比之下，腾讯对 Java 的需求则不是很多，这个问题也很容易理解，因为腾讯相关的很多业务都是用 C++开发的。

总的来说，世界上有那么多企业，它们基本上都有这样的、那样的需求，Java 官方正是看到了这些需求，才提出了 Java EE 这样的针对性的解决方案，以方便我们使用 Java 语言来满足这类需求。有个不太确定的说法：“凡是带有‘××管理系统’的项目，基本上都属于企业级项目的范畴”，然而这类项目就太多了，简直数不胜数，这是因为信息化的趋势愈发严峻，任何公司都希望精简工作流程、提高办事效率，来节省人力成本。但这并不是说 Java 只能干这些事情，互联网公司的很多项目都是使用 Java

语言开发的，只是 Java EE 为企业级项目提供了一些额外的工具包、功能特性等，方便我们开发和处理不同的场景，这也体现在 Eclipse 的版本特性上。

5. Java SE

Java SE 是 Java 平台的标准版，主要用于开发和部署桌面、服务器、嵌入式设备、实时环境中的 Java 应用程序等。其实，Java SE 就是 Java 的基础，包括数据类型、循环、多线程、Socket 编程等，还有 Java AWT、Java Swing 等 GUI 编程内容。因为 GUI 编程并不是 Java 的优势，所以我们不用花费太多时间去学习这部分内容，使用 C#、C++、VB 可以做得更好。我们学习 Java EE 时，实际上也要学习很多 Java SE 的内容，只是需要学习的内容太多，故而做了精简以达到速成的目的。笔者曾经跟一些朋友做过一些简单的统计，那就是 Java 的知识如果不精简，大概需要一本几千页的图书才能介绍完，相信这样的阅读量会让每个程序员都觉得不可思议，因此对 Java 知识进行精选是非常重要的一件事情。

6. Java ME

Java ME 的主要作用就是开发移动设备，它所提供的工具包和特性也是根据移动设备的特性来定制的。如果想要学习 Android 开发，就需要从 Java ME 入手了。学习 Java ME 可以为日后学习 Android 打下坚实的基础。Android 是一个完整的移动操作系统，而 Java EE 则是一个使用 Java 语言编写的移动开发包，目前 Java ME 的应用率相对较低。

7. JVM

Java 的跨平台性就是依靠 JVM 来完成的，它的作用是解释字节码并执行字节码文件，也就是我们编译后的.class 文件。众所周知，在不同平台上运行不同语言的程序是需要重新编译的，而虚拟机作为不同平台上的公共的桥梁，可以理解为“虚拟的计算机”。虚拟机和真实计算机一样，有处理器、堆和栈、寄存器、指令系统等，正因为具备这些特性，Java 程序便可以在有虚拟机的环境下直接运行，真正实现了“一次编译，四处运行”。而运行过程是由虚拟机来完成的，运行内容则对程序员隐藏，以方便程序员实现业务逻辑。如果对虚拟机特别精通，则可以完成针对虚拟机的开发，一些大型企业甚至有虚拟机工程师的职位。目前应用最广的 JVM 是 HotSpot VM。

8. JDK 和 JRE

经常有人搞不清楚 JDK 和 JRE 的区别，其实它们的区别并不复杂。JDK 是 Java 语言的软件开发工具包（Software Development Kit，SDK），实际上 JDK 就是我们日常开发的时候，为我们提供工具包的东西。JDK 里包含一个 JRE，因为我们不但要使用 Java 编程，还需要运行程序，所以必须有一个 JRE 来运行程序。Java 语言的运行时环境（Java Runtime Environment，JRE）包含 JVM 标准实现及 Java 核心类库。也就是说，如果我们想在自己的计算机上运行 Java 程序，就必须有 JRE，但是 JRE 并不包括开发环境。因此，在学习 Java 的时候，一般需要在 IDE 中配置 JDK，并且还需要把 JDK 配置在环境变量里。

其实，本节的内容完全是用来为读者今后的学习扫清障碍的。如果我们只求速成，却连基本概念都一知半解的话，头脑中的疑惑便会随着我们学习的深入变得越来越“不可收拾”，极有可能形成“症结”。因此，在学习写代码之前，我们需要分清楚这些 Java 中经常混淆的概念，并且保持清醒的头脑，这样才能真正实现我们速成 Java EE 的目标，再在实现这个目标的基础上，继续深入浅出地学习 Spring Boot。等学会了所有的内容，便可以站在 Java 架构师的巅峰“一览众山小”了。

1.3.2　JDK 环境配置

JDK 是 Java 开发的核心，包含 JRE、工具和基础类库。如果没有 JDK，Java 开发是无法进行的，Java 项目也无法运行起来。所以要做任何项目的开发，第一件事情就是安装好 JDK，接下来我们才可以做更多的事情。纵观 Java 的开发工具，只有 MyEclipse 自带了 JDK，如 MyEclipse 10.7 自带的 Sun JDK 1.6.0_13，但是 IntelliJ IDEA 并没有携带 JDK，需要自行配置。在本书中，我们不以 MyEclipse 作为开发工具，而是使用 Eclipse，这样就需要手动配置 JDK 了。

这里需要注意一点，在笔者的其他著作中，一般都是安装 JDK 6 的。关于这点，前文中已经有过详细的叙述，JDK 6 是第一个里程碑版本，因此，一般情况下我建议大家从 JDK 6 开始学习。但是 JDK 6 是不支持 Spring Boot 的，也就是说，如果项目采用了 Spring Boot，很多的程序在 JDK 6 环境下运行是会出现编译错误的。因此，在本书中我们使用 JDK 的第二个里程碑版本，也就是 JDK 8，再从该版本开始学习，逐步过渡升级。

首先，需要在 Oracle 官方网站上下载 JDK 8。Oracle 官方网站经常更新，具体的下载地址会经常改变，因此没有一个确切的下载地址。但是，可以在 Oracle 官方网站找到“Downloads”菜单，基本上 Oracle 公司所有的产品都可以通过“Downloads”菜单找到对应的下载界面。另一种方法是可以在其他的网站下载 JDK 8，例如国内的一些网站，下载速度也相对比较快。在 Oracle 官方网站下载 JDK 的界面如图 1-3 所示。

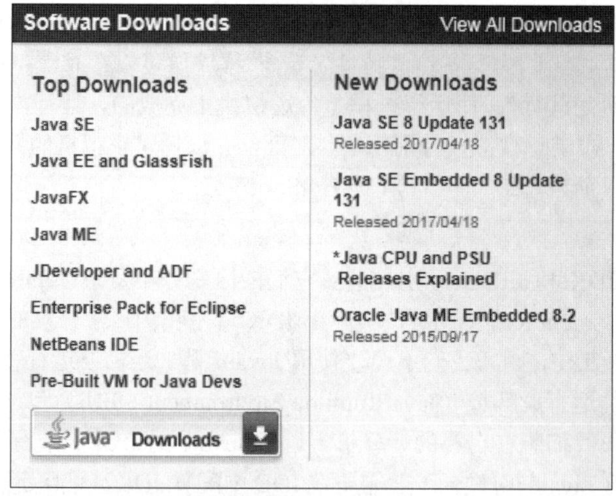

图 1-3　在 Oracle 官方网站下载 JDK

下载 JDK 8 之后，最好将它安装在非系统盘里。接着，需要对刚才安装好的 JDK 进行环境变量的配置，以方便我们在 DOS 系统下使用 JDK 命令。例如，最常用的编译命令 javac、显示 JDK 版本的命令 java –version。这些命令的使用都依赖于环境变量的配置，如果没有配置，这些命令是不会生效的。

首先，打开 Windows 的“环境变量”对话框（见图 1-4），新建系统变量“JAVA_HOME”和“CLASSPATH”。编辑“JAVA_HOME”变量，在变量值里输入 JDK 8 的安装地址，如“D:\Program Files\Java\jdk1.8.0_202”，点击“确定”保存。接着，编辑“CLASSPATH”变量，在变量值里输入“.;%JAVA_

HOME%\lib;%JAVA_HOME%\lib\tools.jar”，点击“确定”保存。最后，选择系统变量名为“Path”的环境变量，在原有变量值的基础上追加“%JAVA_HOME%\bin;%JAVA_HOME%\jre\bin”，点击“确定”保存。

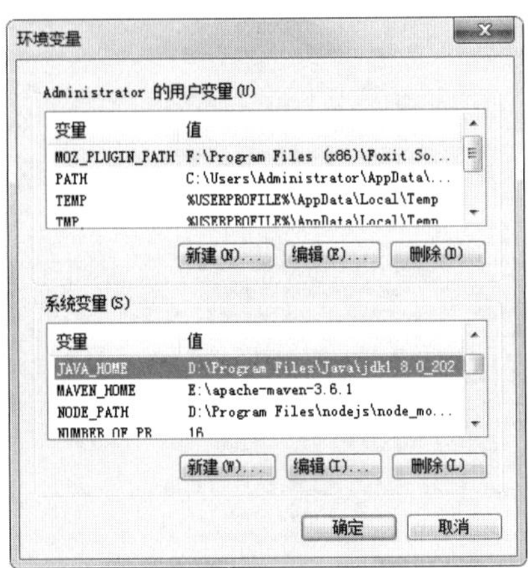

图 1-4 Windows 的“环境变量”对话框

为了验证 Java 环境变量是否配置成功，可以运行 cmd 程序，打开 Windows 的命令行模式，输入 java -version 命令，如果环境变量配置成功，会在下面输出当前 JDK 版本号等信息，如图 1-5 所示。

图 1-5 输出 JDK 版本号等信息

配置好了环境变量，还需要在 Eclipse 中配置 JDK，使其可以在开发工具中使用。打开 Eclipse，在“Preferences”菜单中的“Java”选项下找到“Installed JREs”选项，就可以看到当前工作空间中的 JDK 配置。点击“Add”按钮，在弹出的“Add JRE”窗口中选择“Standard VM”，点击“Next”按钮进入下一步，在弹出的窗口中点击“Directory”按钮，选择 JDK 8 的安装目录后，点击“确定”，自动识别出的 JDK 的相关信息会在“JRE system libraries”列表框中显示出来，如图 1-6 所示。

点击“Finish”按钮完成配置。这时，Eclipse 会自动回到“Installed JREs”对话框中，JDK 配置列表中会多出一栏刚刚配置好的 JDK 选项，勾选对应的复选框，点击“OK”。至此，Eclipse 下的 JDK 配置就成功了，在以后的开发工作中，我们将依赖这个 JDK 提供的基础 JAR 包来开发和运行项目。

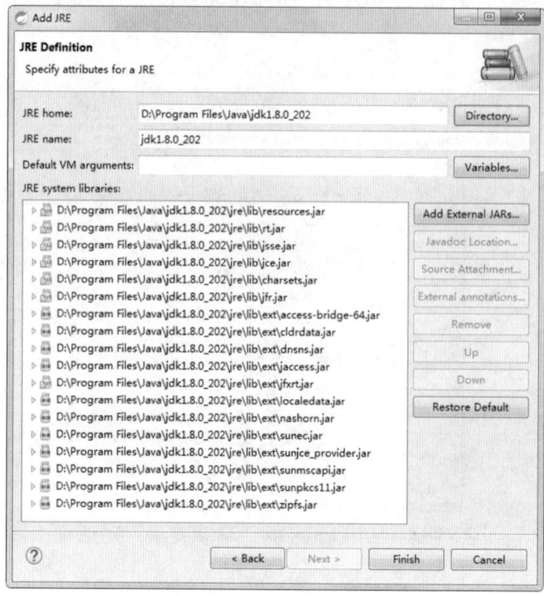

图 1-6 在 Eclipse 中配置 JDK 8

1.3.3 Maven 环境配置

在十多年前，Java 软件开发的模式跟现在是有很大的不同的。那个时候，Java 生态环境远远没有现在这么繁盛，很多程序和需求完全需要自己去写，没有第三方的参考资料，更不要说直接引用别人已经写好的插件了。而且那时候的网络也没有现在这么发达，网速也不够快。因此，十多年前的 Java 开发模式一般都是配置好 JDK，就开始直接写代码了。如果遇见需要引入的第三方 JAR 包，就直接将其复制到项目的 lib 目录下，让其自动生效、完成编译。

而随着时代的发展，这种方式显然不再适用。其一，如果公司或者个人没有积累的话，很多 JAR 包都需要依赖于网络寻找，很多时候会找不到；其二，随着时间的流逝，一些保存 JAR 包的服务器地址失效了，以至于一些 JAR 包根本找不到地方下载。因此，最近几年，Java 开发模式有了改变，表现为在搭建项目的时候使用 Maven 模式，直接从固定的地址来下载 JAR 包，并且只需要在 pom.xml 文件中进行简单的配置即可。这样的话，当下载好 JAR 包之后，它便能直接在项目中生效。举个典型的例子，导出 Excel 文件这个功能随处可见，但是如果项目中没有在 pom.xml 文件中配置 POI 的信息的话，那么运行与之相关的代码便会报错，而如果随后加入了如下 POI 的信息，保存、编译后，这段报错的代码便会正常运行。

```
<dependency>
    <groupId>org.apache.poi</groupId>
    <artifactId>poi</artifactId>
    <version>3.9</version>
</dependency>
```

那么话说回来，Maven 要怎么配置呢？要学习使用 Maven 工具构建项目，首先需要搭建一个 Maven

环境。打开浏览器，在地址栏输入 Maven 的官方网站地址，按“Enter”键，进入 Maven 官网，如图 1-7 所示。

显而易见，Maven 的具体下载菜单是“Download”，点击“Download”，可以看到官方提供的 Maven 最新的几个版本。在本例中，我们使用之前的 3.2.1 版本，下载 Maven 压缩包并将其解压缩后，将 Maven 复制到 E 盘根目录下，如 E:\apache-maven-3.2.1。Maven 的主要作用是从网上“拉取”JAR 包，它的各个安装文件版本的功能其实都差不多，并没有什么特别大的区别，总之不要选择太“古老”的版本就行。

接着，配置 Maven 的环境变量，具体的配置方法跟 JDK 的类似，主要是配置两个系统变量，它们分别是 MAVEN_HOME（E:\apache-maven-3.2.1）和 Path（%MAVEN_HOME%\bin），配置好之后，点击“确定”保存。接下来，在 Windows 的“运行”对话框中输入 cmd，进入命令行模式，输入 mvn -v，如果屏幕上显示出“Apache Maven 3.2.1”这段文字，便说明 Maven 安装成功，环境变量也配置成功了。

图 1-7 Maven 官网

1.3.4 构建 Spring Boot 项目

搭建好了开发环境，接着我们通过一个简单的入门项目来快速构建采用 Spring Boot 框架结构的项目，并且通过一个十分简单的需求，来实际体验一下 Spring Boot 方便、快捷、高效的特性。平时搭建一个 SSM 或者 SSH 框架需要很多步骤，框架搭建完之后还需要做很多配置，大概的过程有：配置 web.xml、连接数据库、加载配置文件、开启注解、在 XML 文件中注入类的依赖关系等。且不论项目的规模大小，这是一个完整的过程，每个环节都需要执行一遍，才能成功构建一个完整的、可运行的项目。

接下来，我们就快速构建一个 Spring Boot 项目，来体验一下 Spring Boot 的开发效率。打开 Eclipse 的“File”菜单，选择“New”菜单下的“Spring Starter Project”，填入项目的“Name”为“demo”，其他的“Group”“Artifact”“Version”“Type”等设置根据需要填入即可。其中，“Group”是组织的意思，

一般对应的是公司名；“Artifact”指的是模式，一般对应的是项目名称（可以与 Name 不一致），“Group”和“Artifact”组合是为了保持项目的唯一性；注意“Type”选择“Maven”。

点击“Next”，会弹出一个新的界面，该界面列出了该项目的各种选项设置，其中包括很多可以继承进来的第三方框架，如 NoSQL、Spring Cloud、Web 等，这部分暂时不用选择，保持默认即可。在该界面中，可以设置 Spring Boot 的版本号，如 2.4.0 等，点击“Next”进入下一个对话框。在 Site Info 窗口中，可以看到 Base Url、Full Url 的设置，这两个地址是生成 Spring Boot 项目的官方地址，保持默认即可，点击“Finish”按钮完成设置。接着，IDE 便可以自动构造 Spring Boot 项目，在 IDE 界面右下角可以看到进度条，等待编译结束后，便可以看到 Spring Boot 项目的基本结构，如图 1-8 所示。

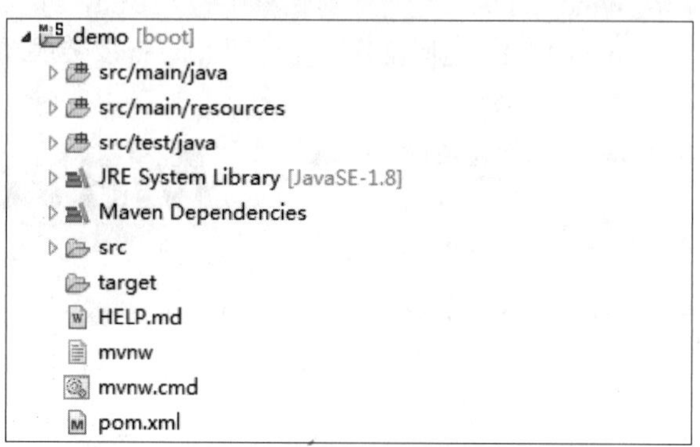

图 1-8　Spring Boot 项目的基本结构

从图 1-8 可以看到，Spring Boot 项目的结构并不复杂，和其他项目并没有多少差别，但这个结构是自动生成的基本结构。接着便可以使用这个项目来完成复杂的开发任务了。那么 Spring Boot 的方便、快捷体现在什么地方呢？我们应该如何往里面添加东西呢？实际上要解决这些问题也不难，我们可以继续重复刚才的步骤。

在新建项目的时候，把“Name”设置为“demo-1”，等到选择 Spring Boot 版本号的时候，就可以看到一个下拉列表，里面列出了 Spring Boot 支持的所有第三方框架，直接勾选复选框，便可以将相应框架加入当前的项目当中。第三方框架列表如图 1-9 所示。

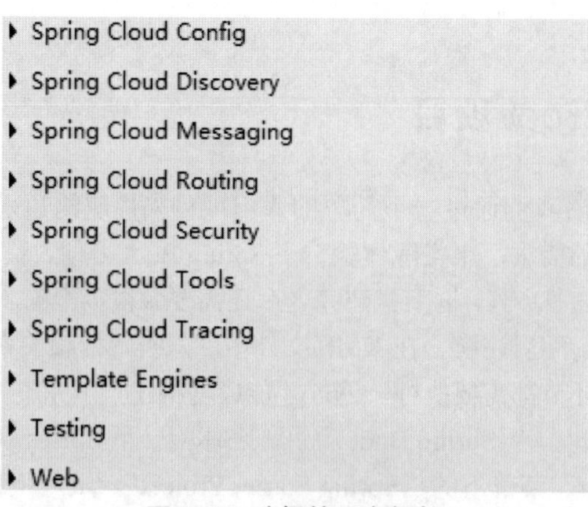

图 1-9　选择第三方框架

可以随便选择几个看看效果，例如选中“Web”选项下面的“Spring Web”，点击“Finish”。从项目架构上来看，demo 与 demo-1 并没有什么区别，而当我们打开 Maven Dependencies 文件夹后，就可以发现两个项目的不同之处了。原来，之后新建的项目要比之前的项目多了好几个 JAR 包，比较典型的就是多了 Spring Framework 的几个包，即 Spring-core、Spring-web、Spring-beans、Spring-aop、Spring-context 等，这些包的作用是方便程序使用 Spring 特性和 Spring MVC，而多出来的 tomcat-embed-core、tomcat-embed-el、tomcat-embed-websocket 包则内嵌了 Tomcat 服务器。因为我们选择的是 Spring Web 集成插件包，既然是 Spring Web 项目，那么 Tomcat 服务器和 Spring 相关的技术必然是不可少的，所以 IDE 帮我们自动集成了这些 JAR 包。当然，如果需要其他框架，如 Spring Cloud 框架技术，可以在这里集成进来。

在这里，我们编写一个简单的测试类来运行 Spring Boot 项目。在 demo-1 项目下，新建 com.example.demo.controller 包。注意，这个包必须建立在 com.example.demo 包之下，才能被内置程序扫描到，否则访问无法成功！接着，新建 EmpController.java 文件，如代码清单 1-3 所示。

代码清单 1-3 EmpController.java

```
package com.example.demo.controller;

import org.springframework.web.bind.annotation.RequestMapping;
import org.springframework.web.bind.annotation.RestController;

@RestController
public class EmpController {

    @RequestMapping("/findEmpName")
    public String findEmpName(){
        return "张三";
    }
}
```

代码解析

这段代码中，@RestController 注解的意思是该控制器中运行的方法的返回数据会以 JSON 类型直接传递给浏览器，这样的话，浏览器接收到“张三”后会将其直接输出。而@RequestMapping 注解的意思是拦截请求，在这里，拦截了 findEmpName 请求，如果输入其他非法路径，浏览器会报“There was an unexpected error (type=Not Found, status=404)”错误。

编码完成后，使用新建的 Spring Boot 项目的启动文件 Demo1Application.java，点击鼠标右键，选择“Run As”下的“Java Application”，启动 Spring Boot 程序。这时，Console 栏中会出现一连串启动信息，如果程序没有报错，就代表着项目启动成功了。启动信息中有一条信息请特别注意一下：

```
Tomcat initialized with port(s): 8080 (http)
```

这条信息表明了 Spring Boot 当前内置的服务器为 Tomcat，端口号是 8080，当然这一切都是可以配置的，具体的内容以后会详细讲解。最后，我们在地址栏输入 http://localhost:8080/Controller，按“Enter”键，浏览器的界面中显示了文本“张三”，说明 Spring Boot 项目的运行是成功的！这里需要注意一点，我们使用 IDE 自动生成了两个 Spring Boot 项目，名字分别是 demo 和 demo-1。Spring Boot 程序运行结果如图 1-10 所示。

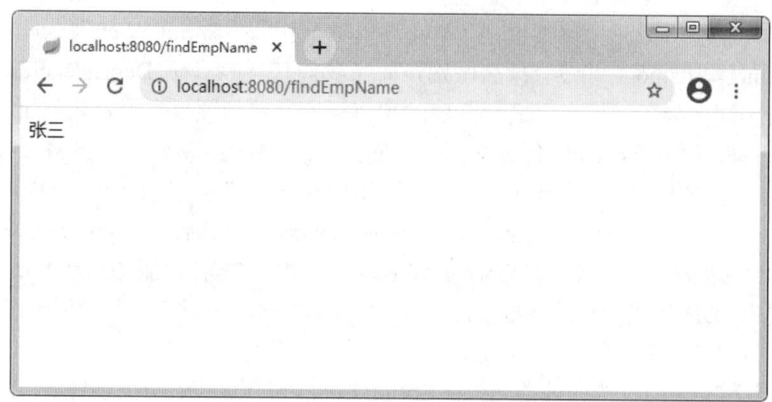

图 1-10 Spring Boot 程序运行结果

为什么要使用第二个项目来测试呢？这是因为第一个项目并没有加载 Spring Web 集成插件，项目里面也自然没有集成 Tomcat 和 Spring 相关的 JAR 包。这样会存在两个问题：第一，使用该项目编写和运行 Spring 代码会报错；第二，即便没有报错，项目启动后，也是无法正常运行的，因为项目里面没有集成 Tomcat 服务器。

1.4 EJB 编程快速入门

在 Spring 框架诞生之前，有很多项目采用企业 JavaBean（Enterprise JavaBean，EJB）框架来进行开发，而 Spring 在诞生之后，没有经过多长时间，便替代了 EJB 框架。直到现在，仍然有不少人将 Spring 和 EJB 框架进行对比。因此，在本节中我们通过一个简单的例子来让读者达到 EJB 编程快速入门的目的。掌握了 EJB 编程，便能更好地理解 Spring 带来的革新，另外，也可以拓宽自己的知识广度。

Spring 家族有众多衍生产品，例如 Spring Boot、Spring Security、Spring JPA 等。但是，它们的很多技术并不是单独运行的，而是互相交叉使用的，典型的例子就是很多产品虽然由 Spring MVC 技术实现，但在运行的时候，还需要用到 Spring 框架的控制反转、依赖注入、面向切面编程等编程方法。总之，Spring 家族的产品在技术上是互通的。至于后期出现的 Spring Boot，它的作用归根到底就是一句话："最大程度地简化了 Java EE 的过程，使得程序员可把更多的时间投入业务逻辑的开发。"它的目标就是解决企业级应用开发的复杂问题，例如让程序员不再手动设置 XML 文件里的 Java 类的依赖。

稍微回顾一下历史，在 1997 年初，IBM 公司提出了 EJB 技术概念。因为 IBM 和 Sun 公司的极力推崇，所以很多公司都纷纷采用 EJB 来部署自己的系统，这也是 EJB 当时火爆的原因，就跟现在的程序员推崇 Spring 一样。而当大众开始普遍使用 EJB 技术的时候，又出现了很多问题，归根结底便是 EJB 的远程调用模式会影响应用的性能，现实是很多中小型应用根本就不需要分布式计算，让它们强行使用 EJB 模式开发反而会影响效率。具体的弊端如下。

- 使用 EJB 开发模式，需要编写大量的接口和配置文件。到了 EJB 2.0 时代，开发一个 EJB 还需要配置两个文件，其结果就是配置的工作量比开发的工作量还要大。
- EJB 需要运行在 EJB 容器中，而 JSP 和 Servlet 需要运行在 Web 容器中，使用 EJB 模式开发，就需要 Web 容器远程调用 EJB 容器的服务。这样的话，就需要开发两个服务器的内容和很多配置文件，再加上 EJB 的 API 开发难度很大，导致程序员开发效率较低。而且，远程调用特别依赖网络，使用远程方法调用（Remote Method Invocation，RMI）会降低性能。

EJB 最初设计的应用场景就是分布式系统。说得通俗点，就是客户端在本地运行 A 接口，而 A 接口直接去远程服务器调用某些处理代码。接着，远程服务器把处理结果返回给 A 接口，然后把结果呈现给用户。最初，由于市场上只有 EJB 这一种开发模式，再加上 IBM 和 Sun 公司的极力推崇，大家才开始普遍使用 EJB，尽管它的开发过程非常复杂。

而到了 2004 年，这一切都开始发生变化。这一年由 Rod Johnson 主导的 Spring 项目推出了 1.0 版本，这就意味着 Spring 正式诞生，这种轻量级的框架是通用的，并非专门面向分布式系统，它极大地满足了市场上的绝大部分技术需求。因此，程序员很快地抛弃了重量级的 EJB，纷纷投入了 Spring 的怀抱，这种感觉就像找到了久违的春天。Sun 公司也开始大力推广 Spring，再加上诸多技术社区的推动，Spring 便迅速地占领了市场，成了行业标准，迎来了属于自己的时代。

1.4.1 Hello EJB 程序

EJB 一般用来开发分布式应用，而在 Web 端的分布式应用就是本地程序远程调用 EJB 服务器。举个形象的例子，我想做超级计算，需要把数据综合起来进行分析才能得出结果。要支撑这样庞大的计算量，靠我本地的计算机配置是难以完成的，因为计算周期太长。为了解决这个问题，我就可以把这个计算过程的业务类抽取出来，部署到远程 EJB 服务器上，而我在本地只需要通过 RMI 技术调用远程服务器的接口，便可以在远程服务器完成计算，再把计算结果返回给我的本地计算机，这就是 EJB 的远程调用和开发模式。

这样一看，EJB 确实起到了分布式计算的作用，但由于并非现实生活中所有的业务都需要用分布式模式来完成，如果强行使用分布式模式，反而会使性能降低。这种情况就是典型的“概念看上去很美好、很正确，但实现起来却发现有诸多困难”。别的不说，就说说 EJB 服务器吧，如果它有不同的网段，这些网段的速度是不一样的，如何来平衡？即便勉强平衡了，那么对于数据库的并发访问问题又该如何解决？如果在 EJB 中使用分布式事务，又该如何控制？总之，实际操作起来困难很多，如果不能完美解决，反而不如单机结构或集群结构。举个典型的场景吧，如果有一家小型公司，它只需要一个简单的工资绩效管理系统，其需求通过一些简单的增、删、改、查操作就可以满足了，再把系统部署到一台普通的服务器上，就可以正常运行。如果针对这种简单的需求，也强行使用 EJB 的话，就会得不偿失！

因此，如果某个项目一开始就确定是分布式应用，需要跨平台协作，那它使用 EJB 是正确的。如果别的项目不需要使用分布式模式，那就不要用 EJB 这种重量级的框架，老老实实使用 Spring 这种轻量级的框架就可以满足需求了，这种情况下使用 EJB 有点画蛇添足。梳理清楚了这些问题，我们来正式开发一个简单的 EJB 程序，“实地体验”一下这个分布式框架的作用。

开发 EJB 程序需要一个完整的过程。首先，需要安装 JBoss 插件，选择 Eclipse 的“Help”菜单下的“Eclipse Marketplace”，弹出“Eclipse Marketplace”窗口，在“Find”文本框中输入“JBoss Tools”，点击搜索图标 🔍，找到 JBoss Tools 插件，点击“Install”进行安装，如图 1-11 所示。

当所有设置完毕后，选择“I accept the terms of the license agreements”，即同意开始安装，最后点击“Finish”结束安装，JBoss 插件就正式安装好了。安装的时候需要从远程服务器下载插件，可能需要等待一会儿。等安装 JBoss 之后，便可以正式开始配置这个服务器。

图 1-11　Eclipse Marketplace 窗口

先新建 EJB 项目。选择“New”菜单下的“Other”菜单，在弹出框中选择“EJB Project”，接着点击“Next”，在弹出的菜单中，需要设置项目名称（ejbDemo）、工作空间目录（Location）、运行环境（Target Runtime）、运行环境版本（EJB Module Version）等配置信息，保持默认即可。

其他配置信息的设置相对简单，唯独 Target runtime 比较困难。如果之前配置了 JBoss 的运行服务器，那么在此处可以直接勾选配置好的服务器，如果没有就需要新建服务器，大体过程跟部署 Tomcat（见 1.5.3 节）一样，但也有一些不同之处需要注意。点击“New Runtime”按钮，在弹出的对话框中选择“JBoss 6.x Runtime”，点击“Next”按钮，在弹出的对话框中，可以设置一些信息：运行时 JDK 使用“JDK 8”，而“Home Directory”则是服务器目录。如果已经手动下载 JBoss 并且已经将其安装到该目录的话，则可以直接选择；如果没有，也可以采取线上直接下载的方式来安装，但需要指定安装目录。可以直接点击“Download and install runtime”链接来进行在线安装。在弹出的对话框中选择“JBoss 6.0.0”，点击“Next”，在弹出的界面中，分别设置安装和下载目录，如图 1-12 所示。

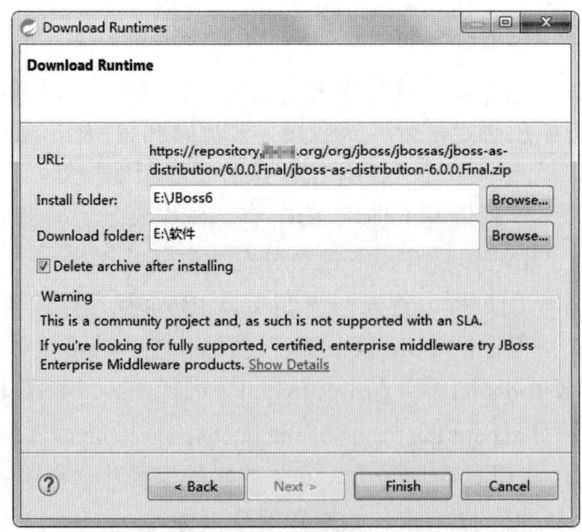

图 1-12　在线安装 JBoss

然后点击“Finish”按钮，Eclipse 自动完成下载和安装。安装完成后，Eclipse 自动识别到了 JBoss 服务器，并且做了默认的配置。接着，新建 ejbServer 和 ejbClient 项目来实现 EBJ 分布式开发。

首先，需要开发 EJB 项目的服务器端。在工作空间里选择“File”菜单，再选择“New”，选择 EJB 项目类型，点击“Next”，在弹出的对话框中，找到“Project name”，输入“ejbServer”，点击“Finish”完成建立。这里需要注意一件事情，Target runtime 选择 JBoss 6.x Runtime 即可，跟选择 Tomcat6 是一个道理，但需要使用 JBoss 来运行 EJB 项目。如果“Target runtime”里没有选项，则需要点击“New Runtime”来建立一个服务器。

例如，点击添加 JBoss6，在弹出的最新对话框中，有这样几个选项。第一个“Name”可以随便填，而“Home Directory”则是 JBoss 服务器目录。如果手动安装好了 JBoss 服务器就可以选择安装目录，如“E:\JBoss6\jboss-6.0.0.Final”；如果没有则可以使用“Download and install runtime”在线下载 JBoss 服务器，具体过程刚才已经讲解过了。

在这里使用在线下载模式，选择“JBoss 6.0.0”，点击“Next”按钮，点击“Finish”完成安装。这样 ejbServer 项目便可以作为服务器端来运行了，它可以接受普通 Java 项目的远程调用。在 ejbServer 项目中新建目录 ejbModule，在目录下新建 com.ejb.server 程序包，再在其下分别新建两个文件，分别表示 EJB 的接口和数据模型 Bean。新建 ModelEjb.java 文件，如代码清单 1-4 所示。

代码清单 1-4 ModelEjb.java

```
package com.ejb.server;

import javax.ejb.Remote;

@Remote
public interface ModelEjb {
    public String sayHello(String name);
}
```

代码解析

这里我们建立一个 server 服务器端，并且在该 interface 接口中定义一个名为 ModelEjb 的接口，再为该接口新建一个 sayHello()方法。这个接口在 EJB 之中起到了远程服务的作用，跟接下来要讲述的 WebService 技术的作用是差不多的。

新建 ModelEjbBean.java 文件，如代码清单 1-5 所示。

代码清单 1-5 ModelEjbBean.java

```
package com.ejb.server;

import javax.ejb.Remote;
import javax.ejb.Stateless;

@Stateless
@Remote
public class ModelEjbBean implements ModelEjb {

    @Override
    public String sayHello(String name) {
        return name + "你好！这是第一个 EJB 项目";
    }

}
```

代码解析

ModelEjbBean 实现了 ModelEjb 接口，并且为 sayHello()方法返回了姓名（name）和一句话。注意：我们需要拓展一下思路，那就是可以把这个接口当作一个通用的计算接口。例如，这里有一个典型的场景，客户端是一台功能简单的计算机，它的配置可能是只有 2GB 内存的赛扬 CPU。如果我们在这台计算机上进行大量的数据计算，则速度会特别慢。那么，我们为什么不使用 EJB，把数据交互这类重点计算放在一台性能强大（高配置）的服务器上进行呢？假如 ModelEjb 接口正好在这台高配置服务器上，那么便可以在接口中写入一个复杂运算的程序模块，对客户端传来的数据进行计算，而不是单纯地输出一句话。

还需要注意的是，EJB 编程对于 JavaBean 的管理与 Spring 编程有一点区别。例如，该项目中 ModelEjb 接口就可以当作一个 Bean，而 ModelEjbBean 类则实现了这个接口，这种思想的意思是把业务抽象出来，当作可复用的组件部署在服务器上，然后等待客户端去访问它们。而在传统的非 EJB 编程中，JavaBean 有可能是一张用户表，也有可能是分页组件。

写完了服务器端的代码之后，接着新建一个 ejbClient 项目来作为客户端。注意：在阐述 EJB 的概念的时候我们已经讲得很清楚了，EJB 是服务器端中部署 EJB 以提供服务的接口，也就是 EJB 项目。而客户端则是普通的 Java 项目，直接完成远程调用。本节的 ejbClient 便是一个简单的 Java 项目。

点击“File”，在“New”菜单中选择“Java Project”类型后点击“ok”，在“Project name”文本框中输入“ejbClient”作为项目名称，点击“Finish”完成该项目的建立。在 src 目录下新建 com.ejb.client 包，在该包下新建 EJBTest.java 文件，如代码清单 1-6 所示。

代码清单 1-6　EJBTest.java

```
package com.ejb.client;

import java.io.IOException;
import java.util.Properties;

import javax.naming.InitialContext;
import javax.naming.NamingException;

import com.ejb.server.ModelEjb;

public class EJBTest {

    public static void main(String[] args) throws NamingException, IOException {
        Properties props = new Properties();
        props.load(Thread.currentThread().getContextClassLoader().getResourceAsStream
        ("jndi.properties"));
        InitialContext context = new InitialContext(props);
        ModelEjb modelEjb = (ModelEjb) context.lookup("ModelEjbBean/remote");
        String sb = modelEjb.sayHello("程序员");
        System.out.println(sb);
    }
}
```

代码解析

EJBTest 是客户端的测试类，我们在本地运行 main()方法，读取 jndi.properties 配置文件，该配置文件中的内容是 EJB 目标程序的信息，例如 java.naming.provider.url 就用于配置目标 URL，可以设置为 localhost，用来访问本地的 EJB 程序，如果服务器在其他机器上，填写目标 IP 地址即可，例如 192.168.0.88

这个目标机器。

其他设置基本上都是读取 EJB 项目的配置信息，而 ModelEjb 的 sayHello()方法的作用是直接读取服务器的 sayHello()方法，并且为它传入“程序员”这个字符串参数。在 Eclipse 的“Servers”工具栏下找到之前配置好的 JBoss AS 6.x 服务器，点击鼠标右键，选择“Start”命令，启动该服务器。服务器启动成功后，在 EJBTest.java 文件中，点击鼠标右键，选择“Run As”下的“Java Application”命令，就可以看到本地远程调用 EJB 项目的接口成功，“Console”中输出了“程序员你好！这是第一个 EJB 项目”。

1.4.2 helloSpring 程序

在学习了 EJB 项目的相关技术之后，我们已经明白了 EJB 的核心用法，那就是通过在本地配置 Java 命名与目录接口（Java Naming and Directory Interface，JNDI）文件，直接远程访问服务器端的接口，让该接口计算并返回计算值给客户端，这点与 WebService 技术是一样的，但从整个开发流程上来看，它们的难度似乎都不大。下面，我们来学习如何使用最传统的方法，搭建一个 Spring 项目，为日后的学习打下基础。

搭建 Spring 项目的传统方法是使用 Spring Framework。要使用 Spring Framework，需要下载 spring-framework 包，如 spring-framework-5.1.4.RELEASE-dist 文件和 commons-logging-1.1.jar。而从 spring-framework 包中，只需要引入 4 个核心 JAR 包，分别是 spring-beans、spring-context、spring-core 和 spring-expression。

Spring Framework 有许多版本，可以在官方网站下载。如果需要选择某个确定的版本，可以在其官方网站上检索。Spring 不同版本之间的差异并不是特别大，可以查看官方 API 文档和特性介绍。下载完 JAR 包之后，把 Spring Framework 的压缩文件解压，打开 libs 文件夹，在里面找到 4 个 JAR 包，再加上 common-logging-1.1.jar 包，把这 5 个 JAR 包复制到某个单独的文件夹里。

打开 Eclipse 的“File”菜单，选择“Java Project”，命名为“helloSpring”，然后新建一个“lib”文件夹，将这 5 个整理好的 JAR 包直接复制粘贴到“lib”文件夹中，如图 1-13 所示。

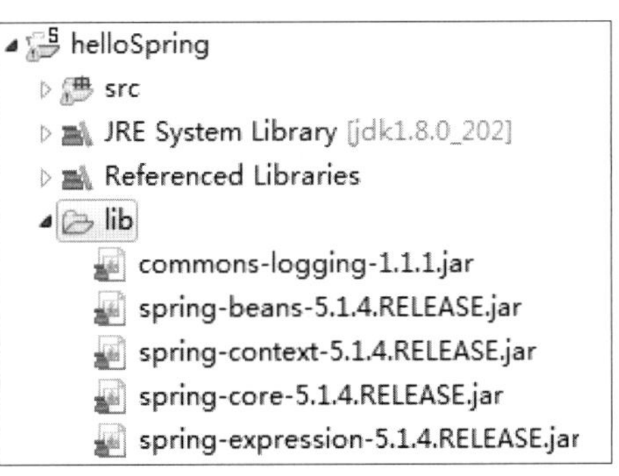

图 1-13 Spring 需要的 JAR 包

可以选定这 5 个 JAR 包，点击鼠标右键，选择“Build Path”菜单下的“Add to Build Path”，把这些 JAR 包添加到“Referenced Libraries”目录下即可。此时，Spring Framework 的配置就完成了。是不是非常简单？接下来，我们需要在该项目下编写一些 Java 类文件，完成对 Spring 项目功能的简单使用，初步学习一下该框架的精髓。

打开 helloSpring 项目中的“src”目录，新建 com.spring.beans 包，众所周知，Spring 的主要作用就是管理 JavaBean，那么使用这样的一个包名是非常正确的。接着，在该包下新建一个 HelloSpring.java 学生类文件，作用是初始化实体 Bean。接着再新建一个 HelloSpringMain.java 文件，作用是通过主程序入口对 JavaBean 进行实例化，并且对其常用属性进行赋值，HelloSpringMain.java 如代码清单 1-7 所示。

代码清单 1-7　HelloSpringMain.java

```
package com.spring.beans;

import org.springframework.context.ApplicationContext;
import org.springframework.context.support.ClassPathXmlApplicationContext;

public class HelloSpringMain {

    public static void main(String[] args) {
        // 创建 HelloWorld 的一个对象
        HelloSpring helloSpring = new HelloSpring();
        helloSpring.setName("test");
        // 1. 创建 Spring 的 IoC 容器对象
        ApplicationContext ctx = new ClassPathXmlApplicationContext("applicationContext.xml");
        // 2. 从 IoC 容器中获取 Bean 实例 HelloSpring
        HelloSpring helloSpring2 = (HelloSpring) ctx.getBean("helloSpring");
        // 3. 调用 sayHello()方法
        helloSpring2.sayHello();
    }
}
```

代码解析

以上代码使用了 Spring 提供的一些经典用法。例如，使用 new 关键字创建 HelloWorld 的实例化对象，再为它的 name 属性赋值。接下来的几段代码的具体含义，在代码之中已经有了详细的注释，阅读即可明白。这些代码没有什么特别需要注意的地方，且使用的都是 Java 的固定语法。其中，ClassPathXmlApplicationContext 的作用是读取 src 目录下的配置文件 applicationContext.xml，这个配置文件可以说是 Spring 使用方法的核心，Spring 本身就是依赖各种配置，把各类的关系根据自上而下，甚至从左往右的规律匹配起来的。

一般情况下，对 applicationContext.xml 配置文件的加载是写在 web.xml 里的，此处出于演示的目的，进行了显式调用。加载配置文件后，如果想使用 HelloSpring 类的 sayHello()方法，就需要使用 getBean()方法来获取配置文件里的实体 Bean，在这里是通过 ID 来查找匹配的。最后，我们通过 getBean()获取的 HelloSpring 实例 helloSpring2 来调用 sayHello()方法，并且输出结果。

写完了主函数的程序运行代码还不够，接着还需要配置 applicationContext.xml 文件，对 JavaBean 进行可视化的配置，这段配置代码便真正意义上实现了 Spring 框架的控制反转和依赖注入的思想。applicationContext.xml 如代码清单 1-8 所示。

代码清单 1-8　applicationContext.xml

```
<?xml version="1.0" encoding="UTF-8"?>
<beans xmlns="http://www.springframework.org/schema/beans"
       xmlns:xsi="http://www.w3.org/2001/XMLSchema-instance"
       xsi:schemaLocation="http://www.springframework.org/schema/beans http://www.
       springframework.org/schema/beans/spring-beans.xsd">

    <!-- 配置 Bean -->
```

```
        <bean id="helloSpring" class="com.spring.beans.HelloSpring">
            <property name="name" value="张三"></property>
        </bean>
    </beans>
```

代码解析

这段配置信息可以忽略头文件，头文件信息都是自动生成的。重点来看实体 Bean 的配置信息。首先，需要知道这段配置信息不论是使用代码来调用，还是使用其他的任何方式加载，它所依赖的类就是一个 JavaBean，是 com.spring.beans.HelloSpring 这个类。而<property>元素则通过配置文件设置了 name 属性的值是“张三”。这样，当我们在使用该 JavaBean 的时候，它的 name 属性就会有一个初始值——“张三”。

这就是 Spring 在项目中最大的作用之一：管理项目中的组件模型（数据模型）类 JavaBean。我们知道，Java 是一门面向对象的编程语言，在 Java 的编程世界里，所有的事物都可以抽象为类。那么，成千上万的类该怎么高效管理呢？如果每次使用该类的时候都使用 new 关键字，就太麻烦了，也增加了很多无谓的代码量，使得程序的可读性大幅度下降。

因此，可以使用 applicationContext.xml 文件来管理一个项目中所有组件模型类 JavaBean。在这个小项目中，我们只使用了 HelloSpring 这个类，但在实际的项目开发当中却不是如此，可能要在 applicationContext.xml 文件中增加成百上千的 JavaBean 配置信息，并且通过各种各样的元素来最大程度上扩展它的功能，具体的内容将在以后的章节中详细讲解。

组件模型类 JavaBean 的代码如代码清单 1-9 所示。

代码清单 1-9　HelloSpring.java

```
package com.spring.beans;

public class HelloSpring {

    private String name;
    private int studentId;

    public void setName(String name){
        System.out.println("setName:"+name);
        this.name = name;
    }
    public String getName() {
        return name;
    }
    public void sayHello(){
        System.out.println("hello:"+name);
    }
    public HelloSpring(){
        System.out.println("HelloSpring你好春天！");
    }
}
```

代码解析

这个类是一个典型的组件模型类 JavaBean，它设置了两个属性，一个是 name，另一个是 studentId，并且为 name 属性生成了 set 方法。该类如果要更规范，应该叫作 Student 类，但这是一个入门级 Demo，所以就叫作 HelloSpring 类，当然这并不是什么硬性规定。

编码结束后，打开 HelloSpringMain.java 文件，点击鼠标右键，选择“Run As”下的“Java Application”，

可以看到如下输出结果：

```
HelloSpring 你好春天!
setName:test
HelloSpring 你好春天!
setName:张三
hello:张三
```

阅读输出结果，可以明白通过手动引入 JAR 包的 Spring 项目正常运行了，并没有发生什么异常。接下来，我们用 Maven 方式来引入 Spring，看看这两种方式孰优孰劣。

新建一个 Maven 项目，并且选择“Maven Project”，勾选“Create a simple project(skip archetype selection)”，跳过选择模板的界面，将“Group Id”设置为“com.spring”，将“Artifact Id”设置为“helloSpring2”，其他保持不变，点击“Finish”完成设置。接下来的工作非常简单，把 helloSpring 项目的 Java 代码完全复制到 helloSpring2，看看能否识别。项目运行时报错，说明第二个项目根本找不到 Spring 的 JAR 包，那么接下来，我们要做的就是使用项目对象模型（Project Object Model，POM）方式引入 Spring 的 JAR 包，并且使项目正常运行。

打开 helloSpring2 项目的 pom.xml 文件，修改为新的内容，如代码清单 1-10 所示。

代码清单 1-10　pom.xml

```
<project xmlns="http://maven.apache.org/POM/4.0.0"
            xmlns:xsi="http://www.w3.org/2001/XMLSchema-instance"
            xsi:schemaLocation="http://maven.apache.org/POM/4.0.0 http://maven.apache.
            org/xsd/maven-4.0.0.xsd">
    <modelVersion>4.0.0</modelVersion>
    <groupId>com.spring</groupId>
    <artifactId>helloSpring2</artifactId>
    <version>0.0.1-SNAPSHOT</version>
    <properties>
        <project.build.sourceEncoding>UTF-8</project.build.sourceEncoding>
        <spring.version>4.1.7.RELEASE</spring.version>
    </properties>

    <dependencies>
        <!-- 添加 Spring 支持 -->
        <!-- 核心包 -->
        <dependency>
            <groupId>org.springframework</groupId>
            <artifactId>spring-core</artifactId>
            <version>${spring.version}</version>
        </dependency>

        <!-- Spring 控制反转的实现 -->
        <dependency>
            <groupId>org.springframework</groupId>
            <artifactId>spring-beans</artifactId>
            <version>${spring.version}</version>
        </dependency>

        <dependency>
            <groupId>org.springframework</groupId>
            <artifactId>spring-context</artifactId>
            <version>${spring.version}</version>
        </dependency>
```

```
        <dependency>
            <groupId>org.springframework</groupId>
            <artifactId>spring-context-support</artifactId>
            <version>${spring.version}</version>
        </dependency>

        <dependency>
            <groupId>org.springframework</groupId>
            <artifactId>spring-web</artifactId>
            <version>${spring.version}</version>
        </dependency>

        <dependency>
            <groupId>org.springframework</groupId>
            <artifactId>spring-webmvc</artifactId>
            <version>${spring.version}</version>
        </dependency>

        <dependency>
            <groupId>org.springframework</groupId>
            <artifactId>spring-tx</artifactId>
            <version>${spring.version}</version>
        </dependency>

        <dependency>
            <groupId>org.springframework</groupId>
            <artifactId>spring-aop</artifactId>
        </dependency>

        <dependency>
            <groupId>org.springframework</groupId>
            <artifactId>spring-aspects</artifactId>
            <version>${spring.version}</version>
        </dependency>

        <dependency>
            <groupId>org.springframework</groupId>
            <artifactId>spring-jdbc</artifactId>
            <version>${spring.version}</version>
        </dependency>
    </dependencies>
</project>
```

保存后，Eclipse 会出现“User Operation is Waiting”对话框，提示 IDE 正在下载 JAR 包。等 JAR 包下载结束后，可以运行程序，看看两个项目的输出结果是否一致。如果一致，就说明两种 Spring 框架的搭建方式都是正确的。打开 HelloSpringMain.java 文件，点击鼠标右键，选择“Run As”下的“Java Application”，可以看到如下输出结果：

```
HelloSpring 你好春天!
setName:test
HelloSpring 你好春天!
setName:张三
hello:张三
```

1.5　安装 Tomcat 服务器

前面几节对 Java 的知识点进行了全面的梳理，配置了基础开发环境，还快速开发了 EJB 和 Spring 的入门级项目。通过对这些内容的学习，可以说读者已经完全入门了，为以后的 Spring Boot 框架学习打下了坚实的基础。可是，即便 Spring Boot 并不需要配置服务器，我们仍然需要学习 Tomcat 服务器的部署和常用设置。

在学习前，我来介绍一下软件公司对开发工具的选择。开发工具又称作 IDE，IntelliJ IDEA、Eclipse、EditPlus、UltraEdit 等都是 IDE，都是用来写程序代码的，“牛人”甚至可以使用记事本来写程序。当然，好的 IDE 自身集成了很多实用的功能。举个典型的例子，MyEclipse 就是 Eclipse 的定制版，专门为 Java EE 增加了不少内容，例如它可以直接使用菜单方式为项目集成 Spring、Struts 2 等框架。因此，选择合适的 IDE 可以提高开发效率。本书选择 Eclipse Neon 作为开发工具，在必要的时候也会选择其他工具来演示。

至于开发环境，既然选择了 Eclipse Neon 作为开发工具，就要为之匹配一套合适的开发环境，如搭配 JDK 1.8、Tomcat 8 等。另外，软件公司把项目部署到服务器上，还会有开发环境和测试环境之分，开发环境是指开发人员使用的环境，测试环境是指测试人员使用的环境。

孔子曰：“工欲善其事，必先利其器。”这是流传千古的哲理——工匠要想做好他的工作，一定要先让工具“锋利”，这样才能发挥出最大的效率。这个哲理告诉我们，不管做什么事情，都要选择合适的工具。在软件开发的道路上，选择一个合适的开发工具也是极其重要的事情。Java 的开发工具有多少种，这里不赘述，我们只需要对比它们的特点，即可从中选择一款最适合自己的开发工具。Java 中常用的开发工具有 NetBeans、JBuilder、Eclipse、MyEclipse、IntelliJ IDEA 等。至于如何选择，其实很简单，一般情况下，Eclipse 和 IntelliJ IDEA 都是可以的，并没有好坏之分，只取决于个人的操作习惯。而其他选择因素就是开发工具集成的插件数量，例如 Eclipse 和 MyEclipse 的区别，就是 MyEclipse 定制了很多 Java EE 的插件，可以方便日常开发，提高效率。

其中一些常用的开发工具的稳定版本有 MyEclipse 10.7、Eclipse Neon、IntelliJ IDEA 2016 等。SVN 和 GIT 的不同版本的差别并不大，所以不对它们的版本做具体的规定，只要不使用特别古老的版本就能满足日常的开发需要了。

MyEclipse 10.7 的界面如图 1-14 所示。

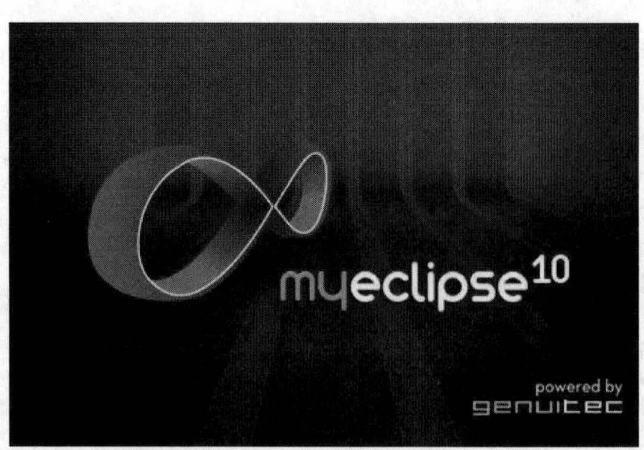

图 1-14　MyEclipse 10.7 的界面

Eclipse Neon 的界面如图 1-15 所示。

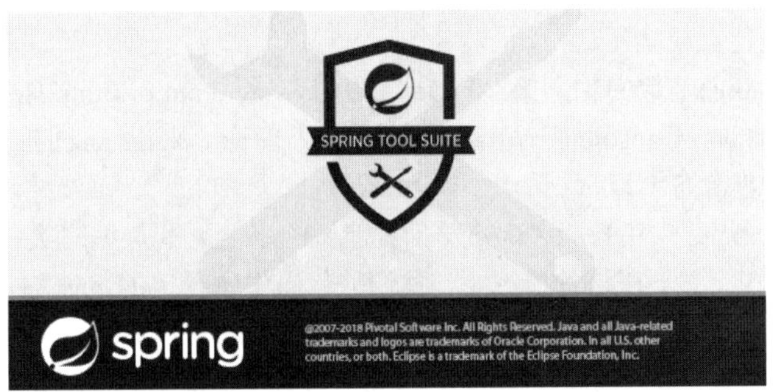

图 1-15 Eclipse Neon 的界面

IntelliJ IDEA 2016 的界面如图 1-16 所示。

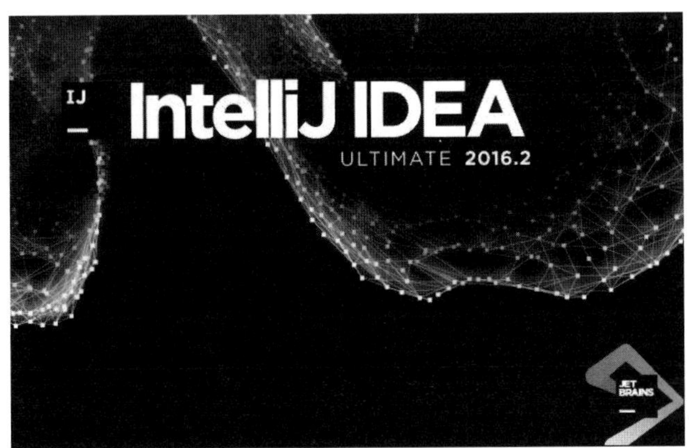

图 1-16 IntelliJ IDEA 2016 的界面

另外，如果你经常开发 Spring 项目的话，也可以下载 Spring Tool Suite 这个集成平台开发工具，它就是在 Eclipse Neon 平台上的工具，使用它可以省去很多 Spring 相关的配置，具体的下载方法很简单，网上有很多教程，这里不赘述。本书后面的工程基本上都采用 Spring Tool Suite 来开发，该工具最大的特点便是帮助开发人员做了很多 Spring 相关的配置，也可以轻易地生成 Spring 项目，并且生成项目里的配置文件。

安装好了 JDK，我们就可以在 Eclipse 中进行一系列代码编写工作了。例如，可以在开发工具中练习写一些类。对于包含 main()函数的 Java 类，我们可以通过“Run As”菜单下的“Java Application”命令来运行，输出程序结果。例如，我在工作空间下新建一个 Java Web 项目“practise”，具体的过程如下：选择“File”菜单下的“New”选项，在右侧弹出的菜单中选择“Java Project”，在对话框的“Project name”文本框中输入“practise”，其他保持不变，把“JDK”选择为“8”即可，点击“Finish”，practise 项目就建立好了。

选中 practise 项目的“src”目录，点击鼠标右键，选择新建“Package”，在对话框的“Name”文本框中输入“com.manage.practise”，点击“Finish”，就可以给这个项目建立一个空包。接下来，就可以在这个空包里新建类。选中 Java 包，点击鼠标右键，选择“New”下的“Class”，在弹出的对话框中的“Name”处输入类名“Test”，并且勾选“public static void main(String[] args)”，点击“Finish”。这样，在 practise 包下的第一个 Test 类就建立成功了。

打开 Test 类，在 main()函数中输入第一行 Java 语句 System.out.println("Hello World")，使用“Java Application”来运行。此时，Console 中输出 Hello World。理论上来说，我们的第一个 Java 程序就这样诞生了，尽管这个程序非常简单！

如果只在 Eclipse 下安装了 JDK，这款开发工具能做的事情无非是编写类，利用“Java Application”来运行，并且进行程序的测试。在这种情况下，我们的代码中所设定的数值均是由自己输入的参数，然后根据程序中的处理逻辑，做一些简单的运算，最后输出正确的结果。可是，程序开发远远不是这么简单的事情，我们需要做的是开发一个具有交互能力的项目，而不仅仅是写一个简单的程序。要达成这个目标，就必须在 Eclipse 中安装 Web 服务器来运行项目。在这里，我们选择使用 Tomcat 服务器，这是因为 Tomcat 服务器具有简单、易用的优点。

首先，打开 Apache 的官方网站，在下载 Tomcat 8 的界面找到对应的软件，在“Core”列表中选择“64-bit Windows zip”的版本，将 Tomcat 8 压缩文件保存到本地，并且解压到本地的非系统盘（如 E 盘）的根目录。

打开 Eclipse 的“Preferences”对话框，在 Eclipse 的列表中选择“Servers”，再选择“Runtime Environment”功能，点击右侧的“Add”按钮。这时，会出现一个列表，列出了 Eclipse 支持的服务器，选择“Tomcat”，再选择“Tomcat 8”，点击“Next”。这时窗口中会列出几个功能项，我们点击“Browse”，选择“E:\apache-tomcat-8.0.43”目录，再把 JRE 选择为刚才安装好的 JDK 8，点击“Finish”结束安装。

接着点击“Servers”，这里还没有配置 Tomcat，点击提示文字，在弹出的窗口中选择之前配置好的 Tomcat 8，点击“Finish”。这时，在 Eclipse 的“Package Explorer”栏目中会出现“Servers”项目，实际上就是配置好的服务器，这里列出了 Tomcat 8 的配置文件，其中 web.xml 用于进行服务器的全局配置，如配置欢迎界面；server.xml 用于修改服务器环境，如修改端口号等内容。

我们要如何把项目发布到服务器中来实际观测一下呢？在“Servers”下的服务器的名称上点击鼠标右键，选择“Add and Remove”，系统会提示“There are no resources that can be added or removed from the server.”这是因为，刚才新建的 practise 项目本身没有服务器运行的环境，所以无法发布！

若要发布项目，就会涉及开发工具版本不同而使操作方法不同的问题。例如，如果 Eclipse Neon 需要新建服务器程序的话，就需要使用“Dynamic Web Project”来增加把项目发布到 Web 服务器的支持环境；MyEclipse 10.7 使用“New Web Project”来新建 Java EE 项目，新建后将项目发布到 Tomcat 服务器中，便可以直接访问（开发环境的配置与 Eclipse 差不多）。

本节详细讲述了如何使用 Eclipse、MyEclipse 搭建开发环境，以及选择开发工具的一些常见准则。其实，在实际工作中，如果项目组的成员都做同一个项目，那么最好用统一的开发工具，包括版本控制工具。这样的话，即便是出现了某些环境问题，也可以统一处理。随着项目版本的迭代，项目中加入的程序代码越多，Eclipse、MyEclipse、IntelliJ IDEA 所呈现的项目目录结构的差异就会越来越明显，即便这些开发工具所构建的项目可以互相转换，在这种情况下也很容易出现由开发环境不一致导致的问题。

1.5.1 MyEclipse 项目发布

我们通过工具栏运行 Tomcat 8，运行成功后，点击工具栏的“Open MyEclipse Web Browser”图标，在地址栏中输入“http://localhost:8080/”，按“Enter”键，就可以看到 Tomcat 8 运行成功的画面，如图 1-17 所示。接下来，就可以在 Tomcat 服务器里部署 Web 项目，进行正式的编码工作了。

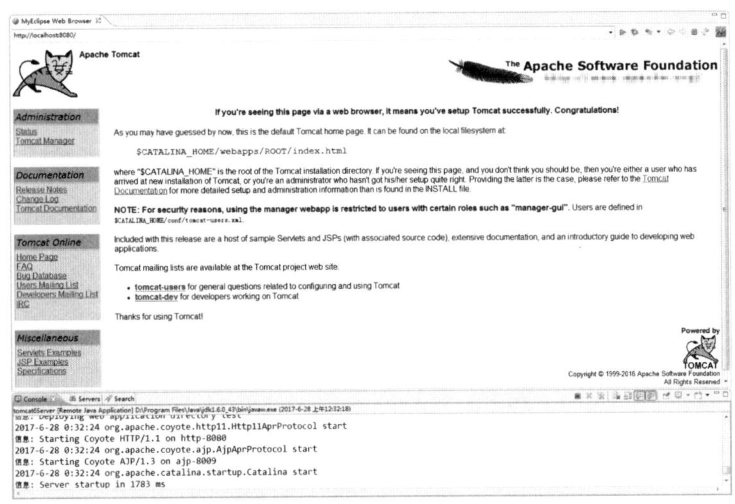

图 1-17 Tomcat 8 运行成功

1.5.2 Eclipse Neon 项目发布

前文对 Java IDE 的选择以及开发环境的搭建进行了系统介绍，相信读者在阅读了以上内容之后，一定迫不及待地想要投入项目的开发中。但是，凡事都要讲究循序渐进，Java EE 项目的开发本身并不难，困难之处在于我们需要用架构师的思维来看待整个项目。

开发 Java EE 项目，说得形象一点就是一个搭积木的过程，我们需要把各种开源框架及代码都融入软件项目之中。因此，在学习方面通常要从零开始，也就是从细小的组成元素开始学起，最终实现整个项目的融合。下面，我们来学习使用 Eclipse 开发 Hello World 程序，并把它部署到 Tomcat 服务器中，然后讲解项目的初始结构的组成部分，只有明白了初始结构，才能有条不紊地推进学习的过程。其实，很多编程语言的学习都是从最基础的内容入手的，如果连最基础的内容都无法掌握，自己可能会失去学习的兴趣。

打开 Eclipse 的工作空间 e:\workspace，在前文中我们新建的 practise 项目是一个纯粹的 Java 项目，它只支持使用“Run As”下的“Java Application”命令来输出结果。可以将这类项目简单理解为代码计算型的项目，只要我们写了相应的代码逻辑，就能输出结果。

而在 Eclipse 中新建带有服务器属性的 Java EE 项目（可发布到服务器）需要这样来做：选择“File”菜单下的“New”，再选择“Dynamic Web Project”；在弹出的界面中，输入项目名“chapter4”，在“Target runtime”中选择“Apache Tomcat 8”，表示我们的运行环境是该服务器，其他选项保持不变，点击“Next”；这时，在新的界面中，我们可以看到“Source folders on build path”（它的意思是项目的编译目录）的默认值是“src”，这个值保持默认即可；下面的选项是“Default output folder”，默认值是“build\classes”，也保持不变。

以上的设置是什么意思呢？大家都知道 Java 这门语言是需要把.java 文件编译成.class 二进制字节码

文件来运行的。src 目录就是指.java 文件的位置，当我们把项目发布到 Tomcat 中之后，服务器只要一运行，就会把.java 文件编译成.class 文件，而服务器在整个运行周期中会一边加载这些类，一边解释执行它们，build\classes 目录就是指.class 文件的输出目录。理解了这些内容后，我们保持默认值不变，点击“Next”进入下一个设置环节。

接下来设置“Web Module”，“Context root”是上下文环境的根目录，保持默认即可，而“Content directory”指该 Java EE 项目的 JSP 文件的保存位置，默认值是“WebContent”，最后是“Generate web.xml deployment descriptor”这个选项，表示是否需要 web.xml 文件，勾选它，点击“Finish”按钮。此时，这个 Java EE 项目已经建立好了，它的结构如图 1-18 所示。

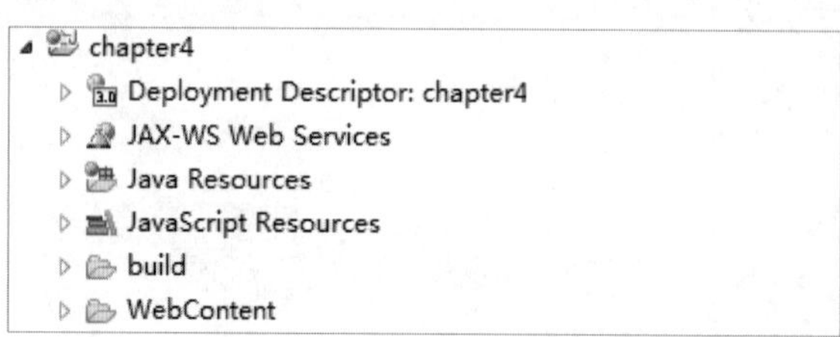

图 1-18　Java EE 项目结构

让我们来分析一下这个 Java EE 项目的主要组成部分。

（1）chapter4 是项目名称。

（2）Deployment Descriptor 是指该项目的 web.xml 文件的快捷建立方法。

（3）JAX-WS Web Services 是指 WebService 方面的内容，本小节暂时不涉及。

（4）build 就是刚才设置的输出.class 文件的目录。

（5）WebContent 就是前端文件所在的目录。其中，MANIFEST.MF 文件用于记录一些项目扩展方面的内容，一般是自动生成的；web.xml 包含整个项目在运行周期内全局的、服务器级别的配置，如 Servlet、欢迎文件、错误跳转文件、过滤器、监听器、拦截器等的配置。

经过上述分析，我们应该大概明白了 Java EE 项目的初始化结构的意思，其实不论是 Eclipse、MyEclipse，还是 IDEA，它们的项目结构都是不完全相同的，但表述的意思是一致的，因此只要搞懂了这些基本配置的意思，就不用担心开发工具不同的问题了。选中“WebContent”，点击鼠标右键，选择“New”，再选择“JSP File”，在该前端文件目录下新建一个 JSP 文件。接着打开 NewFile.jsp，做几处简单的修改，方便我们查看代码的运行效果。

修改第一行的编码方式，以支持中文，记住将编码方式修改为 UTF-8 即可：

```
<%@ page language="java" contentType="text/html; charset=UTF-8" pageEncoding="UTF-8"%>
```

修改< body >元素为：

```
<body>
    笨鸟先飞！
</body>
```

这样，第一个简单的界面就做好了！接着，我们把这个项目发布到 Tomcat 8 里面，来看一下运行效果。

在“Servers”中，选中 Tomcat 8 服务器，点击鼠标右键，选择“Add and Remove”，这时，IDE 自动识别到了工作空间中的 Java EE 项目 chapter4，把它选中，点击“Add”，保存到“Configured”栏，

勾选“If server is started,publish changes immediately”（它的意思是如果服务器启动，那么立即发布最新的改动，也就是热部署的意思!），点击“Finish”完成设置。这时，我们可以看到 chapter4 项目已经发布到了服务器下，如图 1-19 所示。

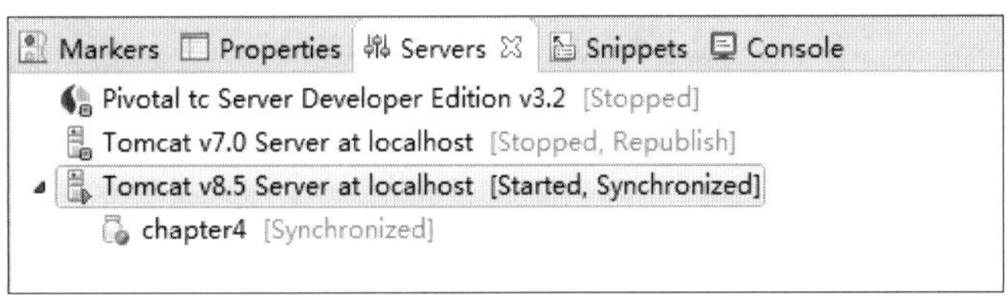

图 1-19 项目发布

接着，我们选中服务器，点击快捷工具栏中的“Start the server”按钮。在“Console”中查看服务器启动日志，如果没有报错，那就说明一切顺利，它的最后一行日志信息类似“Server startup in 1287 ms”。打开浏览器，在地址栏中输入“http://localhost:8080/chapter4/ NewFile.jsp”，按“Enter”键，即可查看该项目的运行界面，如图 1-20 所示。

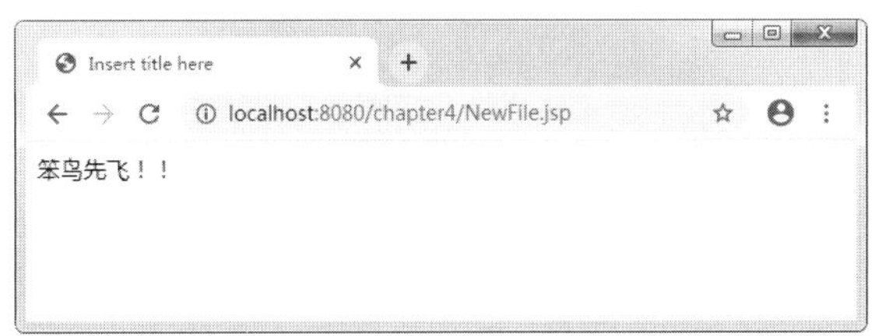

图 1-20 项目运行

此时，我们在 JSP 中的修改都会及时反馈到浏览器中，只要刷新页面即可看到。虽然该项目很简单，但仍然是一个动态交互的网站，因为它使用了服务器技术。如果想要让这个项目丰富起来，就可以在原有项目的结构里，不断地增加符合需求的内容，直到这个项目的功能强大起来！这就是一个完整的项目开发过程，一切跟着需求走，如果需求就是使用一个 JSP 显示“笨鸟先飞”这 4 个字，那么我这个项目做到这里就可以顺利交付了。但是，实际项目中的需求肯定不会这么简单。

web.xml 包含整个项目在运行周期内全局的、服务器级别的配置，如 Servlet、欢迎文件、错误跳转文件、过滤器、监听器、拦截器等的配置。之前讲过这个概念，也许读者虽然理解了，但还是无法深入领悟“什么是服务器全局配置”，下面我们通过实例来讲解它。

之前我们通过 http://localhost:8080/chapter4/NewFile.jsp 这个地址来访问页面是可以的，我们直接访问 http://localhost:8080/chapter4/却是不行的。大家都知道，Java EE 项目的根目录节点一般都是域名加上项目名称，用于访问默认的首页，而通过这种方式访问，浏览器会报 404 错误，这是为什么呢？此时我们就需要有架构师的思想，因为项目中的任何节点都需要配置，如果没有配置，是访问不到的！接下来，就为该项目配置首页，也就是欢迎界面，看看能否达到我们需要的效果。

打开 web.xml，可以看到<welcome-file-list>元素中已经默认生成了欢迎界面，分别对应 index.html、index.htm、index.jsp 等，那么我们在 WebContent 下新建 welcome.jsp，看服务器是否能加载它。把 index.jsp 复制一份，改名为 welcome.jsp，修改<body>元素内容为“欢迎界面!”，<title>元素内容为“全局配置”。最后，在 web.xml 文件中，把 index.jsp 修改成 welcome.jsp。

接着访问 http://localhost:8080/chapter4/，可以看到浏览器已经加载这个 JSP 文件了，如图 1-21 所示。

图 1-21　欢迎界面

这时，大家可以再次发散思维，既然有了欢迎界面，是否还会需要一个错误界面呢？因为刚才只配置了根目录节点，没有设置错误界面。这时，如果在地址栏输入 http://localhost:8080/chapter4/test.jsp，按"Enter"键，浏览器仍然会报 404 错误。

打开 web.xml，在<web-app></web-app>之间输入以下代码，并且新建一个 JSP 文件，把名称修改为 404.jsp。

```
<error-page>
  <error-code>404</error-code>
  <location>/404.jsp</location>
</error-page>
```

接着重启 Tomcat，如果新配置了全局元素，就需要重启 Tomcat，如果元素已经存在，就不需要重启了。输入"http://localhost:8080/chapter4/test.jsp"，发现浏览器已经不再报 404 错误，而是跳转到了错误界面，如图 1-22 所示。

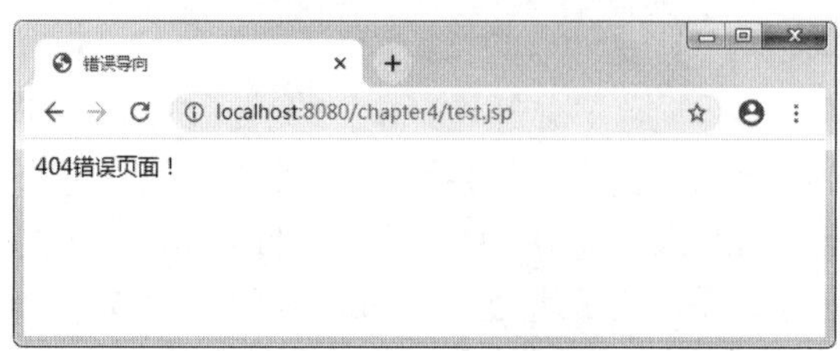

图 1-22　错误界面

至此，简单的 web.xml 配置就完成了，至于其他元素的修改，其实网上有很多资料，读者多试试，就可以很轻易地加强项目的完整性了。

1.5.3　多个 Tomcat 的部署方法

在开发项目的过程中，往往需要同时启动多个 Tomcat，在部署项目的时候，有时也需要同时部署多个服务器。鉴于这种场景，我们很有必要学习多个 Tomcat 的部署方法。

之前我们已经安装了 Tomcat 8，为了模拟这种场景，可以把 E:\apache-tomcat-8.5（01 服务器）再复制、粘贴一份，重命名为 E:\apache-tomcat-8.5-02（02 服务器）。接着，按照之前学习的方法，在工作空间的 Servers 下再部署一个 Tomcat，值得注意的是，选择 Tomcat 目录的时候必须选择 02 服务器，否则肯定是不对的！这时，启动两个 Tomcat 会报端口号已经占用的错误。这时，需要修改 02 服务器的端口号，否则它们无法同时启动。

打开 02 服务器的 server.xml，找到端口 8080，修改为 8081；找到端口 8005，修改为 8006；找到端口 8009，修改为 8010。这样一来，两个服务器的端口号就不一致了。如果有 03 服务器，也要分配其他端口号给它。这时，再同时启动原来的 01 服务器和 02 服务器就没有任何问题了。

那么这样做的意义在哪里呢？不论是开发还是部署，在实际工作中，经常会有这样的情况存在：一种情况是，你的代码有两个不同的版本，你需要把分支代码的某个功能迁移到主版本上，最好的办法就是同时启动两个 Tomcat，然后对比页面来迁移代码；另一种情况是，我们通过 Redis 保证 Session 一致性的时候，也需要同时部署两台服务器来验证。例如，我们在 A 服务器上登录了用户，这时访问 B 服务器，就不应该进入登录界面，而应该直接访问登录后的欢迎界面，因为 A 服务器和 B 服务器的 Session 需要共享。当然，要实现这个功能比较麻烦，需要在后面逐步学习。

1.6 小结

本章全面阐述了 Spring 家族的产品和功能，详细介绍了 Spring Boot 与 Spring MVC 的功能和特点，还对两者的区别进行了阐述。为什么要这样做呢？这是因为很多人在学习和工作的时候，往往搞不清楚 Spring Boot 与 Spring MVC 究竟有什么关系。清除了这个知识盲点后，我们通过最基础的入门例子学习了 Spring 的核心作用和基本用法。在学习 Spring 的时候，我们会遇见一个司空见惯的问题：Spring 与 EJB 的关系究竟是什么样的？不论是网上的资料还是各种技术图书，大多都会把 Spring 当作 EJB 的替代品或者升级品，这种说法过于武断，也没有详细的论证，尽管 EJB 如今已经很少有人用了，但这种说法会让很多读者陷入一种“奇怪的迷茫”之中。

明明知道应该使用 Spring 替代 EJB，却说不出具体原因，这会让人很“抓狂”。因此，本章使用两个经典的例子，分别是 Hello EJB 和 helloSpring 来开发对应的项目，呈现出它们的用法和区别。结果令人大吃一惊，原来 EJB 是做分布式调用的，类似 WebService，而 Spring 是用来管理数据模型类 JavaBean 的。

而 EJB 之所以那么流行，一方面是因为大公司的极力推崇；另一方面是因为当时并没有其他解决方案，广大程序员不得不一边使用 EJB，一边抱怨它的晦涩难懂。之后，Spring 和 Hibernate 横空出世，以简单、便捷的特性“闻名于世”，并且它们不是针对分布式而开发出来的框架，具有通用性。这样，大家便抱着尝试的态度开始使用 Spring，后来发现这个尝试是无比正确的，这也造就了如今 Spring 无法替代的地位。在使用 EJB 技术开发很多非分布式项目的时候，会出现框架技术不匹配的问题（所谓“驴唇不对马嘴”）。当年 Spring 横空出世，大家纷纷抛弃 EJB 而使用 Spring，才有了“Spring 是 EJB 的替代品”的这种说法。实际上，更加严谨的说法应该是：大家纷纷使用 Struts、Spring、Spring MVC 等框架来代替 EJB。

第 2 章　Spring Boot 必备基础知识

Spring Boot 框架的学习跟其他技术的学习是有一定的区别的。这是因为，Spring Boot 是一个工具集合，它所做的一切工作都是优化其他框架的执行，使程序员的编程工作更加顺畅。例如，Spring Boot 的核心运行代码实际上做了大量封装，它针对前端拦截请求的工作机制跟 Spring MVC 技术并无太多差异，而它们在使用的时候又离不开 Spring 框架的其他特性。因此，在 Spring Boot 的学习上，需要采取循序渐进的模式。那就是先从基础开始，把所有的基本功打扎实后，再过渡到 Spring Boot，便会水到渠成，学习起来也不会吃力。因此，本章的内容就是 Spring 框架的核心技术，为 Spring Boot 的学习打好坚实的基础。

2.1　依赖注入

Spring Framework 是 Java 平台上的一种开源应用框架，是提供了依赖注入、控制反转等特性的容器。它在 Java 应用程序中应用广泛，逐渐代替了 EJB 编程。Spring Framework 为开发提供了一系列的解决方案，例如，它可以通过依赖注入实现控制反转，来管理对象生命周期的容器化；它可以利用面向切面编程进行声明式的事务管理，整合多种持久化技术管理数据源，并且可以管理好应用程序中类的依赖关系。所谓控制反转，就是把类的管理权由程序转交给 Spring 容器（反射机制），想要实现这个目标，需要依赖注入。

控制反转本身就是一个概念，没有过多对应的代码，一般体现为针对容器的设置，例如 web.xml 里配置了加载 Spring Framework 的几条配置语句。依赖注入有 3 种常见的方式，需要重点掌握。为了演示控制反转和依赖注入的特性，我们需要在 helloSpring 项目中，新建 DITest.java 文件。在 com.spring.beans 包下，新建 DITest.java 文件，其内容如代码清单 2-1 所示。

代码清单 2-1　DITest.java

```
package com.spring.beans;

import org.springframework.context.ApplicationContext;
import org.springframework.context.support.ClassPathXmlApplicationContext;

public class DITest {
    public static void main(String[] args) {
        // 1. 创建 Spring 的 IoC 容器对象
        ApplicationContext ctx = new ClassPathXmlApplicationContext ("applicationContext
        .xml");
        Student student = (Student) ctx.getBean("student");
        System.out.println("姓名："+student.getName());
    }
}
```

代码解析

这段代码通过 Spring 框架的控制反转功能加载 applicationContext.xml 文件，从该配置文件中读取类 Student 的信息，并且通过 getBean()方法获取 JavaBean，再输出该类的姓名。需要注意，该类作为依赖注入的测试类，与下面几节的内容是息息相关的，通过不同方式注入，运行该类输出的结果也是不一样的。

在 com.spring.beans 包下，新建 Student.java 文件，其内容如代码清单 2-2 所示。

代码清单 2-2 Student.java

```
package com.spring.beans;

public class Student {

    private String name;
    private int studentId;

    public void setName(String name){
        this.name = name;
    }

    public String getName() {
        return name;
    }

    public void sayHello(){
        System.out.println("hello:"+name);
    }
    public Student(){
    }
}
```

代码解析

这段代码包含一个标准的类 Student，可以称作 POJO 类。

2.1.1 设值注入方式

设值注入也称赋值注入或者 Setter 注入，打开 applicationContext.xml 文件，输入以下代码：

```
<!—设值注入方式-->
<bean id="student" class="com.spring.beans.Student">
  <property name="name" value="张三"></property>
</bean>
```

注意，设值注入的前提是在 Student 类中声明 setter 方法，如果需要通过 getName()方法来获取姓名，还需要声明 getter 方法。另外，默认的构造函数需要为空。

```
public void setName(String name){
    this.name = name;
}
public String getName() {
    return name;
}
// 构造函数为空
```

```
public Student(){
}
```

代码解析

这段代码中，第一部分是使用设值注入方式来给组件模型类 Student 注入信息，例如注明它的类地址为 com.spring.beans.Student，属性 name 对应的 value 值是张三。这样的话，Student 类的信息就已经改变了，输出值对应的就是提前赋好的值。第二部分代码给出了通过 getName()方法来获取姓名时的注意事项。

接着通过运行 DITest.java 文件来测试设值注入，结果如下：

```
姓名：张三
```

输出结果说明设值注入是成功的。另外，还有一种注入方式叫作 ref 注入，一般用于表现类与类之间的引用关系。因为该方式涉及具体的 Web 项目，所以此处只演示伪代码。具体的用法其实非常简单，我们假定所有的项目环境都是充分准备的情况下，可以在 applicationContext.xml 中加入以下代码：

```
<bean id="sessionFactory" class="org.springframework.orm.hibernate3. LocalSessionFactoryBean" />
<bean id="studentDao" class="com.spring.beans.StudentDao" primary="true"  lazy-init ="true">
    <property name="sessionFactory" ref="sessionFactory"></property>
</bean>
```

代码解析

这段代码的意思是：首先在 XML 文件中配置了 sessionFactory，该类是 Spring Framework 提供的持久层操作类，也就是通过该类的方法可以实现增、删、改、查操作。那么如何在 StudentDao 类中使用这些方法呢？正确的做法就是，使用 ref 属性把 sessionFactory 这个已经存在的、设定好的 Bean 注入 studentDao 这个 Bean 中，就可以在 studentDao 中调用 sessionFactory 提供的各种方法，以此来完成与数据库的交互。

2.1.2　构造函数注入方式

构造函数注入也称构造器注入，打开 applicationContext.xml 文件，输入以下代码：

```
<!-- 构造函数属性注入 -->
<bean id="student" class="com.spring.beans.Student">
    <constructor-arg name="name" value="李四" />
</bean>
<!-- 构造函数索引值注入 -->
<bean id="studentByIndex" class="com.spring.beans.Student">
    <constructor-arg index="0" value="李四" />
</bean>
```

注意：构造函数注入的前提是在 Student 类中把构造函数修改一下，使其拥有被设值的参数。

```
public Student(String name){
    this.name = name;
}
```

代码解析

第一部分代码讲解了两种构造函数注入方法，分别是属性注入和索引值注入。属性注入通过名称来直接注入，把 name 设值为李四；索引值注入通过索引值来注入，把索引值 0 对应的属性设值为“李四。”

第二部分是注意事项，需要把构造函数的参数添加上，否则构造函数注入无法生效。

接着通过运行 DITest.java 文件来测试构造函数注入，结果如下：

```
姓名：李四
```

输出结果说明构造函数注入方式是成功的，在测试索引值注入的时候需要对 DITest.java 的获取方法进行一些修改，具体代码是 ctx.getBean("studentByIndex")。

2.1.3 注解注入方式

Spring 还有一种依赖注入方式，那就是大名鼎鼎的注解注入。其实，Spring 的依赖注入方式可以分为两种，一种是在 applicationContext.xml 中的设值注入和构造函数注入，另一种是不需要在 XML 文件中配置，直接在 Java 代码中使用的方式，被称作注解注入方式。这两种依赖注入方式并没有好坏之分，主要还是看使用者的使用习惯，但按照目前的趋势来看，更多使用者喜欢注解注入。大家都喜欢简单、有效的东西，这也是 Spring 中注解注入方式越来越多的原因。接着，我们就来正式学习一下注解注入方式。

注解注入方式的用法主要是在需要注解的类上面使用注解标志，即可完成实例化。

Spring 中主要的注解是@Autowired，即自动装配，其作用是消除 Java 代码里面的 getter/setter 方法与 Bean 属性中的 property。当然，getter 方法可根据个人需求而定，如果私有属性需要对外提供的话，应当予以保留。默认是按类型匹配的方式，在容器中查找匹配的 Bean，当有且仅有一个匹配的 Bean 时，Spring 将其注入@Autowired 标注的变量中。它可以对类成员变量、方法及构造函数进行标注，完成自动装配的工作。通过@Autowired 的使用来消除 POJO 类中的 getter 方法和 setter 方法，它是在 Spring 2.5 中首次引用的。在使用@Autowired 之前，在 Spring 中实例化一个对象就会使用设值注入和构造函数注入这两种方式，具体的使用方法之前已经演示过了，在这里我们直接来看@Autowired 的使用代码。

传统注入方式的通用写法如下：

```
<property name="属性名" value=" 属性值"/>
```

注解注入方式如下。

打开 helloSpring 项目，新建 com.spring.repository、com.spring.service 这两个包。打开 com.spring.repository，在该包下新建 UserRepository.java 接口文件，其内容如代码清单 2-3 所示。

代码清单 2-3 UserRepository.java

```
package com.spring.repository;

public interface UserRepository {
    void save();
}
```

代码解析

这段代码是一个标准的 Java 接口，为了演示@Autowired 的用法，我们需要写一连串互相依赖的代码，因为这是@Autowired 的典型使用场景。该接口只提供一个方法，就是在工作中经常使用的 save()保存方法。该方法并不能直接运行，还需要继续往下写其他类。

在 com.spring.repository 包下新建 UserRepositoryImps.java，其中 User Repository Imps 类实现了 UserRepository 接口，并且重写了该接口的 save()方法，如代码清单 2-4 所示。

代码清单 2-4　UserRepositoryImps.java

```
package com.spring.repository;

import org.springframework.stereotype.Repository;
@Repository("userRepository")
public class UserRepositoryImps implements UserRepository{

    @Override
    public void save() {
        System.out.println("已经完成 save()方法的实例化！");
    }
}
```

代码解析

这段代码就是实现 UserRepository 接口的具体过程，在演示@Autowired 注解注入方式时，我们也会遇到其他注解，就在这里一并学习吧。@Override 注解表示方法的重写，用于子类重写父类，或者是接口的实现类重写接口类中的方法。@Repository 用于标注数据访问对象（Data Access Object，DAO）组件。当我们重写了 save()方法后，它输出一句话：已经完成 save()方法的实例化!，这样的话，当成功使用@Autowired 注解后，便可以看到效果了，反之便会报错!

打开 com.spring.service 包，在该包下新建 UserService.java，其中 UserService 类是 Service 类，可通过该类调用 UserRepository 类的 save()方法，执行实际的业务操作，如代码清单 2-5 所示。

代码清单 2-5　UserService.java

```
package com.spring.service;

import org.springframework.beans.factory.annotation.Autowired;
import org.springframework.stereotype.Service;

import com.spring.repository.UserRepository;

@Service
public class UserService {

    @Autowired
    private UserRepository userRepository;

    public void save() {
        userRepository.save();
    }
}
```

代码解析

这段代码的作用是执行实际的业务操作，例如使用 userRepository.save()运行 save()方法，如果成功的话，便会提示“已经完成 save()方法的实例化!”。而在此之前，我们需要理解该类中的注解注入方式，在业务逻辑层使用，而我们在本类中需要使用的是 UserRepository，在这里虽然使用语句声明了一个 UserRepository 对象，但它并没有实例。因此，使用@Autowired 把它直接注入进来。这样的话有两个好处，第一，非常高效方便；第二，能让代码简捷。否则，如果这个类有其他方法，会出现大量的 new 关键词语句，这在以前的项目中很常见，严重影响了代码的阅读质量。

代码写到这里，业务大概写完了。但如何测试@Autowired 是否注入成功呢？我们需要写一个包含

main()方法的类来进行实际测试。打开 com.spring.repository 包，在该包下新建 HelloSpringMain.java，HelloSpring Main 类需要包含 main()方法，用来测试注入是否成功，如代码清单 2-6 所示。

代码清单 2-6 HelloSpringMain.java

```
package com.spring.repository;

import org.springframework.context.ApplicationContext;
import org.springframework.context.support.ClassPathXmlApplicationContext;

import com.spring.service.UserService;

public class HelloSpringMain {

    public static void main(String[] args) {
        ApplicationContext ctx = new ClassPathXmlApplicationContext("applicationContext.xml");
        UserService userService = (UserService) ctx.getBean("userService");
        userService.save();
    }
}
```

代码解析

这段代码的作用跟之前 helloSpring 程序中演示依赖注入的其他两个方式的代码类似。main()方法中的第一行代码用于读取 applicationContext.xml 文件；第二行代码表示通过 XML 文件获取并且生成 UserService 实例，第三行代码使用 UserService 实例运行 save()方法。代码看起来很简单，可是要顺利运行这段代码并不容易，我们还需要配置 XML 文件中的内容。

打开 applicationContext.xml 文件，可以看到 helloSpring 项目的配置信息都还在，先不用管这些配置信息，只需要加入以下代码即可。

```
<context:component-scan base-package="com.spring" />
```

这段代码的作用是扫描 com.spring 文件，这样的话，我们在类中使用的注解才能被扫描到，然后生效。如果 XML 文件报错的话，需要注意以下几点。

如果错误信息为“The prefix "context" for element "context:component-scan" is not bound.”，需要引入以下语句：

```
xmlns:context=http://www.springframework.org/schema/context
http://www.springframework.org/schema/context
http://www.springframework.org/schema/context/spring-context-3.0.xsd
```

如果引入之后还报错，例如类似的错误信息：

```
Exception in thread "main" org.springframework.beans.factory. BeanDefinitionStoreException:
Unexpected exception parsing XML document from class path resource [applicationContext.xml];
nested exception is java.lang.NoClassDefFoundError: org/springframework/aop/TargetSource
```

则是因为在使用@Autowired 的时候，明显使用了 AOP 思想，而且项目中又没有引入 AOP 所需要的 JAR 包。所以，引入 AOP 所需要的 JAR 包，项目才可以正常运行。引入 spring-aop-5.1.4.RELEASE.jar 包即可解决该问题。基础环境搭建完毕以后，我们便来测试一下具体的代码运行情况。打开 HelloSpringMain.java 文件，点击鼠标右键，选择“Run As”菜单下的“Java Application”，如果输出了这句话：“已经完成 save()方法的实例化!”，便说明程序已经成功运行了。至此，使用注解注入方式来实例化对象的方法就演示完了。

在以上案例中，我们保存数据业务的具体行为就是输出了一句话，而在真正的项目中，在 save() 方法中是需要传入前端的表单数据的，然后直接调用操作数据库的接口，来完成数据的插入操作。演示代码有一个非常大的好处，那就是它的逻辑非常通畅，再配上简捷的代码，非常容易让人接受，这样的话当我们学会了演示代码，便可以很轻松地把它们应用到实际的工作当中了。

2.2 面向切面编程

在当前的软件行业背景之下，面向过程的开发模式已经逐渐被我们摒弃，而面向对象编程（Object Oriented Programming，OOP）的语言则大行其道、如日中天，如 Java 语言。与此同时，在编程模式上又出现了一种新的选择，那就是面向切面编程（Aspect Oriented Program，AOP）思想。需要注意的是，AOP 与 OOP 之间并不是竞争关系，而是一种互补的关系，取长补短，从而让编程更加便捷。因此，在针对 AOP 的学习上，不用过于深入，只需要掌握核心的应用场景即可。

简单地说，所谓 AOP，就是将分散在各个方法中的公共代码提取到一处，并通过类似拦截器的机制实现代码的动态调用，可以想象成，在某个方法调用前、运行中、调用后和抛出异常时，动态地插入自己的代码。举个典型的例子，如果你在项目中发现某一行代码经常出现在你的控制器里，例如存在方法入口的日志输出代码这种场景，可以考虑使用 AOP 来精简代码，即把日志输出的代码单独提取出来，放在一个模块里，不用每次都在控制器里出现。

AOP 与 OOP 之间的互补关系从哪里体现呢？OOP 的特点是继承、多态和封装，这些是众所周知的特点，可如果充分利用这些特点，就可以在编写代码的时候，把软件功能分散到不同的对象中，说白了就是对需求的分解，对需求进行一次科学的划分，不同的类会对应不同的功能，也会拥有不同的方法。这样做的好处显而易见，它极大地降低了项目代码的复杂程度，也降低了冗余程度，还使得代码层次分明，可以复用。但是，这也带来了一个问题，这种横向划分会增加代码的重复性（无可避免）。举一个通用的例子，在某个项目中，如果加入了日志功能，那么肯定在每一个控制器里都要写一遍日志输出的代码。这是因为控制器已经根据需求做了科学的划分，而这些控制器用于现实不同的功能，本身已经无法联系了（也可以理解为类与类之间无法联系），这是 OOP 设计的副作用，即便去除耦合也会带来新的耦合！

既然 OOP 模式中到处都是模块的划分和整合，那么我们为什么不能把所有的日志输出代码集中在一起，再做一次封装不是更好吗？答案是肯定的，我们可以把这些日志输出的代码写在独立的类中，在其他使用到它的控制器里直接调用。但是，不同的控制器会与日志类发生关联，这样又会产生新的耦合！

那么，有没有什么办法能让我们在需要的时候，随意地加入代码呢？答案是有。这种在运行时动态地将代码切到类的指定方法、指定位置上的编程思想就是 AOP。

接下来，我们仔细说说 AOP 吧！首先，我们把切到指定类、指定方法的代码片段称为切面，而切到哪些类、哪些方法的位置则叫作切入点。通过 AOP 就可以把几个类共有的代码，抽取到一个切面中，等到需要时再切入对象，从而改变其原有的行为。这样看来，AOP 其实只是 OOP 的补充而已。OOP 从横向上区分出一个个的类，AOP 从纵向上向对象中加入特定的代码。有了 AOP 作为辅助和补充，OOP 才能变得立体和完整。从技术上来说，AOP 基本上是通过代理机制实现的。AOP 在编程历史上可以说是里程碑式的，对 OOP 而言，是一种十分有益的补充。因此，AOP 是一种编程范式，并不是要代替 OOP 的东西。AOP 为开发人员提供了一种描写横切关注点的机制，使其可以自己主动将横切关注点织入面向对象的软件系统中，从而实现横切关注点的模块化。AOP 可以将那些与业务无关却为业务模块所共同调用的逻辑（如事务处理、日志管理、权限控制等功能）封装起来，以便减少系统的重复代码，降低模块间的耦合度。AOP 最大的优点便是降低模块间的耦合度、提高代码复用性。

下面解释一下 AOP 中涉及的一些概念。

- 切面（aspect）：由切入点和增强接口组成，包含横切逻辑的定义和连接点的定义。
- 通知（advice）：切面的详细实现。以目标方法为参照点，依据放置代码的不同位置，可以分为前置通知（Before）、后置返回通知（AfterReturning）、后置异常通知（AfterThrowing）、后置终于通知（After）与围绕通知（Around）等。而在实际应用中一般是切面类中的某一个方法，属于哪类通知，就需要事先配置生效。
- 连接点（joinpoint）：程序运行的某个特定的位置，如类初始化前、初始化后、方法调用前、方法调用后等。
- 切入点（pointcut）：用于定义通知应该切到哪些连接点上。不同的通知需要切到不同的连接点上，可以使用切入点的正则表达式来精准匹配。
- 目标对象（target）：增强功能的织入目标类。
- 代理对象（proxy）：将通知应用到目标对象之后被动态创建的对象。简单地说，代理对象的功能等于目标对象的核心业务逻辑功能加上公共功能。代理对象在程序运行过程中不可见。
- 织入（weaving）：将切面应用到目标对象，并且创建一个被通知的对象。该过程可以发生在编译期、类装载期及运行期，处在不同的发生点有不同的前提条件。

在编写传统的业务逻辑处理代码时，我们一般会习惯性地先做几件事情——日志管理、事务控制及权限管理等，然后才编写核心的业务逻辑处理代码。当代码编写完毕，回头再看时，会发现成千上万行代码中有大量的重复代码，这就是没有采用 AOP 的结果。有时候，一个类中真正用于核心业务逻辑处理的代码只有几行，其他的冗余代码（极可能是重复的）占据了大多数。因此，我们可以把公有的业务精简一下，这样大家就能看得更清楚了。AOP 精简前如图 2-1 所示。

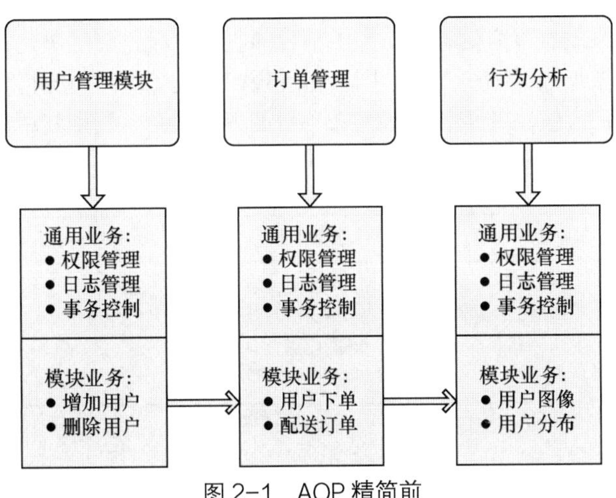

图 2-1 AOP 精简前

把图 2-1 中众多方法共同拥有的所有代码抽取出来，放置到某个地方进行集中管理，然后在具体运行时，由容器动态织入这些公共代码，这就是 AOP 的典型用法。这样，程序员在编写代码时，仅需关心核心的业务逻辑处理，既可节省时间，提高效率，又可减少代码量，可谓一举多得。而在项目上线之后，因为事先已经把逻辑代码和公共代码分开了，所以维护起来也比较轻松。AOP 技术就是为解决此类场景而诞生的。切面代表的是公共代码，即在程序中经常用到的功能，如日志切面、权限切面及事务切面等。AOP 精简后如图 2-2 所示。

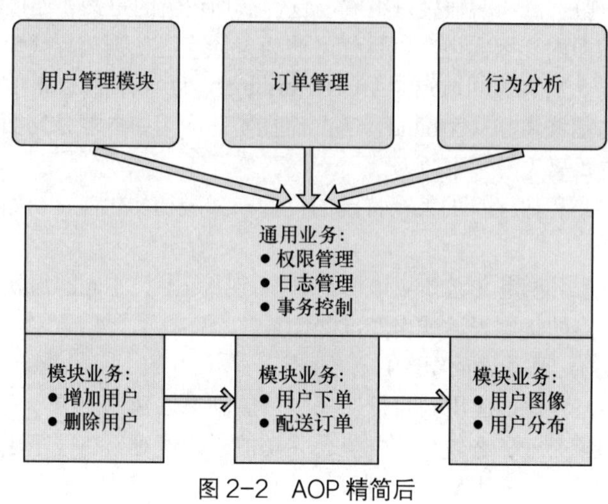

图 2-2　AOP 精简后

下面我们以用户管理模块业务逻辑组件 UserService 的 AOP 实现过程为例，来深度剖析一下 AOP 技术的实现原理。AOP 是建立在 Java 语言的反射机制与动态代理机制基础之上的一门技术。业务逻辑组件在运行过程中，AOP 容器会动态地创建一个代理对象供程序员调用，该代理对象已经把切面成功切到了目标方法的连接点上，这样，便保证了切面的业务逻辑与公共代码同时运行。

从原理上讲，调用者直接调用的过程，实际上先调用 AOP 容器动态生成的代理对象，接着由代理对象调用目标对象，来完成业务逻辑。这样做的前提是，代理对象已经将切面中的公共业务与特定业务逻辑方法进行了整合。如果没有事先这样做，到了项目的收尾阶段，突然决定在权限管理模块、日志管理模块、事务控制模块上增加或者减少业务，则会出现极多的返工现象，变得非常糟糕！并对项目造成不可挽回的损失。因为这三大模块的重复代码遍布项目的各个角落，改动其中的几个是没有用的。如果做了 AOP 划分，则只需要改动一个，便可以在整个项目中生效。AOP 技术原理如图 2-3 所示。

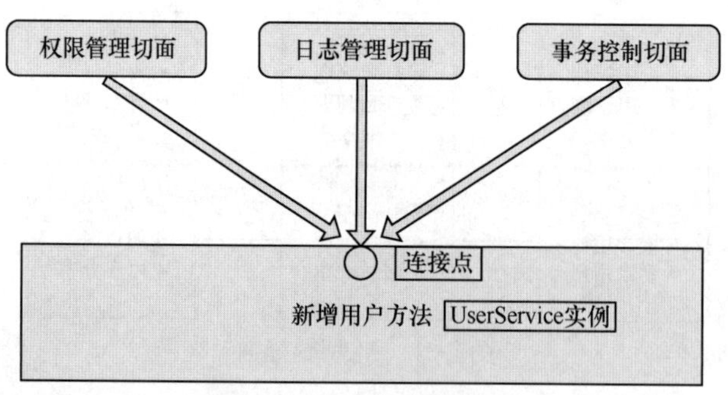

图 2-3　AOP 技术原理

下面，我们通过实际的代码来演示 AOP 思想及其用法，在真正意义上做到理论与实践的结合。首先，打开 Java 项目 helloSpring2，在 com.aop.main 中新建 TestAspectMain.java 文件，如代码清单 2-7 所示。

代码清单 2-7 TestAspectMain.java

```
package com.aop.main;

import org.springframework.context.ApplicationContext;
import org.springframework.context.support.ClassPathXmlApplicationContext;

import com.aop.service.AspectService;

public class TestAspectMain {

    public static void main(String[] args) {
        // ClassPathXmlApplicationContext()默认加载 src 目录下的 xml 文件
        ApplicationContext context = new ClassPathXmlApplicationContext("application
        Context.xml");
        AspectService aservice = context.getBean(AspectService.class);
        System.out.println("\n=普通调用=\n");
        aservice.sayHi("wb");
        System.out.println("\n=异常调用=\n");
        aservice.executeException();
        System.out.println("\n===\n");
    }
}
```

代码解析

这段代码与之前 helloSpring 程序中演示依赖注入的两种方式的代码作用类似。main()方法中的第一行代码用于读取 applicationContext.xml 文件，如果该文件没有配置好则会报错。接着，使用 context.getBean(AspectService.class)语句来加载 AspectService 类，在该类中分别定义了两个方法，用来触发 AOP 的效果。然后，在主程序中定义两种情况，第一种是普通调用，也就是正常情况；第二种是异常调用，也就是写出一个错误，触发异常机制。

为了实现完整的演示效果，接下来开始编写 AspectService.java，如代码清单 2-8 所示。

代码清单 2-8 AspectService.java

```
package com.aop.service;

import org.springframework.stereotype.Service;

@Service
public class AspectService {

    public String sayHi(String name)
    {
        System.out.println(": sayHi()方法运行中...");
        return"Hello, " + name;
    }

    public void executeException()
    {
        System.out.println(": executeException()方法运行中...");
        int n = 1;
        if(n > 0) {
            throw new RuntimeException("数据异常");
        }
    }
}
```

代码解析

这段代码的作用是定义两个触发切面效果的方法：分别是 sayHi()和 executeException()。我们知道从代码来分析，很容易得到一个结果，那就是假如同时触发这两个方法，会输出："sayHi()方法运行中...." executeException()方法运行中....与"数据异常"。这是初学者都知道的问题。可 AOP 的关键在于灵活地在项目代码中插入一些动态的代码，例如典型的场景——在调用 sayHi()方法之前/之后应该触发哪些方法呢？这些方法不一定是具体的业务，可以用于输出一些文字提示。

为了在程序中能够插入动态的代码，我们开始编写 AOP 类 SimpleAspect，如代码清单 2-9 所示。

代码清单 2-9　SimpleAspect.java

```java
package com.aop.source;

import org.aspectj.lang.JoinPoint;
import org.aspectj.lang.ProceedingJoinPoint;
import org.aspectj.lang.annotation.After;
import org.aspectj.lang.annotation.AfterReturning;
import org.aspectj.lang.annotation.AfterThrowing;
import org.aspectj.lang.annotation.Around;
import org.aspectj.lang.annotation.Aspect;
import org.aspectj.lang.annotation.Before;
import org.aspectj.lang.annotation.Pointcut;
import org.springframework.stereotype.Component;

/**
 * @Author: wangbo
 * @Description:aop
 */


@Aspect
@Component
public class SimpleAspect {

    /**
     * 切点表达式:
     * 两个点..表明多个，*代表一个
     * 表达式代表切入 com..service 包下的所有类的所有方法，方法参数不限，返回类型不限
     * 第一个*代表返回类型不限，第二个*表示所有类，第三个*表示所有方法，两个点..表示方法里的参数不限
     */
    private final String POINT_CUT = "execution(* com..service.*.*(..))";

    /**
     * 切点
     * pointCut 代表切点名称
     */
    @Pointcut(POINT_CUT)
    public void pointCut(){}


    /**
     * 在切点方法之前运行
     * @param joinPoint
     */
    @Before(value="pointCut()")
    public void doBefore(JoinPoint joinPoint){
```

```
        System.out.println("@Before 注解触发：切点方法之前运行...");
    }


    /**
     * 在切点方法之后运行
     * @param joinPoint
     */
    @After(value="pointCut()")
    public void doAfter(JoinPoint joinPoint){
        System.out.println("@After 注解触发：切点方法之后运行...");
    }



    /**
    * 在切点方法返回后运行
    *     若第一个参数为 JoinPoint，则第二个参数为返回值的信息
    *     若第一个参数非 JoinPoint，则第一个参数为 returning 中对应的参数
    *     returning：限定了后置返回通知的运行条件，当目标方法返回值与通知方法参数类型匹配时才运行
    */
    @AfterReturning(value = "pointCut()",returning = "result")
    public void doAfterReturn(JoinPoint joinPoint,Object result){
        System.out.println("@AfterReturning 注解触发：切点方法返回后运行...");
        System.out.println("返回值："+result);
    }

    /**
     * 切点方法抛出异常运行
     * 定义一个变量，该变量用于匹配异常通知，当目标方法抛出异常返回后，把该异常传递给通知方法
     * throwing:限定了后置异常通知的运行条件，当目标方法抛出的异常与通知方法异常参数类型匹配时才运行
     * @param joinPoint
     * @param exception
     */
     @AfterThrowing(value = "pointCut()",throwing = "exception")
     public void doAfterThrowing(JoinPoint joinPoint,Throwable exception){
         System.out.println("@afterThrowing 注解触发：切点方法抛出异常运行...");
     }


     /**
      *
      * 属于环绕增强，能控制切点的运行前、运行后等
      *
      * JoinPoint：表示目标类连接点对象
      * getThis()：用于获取代理对象
      * getArgs()：用于获取连接点方法运行时的输入参数列表
      * getTarget()：用于获取连接点所在的目标对象
      * @param pj
      * @return Object
      * @throws Throwable
      */
     @Around(value="pointCut()")
     public Object doAround(ProceedingJoinPoint pj) throws Throwable{
         System.out.println("@Around 注解触发：切点方法环绕 start...");
         Object[] args = pj.getArgs();
         Object o = pj.proceed(args);
         System.out.println("@Around 注解触发：切点方法环绕 end...");
```

```
        return o;
    }

}
```

代码解析

这段代码的意思在注释中已经表达得很明白了，在这里我们只讲一些重要的知识。例如，doAround()、doBefore()、doAfter()、doAfterReturn()这4种方法实际上是我自定义的方法，它们代表了切点方法环绕开始、切点方法之前运行、切点方法之后运行、切点方法返回后运行这几种状态。并不是说一个方法就代表一种状态，例如，doAround()这个方法在切点方法环绕开始时进入，但我们运行sayHi()方法之前也定义了切面，就是doBefore()方法，这样也会输出“切点方法之前运行...”这句话。当这段程序运行完毕之后，才轮到sayHi()方法运行，而当这个方法运行结束之后，程序会再次回到doAround()方法中。因为doAround()方法代表了切面环绕，当方法顺利通过切面运行结束之后，会回到这里触发切面环绕结束后的代码，在这里体现为输出“切点方法环绕end...”这句话。而当切点环绕结束之后，我们定义的doAfter()方法就该出场了，它的意思就是在切点方法之后运行，所以此时会输出“切点方法之后运行...”这句话。doAfterReturn()方法理解起来就比较简单了，它的意思就是doAfter()方法运行完毕后触发返回值。

也许有人会问：这些切面是如何被识别的呢？因为我们在自定义的方法上都加了AOP的注解，这样便可以识别了。举一个典型的例子，@Around(value="pointCut()")就是切面环绕生效的语句，其他的类似，如果不加入这些注解便会报错。

同样，AOP也有其生效范围，语句private final String POINT_CUT = "execution(* com..service.*.*(..))"定义了生效范围是com.service下的所有方法，对应的类正好是AspectService，而我们定义的两个方法sayHi()与executeException()正好在这个类中。

下面，我们来看一下运行效果。打开TestAspectMain.java文件，点击鼠标右键，选择“Run As”下的“Java Application”来启动整个程序，可以输出我们盼望已久的结果：

```
=普通调用=

@Around 注解触发：切点方法环绕 start...
@Before 注解触发：切点方法之前运行...
sayHi()方法运行中...
@Around 注解触发：切点方法环绕 end...
@After 注解触发：切点方法之后运行...
@AfterReturning 注解触发：切点方法返回后运行...
返回值：Hello, wb

=异常调用=

@Around 注解触发：切点方法环绕 start...
@Before 注解触发：切点方法之前运行...
executeException()方法运行中 ...
@After 注解触发：切点方法之后运行...
@afterThrowing 注解触发：切点方法抛出异常运行...
```

读者可以看到，程序运行的每一步可触发什么样的代码片段，这完全在我们的掌控之中，而这就是AOP的精髓之处。Spring的AOP技术还有一种使用场景是事务的配置，例如，在以下代码中我们使用了AOP思想定义了事务通知规则、读取方式，还有事务的切入点、生效范围等。

```
<!-- 定义事务通知 -->
<tx:advice id="txAdvice" transaction-manager="transactionManager">
  <!-- 定义方法的过滤规则 -->
  <tx:attributes>
    <!-- 所有方法都使用事务 -->
    <tx:method name="*" propagation="REQUIRED" />
    <!-- 定义所有 get 开头的方法都是只读的 -->
    <tx:method name="find*" read-only="true" />
  </tx:attributes>
</tx:advice>

<!-- 定义 AOP 配置 -->
<aop:config>
  <!-- 定义一个切入点 -->
  <aop:pointcut expression="execution (* com.manage.platform.service.impl..*.*(..))"
id="services" />
  <!-- 对切入点和事务的通知进行适配 -->
  <aop:advisor advice-ref="txAdvice" pointcut-ref="services" />
</aop:config>
```

2.3 注解

从 JDK 5 开始，Java 便支持注解。注解（annotation）实际上就是代码里的特殊标记，这些标记可以在程序编译、类加载和运行的时候被读取，并且运行相应的处理，该处理可以是运行某些封装好的方法，也可以是运行某段程序。例如，在类 A 上增加注解，该类便拥有了某个注解所代表的属性，如果取消，则该属性消失，该类又恢复了正常，即不运行该注解带来的特性。

2.3.1 重写与重载

理解注解的概念后，下面我们介绍一个简单的例子，通过阅读和理解代码来学习一下注解的使用方法和使用场景。只要学习了这个典型的例子，其他注解使用起来就并不困难。这个典型的例子是：@Override 用于标识方法继承自某个超级父类。当父类的方法被删除或修改了，编译器会提示编译错误！理解了注解的作用，接着我们通过实际代码来演示一个简单的注解，那就是@Override。@Override 在程序中，是“可写可不写”的，它表示方法的重写，有以下 3 个好处。

- 注释方便阅读。
- 标志此方法重写。
- 编译器验证@Override 下面的方法名是否存在于父类中，如果没有则报错。

打开 helloSpring2 项目，新建 com.practice.annotation 包，在该包下新建 Student.java，如代码清单 2-10 所示。

代码清单 2-10 Student.java

```
package com.practice.annotation;

public class Student {
    public int age;
    public void studentAge() {
```

```
        System.out.println("学生: "+ age);
    }
}
```

代码解析

这段代码的作用是新建一个 Student（学生）类，并且新建一个 studentAge()方法，在方法里输出学生的年龄信息。

接着，在同样的包下再新建一个 ZhangSanStudent 的子类，它是学生类的子类，并且继承了父类的所有方法及其特性，如代码清单 2-11 所示。

代码清单 2-11　ZhangSanStudent.java

```
package com.practice.annotation;

public class ZhangSanStudent extends Student {
    @Override
    public void studentAge() {
        System.out.println("张三: "+ 20);
    }

    public static void main(String[] args) {
        Student zhangSanStudent = new ZhangSanStudent();
        zhangSanStudent.studentAge();
    }
}
```

代码解析

这段代码的作用是新建一个具体的学生类，并且通过 main()方法输出张三的年龄信息，通过运行代码可以看到输出结果："张三：20"。我们来分析一下这段代码，首先需要了解@Override 的作用，@Override 的作用是表明方法重写。在 Java 中重写的特性是，它主要体现在 Java 对象的重写（overriding）和重载（overloading）上面。重写是父类与子类之间的表现，如果子类的某个方法与父类的某个方法的名称和参数一样，就是重写行为，子类在调用该方法的时候会忽略父类中的定义；如果在一个类中定义了多个同名的方法，但方法的参数和类型不同，这就是重载行为。通过结果可以看到，我们在调用子类的 studentAge()方法的时候，输出了子类的定义好的语句，因此证明重写是成功的。但是，如果我们不加上@Overriding，这里的逻辑仍然是正确的，但加上的话可起到规范的作用，表明该方法重写了父类中的方法。如果加上了@Overriding，再修改方法名称，当方法名称与父类中的不一致时，编译器便会报错，这也是加上@Overriding 注解的好处之一。

学习了@Override 和@Overriding 注解，我们便可以触类旁通，明白其他 Java 类注解的作用。大部分注解都是很简单的，只有个别有难度，这里就不一一阐述了，可以通过阅读代码领悟它们的意思。以前没有注解的时候，程序员编写代码是非常麻烦的，代码量很大，自从有了注解，程序员便解脱了。因为有了注解之后，不但可以少写很多代码，而且程序会变得简捷，可读性更好，从而提高了工作效率。

2.3.2　其他注解

这里列出一些常用注解，如果某个方法需要用到某种特性，直接加入相应注解即可，这也有点儿"Java 语言封装特性"的意思。接着，我们就来介绍一下在项目中经常使用到的注解。这些注解都很简单，在使用的时候，直接加到相应的方法或者类名上面即可生效。使用注解的习惯，会让我们少写很多代码，能够让程序员写出的代码更加优雅，并且具有逻辑性。

- @Null：被注解标记的元素必须为 null。
- @NotNull：被注解标记的元素不能为 null。
- @AssertTrue：被注解标记的元素必须为 true。
- @AssertFalse：被注解标记的元素必须为 false。
- @Min(value)：被注解标记的元素必须是一个数字，其值必须大于等于指定的最小值。
- @Max(value)：被注解标记的元素必须是一个数字，其值必须小于等于指定的最大值。
- @Size(max,min)：被注解标记的元素的大小必须在指定的范围内。
- @Pattern(value)：被注解标记的元素必须符合指定的正则表达式。
- @Email：被注解标记的元素必须是电子邮箱地址。
- @Length：被注解标记的字符串的大小必须在指定的范围内。
- @Test：表示 JUnit 测试，在单元测试代码里经常看到，如果加入该注解表明某个方法是支持单元测试的。

另外，还有一些 Spring 程序控制方面的注解，以上的注解大多用于标明某些数据的取值规范，而以下的注解则更多体现在 Spring 框架体系中的程序控制方面，如标明拦截方法名称、返回类型等。这些注解通常使用在 Java 类名和方法名称上。

- @Controller：使用它标记的类是一个 Spring MVC 的 Controller（控制器）对象，分发处理器会扫描使用该注解的类，认为它定义了一个控制器类。
- @RequestMapping：使用它来映射请求，通过它来指定控制器可以处理哪些 URL 请求，需要加入一个具体的 URL 地址。
- @RequestParam：将请求参数绑定到控制器的方法参数上（Spring MVC 接收普通参数的注解）。其语法是@RequestParam(value="参数名",required="true/false",defaultValue="")，其中，value 值为参数名；required 表示是/否（true/false）包含该参数，默认值为 true，表示该请求路径中必须包含该参数，如果不包含就会报错；defaultValue 是默认参数值，如果设置了该值，required 值自动为 false，否则就使用默认值。
- @ResponseBody：表示被标记方法的返回结果直接写入 Response 对象对应的 Web 前端页面中，一般用在异步传输上，用于构建 RESTful 的 API。在使用@RequestMapping 后，返回结果通常解析为跳转路径，若加上@ResponseBody，返回结果不会被解析为跳转路径，而是直接写入 Response 对象的 Body 区中。例如，异步获取 JSON 数据，加上@ResponseBody 后，会直接返回 JSON 数据，该注解一般会配合@RequestMapping 一起使用。
- @Service：在业务逻辑层使用服务层，用于标注业务层组件。
- @Component：把普通 POJO 实例化到 Spring 容器中，相当于配置文件中的<bean id="" class=""/>。例如在实现类中用到了@Autowired 注解，被注解的类是从 Spring 容器中取出来的，那调用的实现类也需要被 Spring 容器管理，因此需要加上@Component。
- @Repository：在数据访问层使用 DAO 层，用于标注数据访问组件是持久层。
- @Resource：装配 Bean，可以写在字段上，或写在 setter 方法上，是 JDK 6 支持的注解，默认按照名称进行装配，名称可以通过 name 属性进行指定。如果没有指定 name 属性，则注解写在字段上时，默认取字段名进行装配。如果注解写在 setter 方法上，默认取属性名进行装配，当找不到与属性名匹配的 Bean 时才按照类型进行装配。

- @Autowired：装配 Bean，可以写在字段上，或写在 setter 方法上。其作用是消除 Java 代码里面的 getter/setter 方法与 Bean 属性中的 property。看个人需求，如果私有属性需要对外提供的话，应当保留 getter 方法。默认按类型匹配的方式，在容器查找匹配的 Bean，当有且仅有一个匹配的 Bean 时，Spring 将其注入@Autowired 标注的变量中，默认情况下要求依赖对象必须存在，如果要允许 null 值，可以设置它的 required 属性为 false。
- @Configuration：用于定义配置类，可替换 XML 配置文件，被注解的类内部包含一个或多个@Bean 注解。可以被 AnnotationConfigApplicationContext 或者 AnnotationConfigWebApplicationContext 进行扫描，用于构建 Bean 定义以及初始化 Spring 容器。
- @SpringBootApplication：声明让 Spring Boot 自动给程序进行必要的配置，该注解等同于@Configuration、@EnableAutoConfiguration 和@ComponentScan。
- @Configuration：该注解标记的类等价在于 XML 中配置 Bean，相当于 IoC 容器。如果该类的某个方法头上注册了@Bean，该类就会作为该 Spring 容器中的 Bean，与在 XML 中配置的 Bean 一样，该注解标记的类必须使用 component-scanbase-package 扫描。
- @EnableAutoConfiguration：开启自动配置，根据定义在 classpath 下的类，自动生成需要的 Bean，并且加载到 Spring 的 Context 中。
- @ComponentScan：表示该类自动发现扫描组件。如果在项目中扫描到@Component、@Controller、@Service 等注解的类，就注册为 Bean，可以自动收集所有的 Spring 组件。开发过程中，需要经常使用@ComponentScan 注解搜索 Bean，并结合@Autowired 注解导入。如果没有配置的话，Spring Boot 会扫描启动类所在包以及子包所有使用了@Service、@Repository 等注解的类。
- @SuppressWarnings：用于忽略编译器警告信息。

学习完了这些注解，下面来简单地总结一下。在 Java 中，我们不但要学习很多知识内容，在编写代码的时候也需要记住很多技巧，这样的负荷会让人逐渐抓狂。而编程的发展不仅仅要让程序员的开发越来越高效，还要让程序员的开发越来越简单，这也是注解诞生的意义所在。我们在某些类或者方法上加上注解，便能起到触发一些属性的作用。这是一个非常强大的功能，还能让代码看起来更加简捷，可读性更高。因此，在开发中使用注解是一种趋势。另外需要注意的是，除 Java 自带的注解外，还有 Spring（包含 Spring MVC、Spring Boot 等）的注解，不管这些注解具体是哪个框架的，或者是什么时间产生的，只需要学会使用即可。Java 领域的注解太多了，可能成百上千，要把这些注解全部背下来，是一件很困难的事情，最便捷的方法就是学会使用注解，在合适的场景知道去开启哪些注解就行了。

2.4 Servlet 与 CGI 编程

Servlet 是用 Java 编写的服务器端程序，它的主要功能是创建动态的、可交互的 Web 内容。若干年前，没有 Struts、 Spring、 Hibernate 的时候，我们所接触的项目基本上都是以 Servlet 来实现交互性的。虽然现在有比 Servlet 更好的选择了，Servlet 仍然是 Java Web 领域中不可缺少的组成部分，也是需要学习的基础部分。

如果没有 Servlet，就没有 Java 互联网编程世界的动态交互技术，即便有了 AJAX 局部刷新，它也毫无用武之地，因为无法与后端交互。当然，我这种说法是放在没有动态交互技术以及这门技术刚开始萌芽和发展的时候。虽然本书的主旨是讲述 Spring Boot，但如果不掌握 Servlet 的原理和用法，那么对 Spring Boot 的理解和使用就会出现一些知识盲点和障碍，所以我们需要把 Servlet 作为入门的技术来重点掌握，至于曾与 Servlet 齐名的通用网关接口（Common Gateway Interface，CGI）编程技术，了解一下即可，毕竟它早已经是历史产物，如今基本上不再使用。CGI 经常会出现在一些书中，甚至有时候面试的时候也会被问到，鉴于这种情况，还是有必要学习一些入门例子的。

在本节中，我们的学习重点是早期的动态交互框架技术——Servlet 与 CGI 编程。

当今的互联网，依托于 Java 技术的各种应用大行其道，其实这些应用都可以笼统地归纳为 Java EE 项目。为什么这么说呢？因为我们的手机 App、社交网站（Social Network Site，SNS）、企业资源计划（Enterprise Resource Planning，ERP）项目、客户关系管理（Customer Relationship Management，CRM）项目、电商平台等，都离不开动态交互。通俗地讲，交互就是数据的传递与接收。如果没有传递通道，互联网呈现出来的东西就是静态的。而早期的可交互性则是依赖 CGI 技术实现的，后来随着 Java 技术的发展，Servlet 技术出现了，就在 Java 领域中逐渐代替了 CGI 技术。

2.4.1 CGI 基本概念

一般来讲，CGI 编程的范畴比较广，这是因为它是一种通用网关接口技术，也就是说任何语言都可以用于 CGI 编程，只要符合其技术规范就可以被识别，但前提是服务器需要支持这项技术，例如要支持 Tomcat 8。

CGI 是一种可交互的编程规范，可以用来扩展服务器功能。CGI 应用程序可以与浏览器进行交互，也可以通过不同厂商提供的 API 与数据库进行通信，从数据库中获取数据。当它从数据库中获取数据之后，可以将其格式化成 HTML 文档，发送给浏览器展示，也可以把浏览器传递过来的数据存入数据库。这样看来，CGI 的作用与 JDBC 是类似的。

首先，基本上所有的服务器都支持 CGI，它也可以用任何语言去编写，如 C、C++、VB 等，而 CGI 程序的作用就是与 Web 服务器通信。举个典型的例子，用户访问某个网站，他在表单中填入自己的信息，点击提交后，这类信息就通过表单提交到了 CGI 程序，接着 CGI 程序会根据不同业务，把这些信息写入数据库或者文件中，然后给浏览器反馈结果，让浏览器知道业务是否成功执行，从而给用户正确的提示。总之 CGI 程序就是用于提供交互功能的。

2.4.2 CGI 流程

CGI 是一种古老的编程技术，其概念与执行过程都比较复杂，下面我把它的执行过程言简意赅地总结一下，理解了这个过程，也就明白了它的具体作用。

（1）通过 Internet 把用户请求送到 Web 服务器。

（2）Web 服务器接收用户请求并交给 CGI 程序处理。

（3）CGI 程序把处理结果传送给 Web 服务器。

（4）Web 服务器把结果送回用户。

2.4.3 CGI 编程实例

为了让读者更加深入地学习和领悟 CGI 的精髓，我们通过 DEV C++来开发一个简单实用的 CGI 小程序，以供大家学习。虽然这个程序是用 DEV C++来写的，但过程非常简单，因此读者不用有什么压力，具体的过程是这样的。

（1）在 Eclipse 中新建 servletCGI 项目，注意该项目是 Maven 格式的。

（2）修改 index.jsp，在<body>中增加表单提交的信息，代码如下：

```
<form action="cgi-bin/hello.exe" method="get">
  姓名：<input type="text" name="name" >
  年龄：<input type="text" name="age" ><br>
  <input type="submit" values="提交">
</form>
```

（3）在 WEB-INF 新建 cgi 文件夹，用来保存 hello.exe 文件。注意：CGI 项目可以是 EXE 文件也可以是 Shell 文件等，因为它支持用任何语言来编写。

（4）打开 DEV C++工具，选择“文件”菜单下的“新建”，再选择“源代码”。这时，软件界面中会出现一个编辑器，在这里输入 C++的代码。

```
#include <stdio.h>
main() {
    printf("Content-type:text/html\n\n");
    printf("Hello, World! ");
    printf("%s",getenv("QUERY_STRING")); // 输出 get 方法获取的信息
}
```

接着在“运行”菜单中，选择“编译”，把这段源代码编译成 hello.exe 可执行文件，再把它复制到 servletCGI 项目的 cgi 文件夹下。

（5）此时 CGI 项目需要的文件已经都新建好了，但此时把它发布到 Tomcat 里，是不能看到任何结果的，可能还会报错。这是因为，CGI 程序是需要服务器支持的。而 Tomcat 8 虽然支持 CGI，但默认是把与之相关的配置信息全都注释掉的，我们需要“放开”这些注释，好让服务器识别 CGI 程序。

（6）打开 Tomcat 8 的 web.xml，把<servlet-name>cgi</servlet-name>这块完整的 CGI 代码放开，再加入 executable 参数，完整的代码是这样的：

```
<servlet>
  <servlet-name>cgi</servlet-name>
  <servlet-class>org.apache.catalina.servlets.CGIServlet</servlet-class>
  <init-param>
    <param-name>cgiPathPrefix</param-name>
    <param-value>WEB-INF/cgi</param-value>
  </init-param>
    <!-- 这里配置执行的解释器 -->
  <init-param>
    <param-name>executable</param-name>
    <param-value></param-value>
  </init-param>
  <load-on-startup>5</load-on-startup>
</servlet>
```

这样 Tomcat 服务器就能识别 CGI 程序了。至于执行的解释器该如何配置，这个不用过多操心，只需要在文件中配置<param-name>为 executable 即可，并且把<param-value>的值置为空，表示支持任何语言。放开这段注释掉的代码，表示 CGI 程序的拦截规则是 cgi-bin 下的所有内容：

```
<servlet-mapping>
  <servlet-name>cgi</servlet-name>
  <url-pattern>/cgi-bin/*</url-pattern>
</servlet-mapping>
```

（7）打开 Tomcat 8 的 context.xml 文件夹，设置<Context>元素为<Context privileged="true">，表示 Tomcat 8 服务器默认开启自带的 Servlet。因为识别 CGI 程序的代码都是使用 Servlet 编写的，并且是 Tomcat 自带的，所以要开启这个设置，否则无法读取 CGI 程序。

（8）所有的一切都配置妥当了之后，再把 servletCGI 项目发布到 Tomcat 服务器里，并且启动它。接着在浏览器的地址栏里输入 http://localhost:8080/servletCGI，按“Enter”键，便可以看见显示姓名和年龄的表单，在表单里分别输入“zhangsan”和“88”，点击“提交”按钮，便可以看到 CGI 程序处理后的结果，如图 2-4 所示。

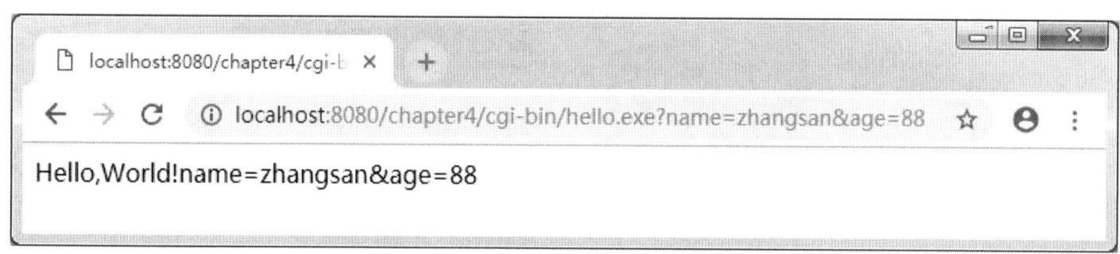

图 2-4　CGI 程序处理后的结果

从图 2-4 中我们可以分析出来，CGI 程序无疑是成功运行了，它不但从 C++代码中输出了 Hello,World! 字符，还使用 getenv("QUERY_STRING")命令获取了 GET 请求的参数。至此，这个 CGI 程序的开发便结束了。由此可以得出结论：CGI 支持很多种语言，它的作用便是实现前后端交互。例如，在程序中，我们使用了 C++代码来获取 GET 请求的参数，如果这个程序继续开发的话，下一步就是把这些参数分解出来，把它们保存到数据库里，成为一个完整的业务流程。

2.5 Servlet 服务器端编程

虽然 Servlet 的使用率下降了，但它仍然活跃在 Java 框架的源码（如 Spring MVC 的核心类）中，前端控制器 DispatcherServlet 的本质就是 Servlet，如果不学习 Servlet，就无法阅读这份源码。

2.5.1 Servlet 基本概念

Servlet 被称作小程序或者服务连接器，是用 Java 编写的服务器端程序，它的作用和 CGI 一样，是用来实现动态交互的，采用典型的请求响应模式。Servlet 比 CGI 好的地方是每个用户发送的请求都被处理为程序中的线程，而不是单独的进程，这样的话，它的运行速度和系统资源开销就会明显降低。

CGI 会针对用户的每个请求开启一个新的进程，而在 Servlet 中，每个请求就会被当作 Java 线程来处理。结合之前 CGI 的实例来说就是，当有 N 个并发对 hello.exe 发送请求的时候，这份 hello.exe 的代码要在内存中重复加载 N 次，而对 Servlet 来说，只加载 1 次即可，而 N 个并发则被处理为 N 个线程，所以它在性能方面就比 CGI 优秀太多了。另外，因为 Servlet 是基于 Java 开发的，它的发展是与 Java 息息相关的，例如，它提供了很多 Java 工具类、从后端获取参数的 Request()方法、处理 cookie 的方法等。而且，从 Servlet 3.0 开始还正式支持了注解，很大程度上简化了程序的开发。因此，目前 Servlet 的使用率反而又提升了一些。很多简单的小程序，如果不想大动干戈地集成很多框架来开发，用 Servlet

也能够轻松应付。总而言之，就是一个词——够用。

Servlet 的生命周期和处理过程如图 2-5 所示。Servlet 被服务器初始化之后，容器调用其 init()方法，init()方法仅运行一次，主要是为了完成一些公共的配置，以便接下来的请求可直接使用而无须重复加载。当请求到达时调用 service()方法，service()方法会根据客户端请求的种类自动调用与之匹配的 doGet()或者 doPost()方法。

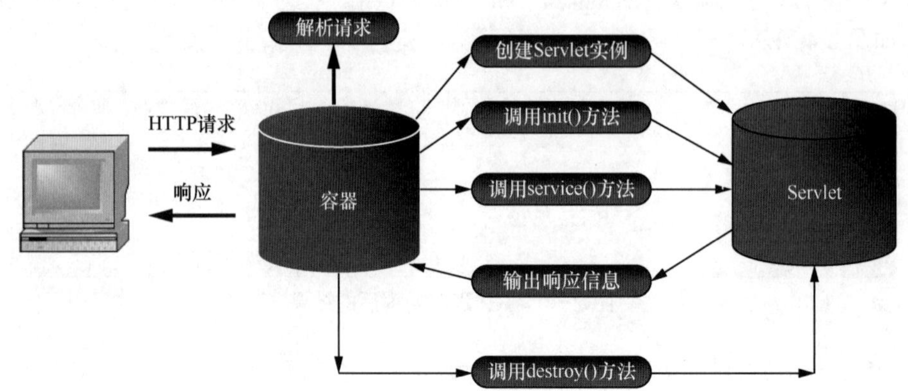

图 2-5 Servlet 的生命周期和处理过程

举个例子，如果在提交表单的时候用 GET 方式，对应的就是 doGet()方法；如果用 POST 方式，对应的就是 doPost()方法。接着，将具体的业务逻辑在对应的 do()方法中执行。最后，当服务器需要销毁 Servlet 实例的时候，就会调用 destroy()方法，可以在这个方法里写一些需要的操作，例如记录销毁的时间等。

2.5.2 Servlet 编程实例

在本节中，我们还是以 chapter4（见 1.5.2 节）作为演示项目，来完成 Servlet 项目的开发。在开发项目的时候，我们需要明确一点，那就是任何事情都要根据需求来做。例如，本节的需求就是“用户注册”这个功能，那么第一步就是分析需求，用户需先注册，然后提交表单，该表单包括姓名和年龄，等完成了需求分析，再进行开发，这就是开发项目的常规思路。尤其在工作中，接到需求时切记不要慌，先分析需求再投入精力去开发。

（1）打开 index.jsp，输入提交表单的代码。

```
<form action="userRegister" method="get">
  姓名：<input type="text" name="name" >
  年龄：<input type="text" name="age" ><br>
  <input type="submit" value="提交 Servlet Get 到服务器">
</form>
```

这段代码很简单，我们只是把 action 的值换成了 userRegister，那么问题来了，userRegister 应从哪里配置呢？我们打开 web.xml，输入 Servlet 的配置信息。

```
<servlet>
  <servlet-name>register</servlet-name>
  <servlet-class>com.javaee.servlet.UserRegisterServlet</servlet-class>
```

```
</servlet>
<servlet-mapping>
  <servlet-name>register</servlet-name>
  <url-pattern>/userRegister</url-pattern>
</servlet-mapping>
```

其实，这些配置信息的意思很简单，如果是英语不错的读者，基本上看一眼就能大概明白它们的意思。<servlet-name>是指 Servlet 的名称；<servlet-class>是指对应的 Java 类；<url-pattern>是指浏览器的 URL 模式，即路径，/userRegister 表示只有这个地址会被拦截到，从而跳转到 UserRegisterServlet 类中，如果我们配置成星号，就会拦截任何请求。

（2）开发 Servlet 类。在 src 源码路径下新建 com.javaee.servlet 包，在该包下新建 UserRegisterServlet 类。在 Java 中，一个类的信息根据作用是不同的，例如，Servlet 类的作用是作为控制层来进行中转，也许我们并不知道它的具体方法，手写的话太麻烦，也不现实，就不妨利用工具自动生成好了。

选择“new”菜单下的“Class”，在“Name”中输入“UserRegisterServlet”，把它的“Superclass”（超级父类）修改为“javax.servlet.http.HttpServlet”，点击“Finish”按钮后进入该类。接着，选择“Source”菜单下的“Override/Implement Methods”，在弹出的界面中便可以选择“HttpServlet”的父类功能，可以选择常用的，也可以全部选择，如图 2-6 所示。

图 2-6 HttpServlet 接口

（3）点击“OK”按钮后，Servlet 的类 UserRegisterServlet 就正式建立好了。接着我们在这个 Servlet 类中输入一些代码，来完成它的业务逻辑：

```
@WebServlet("/userRegisterServlet")
public class UserRegisterServlet extends HttpServlet {
    public void init(ServletConfig config) throws ServletException {
        System.out.println("init()运行！");
    }
    public void destroy() {
        System.out.println("destroy()运行！");
    }
    protected void service(HttpServletRequest request, HttpServletResponse response)
throws ServletException, IOException {
        // service()方法用来接收客户端信息
        String name = request.getParameter("name");
        String age = request.getParameter("age");
        System.out.println("name="+name);
        System.out.println("age="+age);
```

```
            System.out.println("service");
        }
    }
```

（4）这样，当我们在前端页面输入“张三”、年龄“35”的时候，Servlet 便会根据拦截到的 URL 模式，自动进入符合规则的 UserRegisterServlet 类，并且进入 service()方法，由 getParameter()获取表单的 name 和 age 属性，通过 System.out.println()方法输出。如果这个项目要继续开发，那就是把 name 和 age 属性继续往下传递，直接到 DAO 层，并且通过 JDBC 或者其他方式保存到数据库里。

2.5.3　Servlet 编程知识点

Servlet 编程的内容非常丰富，这门技术从最初的 1.0 版本发展到现在的 3.0 版本，已经经历了很长时间，其特性与方法都有了很多的变化。为了让读者尽快掌握它的核心技术，我整理了 Servlet 编程的内容，从中挑选出了最为实用的部分，只要掌握了这部分内容，读者便可以轻松掌握 Servlet。

1. HTTP

HTTP 是 Hyper Text Transfer Protocol（超文本传送协议）的缩写，是用于从万维网（World Wide Web，WWW）服务器传输超文本到本地浏览器的传送协议。HTTP 是基于传输控制协议/互联网协议（Transmission Control Protocol/Internet Protocol，TCP/IP）来传递数据（HTML 文件、图片文件、查询结果等）的。HTTP 是无状态的协议，同一个客户端的请求和上次的请求是没有对应关系的。HTTP 通常承载于 TCP 之上，有时也承载于传输层安全协议（Transport Layer Security，TLS）或安全套接层协议（Secure Socket Layer Protocol，SSL Protocol）之上，这就成了我们常说的超文本传输安全协议（Hyper Text Transfer Protocol Secure，HTTPS），默认 HTTP 的端口号为 80，HTTPS 的端口号为 443。

2. TCP/IP

网络协议有很多种。在网络通信模型中，TCP/IP 协议族的作用非常重要，它负责数据包的传输，包含文件传送协议（File Transfer Protocol，FTP）、简单邮件传送协议（Simple Mail Transfer Protocol，SMTP）、TCP、用户数据报协议（User Datagram Protocol，UDP）等协议。这是一个完整的网络传输协议家族，构成了互联网的基础通信架构。它经常被统称为 TCP/IP 协议族（TCP/IP Protocol Suite，或 TCP/IP Protocols），简称 TCP/IP。

TCP/IP 提供点对点的链接机制，将数据应该如何封装、定址、传输、路由以及在目的地如何接收，都加以标准化。它将软件通信过程抽象化为 4 个抽象层，采用协议栈的方式，分别实现不同通信协议。协议族下的各种协议，依其功能不同，被分别归属到这 4 个层次结构之中，常被视为简化的 7 层 OSI 模型。

TCP/IP 的 4 层包括网络访问层、互联网层、传输层和应用层，这 4 层基本上都属于网络物理方面，但是我们需要特别注意一下应用层，它包括 FTP、Telnet、域名解析服务（Domain Name Service，DNS）、SMTP、网络文件系统（Network File System，NFS）和 HTTP 等。

- FTP 一般用于上传、下载，数据端口是 20H，控制端口是 21H。
- Telnet 服务是用户远程登录服务，使用 23H 端口，使用明码传送，保密性差、简单方便。
- DNS 提供域名到 IP 地址之间的转换，使用端口 53。
- SMTP 用来控制邮件的发送、中转，使用端口 25。
- NFS 用于网络中不同主机间的文件共享。

- HTTP 用于实现互联网中的 WWW 服务，使用端口 80。

在 Java EE 领域中，我们经常接触的可能就是 HTTP 和 FTP 了，至于 SMTP，有时候也会使用到，而 Telnet 一般是在我们部署项目的时候用于远程登录的，在远程登录的软件中，我们经常可以看到这个协议。

3. GET 请求和 POST 请求的区别

GET 请求参数直接写在请求头的统一资源标识符（Uniform Resource Identifier，URI）中，信息不保密且参数的大小有限。POST 的请求参数直接保存在请求正文中，相对比较保密而且原则上无大小限制。

GET 请求的特点如下：

- GET 请求可被缓存；
- GET 请求保留在浏览器历史记录中；
- GET 请求可被收藏为书签；
- GET 请求不应在处理敏感数据时使用；
- GET 请求有长度限制；
- GET 请求只应用于取回数据。

POST 请求的特点如下：

- POST 请求不会被缓存；
- POST 请求不会保留在浏览器历史记录中；
- POST 不能被收藏为书签；
- POST 请求对数据长度没有要求。

CGI 和 Servlet 的本质一样，都是为了创建动态交互而存在的。早期，Java EE 也是使用 CGI 的，由于这样做很不方便，因此 Java EE 在后来开发出了自己的服务器端组件 Servlet，并且沿用至今。关于 Servlet 的学习，要注重理解，我们可以抛开 Servlet 类来看，它的配置主要集中在 web.xml 中，只要认真看懂了一个配置文件，其他的通常也就自然会了。至于 Servlet 类的学习，重点关注一下 service()方法里的代码即可理解透彻。

另外，本节还特意挑选了很多 TCP/IP、HTTP 的概念来讲解，还介绍了 GET 和 POST 请求的区别，这些内容虽然不需要记住，但一定要理解透彻。因为只有理解了这些内容，我们在日常开发的时候，遇到某些疑难杂症，才能站在更高的台阶上看问题和解决问题，否则，如果你对知识的理解程度太低，就会局限在一个小角落里，怎么也跳不出来。

2.6 Java 数据类型

如果说 Java 开发是一座金字塔的话，那么构成金字塔的基石就是 Java 的数据类型。如果不能理解这些数据类型的原理和使用方法，便不能很好地分解需求，更谈不上开发出高质量的功能了。在本节中，我们来学习 Java 的数据类型，若读者认真学习了本节的内容，便能轻松应对各种各样的基础开发了。

2.6.1 基本类型

Java 数据类型是 Java 编程的基础。数据类型的概念比较简单，但细节方面的内容繁多也难以记住。

无论如何数据类型的概念是需要牢固掌握的，因为它是编程大厦的砖石。如果不能充分理解基本类型，针对实际需求开发的项目可能会“千疮百孔”。另外理解了数据类型对于新技术的学习也是极有帮助的，只有基础足够牢固才能够越发往上。首先需要明白，不论是实现增、删、改、查，还是其他通信编程，Java 的操作都是基于内存的，如果没有内存一切都无从开始。而数据类型就是跟内存息息相关的事物，它会帮助我们合理地使用内存。说到数据类型，就不得不说起变量，这两者通常会在一起使用。

举个例子，如果需要存储“张三”这个姓名，就必须为其开辟一块内存区域。用 Java 的语法来表示就是 String name = "张三"。在这个简短的语句中，String 是数据类型，name 是变量名称，而张三就是对变量的赋值。理论上，如果丢弃了 String，直接声明 name = 张三，在逻辑上是行得通的，因为确实开辟了内存的一块区域并且存入了数据。

数据类型是帮助我们合理地使用内存的，如果所有的变量都不使用数据类型来修饰，编程世界可就乱套了！只有对每个变量都声明对应的数据类型，我们在编程的时候才能根据该变量的数据类型获取针对该变量的操作方法。只有井然有序，编程的逻辑才能继续。这些基础的数据类型就像 Java 世界的砖石，如果它们不可靠，那么我们投入精力构建的程序世界就会轰然倒塌！在 Java 中数据类型意味着合理的内存空间和与之对应的一组操作，如数据类型转换的方法等。合理使用数据类型是编程的基础，也是架构师应该充分掌握的内容。

例如，一个项目有很多增、删、改、查的操作，而这些操作是针对数据的，合理的数据类型会把项目中所用到的数据分成若干的分支，以便我们持续地、科学地开发项目。例如，针对字符数据有与之对应的一套逻辑、针对布尔数据有与之对应的一套逻辑、针对日期数据有与之对应的一套逻辑，只有把它们分门别类才能有效地编程，这就跟我们一提起 JavaBean 就能明白它是数据模型类、数据传输类的概念是一样的。

Java 的数据类型分为内置数据类型和引用类型。其中内置数据类型有 8 种，分别是 byte、short、int、long、float、char、double 和 boolean。而引用类型主要指在声明变量的时候就指定的一个确定类型，如 Student、Employee 等。而 Student、Employee 这些数据类型往往是我们自定义的、从现实世界中抽象出来的数据类型。例如，Student stu = new Student()这段语句声明了一个学生类，而它对应的数据类型自然就是学生类型。

对于数据类型的取值范围，其实并不需要我们去刻意铭记，因为这些数值都已经以常量的形式封装在了数据类型里。例如，对于 Byte.SIZE、Byte.MIN_VALUE 和 Byte.MAX_VALUE 等，我们只需要在使用的时候用 System.out.println(Byte.SIZE)语句即可直接输出它的数据。我一再强调，程序员实际上都应有架构师的思想，在做软件开发的时候，只需要去寻找和发现合适的框架，像搭积木一样把一个功能实现出来就行了，而不是非要把所有的代码都记在脑子里。当然，如果没有合适的框架，就需要创造性地自己开发。然而现实是很多人一味地要求程序员把什么东西都死记硬背下来，这种情况不得不让人感到迷惑。

1. Object

Object 的意思是物体、目标、对象，但没有确切地指出是哪一个具体的事物。因此 Java 使用 Object 作为所有类的超类，在 Java 数据类型中只有 Object 没有父类。这样的话，如果某个数据没有指定明确的类型的话，都可以把它置为 Object 数据类型。可以理解为该类型兼容一切，无论什么样的数据类型都可以使用 Object 来接收，也可以把它当作暂时的容器，等确定了数据类型后再把 Object 转换成对应的数据类型即可。

Object 用来接收数据一般体现在与数据库交互后的结果集上，如果难以确定数据结果的类型，可以先用 Object 来接收。而针对数据的操作，还是需要遵守 Object 提供的方法。例如，这段代码使用 Object 类型是没有出现编译错误的，就说明了 Object 类型可以存储任何数据，ObjectDemo 类 Object 部分，如代码清单 2-12 所示。

代码清单 2-12 ObjectDemo.java

```
Object obj = new Object();
obj = "张三";
obj = 123;
Object[] obj2 = new Object[2];
obj2 [0] = new String("张三");
obj2 [1] = new Integer(123);
```

代码解析

上述代码首先使用 Object 类型分别保存了字符数据和数值数据，然后使用 Object 类型的数组来分别保存字符数据和数值数据。上述代码能顺利通过编译，表明了 Object 的特性和典型用法，就是所有的数据都可以用 Object 来接收，这也是 Java 的设计思想之一。

2. byte 和 Byte

byte 是 Java 中最小的整数类型，数据大小是 8 位，即 1 字节，取值范围是−128～127，默认值是 0。Byte 是它的封装类，为它提供一系列可操作的方法。需要注意的是，它的取值范围比较小，如果赋值为 128，程序就会报错。如果想学习它的用法，可以参考这个典型的例子——ObjectDemo 类 byte 部分，如代码清单 2-13 所示。

代码清单 2-13 ObjectDemo.java

```
byte by1 = 6;
System.out.println(by1);
Byte by2 = 8;
String test = by2.toString();
System.out.println(test);
System.out.println(test.getClass());
```

代码解析

本例同时声明了 by1 和 by2 两个变量，by1 使用基本类型，by2 使用封装类。by1 输出的结果是 6，但是它没有可用的方法。而 by2 的初始值是数值型数字 8，我们使用封装类提供的 toString()方法即可把它转换成字符串，再使用 test 来接收。这样输出 test 的值仍然是 8，但它的数据类型已经变成了字符串。这点可以通过 getClass()方法来验证，它的输出值是 class java.lang.String。

3. short 和 Short

short 是短整型，数据大小是 16 位，即 2 字节，取值范围是−32768～32767，默认值是 0。Short 是它的封装类，为它提供一系列可操作的方法。如果想学习它们的用法，可以参考这个典型的例子——ObjectDemo 类 short 部分，如代码清单 2-14 所示。

代码清单 2-14 ObjectDemo.java

```
short sh = 8;
System.out.println(sh);
Short sh2 = 8;
System.out.println(sh2);
```

代码解析

本例同时声明了 short 基本类型变量和 Short 封装类变量，对它们的赋值都是 8。

4. int 和 Integer

int 是整型，数据大小是 32 位，即 4 字节，取值范围是−2147483648～2147483647，默认值是 0。Integer 是它的封装类，为它提供一系列可操作的方法。如果想学习它们的用法，可以参考这个典型的例子——ObjectDemo 类 int 部分，如代码清单 2-15 所示。

代码清单 2-15　ObjectDemo.java

```
int int1 = 6;
Integer int2 = 8;
int int3 = int2.intValue();
System.out.println(int1);
System.out.println(int2);
System.out.println(int3);
System.out.println(int2.MAX_VALUE);
System.out.println(int2.MIN_VALUE);
```

代码解析

在这段代码中，int1 的输出值是 6，我们只纯粹地声明了该变量，并没有做其他事情，也不能做其他事情，因为基本类型没有任何可供运行的方法。int2 使用封装类，它提供了一系列整型数据的可操作方法。把 int2 转换成 int 类型，再使用 int3 来接收，转换后的 int3 是没有任何方法的。最后，可以使用 MAX_VALUE、MIN_VALUE 这些静态常量来输出 int 数据类型的最大值和最小值。

5. long 和 Long

long 是长整型，数据大小是 64 位，即 8 字节，取值范围是−9223372036854775808～9223372036854775807，默认值是 0。Long 是它的封装类，为它提供一系列可操作的方法。如果想学习它们的用法，可以参考这个典型的例子——ObjectDemo 类 long 部分，如代码清单 2-16 所示。

代码清单 2-16　ObjectDemo.java

```
long long1 = 6;
Long long2 = 8L;
long long3 = long2.SIZE;
System.out.println(long1);
System.out.println(long2);
System.out.println(long3);
System.out.println(long2.MAX_VALUE);
System.out.println(long2.MIN_VALUE);
```

代码解析

这段代码声明了 3 个变量。long1 使用基本类型，可以用来表示数值，但没有方法。long2 使用封装类，Java 为它提供了一系列可供选择的方法来满足编程需求。long3 是通过 long2 的静态变量 SIZE 来赋值的。其他的代码（如 long2 的 MAX_VALUE 和 MIN_VALUE）分别表示了 long 数据类型的取值范围。注意，直接使用封装类赋值的时候，需要在数值后面加上对应的类型标识，例如 Long 的类型标识是 L，否则程序无法顺利编译。

6. float 和 Float

float 是单精度浮点型，数据大小是 32 位，即 4 字节，取值范围约为 1.4e−45～3.4028235e38，默认值是 0.0。Float 是它的封装类，为它提供一系列可操作的方法。如果想学习它们的用法，可以参考这个典型的例子——ObjectDemo 类 float 部分，如代码清单 2-17 所示。

代码清单 2-17 ObjectDemo.java

```
float float1 = 6;
Float float2 = 8F;
float float3 = float2.SIZE;
System.out.println(float1);
System.out.println(float2);
System.out.println(float3);
System.out.println(float2.MAX_VALUE);
System.out.println(float2.MIN_VALUE);
```

代码解析

这段代码声明了 3 个变量。float1 使用基本类型，可以用来表示数值，但没有方法。float2 使用封装类，Java 为它提供了一系列可供选择的方法来满足编程需求。float3 是通过 float2 的静态变量 SIZE 来赋值的。其他的代码（如 float2 的 MAX_VALUE 和 MIN_VALUE）分别表示 float 数据类型的取值范围。注意，直接使用封装类赋值的时候，需要在数值后面加上对应的类型标识，例如 Float 的类型标识就是 F，否则程序无法顺利编译。

7. char 和 Character

char 是字符型，数据大小是 16 位，即 2 字节，默认值是 null。Character 是它的封装类，为它提供一系列可操作的方法。如果想学习它们的用法，可以参考这个典型的例子——ObjectDemo 类 char 部分，如代码清单 2-18 所示。

代码清单 2-18 ObjectDemo.java

```
char c1 = 'f';
System.out.println(c1);
char c1 = 'ff';
System.out.println(c1);
```

代码解析

这段代码定义了 f 和 ff，演示了字符型数据的基本用法。

读者会联想到一个问题，char 和 Character 为什么不能用来操作字符串呢？众所周知，在 Java 中我们是用 String 来操作字符串的，其实要想解答这个问题也不难。

首先 String 不属于 8 种基本类型，String 是引用类型，它是专门用来处理字符数据的。那么 char 和 String 的区别到底在哪里呢？char 是专门用来显示字符的，并且只能够存储单个字符，因为它采用了 Unicode 编码，所以几乎可以容纳所有的字符。而 String 是用来操作字符串的，Java 为它提供了很多字符串的操作方法。

```
String str1 = "ab";
String str2 = "cd";
String str3 = str1.concat(str2);
System.out.println(str3);
String str4 = "a";
System.out.println(str1.contains(str4));
```

代码解析

concat()方法是 String 对象提供的，用于连接字符串，所以 str3 的输出结果是“abcd”。contains()方法用来判断一个字符串中是否包含另一个字符串，因为 str1 里包含 str4，所以会输出“true”。从这段代码可以看出，我们在日常工作当中跟字符串打交道是非常频繁的，而 String 类提供了常用的字符串操作方法，可以满足我们的需求。理解了这些数据类型和对象的用法后，自然也就明白了它们的区别。只有明白了这些基础内容，我们才可以往深处学习，例如利用 API 去学习 String 对象的其他方法。

8. double 和 Double

double 是双精度浮点型，数据大小是 64 位，即 8 字节，取值范围约为 4.9e–324～1.7e308，默认值是 0.0。Double 是它的封装类，为它提供一系列可操作的方法。如果想学习它们的用法，可以参考这个典型的例子——ObjectDemo 类 double 部分，如代码清单 2-19 所示。

代码清单 2-19　ObjectDemo.java

```
double double1 = 6;
Double double2 = 8D;
double double3 = double2.SIZE;
System.out.println(double1);
System.out.println(double2);
System.out.println(double3);
System.out.println(double2.MAX_VALUE);
System.out.println(double2.MIN_VALUE);
```

代码解析

double1 使用基本类型，可以用来表示数值，但没有方法。double2 使用封装类，Java 为它提供了一系列可供选择的方法来满足编程需求。double3 是通过 double2 的静态变量 SIZE 来赋值的。其他代码（如 double2 的 MAX_VALUE 和 MIN_VALUE）分别表示了 double 数据类型的取值范围。注意，直接使用封装类赋值的时候，需要在数值后面加上对应的类型标识，例如 double 的类型标识就是 D，否则程序无法顺利编译。

9. boolean 和 Boolean

boolean 是布尔类型，用于判断真（true）或假（false），默认值为 false。Boolean 是它的封装类，为它提供一系列可操作的方法。如果想学习它们的用法，可以参考这个典型的例子——ObjectDemo 类 boolean 部分，如代码清单 2-20 所示。

代码清单 2-20　ObjectDemo.java

```
boolean boolean1 = true;
Boolean boolean2 = false;
boolean boolean3 = boolean2.booleanValue();
System.out.println(boolean1);
System.out.println(boolean2);
System.out.println(boolean3);
System.out.println(boolean2.hashCode());
System.out.println(boolean2.getClass());
```

代码解析

boolean1 使用基本类型，赋值为 true。boolean2 使用封装类，赋值为 false。boolean3 使用基本类型，可以通过 boolean2 的获取当前数值的方法为它赋值。其他方法比较简单，hashCode()用于获取变量的散列值，而 getClass()用于获取变量的类型。

2.6.2 引用类型

2.6.1 节已经介绍了 Java 世界的基本类型，Java 还提供了引用类型。所谓的 Java 引用类型，就是类似于 C 语言指针的东西，它在内存的堆（heap）上。如果某个变量被设置为这种引用类型，它会在栈（stack）里保存该变量自身的内容，还会存储堆上保存的对应内存地址。引用类型包括类、接口、委托和装箱值类型。

这样说可能有点难以理解，说得简单点，引用类型就是一个对象的别名，放在内存的堆上，当我们使用对象时，不会直接访问该对象，而是通过引用地址去访问。在这里需要注意的是，Java 的基本类型的变量是存储在栈内存中的，而引用类型的变量虽然也存储在栈内存中，但它们在栈中保存的数据却是对应的堆内存中的地址。虽然这个概念说清楚了，但读者可能还是觉得一头雾水，下面通过图 2-7 来深入理解一下。

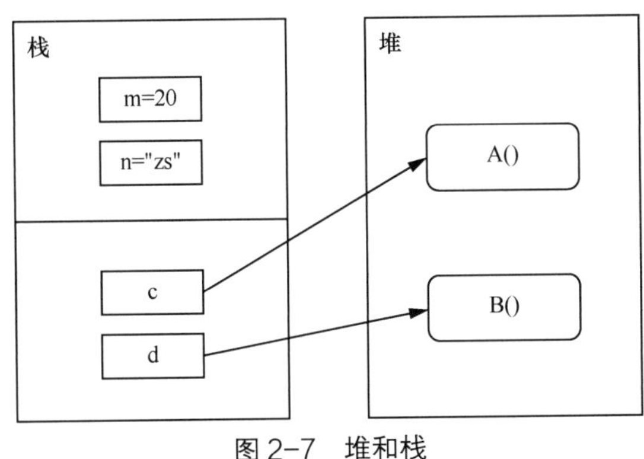

图 2-7 堆和栈

在图 2-7 中，我们声明的 m、n 变量都是保存在栈里的，因为它们是基本类型的，完整的声明方式是这样的：

```
int m=20;
String n="zs";
```

实际上，这两个数据都保存在栈里，类似下面这样的代码：

```
A c = new A();
B d = new B();
```

这种使用 new 关键字生成的变量会通过引用方式指向堆里的引用类型，这么做的原因便是通过使用引用类型，可以获取引用类型的特性，如它们提供的方法等，此时如果还有一个变量 f：

```
f = new A();
```

也仍然会引用与变量 c 同样的地址。

```
String sb = new String("abc");
```

这样的声明方式会被放在堆中，因为它是 new 关键字创建的，需要注意区分。还有很多特性（如栈中数据的互相引用等）就不用刻意去研究了，只要大体上能够区分开即可。

2.6.3　开箱即用

之前我们说了很多堆和栈存储的事情，在本节中，我们再简单介绍一下堆和栈的概念，让读者有一个更加直观的认识。Java 把内存分成两种，一种叫作栈内存，另一种叫作堆内存。在函数中定义的一些基本类型的变量和对象的引用变量都在函数的栈内存中分配。当在一段代码中定义一个变量时，Java 就在栈中为这个变量分配内存空间，当超过变量的作用域后，Java 会自动释放为该变量分配的内存空间，该内存空间可以立刻另作他用。堆内存用于存放由 new 关键字创建的对象和数组。在堆中分配的内存，由 JVM 的自动垃圾回收器（Garbage Collection，GC）来管理。

在堆中产生了一个数组或者对象后，还可以在栈中定义一个特殊的变量，这个变量的取值为数组或者对象在堆内存中的首地址，在栈中的这个特殊的变量就变成了数组或者对象的引用变量，以后就可以在程序中使用栈内存中的引用变量来访问堆中的数组或者对象，引用变量相当于为数组或者对象起的一个别名或者代号。引用变量是普通变量，定义时在栈中分配内存，引用变量在程序运行到作用域外释放。

而数组、对象本身在堆内存中分配，即使程序运行到使用 new 创建数组和对象的语句所在的代码块之外，数组和对象本身占用的堆内存也不会被释放，它们需要在没有引用变量指向它的时候，才会变成垃圾，不能再被使用，但是仍然占用着内存。接着，JVM 才会在一些不确定的时间把它们释放。这也正是 Java 程序比较占内存的原因，但是随着计算机硬件性能的不断增强，这种负面影响会逐渐减小。实际上，栈中的变量指向堆内存中的变量，它就是 Java 中的“指针”。

自动装箱与自动拆箱

自动装箱与自动拆箱的概念很早就有了，说实话不学习它也不会影响程序员的 Java 编程水平，但我们还是需要通过最简单的代码来学习一下，拓宽一下自己的知识面。Java 从 JDK 5 开始引入自动装箱和自动拆箱，其作用就是简化基本类型和引用类型之间的转换，而现在的软件开发领域中也有一个趋势，那就是工具包需要遵循开箱即用的原则，言简意赅地说，就是直接拿来就能用，不用进行什么复杂的配置。

（1）自动装箱：Java 自动将基本类型转化为引用类型的过程，自动装箱时编译器会调用 valueOf() 方法，将基本类型转化为引用类型。

```
Integer a = 30; // 自动装箱
```

（2）自动拆箱：Java 自动将引用类型转化为基本类型的过程，自动拆箱时编译器会调用 intValue()、doubleValue()这类方法将对象转换成基本类型。

```
int b = a; // 自动拆箱
```

通过上述两段代码我们可以看出，自动装箱和自动拆箱就是一种代码书写习惯，因为 Integer 和 int 本身分别对应引用类型和基本类型，我们在写代码的时候，经常会有意无意地在这两者之间互相转换，这就要区分不同的应用场景了，但幸运的是 JDK 5 之后引入了自动装箱和自动拆箱，编译器不报错即可正常运行程序，装箱、拆箱由 JVM 来代替程序员完成，极大地方便了程序员的开发。

本节主要讲述 Java 的基础数据类型和引用类型，只要熟练地掌握了基石，我们就能更好地开发项目。如果说项目是一个宏大的工程，那就意味着必须不断地往项目里添砖加瓦，可如果连砖头的用法都学不好，那就无从谈起了。对于基本类型和引用类型需要认真学习，而对于堆和栈只需要理解概念就行了，毕竟我们也不是专业的 JVM 工程师，关于 JVM 的学习和设置会在后文讲解。

2.7 Java 类与接口

区分了基本类型和引用类型，明白了堆和栈是什么，弄清楚自动装箱和自动拆箱，基本上对于 Java 数据类型的学习就可以告一段落了。总的来说，读者需要掌握扎实的 Java 基本功。接下来我们来学习类与接口，只有学习好了类与接口，才可以使用 Java 金字塔的基石来堆砌各种各样的建筑模型。举个例子，如果 Java 是建筑工程的话，数据类型就是砖石，而类和接口就是各种各样的模型。如果换为修房子的场景，类和接口就可以充当房子里的窗户、家具这类角色。

2.7.1 类与对象

如果想在编程之路上畅通无阻的话，就必须深刻地理解类与对象的概念。

1. 面向过程与面向对象

首先，Java 是面向对象的程序设计语言，这种编程理念区别于过去面向过程的编程思想。所谓的面向过程，可以这样简单地理解，它类似于数据库的存储过程，把所有的变量、逻辑，还有代码的各种分支都写在一个程序文件中，而没有 Java 这种类和对象的调用。形象点说，面向过程的编程就是把所有的程序代码、各种复杂逻辑都写在一个文件里，从头到尾都是一个文件，有点像大杂烩。当然，单一的文件起的肯定是一个作用，而把很多这样的文件组合起来，便成了一个庞大的工程，这便是面向过程的编程方式。虽然面向过程也是人类的一种思维，这种编程方式面对简单的逻辑很好处理，可越是复杂的项目越没法往前做，因此它被逐渐淘汰了！

举个典型的例子。Java 语言中的类就是为了完成某种行为的集合，如学生类和员工类等。学生类作为一个数据模型，它包含学生的属性（年龄、性别和成绩等），还需声明这些属性的设置与获取方法。而对象则是完成某种业务的集合。例如，JDBC 对象用于与数据库建立连接；容器对象用于存储学生类的信息；文件对象用于处理关于计算机文件的操作，如删除文件等。因此，Java 的面向对象编程理念就是把这些不同的类和对象通过特定的语法串联起来，进行符合逻辑的开发。而在一个项目的初始阶段，我们就必须考虑到该项目所需要的类与对象，并且在项目早期完成设计。在开发过程中，A 类如果因为业务需要调用 B 类，那么只需要给 B 类传入符合条件的参数即可。B 类的作用可能是获取学生的资金，也可能是获取学生的学籍信息等，那么它的输入参数很可能就是学生 ID，返回数据有可能就是符合条件的容器对象。

再形象一点，面向过程就是把一个人一天干的事情写成流水账。例如，张三早上起来干了什么，中午吃完饭又干了什么，晚上又干了什么，这样描述清楚后，张三的程序就结束了。而面向对象就是使用了抽取的方法，大家想想，我们的程序里使用面向过程的编程描述了张三，还需要描述李四，虽然可以复制，但如果有很多人，那岂不是乱了套？因此，面向对象就是使用抽取的方法，或者说思维。具体怎么做呢？很简单，不论张三还是李四，他们都是人，我们就建立一个人的类 Person，然后把这个人的身高、特征都当作属性，把他的行为都当作成员变量，那么抽取出这样一个公共的 Person 类，在程序中，不论是张三还是李四，都可以使用它完成业务逻辑了。

2. Java 编程的三大特性

提起 Java 编程的三大特性，可谓如雷贯耳，具备计算机编程基础知识的人基本上都知道。即便如此，对于这些特性我们还是必须重点学习的。为什么呢？因为在往后的工作中，对于程序的设计基本上都会围绕这些特性来展开，即便学习框架，你也会发现框架的设定离不开这些特性。Java 语言的三大特性是封装、继承和多态，接下来我们将以形象的语言来分别解释它们，不过在此之前需要先理解抽象的概念。

- 抽象：不论是对过程抽象还是对数据抽象，我们所需要理解的抽象，其实就是把一个事物中对当前项目有价值的东西获取出来。例如，针对学生管理系统进行抽象，我们首先需要明白的是开发这个系统需要哪些东西。学生管理系统当然需要学生的信息了，所以对学生进行抽象分析就可以提取出学生的信息类，而不用去管老师的信息；如果后期因为需求的变化，在开发学生成绩这个模块的时候需要获取老师的信息，就可以对老师进行抽象，因为该模块只需要获取老师的姓名，所以老师的数据模型类中完全可以只定义 id 和 name 这两个属性。
- 封装：它是指把一些项目中具体的行为封装成不同的类或者方法。例如，在学生管理系统中，我们有 3 个需求：一是获取学生成绩；二是获取学生费用；三是获取学生宿舍。针对这 3 个需求，我们不能盲目地开发，而是先要进行具有想法的设计。而封装的思想体现到这里就是把这 3 个需求分别设计成不同的方法，如 A、B 和 C 方法，完成这 3 个方法编码的过程即封装行为。等封装完毕后，我们只需要传入学生 ID，即可通过这 3 个方法拿到有用的信息。
- 继承：它主要体现在代码开发中，让代码具有层次结构。继承的主要特点是父类与子类的关系，子类可以继承父类的一些特性，如方法和变量。举个典型的例子，当前有一个学生类，它拥有姓名、性别和年龄等属性，可接下来我们需要开发一个优秀班干部类，因为优秀班干部其实也是学生，所以它就可以继承学生类，得到学生类的一些方法，如获取姓名、性别和年龄等方法。针对优秀班干部类，我们可以开发出职务等属性，当然这只是一个范例，其实也可以把职务属性放到学生类里面。如何继承和实现，可以使用 Java 的关键字 extends 和 implements，这两者的区别后面会讲到。程序中的继承关系如图 2-8 所示。

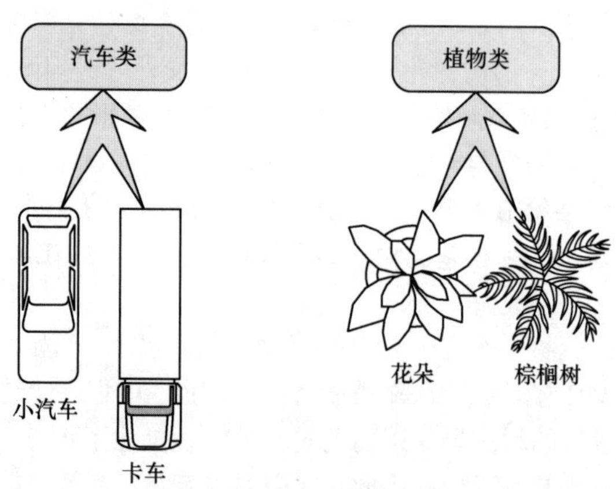

图 2-8　程序中的继承关系

在图 2-8 中，Java 语言的汽车类分为了小汽车、卡车，而植物类分为了花朵与棕榈树。

- 多态：它主要体现在 Java 的重写（overriding）和重载（overloading）上面。重写是父类与子类之间的表现，如果子类的某个方法与父类的某个方法名称和参数一样，这就是重写行为，子类在调用该方法的时候会忽略父类中的定义；如果在一个类中定义了多个同名的方法，但方法的参数和类型不同，这就是重载行为。

3. 属性和方法

类的属性和方法是类的组成部分。Java 类的属性和方法比较简单，它们可以是现实生活中抽象出来的任意事物。在项目开发的初期，需要对项目中的数据模型类进行设计，而在使用它们的时候只需要传入对应的参数即可。属性和方法可以直接通过具体例来理解。打开 practise 项目，在 com.manage.bean 包下新建 Student 类，如代码清单 2-21 所示。

代码清单 2-21 Student.java

```
package com.manage.bean;

public class Student {
    private String id;
    private String name;
    private String sex;
    private int age;
    private float score;
    public Student() {
    }
    public Student(String name, int age) {
        this.name = name;
        this.age = age;
    }
    public String getId() {
        return id;
    }
    public void setId(String id) {
        this.id = id;
    }
    public String getName() {
        return name;
    }
    public void setName(String name) {
        this.name = name;
    }
    public int getAge() {
        return age;
    }
    public void setAge(int age) {
        this.age = age;
    }
    public String getSex() {
        return sex;
    }
    public void setSex(String sex) {
        this.sex = sex;
    }
    public float getScore() {
        return score;
    }
    public void setScore(float a, float b, float c) {
        this.score = a + b + c;
    }
}
```

代码解析

学生数据模型类中，我们定义的属性有 id（ID）、name（姓名）、sex（性别）、age（年龄）和 score（分数），定义的方法有针对这些属性的设置方法（如 setName()）和获取方法（如 getName()）。需要注意的是，分数的设置方法跟其他的不一样，这主要是因为对分数进行了自定义的设计，分数是语文、数学和英语这 3 门功课的成绩加起来的总分，所以在定义的时候为它传入了 3 个参数。

2.7.2　抽象类与接口

抽象类与接口是 Java 程序开发中极其重要的概念，而我们往往会把两者混淆。接下来，我们重点阐述一下两者的作用和区别，以帮助读者建立正确的理解。抽象类和接口都可以实现 Java 中对于类功能的扩展，这是它们的最根本、最本质的作用。可是，很多时候我们虽然知道如何去写它们，但不知道如何在框架设计时，在合适的地方去写它们，这是一个难点！而在本节中，我们既可以学习抽象类与接口的区别，还可以学习 extends 和 implements 的区别。

1. 抽象类与继承

抽象类是用来捕捉子类的通用特性的，它不能被实例化，只能被用作子类的超类，抽象类是被用来创建继承层级里的子类的模板。在本例中，我们新建了一个抽象类 Car（汽车），并且分别使用类 A 和类 B 同时继承了汽车类 Car。为什么这样做呢？很简单，extends（继承）是用于父类与子类的。那么，我们使用汽车 A 和汽车 B 来继承 Car，如果这时候出现了一辆汽车 C，也可以用这种方法来拓展。抽象类示例如代码清单 2-22 所示。

代码清单 2-22　Car.java

```
package com.manage.bean;

public abstract class Car {
    public abstract void price();
    public static void main(String[] args) {
        Car A = new A();
        Car B = new B();
        A.price();
        B.price();
    }
}
class A extends Car {
    @Override
    public void price() {
        System.out.println("汽车 A 的价格是××元");
    }
}
class B extends Car {
    @Override
    public void price() {
        System.out.println("汽车 B 的价格是**元");
    }
}
```

代码解析

在学习抽象类的时候需要注意，如果只看概念很难理解透彻，与其咬文嚼字，不如换个思路从代码中学习。例如，Car 就是一个抽象类，它有一个抽象方法 price()，代表不同车的价格。那么接下来，在定义 A 和 B 的时候，没有为新建任何方法，而是需要实现抽象类里的 price()方法。A 和 B 的价格是不一样的，所以在它们对应的 price()方法中输出了不同的价格，这就是抽象类的典型应用。

可以归纳一下抽象类最主要的特点：抽象类不能实例化，需要子类继承它来实例化它的抽象方法。而抽象类的作用就是对事物的共性进行合理的设计，例如，Car 类可以对应很多种品牌的车，这些车的价格和颜色肯定都是不同的，因此我们就可以把车的价格、颜色声明在 Car 类中，而在它的子类中给出这些属性的具体数值。@Override 是一种注解，表明子类重写父类。仔细看代码，在 A 类和 B 类中，我们确实都重写了 price()方法。因此，关于继承和抽象类的作用，我们牢记这些内容就足够了。

2. 接口与实现

关于接口的学习，实际上也没必要看太多的概念，但还是需要牢记一点：接口也是为了扩展 Java 类的功能而存在的，或者说接口是扩展 Java 编程功能的一种编程模式或设计工具。接口是抽象方法的集合，如果一个类实现（implements）了某个接口，它就继承了这个接口的抽象方法。这就像一种契约，如果实现了该接口，就必须确保使用这些方法，接口只是一种形式，它自身不能做任何事情，需要实现后才可以发挥作用。接口里的方法都是抽象方法，这个抽象方法的意思就是我们设定和新建的方法（抽象出来的），并不特指 abstract 修饰的抽象方法，接口里面还可以有 String 修饰的方法。接口示例如代码清单 2-23 所示。

代码清单 2-23 CarDemo.java

```
package com.manage.bean;

public interface CarDemo {
    public abstract void getSpeed();
    public Integer getPrice();
    public String getBrand();
}
```

代码解析

本例中定义了一个关于汽车的接口，现在就来看看接口能做些什么。首先，接口跟抽象类不一样，它并没有父类与子类的这种设计思维。在 CarDemo 接口中定义的 3 个方法可以去做任意的事情，例如，getSpeed()获取汽车速度，getPrice()获取汽车价格，getBrand()获取汽车品牌。理论上来说，接口可以声明一些特定的方法来完成一些事情。这些事情最好是息息相关的，例如可以都是和汽车有关的，也可以有不相关的，在 CarDemo 中也可以新建一个 getTrain()方法获取火车信息，当然这只是设计逻辑的问题，并不是程序不允许。

可以归纳一下接口最主要的特点：接口是一种工具，可以在接口中定义一些方法，由子类去实现它们。至于抽象类和接口的区别，不妨把它们理解成两种不同的设计工具或者设计理念。

在抽象类和接口、继承和实现的学习上，如果只是靠学习概念，是无法明白它们的本质的。如果只做一些练习，也是远远不够的。因此，我们需要把概念和练习结合起来，记住精简的概念，再把典型的例子练习几遍，这样的话便能够熟练掌握它们。此外，需要记住它们的使用场景。

抽象类的使用场景：如果你想拥有一些方法并且想让它们中的一些方法有默认的实现，就使用抽象类。

接口的使用场景：在框架设计的时候，会大量使用接口，这是因为项目所需要用到的业务太多，我们使用新建接口的方法来实现这些业务的分层拓展，例如从逻辑层、业务层、服务层、持久层这样的一条通道便可以使用实现接口的方式来实现。因为 Java 不支持多继承，子类不能继承多个类，所以我们可以使用子类继承父类，同时实现多个接口，从而最大化地扩展该类的功能。因此在框架设计时，抽象类和接口往往是同时存在的，具体如何使用，就要根据业务来设计了。

2.8　数组与集合

在掌握了 Java 核心编程中的抽象类和接口、继承和实现等知识后，我们基本上具备了框架的基本设计理念，还有类的组成、使用方法。可是如果只学会了这些还是远远不够的。例如，Java 程序设计中使用变量这一做法，虽然可以处理很多种情况，但在某种场景下还是显得力不从心。如果有一个“储存柜”可以把大量的同一类型的变量保存起来，不也是一种不错的数据格式吗？本节就正式开始对数组和集合的讲解。

2.8.1　数组

数组在 Java 中的使用频率非常高，一般用来在程序的后端进行数据的构造与封装。我们可以不用管前端的数据是什么样子的，因为前端的数据只能以纯字符串或者 JSON 类型传递到后端。那么如何解析这些数据呢，通常情况下，我们可以使用数组。

1. 数组的概念

Java 中有 8 种基本的数据类型，在使用这些数据类型的时候，需要声明一个该类型的变量，这种方式只适合于单个数据。试想一下，如果数据量在很大的情况下使用变量的话，需要声明多少个变量？如果需要处理 1000 个数据，难道需要声明 1000 个变量吗？这样的话，程序是非常容易崩溃的，因此 Java 创造了数组的概念，每个数组可以对应一种数据类型，像盒子一样存放一批这样的数据。通俗地讲，数组就是把若干相同类型的元素保存在一个序列里，用来区分各个元素的编号成为数组的下标。典型的数组示例如图 2-9 所示。

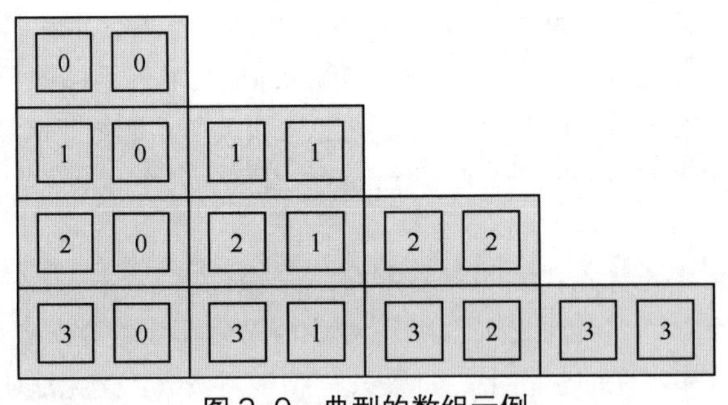

图 2-9　典型的数组示例

2. 创建数组

数组分为一维数组、二维数组、三维数组等，但通常情况下，我们只需要使用一维数组和二维数组，三维数组很少涉及。一维数组的创建示例如代码清单 2-24 所示。

代码清单 2-24 ArrayOnePractise.java

```
package com.manage.practise;

public class ArrayOnePractise {
    /**
     * @param args
     */
    public static void main(String[] args) {
        // 一维数组的创建
        int a[] = new int[50];
        System.out.println(a.length);
    }
}
```

代码解析

本例创建了一个容量为 50 的一维数组，通过 println()输出 a 数组的长度，结果是 50。

多维数组的创建示例如代码清单 2-25 所示。

代码清单 2-25 ArrayManyPractise.java

```
package com.manage.practise;

public class ArrayManyPractise {
    /**
     * @param args
     */
    public static void main(String[] args) {
        // 多维数组的创建
        int a[][] = new int[50][50];
        System.out.println(a.length);
    }
}
```

代码解析

本例创建了一个容量为 2500 的多维数组，通过 println()输出 a 数组的长度，结果是 2500。其实，创建数组的方法比较简单，重点是如何去使用它们。我们需要牢记数组的概念，在项目的开发过程中，如果遇到了需要使用多维数组的情况，要能够灵活运用，否则就使用单个变量。

3. 数组的初始化

跟变量一样，数组也需要通过初始化来赋值后，方能正常使用。在本例中，将介绍两种数组的初始化方法。第一种，在创建数组 a 的时候就初始化数据，因为初始化为{1,2,3,4,5}，所以数组 a 的长度也为 5。第二种，在创建数组 b 的时候先将长度设置为 1，然后初始化下标为 0 的元素为 1，最后输出的结果是 2 1。具体内容如代码清单 2-26 所示。

代码清单 2-26 ArrayManyPractise.java

```
package com.manage.practise;

public class ArrayManyPractise {
    /**
     * @param args
     */
    public static void main(String[] args) {
       // 数组的初始化
```

```
        int [] a = {1,2,3,4,5};
        int b[] = new int[1];
        b[0] = 1;
        System.out.println(a[1]);
        System.out.println(b[0]);
    }
}
```

代码解析

数组的初始化比较简单，我们只需要牢牢记住它的方法即可。至于数组的其他特性，其实没必要过多关注，除非项目用到了特别多的数组，为了优化，我们可以去网上寻找一些解决方案。

4. 数组的排序

在实际项目开发当中，我们经常需要处理一些数组的排序问题。举个典型的例子，如果在当前数组中保存学生的分数，那么我们是不是可以使用 Java 的排序方法对该数组进行降序或者升序排序呢？这样的话，把这些排序后的数据输出到前端不就可以直接按照分数的排序规则来显示了吗？这种需求太常见了。因此，我们需要做的就是在后端做好数据，把这些做好的数据一并展示给前端的客户。

本例中，数组 a 的初始化元素为{18,5,9,3,7,12,10}，这是一组杂乱无章的数据。使用排序方法 sort()后，通过 for 循环输出排序后的数组元素，结果是{3,5,7,9,10,12,18}，如代码清单 2-27 所示。

代码清单 2-27　ArraySortPractise.java

```
package com.manage.practise;
import java.util.Arrays;

public class ArraySortPractise {
    /**
     * @param args
     */
    public static void main(String[] args) {
        // 数组的排序
        int [] a = {18,5,9,3,7,12,10};
        Arrays.sort(a);
        for(int i=0; i<a.length; i++){
            System.out.println(a[i]);
        }
    }
}
```

在本例中，我们使用了 Arrays.sort(a)语句对数组进行了排序，从导包语句就可以看出，这个方法使用了 java.util.Arrays 包。我们通过 Eclipse 打开该包的源码，就可以看到这个方法对应的代码：

```
public static void sort(int[] a) {
    DualPivotQuicksort.sort(a, 0, a.length - 1, null, 0, 0);
}
```

实际上，从这段源码入手，到最后一层，我们可以看到 sort()排序方法对应的逻辑是这样的：

```
// Check if the array is nearly sorted
for (int k = left; k < right; run[count] = k) {
    if (a[k] < a[k + 1]) { // 升序
        while (++k <= right && a[k - 1] <= a[k]);
    } else if (a[k] > a[k + 1]) { // 降序
        while (++k <= right && a[k - 1] >= a[k]);
        for (int lo = run[count] - 1, hi = k; ++lo < --hi; ) {
```

```
                int t = a[lo]; a[lo] = a[hi]; a[hi] = t;
            }
        } else { // 等于
            for (int m = MAX_RUN_LENGTH; ++k <= right && a[k - 1] == a[k]; ) {
                if (--m == 0) {
                    sort(a, left, right, true);
                    return;
                }
            }
        }

        /*
         * The array is not highly structured,
         * use Quicksort instead of merge sort.
         */
        if (++count == MAX_RUN_COUNT) {
            sort(a, left, right, true);
            return;
        }
    }
```

代码解析

这段源码表现了 Java 中数组排序的逻辑。其实 JDK 就是把别人已经写好的方法提供给我们使用的工具，站在这个角度上来说，任何一个程序员都可以写 JDK，只要将其引用到项目中就行了。举个例子，我们在代码中定义一个方法 sort2()，并且把 sort()的源码复制到 JDK 里面，再把之前关于排序的例子中的 sort()方法改成 sort2()，那么这段程序最后的输出值仍然是正确的（采用了快速排序法）。所以不要把 JDK、JVM 想象得太复杂，它跟我们自己动手组装一台个人计算机是同样的道理。但是话说回来，能够写出 sort()源码的人，肯定是行业内顶尖的、专门从事 JDK 开发的人。而作为普通程序员，一是学会使用他们提供的方法；二是明白源码是怎么运行的就行了。如果等自己闲下来有时间的话，倒是可以自己“倒腾”一个 JDK 出来。

5. 修改数组元素

修改数组元素的方法比较简单，只需要将数组某个下标对应的元素置为新的元素。而有时候，我们需要把数组转换成 List 对象，在这种情况下，也有可供参考的方法，如代码清单 2-28 所示。

代码清单 2-28　ModifyArray.java

```
package com.manage.practise;

import java.util.Arrays;
import java.util.List;

public class ModifyArray {

    /**
     * @param args
     */
    public static void main(String[] args) {
            int b [] = {1,2,3,4,5};
            b[4] = 888;
              for(int i=0; i<b.length; i++){
                 System.out.println(b[i]);
              }
```

```
            String[] sb = { "我是", "菜鸟" };
            // 转换成固定长度的 List 对象
            List<String> list = Arrays.asList(sb);
            list.set(1, "高手");
            for (String st : list) {
                System.out.print(st);
            }

    }
}
```

代码解析

这段代码新建了一个数值型的数组 b，并且赋值数字 1～5，这个数组的长度是 5。要修改数组元素的值的话，注意下标要从 0 开始。因此，若要把第 5 个数组元素修改成数字 888，就要使用下标 4。而接下来就是把数组转换成 List 对象的方法。这段代码的输出结果是“我是高手”，说明我们的目的已经达到了，即把数组 sb 转换成了 List 对象。然后，便可以用 List 对象的操作方法来进行接下来的业务了。

6. 冒泡排序法

冒泡排序法是一种简单的排序算法，实现原理是重复扫描待排序序列，并比较每一对相邻的元素，当该对元素顺序不符合要求时进行交换，并且一直重复这个过程，直到没有任何两个相邻元素可以交换，就说明排序完成。下面，我们学习一个具有代表性的冒泡排序法，如代码清单 2-29 所示。

代码清单 2-29　BubbleSort.java

```
package com.manage.practise;

/*
 * 冒泡排序
 */
public class BubbleSort {
    public static void main(String[]args) {
        int[] data = {9,5,77,3,2,8};
        System.out.println("冒泡排序法：");
        System.out.println("原始数据为：");
        // 遍历数组
        for(int i = 0; i < data.length; i++) {
            System.out.print(data[i] + " ");
        }
        System.out.print("\n");
        // 冒泡排序
        bubbleSort(data);
    }
    public static void bubbleSort(int[]data) {
        // temp 用于数组元素交换
        int temp;
        // i 记录扫描次数
        for(int i = data.length - 1; i > 0; i--) {
            // 进行这一轮的冒泡排序
            for(int j = 0; j < i; j++) {
                // 从第一个元素开始和下一个比较，比下一个大则交换
                if(data[j] > data[j + 1]) {
                    temp = data[j];
                    data[j] = data[j + 1];
                    data[j + 1] = temp;
```

```
                }
            }
            System.out.print("第" + (data.length - i) +"次排序结果为：");
            // 输出本次排序后的结果
            for(int k = 0; k < data.length; k++) {
                System.out.print(data[k] + " ");
            }
            System.out.print("\n");
        }
    }
}
```

代码解析

Java 数组还有一个很大的用处就是作为各种算法的载体，从代码中可以看到，我们使用了一个 data 数组来保存数值型数据。接着便通过各种循环来比较数组里数据的大小，具体的算法说明可以参考注释。这里需要注意的是，Java 本身是一种语言，JDK 可以说是一种工具，我们不但要学会使用语言，还需要学会使用工具。因此，在 Java 算法的学习上，我建议理解算法的大致流程即可。需要使用的时候，可直接把已经写好的算法复制到项目中，如果有兴趣再深入研究。如果工作比较忙的话，建议重点学习开发技术。数组本身的内容并不多，但仍然必须按照一个完整的单元模块来学习，这是因为数组在任何编程语言中都是不可替代的储存柜，我们习惯把同样类型的大量数据保存在数组中，并且对它进行处理。

2.8.2 集合

我们在 2.8.1 节学习了 Java 数组，理解了一种新的数据存储方法。其实，数组在 Java EE 领域内出现的频率并不是特别高，因为不论是从前端往后端传递数据，还是从后端往前端传递数据，基本上都会使用 JSON 类型的数据或者纯粹的字符串。当然，这也跟具体的项目有关。这里需要注意：不论是数组还是集合，从数据库中查询到后，往前端传递基本上都会使用 JSON 类型的数据，这是现状也是趋势。当然，如果抛开服务器端，纯粹进行 Java 运算的话，数组是一个不错的选择，例如，我们经常用到的算法都会涉及多个数组之间的循环计算，最终输出正确的数据。在本节中，我们来学习在 Java 领域内使用率最高的一种数据传递方法——集合。

Java 集合用于封装数据。如果没有集合，数据的前后端交互将非常麻烦。例如，可以直接使用基本类型来完成前后端的交互，但是那样的话，只能做到单个数据的传输，更不要说满足当前流行的大数据平台的需求了，集合的出现很好地解决了这个问题。

使用集合可以很方便地把海量的数据从数据库里读取出来，再利用合理的前端插件进行展示。而学习集合，不但要明白它的运行原理，还需要明白不同集合的关系、区别和差异，以方便我们在不同的场景里科学地使用集合。因为数据和集合是密不可分的，所以只有掌握了集合才能够在 Java 的世界里畅通无阻。集合的内容比较繁杂，我们采取概念加练习的方法来各个击破，读者把这些难点都理解透彻，也就自然掌握了集合。实际上，说得形象一点，集合就是一个容器，我们可以简单地把它理解为装水的杯子、桶或者公路上的洒水车，公路上的洒水车后面的铁箱子就是集合，铁箱子里的水就是集合里的数据，这样理解就简单多了。程序中的集合框架体系如图 2-10 所示。

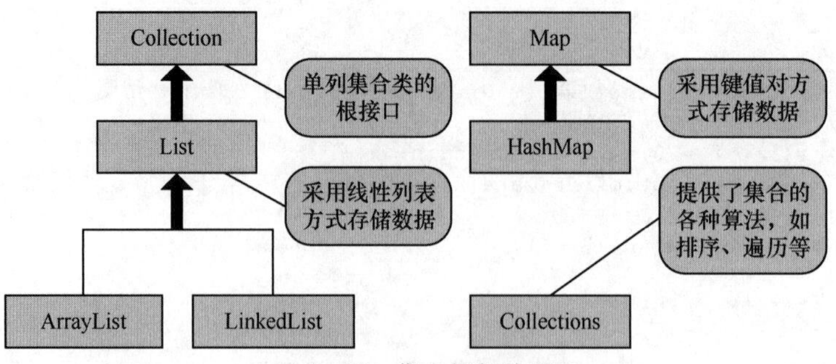

图 2-10 集合框架体系

在学习集合的时候，我们需要明确一点：Java 中的很多接口、方法都呈现出树状结构，与图 2-10 类似。图 2-10 中，最上层是 Collection 接口，而 Collection 接口下的子接口 List、Map 等又继承了它，这样子接口就拥有了 Collection 接口的特性。其实，我们不用特别在意 Collection 接口下有多少叶子节点，也不用去管它们到底是继承还是实现的关系，我们只需要知道，在 Java 中，不论是继承还是实现，都是为了拓展功能，更好地服务于我们的编程工作。从这一点来说，我们便可以从点到面学习特定的、重要的接口，从而完成对整个集合系统的学习。在学习集合的时候，我建议大家打开 Collection 接口的 API，看看集合的树形结构，如图 2-11 所示。

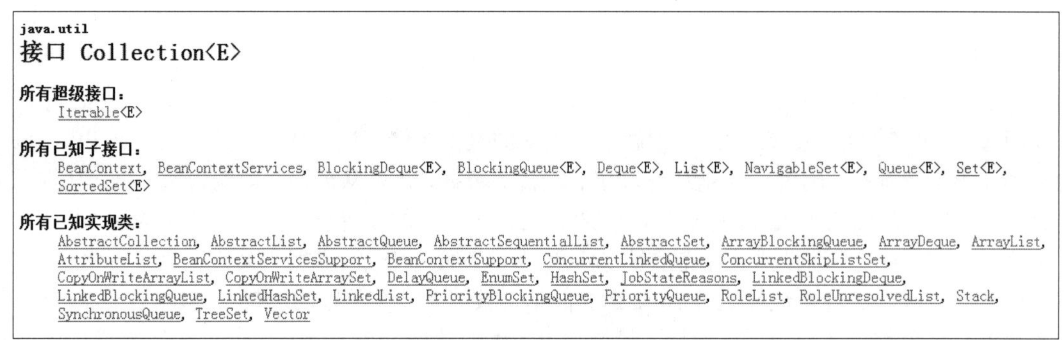
java.util
接口 Collection<E>

所有超级接口：
Iterable<E>

所有已知子接口：
BeanContext, BeanContextServices, BlockingDeque<E>, BlockingQueue<E>, Deque<E>, List<E>, NavigableSet<E>, Queue<E>, Set<E>, SortedSet<E>

所有已知实现类：
AbstractCollection, AbstractList, AbstractQueue, AbstractSequentialList, AbstractSet, ArrayBlockingQueue, ArrayDeque, ArrayList, AttributeList, BeanContextServicesSupport, BeanContextSupport, ConcurrentLinkedQueue, ConcurrentSkipListSet, CopyOnWriteArrayList, CopyOnWriteArraySet, DelayQueue, EnumSet, HashSet, JobStateReasons, LinkedBlockingDeque, LinkedBlockingQueue, LinkedHashSet, LinkedList, PriorityBlockingQueue, PriorityQueue, RoleList, RoleUnresolvedList, Stack, SynchronousQueue, TreeSet, Vector

图 2-11 Collection 接口

从集合的树形结构可以看到，Collection 接口下有很多子接口，还有实现类。乍一看，也许初学者或者经验不足的读者会觉得点儿乱，不好学。实际上，学习集合并不困难。我们点开常用的 List 接口，便可以发现一些端倪，如图 2-12 所示。

```
public interface List<E>
extends Collection<E>
```

图 2-12 List 接口

从图 2-12 中，我们可以看出两点内容：第一，List 是一个接口，从 interface 这个接口的声明可以知道；第二，List 接口继承了 Collection 接口，从 extends 可以看出来，那么问题就清楚了。

首先，List 肯定继承了 Collection 接口的方法，而至于 List 自身有什么新奇的内容，就看它如何来拓展自己的方法和特性了。具体的特性和方法，API 里展示得很清楚，这里不再赘述，下面也有具体的学习环节。我们接下来继续梳理树形结构。从 List 的 API 中可以看到，ArrayList 实现了它，我们从 API 点击进去，看看 ArrayList 究竟是怎么实现 List 的，如图 2-13 所示。

```
public class ArrayList<E>
extends AbstractList<E>
implements List<E>, RandomAccess, Cloneable, Serializable
```

图 2-13 ArrayList 接口

从图 2-13 中可以看到，ArrayList 继承了 AbstractList，并且实现了 List 等接口，通过单继承与多实现的特性，完成了对自身功能的拓展。我们可以发现，从 Collection 到 List 再到 ArrayList，Java 的集合对象是通过不断继承和实现来完成对自身功能的拓展的，这样做的目的很明确：在日常的开发中有很多不同的场景，需要用到不同的集合，而 Java 官方提供给开发人员的容器越多，特性越多，功能越强大，开发也就越便捷。所以在学习集合的时候，我们不用记住太多细枝末节的东西，只要记住集合的树形结构，再根据树形结构来学习特定的叶子节点，便可以融会贯通。这些特定的叶子节点，就是我们日常开发中经常用到的知识，至于其他的可以自己做做练习，便能熟知了。

Collection 位于 Java.util 包下，是一个比较靠近上层的接口。该接口的子接口很多，主要有以下几个：List、Set、Queue。其中作为集合的话，又以 List 和 Set 使用得最多，也是我们学习的重点。一般在工作中不会直接使用 Collection 进行数据的存储，但是作为父接口，它仍然支持这些操作，所以我们还是有必要进行学习的。因为 Collection 接口不能被实例化，所以我们可以利用它的一个子类来演示它的方法，如代码清单 2-30 所示。

代码清单 2-30 CollectionDemo.java

```java
package com.manage.container;
import java.util.ArrayList;
import java.util.Collection;

public class CollectionDemo {
    public static void main(String[] args) {
        Collection c1 = new ArrayList();
        c1.add("土豆");
        c1.add("菜花");
        c1.add("黄瓜");
        System.out.println(c1.size());
    }
}
```

代码解析

Collection 作为父接口，子接口支持它所提供的方法。所以在一定程度上，我们只需要掌握它的所有方法，其子接口的使用方法自然也就掌握了。到时候只需要学习子接口的方法即可，至于详细的情况，读者可以查询 API 来进行学习，这里只列出简单的、实用的方法。

Collection 接口体系如图 2-14 所示。

其中 HashSet 是无序的，而 TreeSet 是有序的。ArrayList 使用数组方式存储元素，适合执行查询操作。LinkedList 使用双向链表的方式存储数据，适合执行插入操作。Vector 是 ArrayList 的线程安全的实现，性能较 ArrayList 稍差。

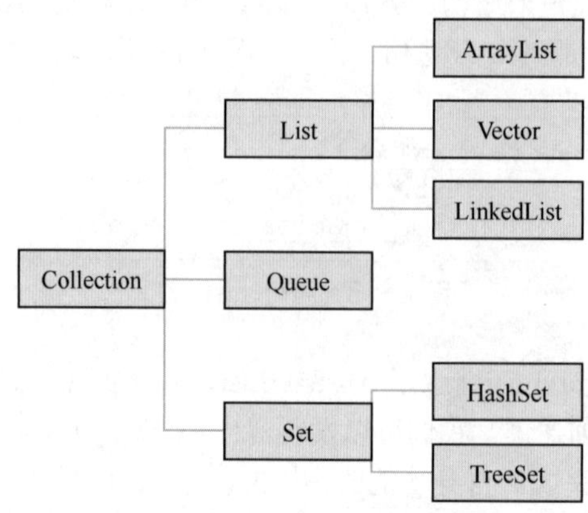

图 2-14　Collection 接口体系

1. List

List 接口继承了 Collection 接口，用来定义允许重复元素的有序集合，该接口利用数组方式提供了获取、删除、修改元素的功能，也可以通过方法获取元素的位置。实现 List 接口的类有 ArrayList、Vector、LinkedList。

（1）ArrayList。

ArrayList 使用数组方式实现，其容量随着元素的增加可以自动扩张，特点是查询效率高，而执行增加、删除操作的效率低，线程不安全。其示例如代码清单 2-31 所示。

代码清单 2-31　ListDemo.java

```
List list = new ArrayList();
list.add("赵奢");
list.add("廉颇");
list.add("李牧");
System.out.println(list);
```

上述代码的输出结果如下：

```
[赵奢, 廉颇, 李牧]
```

代码解析

因为 List 是接口，不能直接对它创建实例，所以需要用它的实现类 ArrayList 来对它进行操作。ArrayList 是 List 的实现类，而 List 又是 Collection 的子接口，所以很多方法是通用的，通过结果可以看出 ArrayList 是有序的集合。

（2）Vector。

Vector 和 ArrayList 的存储特性基本上是一样的，只是 Vector 在线程安全方面进行了处理，因此它是同步的。例如，代码清单 2-31 完全可以用 Vector 来改写，效果是一样的。但是如果需要对大量数据进行处理的话，因为 ArrayList 是非线程安全的，所以查询效率肯定比 Vector 高。其示例如代码清单 2-32 所示。

代码清单 2-32 ListDemo.java

```
List list = new Vector();
list.add("赵奢");
list.add("廉颇");
list.add("李牧");
System.out.println(list);
```

上述代码的输出结果如下：

```
[赵奢, 廉颇, 李牧]
```

代码解析

Vector 的输出结果和数据结构与 ArrayList 是一样的，另外需要注意的是，在元素扩容方面，Vector 占用的空间会翻倍，而 ArrayList 是原始容量的 50%+1，根据这点区别，在性能方面需要考虑周全。举个例子，如果单从节省空间的角度来考虑，我们肯定使用 ArrayList，因为 Vector 会占用更多的空间。虽然在当前计算机硬件发展的势头下这一点可以忽略不计，但在大数据量的情况下还是要注意。因此，在所有集合的使用选择上，我们可以通过网络、API 以及官方提供的资料等途径，来找出适合当前业务场景下的最佳选择方案。

（3） LinkedList。

LinkedList 是基于双向链表来实现的，它对元素的增加和删除操作支持得比较好，而对元素的查询操作的支持则不如 ArrayList，另外它是线程不安全的。其示例如代码清单 2-33 所示。

代码清单 2-33 ListDemo.java

```
List list = new LinkedList();
list.add("赵奢");
list.add("廉颇");
list.add("李牧");
list.remove("李牧");
System.out.println(list);
```

上述代码的输出结果如下：

```
[赵奢, 廉颇]
```

代码解析

LinkedList 和 ArrayList 的方法差不多，但存储结构不一样。LinkedList 使用双向链表，查询慢但增加和删除操作的效率高。也就是说，在这段代码中，使用 add()和 remove()方法的效率要比在 ArrayList 集合中高。LinkedList 按序号索引数据需要进行前向或后向遍历，但是插入数据时只需要记录本项的前后项即可，所以插入速度较快。

这样说也许有些笼统，我们来看一下 LinkedList 的双向链表操作结构情况，如图 2-15 所示。

图 2−15 双向链表操作结构

LinkedList 本身是基于链表实现的，它存储某个数据的时候，会在该数据的存储单元里保存当前数据和下一个数据的地址。而 LinkedList 实现了双向链表，这样的话，它在访问某个元素的时候经过向前或者向后寻址都可以获取下一个元素。

ArrayList 和 LinkedList 都是实现了 List 接口的集合类，用于存储一系列的对象引用。它们都可以对元素进行增、删、改、查操作。对于 ArrayList，它在列表的末尾删除或添加元素所用的时间是一致的，在列表中间的部分添加或删除时所用时间就会大大增加，但是它在根据索引查找元素的时候速度很快。对于 LinkedList 则相反，它在插入、删除集合中任何位置的元素所花费的时间都是一样的，但是它根据索引查询一个元素的时候却比较慢。

ArrayList 和 LinkedList 的大致区别有以下几点。

（1）ArrayList 是基于动态数组的数据结构，而 LinkedList 是基于链表的数据结构。

（2）对于随机访问的 get 方法和 set 方法，ArrayList 优于 LinkedList，因为 LinkedList 还需要移动指针。

（3）对于增加和删除操作，LinkedList 比较占优势，因为 ArrayList 还需要移动数据。

（4）根据存储机制的不同，在 ArrayList 集合中增加或者删除元素，当前集合的所有元素都会被移动，而在 LinkedList 集合中增加或者删除元素的开销是固定的。

ArrayList 是一个可变长数组，插入数据时，需要先将原始数组中的数据复制到一个新的数组，随后再将数据赋值到新数组的指定位置；删除数据时，也要将原始数组中要保留的数据复制到一个新的数组。

LinkedList 是由相互引用的节点组成的双向链表，当把数据插入该链表的某个位置时，该数据就会被组装成一个新的节点，随后只需改变链表中对应的两个节点之间的引用关系，使它们指向新节点，即可完成插入；同样，删除数据时，只需删除对应节点的引用即可。

因此，在添加或删除数据的时候，ArrayList 经常需要复制数据到新的数组，而 LinkedList 只需改变节点之间的引用关系，这就是 LinkedList 在添加和删除数据的时候通常比 ArrayList 要快的原因。

2. Queue

Queue 是 Collection 的子接口，它提供了一种先进先出的操作方式，只允许在队列的前端进行删除操作，队列的后端进行插入操作。另外，Queue 与 List 的实现方式是不一样的，示例如代码清单 2-34 所示。

代码清单 2-34　QueueDemo.java

```
Queue qu = new LinkedList();
qu.add("赵奢");
qu.add("廉颇");
qu.add("李牧");
System.out.println(qu.poll());
System.out.println(qu);
```

上述代码的输出结果如下：

```
赵奢
[廉颇, 李牧]
```

代码解析

因为 Queue 是接口，所以选择 LinkedList 作为它的具体实现类。往队列里添加 3 个元素后，使用 poll()方法可以获取并删除此队列的第一个元素，所以输出结果的第一个是被删除的元素赵奢，此时整个队列就只剩下其他的两个元素了。

3. Set

Set 接口扩展自 Collection 接口，所以对于 Collection 提供的方法 Set 都是支持的。与此同时，Set 有着自身的特性，这些特性是基于数据结构的，也是为了让程序适应更多的存储场景。首先 Set 接口不允许重复元素，也不区分先后顺序，但它允许元素值是 null。Set 接口的具体实现包括 HashSet 和 TreeSet。一般情况下，我们只要学会了这两个实现类，并且做到可以区分两者的不同，就算是学会 Set 接口了。从方法树来分析，Collection 和 Set 的方法是一样的，没有额外多出来的方法，这说明两者是同一集合，只不过特性不一样。

（1）HashSet。

HashSet 是基于 Hash 算法实现的，性能比 TreeSet 好，特点是增加、删除元素比较快，示例如代码清单 2-35 所示。

代码清单 2-35　SetDemo.java

```
HashSet hs = new HashSet();
hs.add("张三");
hs.add("张三");
hs.add("李四");
hs.add("李四");
hs.add("姓名");
hs.add("姓名");
System.out.println(hs);
```

上述代码的输出结果如下：

```
[李四, 姓名, 张三]
```

代码解析

Set 分支的集合中不能有重复的元素，所以 hs 集合中实际上只有 3 个元素，而且输出元素的顺序也与添加元素的顺序不同，说明它是无序的。HashSet 每次添加新元素时，会使用 equals()方法，根据散列码来判断元素是否重复，可以通过 Object 的 hashCode()方法来获取散列码。

（2）TreeSet。

TreeSet 集合中的元素除了没有顺序和不能重复，还会自然排序，这便是该集合的特点，示例如代码清单 2-36 所示。

代码清单 2-36　SetDemo.java

```
TreeSet ts = new TreeSet();
ts.add("a");
ts.add("c");
ts.add("d");
ts.add("b");
ts.add("e");
System.out.println(ts);
```

上述代码的输出结果如下：

```
[a, b, c, d, e]
```

代码解析

关于 TreeSet 的其他特性暂且不说，我们需要关注最重要的自然排序。可以从结果看出来，TreeSet 把混乱的英文字母重新排序了。如果在工作中遇到需要排序的场景，便可以使用 TreeSet 来存储数据。

TreeSet 默认采用自然排序法，如果需要用户自定义排序，则需要建立一个数据模型类并实现 compareTo()方法。示例如代码清单 2-37 所示。

代码清单 2-37　Person.java

```
package com.manage.container;

public class Person implements Comparable {
    String name;
    int age;
    @Override
    public String toString() {
        return "Person [name=" + name + ", age=" + age + "]";
    }
    public int compareTo(Object o) {
        Person p = (Person) o;
        if (this.age < p.age) {
            return -1; //  obj1 小于 obj2
        } else if (this.age > p.age) {
            return 1; //  obj1 大于 obj2
        } else {
            return 0; // 相等
        }
    }
}
```

代码解析

上述代码新建一个 Person 类，并且自定义规则，按照 age 属性排序。首先该类需要实现 Comparable 接口。接着重写 compareTo()方法来实现排序规则。CompareTo()的参数是需要传入的对象，在这里把它定义成了 Object 类型，因为事先知道是拿 Person 类来做对比的，所以使用类型转换把 Object 转换成 Person。接着使用 if 语句对年龄进行判断，即可完成比较。如果 obj1 小于 obj2 参数，则返回−1；如果 obj1 大于 obj2，则返回 1；如果 obj1 等于 obj2，则返回 0。

接下来，通过在 SetDemo 类中声明几个不同的 Person 对象，来进行自定义排序规则的测试，示例如代码清单 2-38 所示。

代码清单 2-38　SetDemo.java

```
TreeSet ts = new TreeSet();
Person p1 = new Person();
Person p2 = new Person();
Person p3 = new Person();

p1.name = "张三";
p1.age = 18;
p2.name = "李四";
p2.age = 15;
p3.name = "王五";
p3.age = 12;

ts.add(p1);
ts.add(p2);
ts.add(p3);
System.out.println(ts);
```

上述代码的输出结果如下：

```
[Person [name=王五, age=12], Person [name=李四, age=15], Person [name=张三, age=18]]
```

代码解析

在这段代码中，新建 TreeSet 集合的实例，再新建 3 个 Person 对象，接着把它们存放进集合中。因为之前已经在 Person 中编写好了自定义排序规则，所以在输出的结果中，这 3 个对象按照 age 值由小到大进行排序了。

2.8.3 Map

首先 Map 接口并不继承 Collection 接口的，Collection 接口及其子接口主要用于存储一组元素，而 Map 接口及其实现类主要用于存储键值对，两者的数据结构是不同的。举个例子，学生和学号就是一组典型的键值对，所以这类数据比较适合使用 Map 来存储，示例如代码清单 2-39 所示。

代码清单 2-39 MapDemo.java

```
Map map = new HashMap();
map.put(1, "宇宙");
map.put(2, "银河");
map.put(3, "地球");
System.out.println(map);
```

上述代码的输出结果如下：

```
{1=宇宙, 2=银河, 3=地球}
```

代码解析

从输出结果来看，使用 Collection 可直接输出数据，而使用 Map 可输出键值对。另外，put()方法用于往 Map 里添加元素。

针对 Map 接口的学习，建议参考图 2-16 所示的 Map 接口体系。

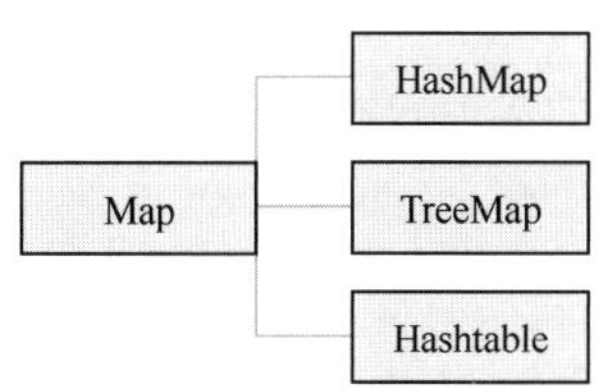

图 2-16 Map 接口体系

1. HashMap

HashMap 是基于散列表的 Map 接口的实现类，它的存储方式是键值对，特点是线程不安全，示例如代码清单 2-40 所示。

代码清单 2-40 MapDemo.java

```
HashMap map = new HashMap();
map.put(1, "宇宙");
map.put(2, "银河");
map.put(3, "地球");
```

```
System.out.println(map.get(1));
System.out.println(map);
```

上述代码的输出结果如下：

```
宇宙
{1=宇宙, 2=银河, 3=地球}
```

代码解析

代码清单 2-36 使用 HashMap 存储了 3 个数值，分别是宇宙、银河和地球。Map 的 get()方法用来根据数据键来获取数据值。键 1 对应的值是宇宙，而直接输出 map 则会输出所有键值对。

2. TreeMap

TreeMap 的实现方式是根据红黑树算法而来的，这点与 HashMap 完全不一样，因此 TreeMap 支持自然排序，示例具体如代码清单 2-41 所示。

代码清单 2-41　MapDemo.java

```
TreeMap map = new TreeMap();
map.put(80, "宇宙");
map.put(50, "银河");
map.put(30, "地球");
System.out.println(map.get(80));
System.out.println(map);
```

上述代码的输出结果如下：

```
宇宙
{30=地球, 50=银河, 80=宇宙}
```

代码解析

代码清单 2-37 使用 TreeMap 存储了 3 个数值，分别是宇宙、银河、地球。Map 的 get()方法用来根据数据键来获取数据值。键 80 对应的值是宇宙。而直接输出 map 则会输出所有键值对。另外，从结果可以看出来 TreeMap 对元素进行了自然排序。

3. Hashtable

Hashtable 类实现了 Map 接口，它的实现方式同 HashMap 基本一致，但是 Hashtable 是线程安全的集合，示例如代码清单 2-42 所示。

代码清单 2-42　MapDemo.java

```
Hashtable map = new Hashtable();
map.put(1, "宇宙");
map.put(2, "银河");
map.put(3, "地球");
System.out.println(map.get(1));
System.out.println(map);
```

上述代码的输出结果如下：

```
宇宙
{3=地球, 2=银河, 1=宇宙}
```

代码解析

代码清单 2-38 使用 Hashtable 存储了 3 个数值，分别是宇宙、银河和地球。Map 的 get()方法用来根据数据键来获取数据值。键 1 对应的值是宇宙，而直接输出 map 则会输出所有键值对。

2.8.4 Iterator

迭代器（Iterator）的作用是输出元素，其底层已经写好了算法，程序员只需要学会使用即可。迭代器使用的典型场景是当我们需要对集合中的每一条元素进行处理的时候。它有几个常用的方法：iterator()方法用于声明一个迭代器，next()方法用于获取下一个元素，hasNext()方法用于检查是否还有其他元素，remove()方法用于删除集合中的元素。List 迭代器示例如代码清单 2-43 所示。

代码清单 2-43 IteratorDemo.java

```
// 新建 List 集合
List list = new ArrayList();
list.add("赵奢");
list.add("廉颇");
list.add("李牧");
// 使用迭代器遍历 List——for 循环
for (Iterator iter = list.iterator(); iter.hasNext();) {
    String str = (String) iter.next();
    System.out.println(str);
}
// 使用迭代器遍历 List——while 循环
Iterator iter = list.iterator();
while (iter.hasNext()) {
    String str = (String) iter.next();
    System.out.println(str);
}
```

上述代码的输出结果如下：

```
赵奢
廉颇
李牧
赵奢
廉颇
李牧
```

代码解析

在本例中我们先新建一个 List 集合，再存放 3 个元素到集合之中。我们一般是通过 System.out.println()语句来输出集合元素的，但是这种做法不方便对单个元素进行处理。因此，我们使用迭代器来遍历元素。在代码中，str 便是输出的元素，如果需要对它进行处理的话，直接在 str 的代码行进行即可。同理，使用迭代器遍历 List 时也可以使用 while 循环，所以结果中集合输出了两次。

Map 迭代器示例如代码清单 2-44 所示。

代码清单 2-44 IteratorDemo.java

```
HashMap hm = new HashMap();
hm.put(1, "宇宙");
hm.put(2, "银河");
hm.put(3, "地球");
```

```
// keySet()遍历
Set set = hm.keySet();
Iterator it = set.iterator();
while (it.hasNext()) {
    Integer key = (Integer) it.next();
    System.out.println("键值：" + key + " 数值：" + hm.get(key));
}
// entrySet()遍历
Iterator iter = hm.entrySet().iterator();
while (iter.hasNext()) {
            Map.Entry entry = (Map.Entry) iter.next();
            Object key = entry.getKey();
            Object val = entry.getValue();
            System.out.println("键值：" + key + " 数值：" + hm.get(key));
}
```

上述代码的输出结果如下：

```
键值：1 数值：宇宙
键值：2 数值：银河
键值：3 数值：地球
键值：1 数值：宇宙
键值：2 数值：银河
键值：3 数值：地球
```

代码解析

本例中先新建一个 HashMap 集合，再存放 3 个元素到集合之中。我们一般是通过 System.out.println()语句来输出集合元素的，但是这种做法不方便对单个元素进行处理。所以此处使用迭代器来遍历元素。在代码中，key 是输出的键值，而 get()方法获取的便是数值，这点在输出结果中已经很清楚了。HashMap 的遍历方式有两种，一种是 keySet()方式，另一种是 entrySet()方式，它们在性能上没有太多的区别，具体应用时要看开发人员怎么选择。

本节的内容稍多，这是因为数组与集合在 Java 编程中占据了很重要的位置。正所谓“不积跬步无以至千里”，脚踏实地地学习才是硬道理，当然，在学习的时候也需要注意几点技巧。

第一，在日常项目开发中，我们在处理和传输数据的时候主要用的就是集合。在学习的时候，重点学习几个常用的即可，如 List、Map 等，而 ArrayList 和 HashMap 都是这两者的实现类，它们通过继承或者实现上层接口，获得了很多上层接口的特性和方法，再加上自己提供的一些方法，便可以应对开发中的不同业务场景了。举个典型的例子，可以根据 ArrayList 和 LinkedList 的差异来选择使用的场景。

第二，学习完了集合，不能遍历输出也不行。因此，本节还介绍了使用迭代器来遍历集合，此处需要注意的是，在遍历集合的时候，尤其是涉及增、删操作的时候，必须使用迭代器，不要使用 for 循环，否则会造成指针错误。

第三，其他集合有很多，对于它们的学习，完全可以参考本节的学习方法。可通过一些简单的代码例子，来知道它的使用方法。再通过查询资料熟悉其特性，学会在不同业务场景下使用。例如，先进先出（First In First Out，FIFO）、后进先出（Last In First Out，LIFO）这些队列的特性，便可以应用在生产者和消费者模式中。总之，集合的学习很简单，就是先掌握基本的方法和特性，再一步一步地将其加入业务，最后通过代码调试来看结果是否正确。

2.9 多线程编程

我们已经学习了 Java 的数组与集合，还有它们的一些常用方法。一般，掌握了数据类型、数组与集合，还有 Servlet 就可以做一些简单的项目了。但是，为了更好地学习 Spring Boot，我们仍然要在 Java 的知识海洋中再学习一些重要的内容，如多线程编程。现在先来理解一下多线程的概念，为后面的学习打下基础。

2.9.1 多线程概念

在计算机编程中，进程和线程是两个比较重要的概念。一个进程可以包含多个线程，不论这种从属/包含关系具体是怎样的，它们都是为了运行程序而存在的。在 Java 中合理利用多线程就是指让这些线程同时运行某些程序，从而进入并行的状态，可以使程序运行得更快，效率更高。然而多线程可能会产生线程安全的问题，也就是多个线程会同时操作某个资源，从而引发数据问题，解决这种问题的方法就是线程同步。

线程安全就是在多线程访问时采用加锁机制，当一个线程访问该类的某个数据时对其进行保护，其他线程不能访问，直到该线程读取完，其他线程才可使用，这样做就不会出现数据不一致或者数据污染问题。线程不安全就是不提供数据访问保护，有可能出现多个线程先后更改数据的情况，产生的后果便是脏数据。至于如何使用线程安全和线程不安全的集合等，要看程序所需要的场景是怎么样的？举个典型的例子，如果是银行系统，那么肯定要用线程安全的集合来保存数据，否则一旦出现金额错误问题就会给客户造成最直接的损失！

程序中的多线程运行体系如图 2-17 所示。

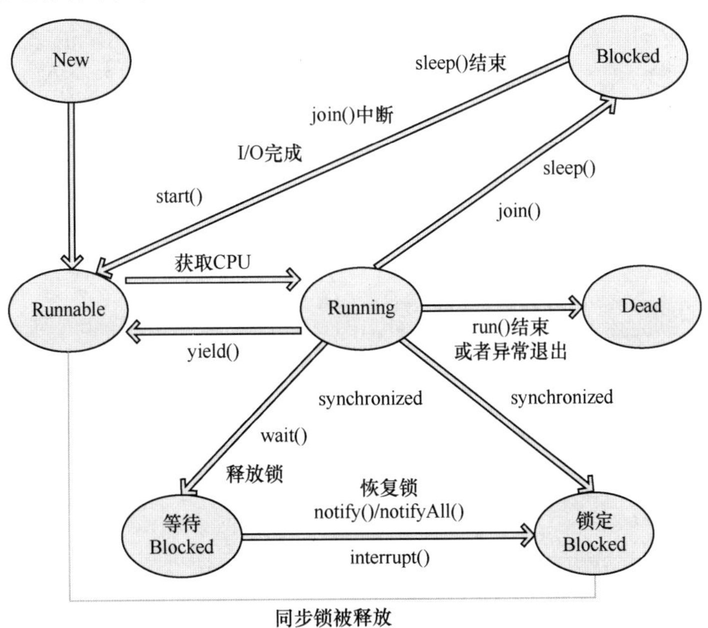

图 2-17 多线程运行体系

2.9.2　多线程创建

理解了多线程的概念之后，会发现多线程的学习并不困难。学习多线程的第一步就是学会创建线程。创建线程的方法有两种，第一种是继承 Thread，第二种是实现 Runnable 接口，接下来我们以具体的实例来讲述两种创建线程的方法。继承 Thread 来创建线程如代码清单 2-45 所示。

代码清单 2-45　ThreadDemo.java

```
package com.manage.thread;

public class ThreadDemo extends Thread {
    public static void main(String[] args) {
        Thread th = Thread.currentThread();
        System.out.println("主线程：" + th.getName());
        ThreadDemo td = new ThreadDemo();
        td.start();
    }
    @Override
    public void run() {
        System.out.println("子线程：" + this.getName());
    }
}
```

上述代码的输出结果如下：

```
主线程：main
子线程：Thread-0
```

代码解析

这段代码很好理解，首先凡是程序运行都会涉及线程，因为它是最小的运行单位。在这段代码中，使用 currentThread()获取的就是 main()方法的线程，而 td 是新建的 ThreadDemo 类的实例，再使用 start()方法开始运行线程。无论如何都需要重写 run()方法，因为它是自定义线程具体运行的内容，在这里我们使用 getName()方法获取子线程的名称。

实现 Runnable 接口来创建线程如代码清单 2-46 所示。

代码清单 2-46　RunnableDemo.java

```
package com.manage.thread;

public class RunnableDemo implements Runnable {
    public static void main(String[] args) {
        Thread th1 = Thread.currentThread();
        System.out.println("主线程：" + th1.getName());
        RunnableDemo rd = new RunnableDemo();
        new Thread(rd, "第一个子线程").start();
        new Thread(rd, "第二个子线程").start();
        Thread th2 = new Thread(rd);
        th2.start();
    }
    public void run() {
        System.out.println(Thread.currentThread().getName());
    }
}
```

上述代码的输出结果如下：

```
主线程：main
第一个子线程
第二个子线程
Thread-0
```

代码解析

使用 Runnable 接口来创建线程，同样地，先输出了主线程的名称，接下来新建 Thread 类的实例，分别启动 2 个线程并且赋予名称。接着，使用 th2.start()启动线程，最后调用 run()方法，来输出名称。

2.9.3 多线程调度

多线程并不是启动之后就会维持一种状态，它也有自己的生命周期，而对线程的调度操作就是在线程生命周期内可以做的一些动作，如新建、就绪、运行、睡眠、等待、挂起、恢复、阻塞和死亡等，在线程生命周期内修改线程的状态称作线程调度，如代码清单 2-47 所示。

代码清单 2-47 ThreadDispatchDemo.java

```java
package com.manage.thread;

public class ThreadDispatchDemo extends Thread {
    Thread th = null;
    public ThreadDispatchDemo() {
        th = new Thread(this);
        System.out.println("线程 th 状态是新建");
        System.out.println("线程 th 状态是已经就绪");
        th.start();
    }
    @Override
    public void run() {
        try {
            System.out.println("线程 th 状态是正在运行");
            Thread.sleep(5000);
            System.out.println("线程 th 状态是在睡眠 5 秒之后，重新运行");
        } catch (InterruptedException e) {
            System.out.println("线程 th 状态是被终端：" + e.toString());
        }
    }
    public static void main(String[] args) {
        ThreadDispatchDemo td = new ThreadDispatchDemo();
    }
}
```

上述代码的输出结果如下：

```
线程 th 状态是新建
线程 th 状态是已经就绪
线程 th 状态是正在运行
线程 th 状态是在睡眠 5 秒之后，重新运行
```

代码解析

这段代码先定义了 ThreadDispatchDemo 类的构造器，在构造器里新建一个线程并且正式启动。接着在重写的 run()方法里，通过睡眠的方式完成线程的调度。而具体的程序入口在 main()方法里，只需要新建一个 ThreadDispatchDemo 类的实例便可以触发线程调度。

2.9.4 多线程同步

线程同步实际上就是实现线程安全的过程。在程序中使用多线程的时候，由于不同的线程可能会请求同一个资源，如果不加以控制就会引发数据问题，因此我们需要给合适的线程加上 synchronized 关键字使其同步化，表示该线程所处理的资源已经加锁，需要等处理完毕解锁后才能被下一个线程处理。关于线程同步，我们使用消费者和生产者的概念来演示它，如代码清单 2-48（商品数据模型类）、代码清单 2-49（消费者操作类），代码清单 2-50（生产者操作类）、代码清单 2-51（销售行为类）、代码清单 2-52（测试类）所示。

代码清单 2-48　Product.java

```
package com.manage.synch;

public class Product {
    private int id;
    private String name;
}
```

代码解析

上述代码创建商品数据模型类，为它赋予 id 和 name 属性。

代码清单 2-49　Customer.java

```
package com.manage.synch;

public class Customer implements Runnable {
    private Saleman saleman;
    public Customer(Saleman saleman) {
        this.saleman = saleman;
    }
    public void run() {
        for (int i = 0; i < 10; i++) {
            saleman.romoveProduct();
        }
    }
}
```

代码解析

本类用于实现消费者购买商品操作，使用 romoveProduct()进行减法运算。

代码清单 2-50　Producter.java

```
package com.manage.synch;

public class Producter implements Runnable {
    private Saleman saleman;
    public Producter(Saleman saleman) {
        this.saleman = saleman;
    }
    public void run() {
        for (int i = 0; i < 3; i++) {
            saleman.addProduct(new Product());
```

```
        }
    }
}
```

代码解析

本类用于实现生产者增加商品操作，使用 addProduct()进行加法运算。

代码清单 2-51 Saleman.java

```
package com.manage.synch;
import java.util.ArrayList;
import java.util.List;

public class Saleman {
    private List products = new ArrayList();
    public synchronized void addProduct(Product product) {
        while (products.size() > 2) {
            System.out.println("货架已满，可以进行销售！");
            try {
                wait();
            } catch (InterruptedException e) {
                e.printStackTrace();
            }
        }
        products.add(product);
        System.out.println("销售员添加第" + products.size() + "个产品");
        notifyAll();
    }
    public synchronized void romoveProduct() {
        while (products.size() == 0) {
            System.out.println("当前货物已卖完，请等待上货！");
            try {
                wait();
            } catch (InterruptedException e) {
                e.printStackTrace();
            }
        }
        System.out.println("顾客买第" + products.size() + "个产品");
        products.remove(products.size() - 1);
        notifyAll();
    }
}
```

代码解析

本类用于实现顾客购买和销售员上货同时进行的操作，使用 synchronized 为不同的方法加锁，以防引发数据问题。

代码清单 2-52 ShopDemo.java

```
package com.manage.synch;

public class ShopDemo {
    public static void main(String[] args) {
        Saleman saleman = new Saleman();
        Producter producter = new Producter(saleman);
        Customer customer = new Customer(saleman);
        Thread producterOne = new Thread(producter);
        Thread customerOne = new Thread(customer);
```

```
        producterOne.start();
        customerOne.start();
    }
}
```

上述代码的输出结果如下：

```
当前货物已卖完，请等待上货！
销售员添加第 1 个产品
销售员添加第 2 个产品
销售员添加第 3 个产品
顾客买第 3 个产品
顾客买第 2 个产品
顾客买第 1 个产品
当前货物已卖完，请等待上货！
```

代码解析

本类为程序入口，用于同时开启消费者和生产者的线程，因为对销售员和顾客所对应的方法都进行了线程同步，所以从输出结果可以看出并没有出现数据问题。

2.9.5　线程池应用

如果一个项目中，多线程的使用特别频繁的话，就需要使用线程池了。对于线程池的概念，很多人可能不是很了解，在直观上觉得比较难以实现。其实它很简单，与连接池对比一下就知道了。连接池是指在“池子”里放若干个连接，如 10 个连接，有用户使用的时候占用一定数量的连接，空闲的时候再释放连接，以科学和优化的思路管理 JDBC。同理，线程池的概念也是类似的，只不过把 JDBC 换成了线程而已。在本节中，我们来通过实际操作学习一下线程池的概念和用法。

1. 线程池的概念

创建一些线程，它们的集合称为线程池。使用线程池可以很好地提高系统性能，线程池在系统启动时即创建大量空闲的线程，程序将一个任务传给线程池，线程池就会启动一条线程来执行这个任务。任务执行结束以后，该线程并不会死亡，而会再次返回线程池中成为空闲线程，等待执行下一个任务。

2. 线程池的工作机制

在线程池的编程模式下，任务是提交给整个线程池的，而不是直接提交给某个线程。线程池在拿到任务后，就在内部寻找是否有空闲的线程，如果有，则将任务交给某个空闲的线程。一个线程同时只能执行一个任务，但程序可以同时向一个线程池提交多个任务。多线程运行时，系统不断启动和关闭新线程，成本非常高，会过度消耗系统资源，可能导致系统资源的崩溃。为了解决这种问题，使用线程池就是最好的选择了。线程池的应用如代码清单 2-53 所示。

代码清单 2-53　ThreadPool.java

```
package com.manage.thread;

import java.util.concurrent.ExecutorService;
import java.util.concurrent.Executors;

public class ThreadPool {

    public static void main(String[] args) {
```

```
        // 创建一个可缓存线程池
        ExecutorService cachedThreadPool = Executors.newCachedThreadPool();
        for (int i = 0; i < 20; i++) {
            try {
                //可明显看到这里使用的是线程池里面以前的线程，没有创建新的线程
                Thread.sleep(100);
            } catch (InterruptedException e) {
                e.printStackTrace();
            }
            cachedThreadPool.execute(new Runnable() {
                public void run() {
                    // 输出正在运行的缓存线程信息
                    System.out.println(Thread.currentThread().getName()
                            + "正在被运行");
                    System.out.println("Hello Thread!");
                    try {
                        Thread.sleep(1000);
                    } catch (InterruptedException e) {
                        e.printStackTrace();
                    }
                }
            });
        }
    }
}
```

上述代码的输出结果如下：

```
pool-1-thread-8 正在被运行
Hello Thread!
pool-1-thread-9 正在被运行
Hello Thread!
pool-1-thread-10 正在被运行
Hello Thread!
pool-1-thread-1 正在被运行
Hello Thread!
pool-1-thread-2 正在被运行
Hello Thread!
```

代码解析

上述代码创建了一个可缓存线程池，线程池无限大，执行当前任务时若上一个任务已经完成，会复用执行上一个任务的线程，而不用每次新建线程。从输出结果中可以看到，运行线程 1～线程 10 之后，并没有再次新建线程，而是又从 1 开始运行，这就是线程池的作用。创建一个可缓存线程池，如果线程池长度超过处理需要，可灵活回收空闲线程，若无可回收的空闲线程，则新建线程，如代码清单 2-54 所示。

代码清单 2-54 ThreadFixedPool.java

```
package com.manage.thread;

import java.util.concurrent.ExecutorService;
import java.util.concurrent.Executors;

public class ThreadFixedPool {
    public static void main(String[] args) {
        // 创建一个可复用、固定线程个数的线程池
```

```
        ExecutorService fixedThreadPool = Executors.newFixedThreadPool(3);
        for (int i = 0; i < 10; i++) {
            fixedThreadPool.execute(new Runnable() {
                public void run() {
                    try {
                        // 输出正在运行的线程信息
                        System.out.println(Thread.currentThread().getName()
                                + "正在被运行");
                        System.out.println("Hello Thread!");
                        Thread.sleep(2000);
                    } catch (InterruptedException e) {
                        e.printStackTrace();
                    }
                }
            });
        }
    }
}
```

上述代码的输出结果如下：

```
pool-1-thread-1 正在被运行
pool-1-thread-3 正在被运行
Hello Thread!
pool-1-thread-2 正在被运行
Hello Thread!
Hello Thread!
pool-1-thread-2 正在被运行
Hello Thread!
```

代码解析

创建一个可复用、固定线程个数的线程池，可控制线程最大并发数量，超出最大并发数量的线程会在队列中等待。从本程序的输出结果来看，线程1、线程2、线程3一直都在重复运行，这说明我们创建的固定线程个数已经生效。至于程序会把运行权交给这3个线程中的哪一个，则要看JVM的调度了。

Java EE 使用线程的场景并不多，而线程的使用也并非那么困难，只要记住基本的使用方法即可灵活处理，当然还要勤加练习。随着互联网项目的业务复杂度增加，并发量越来越大，多线程使用的频率也会越来越高。总之在学习多线程的时候，第一就是要理解概念，第二就是要学会使用它的基本方法，而第三就是要学会如何使用线程同步，也就是要学会 synchronized 的使用方法，来保证数据的准确性，使程序更加健壮。尽量在任何时候都保证数据的线程安全，不要产生脏数据。

2.10　工作流

在本节中，我们来学习工作流（Activiti）组件，工作流的内容非常多，要熟练掌握它的所有内容需要花费大量的时间，因此本节只为了帮助读者快速入门，带领读者做几个简单又能够触及技术核心的例子，来应付工作中偶然遇到工作流的场景。因为企业级应用基本上都会有工作流的需求，如果不熟练掌握它，那么将很难应对这方面的工作。总而言之，工作流是 Java EE 中必不可少的组件。

2.10.1 工作流搭建

Activiti 是由 Alfresco 软件在 2010 年 5 月 17 日发布的业务流程管理（Business Process Management，BPM）框架，它是覆盖了业务流程管理、工作流、服务协作等领域的一个开源、灵活、易扩展的可执行流程语言框架。Activiti 基于 Apache 许可开源，其创始人 Tom Baeyens 是 JBoss JBPM 的项目架构师，Activiti 的特色是提供了 Eclipse 插件，开发人员可以通过插件直接画出工作流图。本节我们就来开发一个完整且简单的工作流。

ProcessEngine 接口是 Activiti 工作的核心，负责生成流程执行时的各种实例及数据，监控和管理流程的执行，暴露在工作流中所有操作的服务接口。一个完整的工作流图如图 2-18 所示。

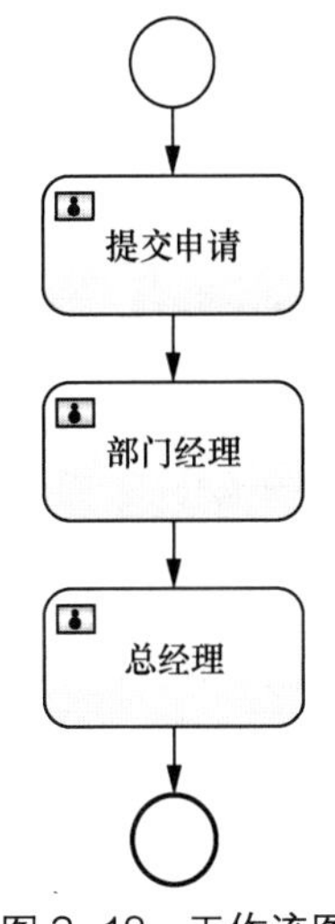

图 2-18　工作流图

工作流的开发环境搭建步骤如下。

（1）点击 Eclipse 的“Help”菜单下的“Install New Software”，点击“Add”按钮，在“Name”文本框中输入“Activiti Designer，在“Location”文本框中输入“Activiti BPMN Designer Opdate Site”这一网站的地址。输入完成后，“Activiti BPMN Designer”会出现在下方的列表框中，选中它并点击“Next”按钮，等待下载完成后安装，安装完成后在菜单栏的命令中会出现 Activiti 的选项。注意，在线安装如果不可行，可以尝试把 Activiti 下载到本地进行安装，但需要注意安装路径的写法。Activiti 本地安装路径如图 2-19 所示。

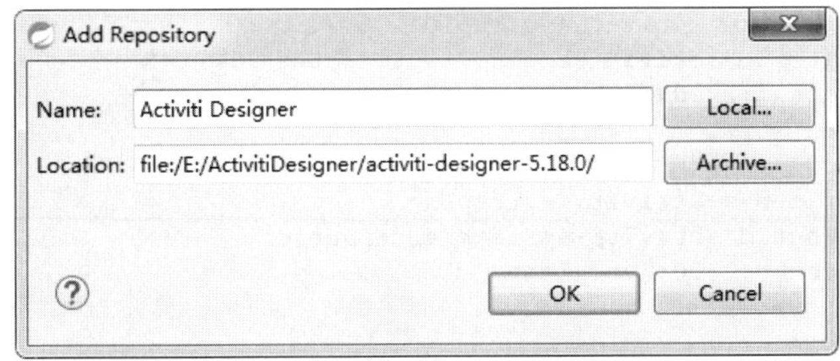

图 2-19　Activiti 本地安装路径

（2）点击“Windows”→“Preferences”→“Activiti”→“Save”，设置工作流图的生成方式，勾选“Create process definition image when saving the diagram”。设置完成，在保存画好的工作流图后，Eclipse 就会自动生成对应的工作流图。

（3）在 Eclipse 的“New”上点击鼠标右键选择“Maven Project”，创建一个名为“ActivitiTest”的项目，“Group Id”和“Artifact Id”都设置为“ActivitiTest”，“Packaging”设置为“war”。

（4）在项目名称上点击鼠标右键，选择“Properties”，选择“Project Facets”，勾选列表框的选项，点击“Apply”，再点击“OK”。需要勾选的是“Dynamic Web Module”“Java”“JavaScript”这 3 个选项。在“Properties”上点击鼠标右键，选择“Deployment Assembly”，将“test”相关目录移除，只保留“main”目录下面需要发布的内容，如图 2-20 所示。

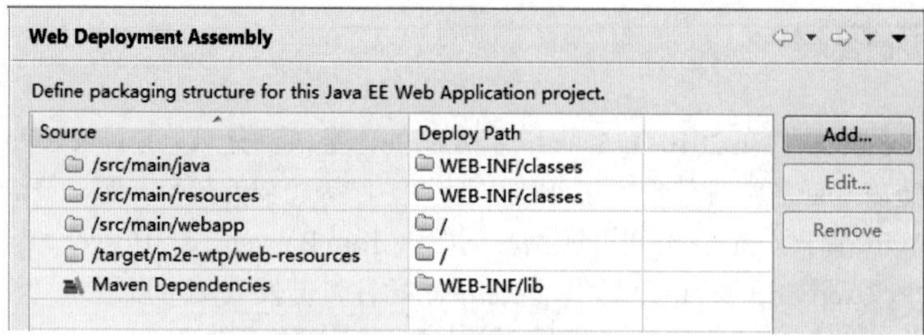

图 2-20　设置项目路径

修改 pom.xml 文件，如代码清单 2-55 所示。

代码清单 2-55　pom.xml

```
<project
xmlns="http://maven.apache.org/POM/4.0.0"
xmlns:xsi="http://www.w3.org/2001/XMLSchema-instance"
xsi:schemaLocation="http://maven.apache.org/POM/4.0.0 http://maven.apache.org/xsd/
maven-4.0.0.xsd">
<modelVersion>4.0.0</modelVersion>
<groupId>ActivitiTest</groupId>
<artifactId>ActivitiTest</artifactId>
<version>0.0.1-SNAPSHOT</version>
<packaging>war</packaging>
<dependencies>
        <dependency>
            <groupId>org.activiti</groupId>
            <artifactId>activiti-engine</artifactId>
            <version>5.22.0</version>
        </dependency>
        <dependency>
            <groupId>org.activiti</groupId>
            <artifactId>activiti-spring</artifactId>
            <version>5.22.0</version>
        </dependency>
        <dependency>
            <groupId>org.codehaus.groovy</groupId>
            <artifactId>groovy-all</artifactId>
            <version>2.4.3</version>
        </dependency>

        <dependency>
            <groupId>org.slf4j</groupId>
            <artifactId>slf4j-api</artifactId>
            <version>1.7.6</version>
        </dependency>
        <dependency>
            <groupId>org.slf4j</groupId>
            <artifactId>slf4j-jdk14</artifactId>
            <version>1.7.6</version>
        </dependency>

        <dependency>
            <groupId>junit</groupId>
```

```
            <artifactId>junit</artifactId>
            <version>4.11</version>
        </dependency>

        <!-- postgresql 数据库驱动包开始选择数据库-->
        <dependency>
            <groupId>org.postgresql</groupId>
            <artifactId>postgresql</artifactId>
            <version>9.3-1103-jdbc41</version>
        </dependency>
        <!-- postgresql 数据库驱动包结束 -->

        <dependency>
            <groupId>mysql</groupId>
            <artifactId>mysql-connector-java</artifactId>
            <version>5.1.38</version>
        </dependency>
    </dependencies>
</project>
```

在 src/main/resources 目录下创建 activiti.cfg.xml 文件，其内容如代码清单 2-56 所示。

代码清单 2-56 activiti.cfg.xml

```
<?xml version="1.0" encoding="UTF-8"?>
<beans xmlns=http://www.springframework.org/schema/beans
         xmlns:xsi="http://www.w3.org/2001/XMLSchema-instance"
         xmlns:context="http://www.springframework.org/schema/context"
         xmlns:tx="http://www.springframework.org/schema/tx"
         xmlns:jee="http://www.springframework.org/schema/jee"
         xmlns:aop="http://www.springframework.org/schema/aop"
         xsi:schemaLocation="http://www.springframework.org/schema/beans http://www.
springframework.org/schema/beans/spring-beans-3.0.xsd http://www.springframework.org/
schema/context http://www.springframework.org/schema/context/spring-context-3.0.xsd
http://www.springframework.org/schema/tx     http://www.springframework.org/schema/tx/
spring-tx-3.0.xsd  http://www.springframework.org/schema/jee http://www.springframework.
org/schema/jee/spring-jee-3.0.xsd  http://www.springframework.org/schema/aop
http://www.springframework.org/schema/aop/spring-aop-3.0.xsd">

    <bean id="processEngineConfiguration"
        class="org.activiti.engine.impl.cfg.StandaloneProcessEngineConfiguration">
        <property name="jdbcDriver" value="com.mysql.jdbc.Driver" />

        <property name="jdbcUrl" value="jdbc:mysql://localhost:3306/activiti? useUnicode=
true&amp;characterEncoding=utf8" />
        <property name="jdbcUsername" value="root" />
        <property name="jdbcPassword" value="123456" />
        <property name="databaseSchemaUpdate" value="true"/>
    </bean>

</beans>
```

2.10.2 工作流开发

首先，我大概介绍一下工作流，说清楚它是做什么的。所有工作当中的流程信息都按照程序编写的顺序执行，遇到审批可以选择同意或驳回，甚至跳转到流程中的某个节点，直到某个流程结束，这些操作都属于工作流。例如，张三有事请假了，需要部门领导和总经理批准，这个流程如果用手写请假单的方式，需要张三拿着请假单去找领导逐个签字，这样做比较麻烦，如果把这套流程搬到 OA 里去做，从开始到结束，整个流程的操作都属于工作流的范畴。其实，照这样来说，工作流是很简单的，但往往大家觉得困难的地方在哪里呢？那就是工作流的设计和控制。接着，我们以一个简单的例子来全面地解释工作流的完整开发过程，如代码清单 2-57 所示。

（1）在 src/main/java 目录下新建 com.activiti.test 包，再新建 CreateTable.java 文件，我们所有的操作都在这里完成。

（2）打开该文件，新建方法 createTable()。

代码清单 2-57　CreateTable.java

```
/****
 * 创建工作流表
 * */
@Test
public void createTable() {
ProcessEngine processEngine = ProcessEngineConfiguration
            .createProcessEngineConfigurationFromResource("activiti.cfg.xml")
            .buildProcessEngine();

    System.out.println("------processEngine:" + processEngine);
}
```

代码解析

这段代码首先读取了我们的配置文件，完成库的连接。然后，通过 buildprocessEngine()来新建 Activiti 工作流所需要的表，测试使用 JUnit Test，如果通过，Activiti 框架会自动在 MySQL 数据库中生成表。这就是工作流引擎的第一步，就这么简单。大家可以去数据库查看表。

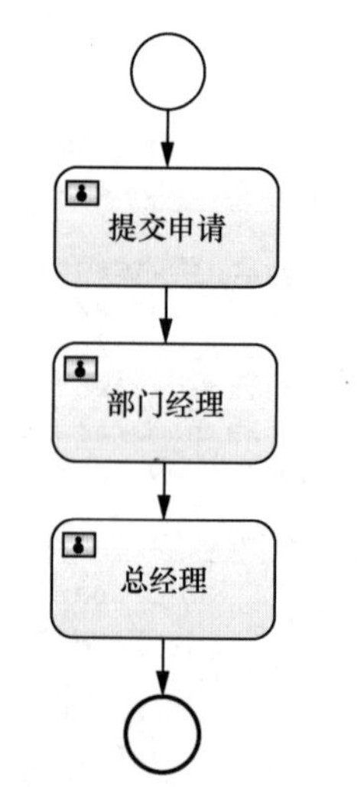

图 2-21　流程审批工作流图

（3）画工作流图，点击“ActivitiTest”项目，在“src/main/java”目录下创建一个“diagrams”目录用来存放工作流图，在项目名称上点击鼠标右键，选择“Activiti Diagram”，输入工作流图名称“HelloWorld”，然后点击“OK”，具体的画图方法这里就不展示了。一幅工作流图必须包含一个开始节点和一个结束节点，结束节点可以有多个。使用“StartEvent ()”“UserTask ()”和“EndEvent ()”画出图 2-21 所示的工作流图，最后用“Connection”中的“SequenceFlow ()”连线连接起来。

（4）把工作流图部署到工作流表中，继续在 CreateTable 类中新建 deployFlow()方法，如代码清单 2-58 所示。

代码清单 2-58　CreateTable.java

```
@Test
public void deployFlow() {
        ProcessEngine processEngine = ProcessEngineConfiguration.createProcess
EngineConfigurationFromResource("activiti.cfg.xml")
            .buildProcessEngine();
        Deployment deployment = processEngine.getRepositoryService(). createDeployment()
.name("hello")
            .addClasspathResource("diagrams/HelloWorld.bpmn").addClasspathResource
("diagrams/HelloWorld.png").deploy();
```

```
        System.out.println(deployment.getId());
        System.out.println(deployment.getName());
}
```

代码解析

这段代码首先读取了我们的配置文件，其实它的作用就是连接数据库。然后，通过官方提供的createDeployment()方法来把工作流图注册到数据库中。Hello 表示工作流的名字，HelloWorld.png 就是刚才绘制好的流程图。这段代码运行完成之后，大家可以去数据库里看看，在工作流表 act_re_deployment 和流程定义表 act_re_procdef 中会有对应的数据信息。

数据库工作流表 act_re_deployment 中的信息如图 2-22 所示。

☐	ID_	NAME_	CATEGORY_	TENANT_ID_	DEPLOY_TIME_
☐	2501	hello	(NULL)		2019-05-16 19:24:15.209
☐	5001	hello	(NULL)		2019-05-16 19:33:17.818
*	(NULL)	(NULL)	(NULL)		(NULL)

图 2-22 工作流表

（5）启动流程实例，继续在 CreateTable 类中新建 flowStart()方法，如代码清单 2-59 所示。

代码清单 2-59 CreateTable.java

```
@Test
public void flowStart() {
        ProcessEngine processEngine = ProcessEngineConfiguration.
            createProcessEngineConfigurationFromResource("activiti.cfg.xml")
            .buildProcessEngine();
        RuntimeService runtimeService =processEngine.getRuntimeService();

        Map<String, Object> variables = new HashMap<String, Object>();
        variables.put("hello", "wangbo");
        ProcessInstance processInstance =runtimeService.startProcessInstanceByKey
("HelloWorldKey", "666", variables);
        System.out.println(processInstance.getId());
        System.out.println(processInstance.getProcessDefinitionId());


        RepositoryService repositoryService = processEngine.getRepositoryService();
        ProcessDefinition processDefinition = repositoryService.
getProcessDefinition(processInstance.getProcessDefinitionId());
        System.out.println(processDefinition.getId());
        System.out.println(processDefinition.getKey());

}
```

代码解析

这段代码看起来很长，其实理解起来很简单，它的作用就是启动流程，我们完全不用看类方法是怎么写的、是什么意思，只看业务就能明白。HelloWorldKey 就是我们之前定义的工作流图的 ID，手动调用即可启动。启动完流程实例后在 act_ru_execution 中会产生一条数据，这条数据为当前流程正在执行的任务，其中 ACI_ID 字段的值对应工作流图节点的 ID 值，在 act_ru_task 表中会产生一条任务数据，EXECUTION_ID 对应 ACT_RU_EXECUTION 主键，PROD_INST_ID 为流程实例 ID，NAME 值为流程节点名称，ASSIGNEE 字段为该待办任务当前的处理人。具体可以看图 2-23，我们可以看到，在代码中写的内容，如 666，已经保存进去了，它是业务键。

数据库流程部署表 act_re_deployment 中的信息如图 2-23 所示。

	ID_	REV_	PROC_INST_ID_	BUSINESS_KEY_	PARENT_ID_	PROC_DEF_ID_	SUPER_EXEC_	ACT_ID_
□	7501	3	7501	666	(NULL)	HelloWorldKey:2:5004	(NULL)	usertask3
*	(NULL)	(NULL)	(NULL)	(NULL)	(NULL)	(NULL)	(NULL)	(NULL)

图 2-23　流程部署表

（6）查询待办任务，继续在 CreateTable 类中新建 findTask()方法，如代码清单 2-60 所示。

代码清单 2-60　CreateTable.java

```
@Test
public void findTask() {
    ProcessEngine processEngine = ProcessEngineConfiguration.
            createProcessEngineConfigurationFromResource("activiti.cfg.xml")
            .buildProcessEngine();
    TaskService taskService = processEngine.getTaskService();
    List<Task> taskList = taskService.createTaskQuery().taskAssignee("张三").list();
    if(taskList !=null && taskList.size()>0){
        for (Task task : taskList) {
            System.out.println(task.getAssignee());
            // 推向下一环节
            Map<String, Object> variables = taskService.getVariables(task.getId());
            processEngine.getTaskService().complete(task.getId(),variables);
        }
    }
}
```

代码解析

这段代码就是用于查询待办任务的，其实它的意思很简单。我们之前画图的时候，在提交申请那个业务中设置了属性，它的数据库历史节点表 act_hi_actinst 里的 ASSIGNEE 就是张三，所以从数据库中可以看到，张三的待办任务就是提交申请，而在代码中，我们把它推向了下一环节，那就是部门经理审批。

数据库历史节点表 act_hi_actinst 中的信息如图 2-24 所示。

□	7504	HelloWorldKey:2:5004	7501	7501	usertask1	7505	(NULL)	提交申请	userTask	张三
*	(NULL)	(NULL)	(NULL)	(NULL)	(NULL)	(NULL)	(NULL)	(NULL)	(NULL)	(NULL)

图 2-24　历史节点表

（7）完成待办任务，继续在 CreateTable 类中新建 completeTask()方法，如代码清单 2-61 所示。

代码清单 2-61　CreateTable.java

```
@Test
public void completeTask() {
    ProcessEngine processEngine = ProcessEngineConfiguration.createProcess
EngineConfigurationFromResource("activiti.cfg.xml")
            .buildProcessEngine();
    String taskId = "10002";
    processEngine.getTaskService().complete(taskId);
}
```

代码解析

因为我们知道张三提交申请的下一步就是部门经理审批，那么部门经理审批的流程肯定对应刚才推送的 ID，所以我在代码里设置了 taskId 是 10002。因为我在数据库里查过了，所以我使用 processEngine.getTaskService().complete(taskId)语句直接把这个流程设置为完成了，也就是审批通过了。具体的信息可以从数据库的 act_hi_actinst 表中看到，这个表列出了当前所有的流程。

数据库历史节点表 act_hi_actinst 中的信息如图 2-25 所示。

	ID_	PROC_DEF_ID_	PROC...	EXECUT...	ACT_ID_	TASK_ID_	CALL_PROC...	ACT_NAME_	ACT_TYPE_	ASSIGNEE_
☐	10001	HelloWorldKey:2:5004	7501	7501	usertask2	10002	(NULL)	部门经理	userTask	李四
☐	12501	HelloWorldKey:2:5004	7501	7501	usertask3	12502	(NULL)	总经理	userTask	王五
☐	7502	HelloWorldKey:2:5004	7501	7501	startevent1	(NULL)	(NULL)	Start	startEvent	(NULL)
☐	7504	HelloWorldKey:2:5004	7501	7501	usertask1	7505	(NULL)	提交申请	userTask	张三
*	(NULL)	(NULL)	(NULL)	(NULL)	(NULL)	(NULL)	(NULL)	(NULL)	(NULL)	(NULL)

图 2-25 历史节点表

话说回来，部门经理李四审批完之后，是不是就该总经理审批了，我们在哪里可以找到这个待办任务的流程呢？它就在运行时任务节点表 act_ru_task 中，该表中的信息如图 2-26 所示。

	ID_	REV_	EXECU...	PROC_I...	PROC_DEF_ID_	NAME_	PARENT_TASK_ID_
☐	12502	1	7501	7501	HelloWorldKey:2:5004	总经理	(NULL)
*	(NULL)	(NULL)	(NULL)	(NULL)	(NULL)	(NULL)	(NULL)

图 2-26 运行时任务节点表

从表中可以清楚地看到，工作流的下一步任务就是等待总经理审批，如何做到这一点呢？之前已经讲述过了，可以直接调用 processEngine.getTaskService().complete(taskId)来完成这个操作。这样的话，整个工作流就走完了。当然，这只是简单的做法，实际场景中，还有类似驳回、跳转等操作，原理都跟这个例子差不多，大家有兴趣可以继续完善一下源码。在本节中，我们主要学习了工作流，起初大家对工作流一定很陌生也觉得很难学习，其实这是一种误解。在学习工作流的时候一定要结合好例子，只要明白了一个简单的业务流程是如何在工作流中进行的，便可以很轻松地学习它，而它的很多方法无非就是跟我们日常使用的增、删、改、查操作一样，只不过是对工作流节点进行增、删、改、查，并且对业务状态进行变更。需要特别注意的是，在做工作流的时候，最重要的是找到工作流的下一步操作节点，然后在界面中办理，再看该节点的更新状态是否符合预期，就能判断工作流的程序是否开发正确了。这点很简单，困难的是如果工作流的节点过多，如有十几个审批环节，就需要盯着每一个节点去查看和验证，难免有些枯燥。

2.11 探析 JVM 的秘密

JVM 是 Java 赖以生存的虚拟机，如果没有 JVM，Java 程序开发便无从谈起。关于 JVM 的知识特别丰富，本节我们学习一些在开发中必备的 JVM 知识，来拓宽一下知识范畴。在 JVM 学习中，我们需要明白一个道理：JVM 自身体系博大精深，所涉及的知识量丝毫不亚于 Java 体系，我们想要在几个月内熟练掌握 JVM 真的很难。但幸运的是，作为 Java 开发人员的我们，只需要掌握 JVM 的特定知识来拓宽自己的知识领域即可。

2.11.1　JVM 简介

1.3.1 节已经对 JVM 进行了简单介绍。为了提高运行效率，标准 JDK 中的 HotSpot JVM 采用的是一种混合运行的策略。首先，它会解释、运行 Java 字节码文件，然后会对其中反复运行的热点代码，以方法为单位进行即时编译，翻译成机器码后直接运行在底层硬件之上。HotSpot 装载了多个不同的即时编译器，以便在编译时间和生成代码的运行效率之间平衡。

2.11.2　JVM 的构成

JVM 由编译器、类加载器、执行引擎和运行时数据区等构成，如图 2-27 所示。主要构成部分说明如下。

- 编译器：把源文件编译成字节码文件。
- 类加载器：把字节码文件读入内存，创建各种方法。
- 运行引擎：通过解释器和即时编译器来运行字节码文件。
- 运行时数据区：包含方法区、Java 堆、虚拟机栈、程序计数器、本地方法区等。

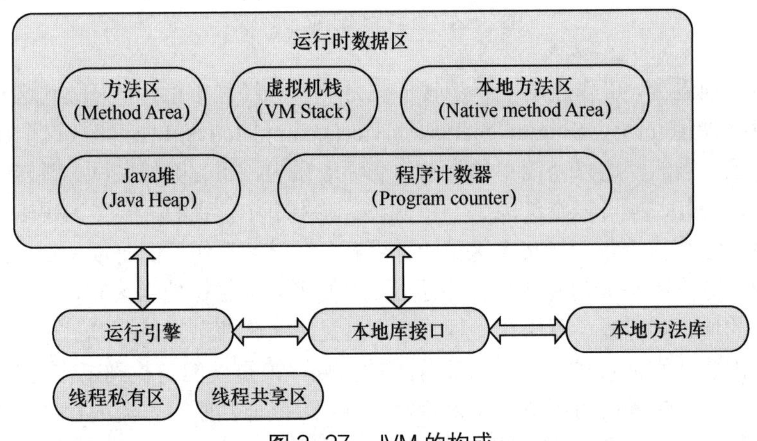

图 2-27　JVM 的构成

其实，如果不去深究 JVM 的构成部分的底层知识的话，这些部分大体就是字面上的意思。较为简单地解释一下。以编译器为例，它把源文件编译成字节码文件，至于如何编译那就复杂了，也不建议深究。可以在自己的职业生涯发展到比较稳定的时候，再静下心来深究 JVM 的内容。但是，有些内容是我们现在必须深究的，如 Java 的堆和栈、内存回收等，如果不深究这些内容，即使对开发没有多大的影响，也会对理解整个 Java 体系产生很大的阻碍。因此，本节重点讲述 Java 堆、栈以及内存回收。

Java 把内存划分成两种：一种是栈内存，另一种是堆内存。在函数中定义的一些基本类型的变量和对象的引用变量都在函数的栈内存中分配。当定义一个变量时，Java 就在栈中为这个变量分配内存空间，当超过变量的作用域后，Java 会自动释放掉为该变量所分配的内存空间，该内存空间可以立即另作他用。

堆内存用来存放由 new 创建的对象和数组。在堆中分配的内存，由 JVM 的自动垃圾回收器来管理。

在堆中产生了一个数组或对象后，还可以在栈中定义一个特殊的变量，让栈中这个变量的取值等于数组或对象在堆内存中的首地址，栈中的这个变量就成了数组或对象的引用变量。引用变量就相当于为数组或对象起的一个名称，以后就可以在程序中使用栈中的引用变量来访问堆中的数组或对象。

栈的优势是，存取速度比堆要快，仅次于直接位于 CPU 中的寄存器。但缺点是存在栈中的数据的大小与生存期必须是确定的，缺乏灵活性。另外，栈数据可以共享。堆的优势是可以动态地分配内存大小，生存期也不必事先告诉编译器，Java 的垃圾回收器会自动回收这些不再使用的内存。但缺点是由于要在运行时动态分配内存，存取速度较慢。

2.11.3 JVM 加载类

JVM 将字节流转化为 Java 类的过程，可分为加载、链接以及初始化三大步骤。

- 加载是指查找字节流，并且据此创建类的步骤。以盖房子为例，张三要盖一栋房子，那么他必须先找一个建筑师来设计相关数据（如房子总共为多少平方米、一个客厅几个卧室等）。这些数据就相当于类，而建筑师就是类加载器，最顶层还有一个*启动类加载器*（Boot Class Loader）。在 JVM 中，加载类需要借助类加载器，类加载器使用了双亲委派模型，即接收到加载请求时，会先将请求转发给父类加载器。
- 链接是指将创建的类合并至 JVM 中，使之能够运行的步骤。链接分为验证、准备和解析 3 个阶段，其中解析阶段为非必需的。
- 初始化则是为标记为常量值的字段赋值，以及运行 clinit()方法的步骤。类的初始化仅会被运行一次，这个特性被用来实现单例的延迟初始化。以刚才的例子来讲，张三的房子只有修好后再经过装修，才能真正居住。

2.11.4 内存回收

在本节中，我们来学习一下 JVM 是如何管理内存的。了解 JVM 内存的方法有很多，具体能够观测到的参数也不尽相同，简单总结如下：可以使用综合性的图形化工具，如 JConsole、VisualVM（注意从 JDK 9 开始，VisualVM 已经不再包含在 JDK 中）等。这些工具使用起来相对比较直观，可以直接连接到 Java 进程，然后就可以在 GUI 里掌握内存使用情况。

以 JConsole 为例，其内存界面可以显示常见的堆内存和各种堆外部分内存的使用状态。可以使用命令行工具进行运行时查询，如 Jstat 和 Jmap 等工具都提供了一些选项，可以查看堆、方法区等使用的数据，也可以使用 Jmap 等提供的命令，生成*堆转储*（heap dump）文件，然后利用 Jshat 或 Eclipse MAT 等堆转储分析工具进行详细分析。

如果你使用的是 Tomcat、Weblogic 等 Java EE 服务器，这些服务器同样提供了内存管理相关的功能。另外，从某种程度上来说，内存回收机制的日志，同样包含有用的信息。这里有一个相对特殊的部分，那就是堆外内存中的直接内存，前面的工具基本不适用，但可以使用 JDK 自带的*本地内存追踪*（Native Memory Tracking，NMT）查看，它会从 JVM 本地内存分配的角度来解读。据此，我们可以知道，JVM 观测内存的途径有很多，观测的角度也不尽相同，如果想对内存进行全方位的监测，可以综合应用这几个工具记录参数，并且绘制相应的图表。

说到内存监测，就不得不提垃圾回收机制，这是一个老生常谈的技术，不但在学习的时候需要特别注意，甚至还经常出现在面试中。尽管垃圾回收机制已经帮我们搞定了关于内存管理方面的问题，可关于垃圾回收机制如何回收内存的概念，仍然是需要熟知的。

垃圾回收不会发生在永久代，如果永久代满了或者超过了临界值，会触发完全垃圾回收（Full GC）。Java 8 中已经移除了永久代，新加了一个叫作元数据区的 native 内存区。当对象的作用范围失效之后，也就是当前运行的程序不再需要这个对象的时候，它就可以被回收了，JVM 的垃圾回收算法有以下几种。

- **复制算法**：将可用内存按容量划分为大小相等的两块，每次只使用其中的一块。当一块内存用完了，便开始使用另一块，然后把已使用过的内存空间一次性清理干净。
- **标记清除算法**：首先标记出所有需要回收的对象，在标记完成后统一回收所有被标记的对象。
- **标记整理算法**：标记过程与标记清除算法很像，但后续步骤不是直接对可回收对象进行清理，而是把存活的对象整理到一端，然后直接清理掉端边界以外的内存。整理后的内存避免了标记清除算法中存在的内存碎片的问题。
- **分代收集算法**：一般是把 Java 堆分为新生代和老年代，根据各个年代的特点采用最适当的收集算法。新生代中经常有大批对象死去，选用复制算法。而老年代中因为对象存活率高，必须使用标记清理或标记整理算法来回收。

JVM 的方法区也被称为永久代，放着一些被 JVM 加载的类信息、静态变量、常量等数据。该区中的内容比老年代和新生代更不容易回收。其实，这些算法并不用去思考它们的效率到底哪个好，这种想法本身就是错误的。为什么这样说呢？因为这几种算法实际上就是 JVM 针对不同的内存区域的特点专门制定的算法，也就是互相匹配的最合适的算法，如果把某些区域的回收算法调换，造成的结果就是效率低下。

内存回收是我们需要熟知的知识，除了以上所讲述的内容，JVM 方面的知识还有很多，这里就不赘述了，毕竟本章所讲的内容都是为了学习 Spring Boot 而打的基础。有一个比较常见的开发技巧，那就是如果 Eclipse 运行得很慢，可以在 Eclipse 中增加 JVM 虚拟内存。

打开“Preferences”对话框，找到 JDK 信息，点击“Edit”按钮，在弹出的“JRE Definition”界面中找到“Default VM arguments”，将它的数值设置为“-Xms128m -Xmx512m”（这条语句的意思是设置 JVM 的虚拟内存，最小是 128 MB，最大是 512MB）。这样的话，便可以提高 Eclipse 的运行速度。JVM 的虚拟内存设置如图 2-28 所示。

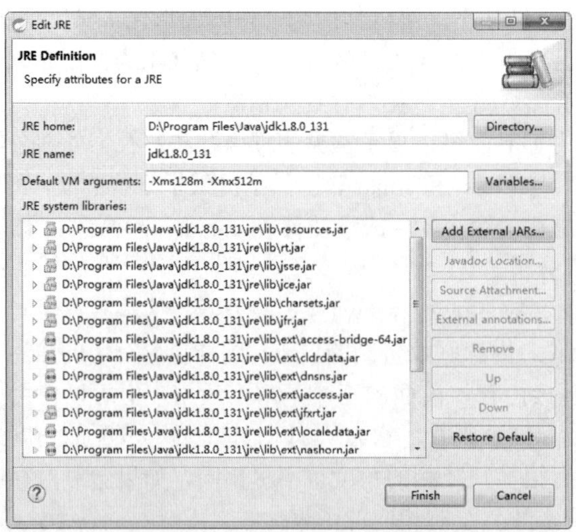

图 2-28　JVM 的虚拟内存设置

在本节中，我们大致梳理了一遍 JVM 的重点知识，因为 JVM 的内容特别多，本节只讲解一些关键的内容，只要掌握这些内容是完全可以应付日常的开发和面试的。回顾一下在 JVM 中比较重要的 3 个知识点：

- JVM 的构成，以及如何加载类；
- JVM 的堆和栈的特性；
- JVM 如何回收内存，以及内存的分代机制和回收机制。

大致掌握这些 JVM 的知识点便完成了对 JVM 的初步学习，而其他关于 JVM 的深层知识，如果不花费大量的时间学习是无法理解的，JVM 的体系规模丝毫不亚于 Java。

2.12 小结

本章主要讲解了 Spring Boot 的基础知识。Spring Boot 虽然是一套工具集合，但并不是说不具备 Java 基础便能把它学会。万丈高楼平地起，要想学习 Spring Boot，就必须学习 Spring 的一些特性，包括控制反转、依赖注入、面向切面编程等，然而学会了这些还远远不够，还需要掌握注解、Servlet 编程等内容。当然，熟练掌握了这些内容之后，在搭建框架方面可能会有一些经验，但要想开发复杂的需求，还需要掌握 Java 的数据类型、类与接口、数组与集合，甚至多线程编程。掌握了这些内容之后，再学习一些工作流、JVM 方面的知识，才可以说基本上具备了学习 Spring Boot 的先决条件。掌握了本章的内容之后，我们正式步入对框架体系的学习。

第3章 Struts Spring Hibernate（SSH）

虽然本书的主旨是学习 Spring Boot，但我仍然把学习 SSH 框架作为必备的内容。为什么要这样设计呢？因为大家都明白 Spring Boot 的框架遵循了约定大于配置的理念，让我们的编程变得越来越简单。可是，仅仅知道这个结果，我们并不知道它与之前的 SSH、SSM 框架相比，到底简化了哪些地方，增加了哪些内容，去除了哪些内容。所以，在学习 Spring Boot 之前，很有必要先快速学习一下 SSH 框架。这样一来有两个好处，第一是学习完毕，可以将 SSH 与 Spring Boot 比较，从而对 Spring Boot 有更深层次的认识；第二是从 SSH 框架学起，最终过渡到 Spring Boot，可以更好地培养读者的架构师思想，让读者潜移默化地受益匪浅。

3.1 SSH 框架概述

SSH 概括起来很简单——它是 Struts 2、Spring、Hibernate 这 3 个框架的组合。下面简单来介绍一下，Struts 2 在 Java 开发中主要起到了控制器的作用，也就是代替了之前的 Servlet。因为 Java 自从采用了 MVC 设计理念之后，就必须有一个控制器，之前的控制器是 Servlet，它虽然可以胜任这一角色，但表现不如 Struts 2，所以在 Servlet 流行了一段时间之后，Struts 2 便走上了舞台。

Struts 2 基于 MVC 设计模式，作为控制器的主要作用是承担模型与视图之间的数据交互，模型可以简单理解为 JavaBean，而视图就是指 JSP。它以 WebWork 为核心，采用了拦截器机制来处理用户请求，针对业务逻辑的控制能够与 Servlet API 脱离，不属于侵入式框架。谈到 Struts 2，也顺便来说说 Struts1 吧，这个框架非常古老，基本上已经没人使用了，Struts 2 是它的升级产品。两者最主要的一个区别就是 Struts1 与 Servlet API 严重耦合，而 Struts 2 能够与 Servlet API 脱离。

Spring 是一个用来管理类的轻量级框架，具有依赖注入、控制反转、面向切面编程等功能特点。

Hibernate 是一个对象-关系映射（Object-Relational Mapping，ORM）框架，用来与数据库交互。它提出了一个新理念，那就是使用 Java 对象的方式来操作数据库。具体就是框架事先与数据库建立连接，在涉及持久层操作的时候，直接操作 JavaBean 对象，因为事先已经完成了 ORM 框架与数据库之间的配置，所以这种针对 JavaBean 对象的操作便会直接在数据库中生效。这个特点，就是 Hibernate 的最大亮点。当然，Hibernate 的功能远远不止这些，它还有属于自己的 HQL 语句、缓存等内容。

3.1.1 SSH 框架特点

关于 SSH 框架的特点，就从以下几个方面来说说吧！首先，来谈谈 Struts 2 对 Struts1 做了哪些方面的升级，具体如下。

- **Servlet 依赖**：Struts1 的 Action 类依赖于 Servlet API，而 Struts 2 可以脱离 Servlet API。

- **Action 实现**：Struts1 要求类必须统一扩展自 Action 类，而 Struts 2 的类中可以是一个 POJO 类。
- **表达式**：Struts1 整合了 EL，Struts 2 整合了 OGNL。
- **视图技术**：Struts1 使用 JSP 技术，Struts 2 使用 ValueStack 技术。
- **类型转换**：Struts1 中的 ActionForm 基本使用 String 类型的属性，Struts 2 中使用 OGNL 进行类型转换。
- **线程控制**：Struts1 的 Action 是单例模式的，一个 Action 实例需要处理所有请求；而 Struts 2 针对每一个请求创建一个新的 Action 实例，不存在线程安全方面的问题。
- **请求参数封装**：Struts1 必须使用 ActionForm 对象封装请求的参数，而 Struts 2 可以有选择地使用 POJO 类。
- **Action 执行**：Struts1 的每一个模块对应一个请求，所有的 Action 共享生命周期，而 Struts 2 通过拦截器栈为每一个 Action 创建不同的生命周期。

从类的管理方面来看，SSH 框架使用 Spring 来管理类，避免了直接使用 new 关键字创建类的实例，让代码更加简捷、可读性更好。把类统一放在 applicationContext.xml 文件中，既方便管理又方便建立依赖关系，这是不使用 Spring 框架便难以企及的优势。从持久层交互来看，SSH 框架使用 Hibernate 来进行数据库操作，这点非常方便，程序员直接操作对象，免去了手写 SQL 语句的烦恼。虽然 Hibernate 在复杂查询、多表嵌套查询方面没有什么优势，但针对单一数据进行增、删、改、查的话，仍然是完全可以胜任的，这也是现在仍然有一些项目使用 Hibernate 的原因。

3.1.2 SSH 框架搭建

首先，新建一个 SSH 框架项目 manage。它的普通用户账号是 zhangsan，密码是 123456；管理员账号是 admin，密码是 123456。使用两种账号进入项目后可以看到不同的管理后台。

说到 SSH 框架的搭建，其实并不难，不过在十年前大家仍然是用复制 JAR 包的方式来搭建的，而现在为了节省项目空间，也为了使项目更加纯净，程序员普遍采用 Maven 方式来搭建项目。虽然 SSH 框架的使用率越来越低，但丝毫不影响它曾经的辉煌。

SSH 框架作为第一个风靡全球的 Java Web 框架，流行了 5～6 年的样子，当时独领风骚。学习它实际上很有好处，如果你的理想只是想成为一个“码农”，那么你可以不去学习它，但假如你想在有朝一日成为一名出色的软件架构师，就必须学习 SSH，甚至学习构建 SSH 的基础知识技能。这样你才能真正做到高屋建瓴，达到“会当凌绝顶，一览众山小”的境界！说到这里，我们便快速搭建一个 SSH 框架，来领略一下 SSH 的魅力。等学习完了 SSH，再去学习 Spring MVC、Spring Boot，便会发现它们之间的差异，也就会真正明白，我们为什么要从 SSH 过渡到 Spring MVC，再过渡到 Spring Boot 了，你会发现自己潜移默化地已经学习到了很多知识，极大地提高了自己的编程技术水平。

管理系统的需求并不复杂，它无非是一个典型的 Java EE 项目，拥有组织架构和报表开发两大特色。首先，它需要有一个登录界面。接着，我们可以使用不同权限的用户登录，进入系统后就会看到不同的菜单配置。当然，这些菜单配置是需要提前设置好的。我们可以先通过截图来在学习之前快速浏览一下这些界面，并且对这些界面进行简单的讲解，让读者从宏观上了解系统在开发当中需要注意的事项和快速学习的方法。

首先，我们来看看登录界面，如图 3-1 所示。

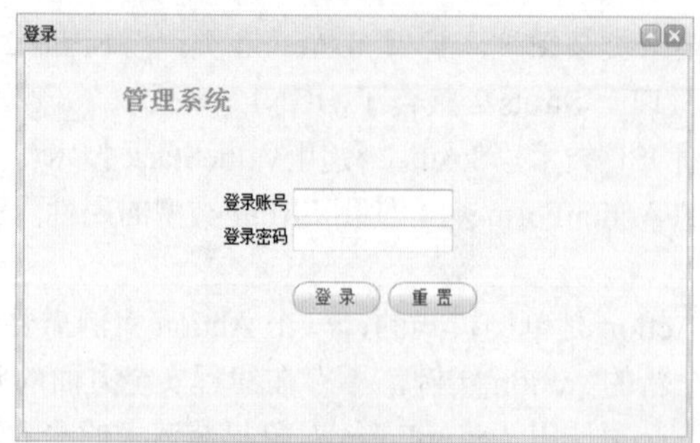

图 3-1 登录界面

这个登录界面很简洁，一看就知道是做什么的，但这背后隐藏着复杂的业务逻辑，当输入账号、密码，再点击“登录”后，程序会把前端获取的账号、密码数据通过 Struts 的 Action 转发到后端去，这样我们便可以通过 Action 接收到数据，与数据库用户表中的数据做对比，如果是合法用户且密码无误，则让其登录；否则就提示用户非法或者密码错误！而“重置”则用于让文本框的内容清空。

管理系统的界面分为 Banner、菜单栏、导航栏、功能模块、Bottom 等部分。这些部分的位置相对固定，但是左侧导航栏的展示则是根据权限来控制的。当然，用户点击某个具体的功能，就在右侧显示出该功能的界面，以便可以更深入、详细地开展业务。例如，点击“查询”后，就在右侧较大的区域中显示报表的详情，以供使用者获取需要的数据信息。

业务拓展主要分为两个部分，一部分是横向菜单栏，可以自定义比较大的模块，如库存管理、资金管理、报表统计等，竖向导航栏对应横向菜单栏的某个具体的功能的实现，例如，点击“报表统计”，左侧导航栏会自动显示出报表统计菜单下的所有功能。然而这一切都是基于业务的，如果在开发的过程中，负责需求的人员不断地对需求进行渐进明细的分解，那么在“报表统计”的后面可能还会出现预算管理等模块。而“控件实例”看似与需求没有关系，但是它可以在开发阶段显示出来，当作程序员学习和借鉴的参考。总之，要做到一切都是灵活的、可配置的，而不是传统意义上把代码写成固定的数值。

其他界面内容可以根据用户需求来定义，如欢迎信息、时间显示信息、退出按钮等。普通用户界面如图 3-2 所示。

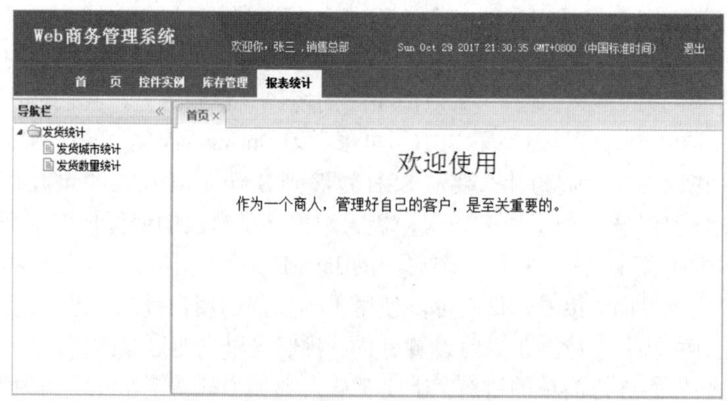

图 3-2 普通用户界面

然而，这些都是站在普通用户的角度来分析的。要开发这样一个管理系统，肯定是需要权限系统的，对应该企业的组织架构，一般呈树状显示。这个功能就需要我们认真开发了，比较耗费时间。通常，我们通过管理员登录后就会进入管理员界面。管理员的操作权限是最大的，主要针对组织架构进行合理的配置，以及为不同权限的账户分配与之匹配的菜单和权限。当然，管理员还应该拥有修改密码、找回密码等权限，管理员界面如图 3-3 所示。

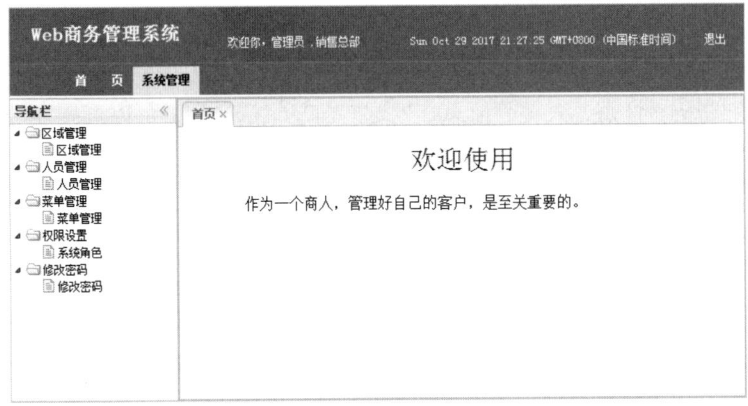

图 3-3 管理员界面

这些界面原型图作为程序员的参考，被分配到项目组每个成员的手中，大家就可以各司其职，进行软件开发了。而接下来的环节，就是技术选型了。在本例中，我们先选择 SSJ（Struts Spring JDBC）组合把常见的功能都开发完毕，接着在此基础上拓展 Hibernate，从而在真正意义上实现 SSH。本章实际上讲述两个框架组合，那就是 SSJ 和 SSH，这两种框架组合曾经非常流行。读者可以对比它们，分析一下它们的优劣。

SSH 和 Spring MVC 都是基于 MVC 设计模式的。要想充分把这些概念理解透彻，就需要对其进行学习。在前端插件方面，为了最大程度地节省项目迭代时间，我们选择了 jQuery EasyUI，使用该插件提供的默认样式。而在对前端页面的开发方面，我们主要采用传统的 JavaScript 和 jQuery 技术。有一个程序员需要掌握的要点，那就是针对前端插件的选择方面，可以选择 jQuery EasyUI、Bootstrap 等，这需要根据客户方的需求来决定。如果客户方想要界面好看一些，而操作相对较少，可以选择 Bootstrap；如果针对报表的计算很多，需要进行分类汇总这类操作，可以选择 jQuery EasyUI。因为 jQuery EasyUI 的 API 里集成了很多现成的实例，我们可以直接继承这些实例，把它们集成到项目当中，这会在很大程度上减少工作量，让程序员从枯燥的前端图形绘制中解脱出来。除了这些插件外，还有目前很流行的 Vue 可供选择。Vue 有数据绑定等特点，如果选择 Vue，就需要前端程序员学习很多新的知识，而整个项目在前端的架构都需要重新设计。一旦这样做了，如果想改成其他的模式，就比较困难，这是因为 Vue 相比于 jQuery EasyUI、Bootstrap，更像自成一体的框架，耦合度很高，而其他两个则是可插拔的插件，互相替代起来比较方便，这一点需要特别注意。想把 Vue 项目改造成 jQuery EasyUI、Bootstrap 项目太难了，单单 Vue 的那些 npm、双向绑定、模板等新功能就很难转化成其他插件。

3.2 框架核心

要讲出一个框架搭建的过程其实并不难，但如何让读者学习起来不吃力，并且能够以最大的乐趣、相对较少的时间投入来学习，是我最近在思考的一个问题。因此，本书要以一种全新的方式来讲解，给读者有趣的阅读体验。

我们的学习任务很简单，就是在正式投入时间学习 SSH 之前，认真理解一番 SSH 的精髓和前世今生。众所周知，在 SSH 框架之前，不只 Java Web 方面的开发非常简单，整个技术生态环境也比较简陋，主要表现在，只有使用 Servlet 才能进行动态网站的开发，也就是做到与服务器端的交互，即能够访问数据库。而后来 AJAX 技术的横空出世，给 Servlet 注入了前所未有的动力，一时间动态网站开始流行起来，而页面的局部刷新技术也让程序员从极为困扰的，只能使用 Form 提交这种单一的模式中解脱出来。表单包括用户、密码、性别、兴趣等信息，把这些信息填满之后，可以直接发送给后台。如果整个项目全部依赖于表单提交，否则不能访问后台的话，对现代的程序员来说，简直是一件令人抓狂的事情。事实上，当时大家就是这样做的。

当"Servlet+AJAX+JavaBean+JDBC"这类模式流行了一段时间之后，程序员开始觉得兴趣索然，基于 Struts、Spring、Hibernate 的组合开始流行起来，这让人们看到了希望，程序员像被注入了强心剂似的，开始打起精神干起来。SSH 说穿了就是把 Struts、Spring、Hibernate 结合起来的技术栈，Struts 负责控制器的工作，Spring 负责管理 JavaBean，而 Hibernate 负责进行持久化与数据库交互，这样分工明确，不是一件很好的事情吗？

所以，SSH 一经推出便开始流行起来，替代了"Servlet+Spring+JDBC"或者"Servlet+JavaBean+Hibernate"等模式。人们都在讨论 SHH，就像现在人们都在讨论 Spring Boot 一样，当然，这两者中间还有 Spring MVC，这就是 SSH 的前世今生了。框架搭建的过程比较烦琐，在此之前，我们可以对项目进行总体的分析和布局。从整体规划方面来讲述项目的主要需求，这些需求包括权限设计、报表导出等。因为管理系统采用了 Struts 2、Spring、Hibernate 框架组合，而这些组合又依赖于 MVC 思想，所以这一切都是有迹可循的。

3.2.1 Struts 2 执行过程

要学习一个新的框架，第一步就是彻底搞懂它的执行过程。明白了执行过程之后，再逐步地分解程序在每一步做了什么，直到把整个过程都搞明白，这样就算是初步完成了任务。接着，再不停地实现需求，在实战中磨炼，发现问题并解决问题，直到把一切融会贯通之后，就算是把这个框架熟练掌握了。在本节中，我们就来学习一下 Struts 2 的执行过程，一个请求在 Struts 2 框架中需要经历以下几个步骤。

（1）客户端发送 HTTP 请求。该请求经过一系列的过滤器，如 ActionContextCleanUp、SiteMesh。

（2）FilterDispatcher 被调用，FilterDispatcher 询问 ActionMapper 来决定这个请求是否需要调用 Action。

（3）如果 ActionMapper 决定需要调用某个 Action，FilterDispatcher 把请求的处理权交给 ActionProxy。ActionProxy 通过 Configuration Manager 查询框架配置文件，找到需要调用的 Action 类。

（4）ActionProxy 创建一个 ActionInvocation 的实例。

（5）ActionInvocation 实例使用命名模式来调用。在调用 Action 的步骤前后，还会涉及拦截器（Interceptor）的调用，Action 执行完毕。

（6）ActionInvocation 负责根据 struts.xml 中的配置找到对应的返回结果。返回结果一般是 JSP、Velocity 模板、FreeMarker 模板等，在前端通过相应的语法进行数据展示。在这个步骤中需要涉及

ActionMapper。

Struts 2 的执行过程如图 3-4 所示。

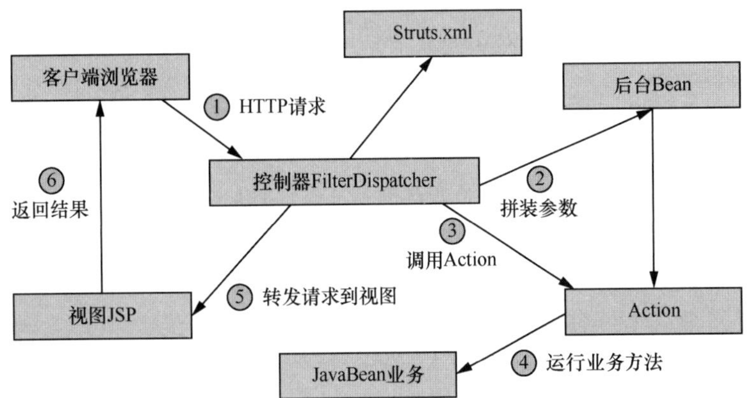

图 3-4 Struts 2 的执行过程

在这里，还需要特别注意一下拦截器与过滤器的区别。

（1）拦截器是基于 Java 反射机制的，而过滤器是基于函数回调的。

（2）拦截器不依赖于 Servlet 容器，而过滤器依赖于 Servlet 容器。

（3）拦截器只能对 Action 请求起作用，而过滤器则可以对几乎所有请求起作用。

（4）拦截器可以访问 Action 上下文、值栈里的对象，而过滤器不能。

（5）在 Action 的生命周期中，拦截器可以多次调用，而过滤器只能在容器初始化时被调用一次。

Struts 2 的目标是让开发变得更加简单，执行效率更高，因此使用了“惯例重于配置”的原则。实际上“惯例重于配置”跟 Spring Boot 提供的“约定优于配置”是一个道理，就是假定开发人员都会遵守某种通用的模式，在按照这种模式对绝大部分配置进行默认的设置。这样，开发人员就不用每次都手动编写 XML 文件了。即便如此，Struts 2 中需要开发人员编写的 XML 配置文件还是特别多，真正实现了零配置的只有 Spring Boot 了。在减少耦合度方面，Struts 2 提供了很多优秀的特性，例如，它的 Action 都是 POJO，而 HTML 表单的输入项都被转换成了适当的类型供 Action 使用，再加上开发人员还可以通过拦截器（包括自定义的拦截器）来对请求进行处理。这样的话，HTTP 请求就变得模块化了，以方便开发人员对此进行处理和拓展，并且不会影响模块以外的东西。最后，Action 执行完毕之后，返回的结果也不再是单一的 JSP，还包括 Velocity、FreeMarker 等模板技术。

3.2.2 FilterDispatcher

web.xml 作为项目应用程序级别的配置文件，会贯穿整个项目启动的过程，也就是说该配置文件里的内容直接决定了项目的所有属性配置。FilterDispatcher 是核心控制器，是 Struts 2 框架的基础，包含框架内部的控制流程和处理机制。在 Struts 2 中，Action 业务逻辑层和 DAO 业务控制器都是需要程序员自己来编写的，但是在此之前针对 Action 的拦截机制，则是由核心控制器来完成的。程序员开发自己的 Action、Service、DAO 层之后，还需要编写与之配套的配置文件与返回机制，与 FilterDispatcher 保持一致。

FilterDispatcher 有以下几个主要作用。

（1）执行 Action：过滤器根据请求的 URL 判断是否需要调用 Action，判断的依据是 ActionMapper。如果需要执行 Action，那么处于过滤器链中的其他过滤器将终止，然后调用 Action。这样的话，一些特别的处理代码则必须放在 FilterDispatcher 之前，来保证它们可以运行。

（2）清空 ActionContext 上下文：FilterDispatcher 可以自动清除上下文信息，以确保没有内存泄露的情况发生，但是这样也会导致与其他技术集成的时候会出现不可预知的问题，如无法获取某些需要的参数。

（3）加载静态内容：FilterDispatcher 在执行的时候，会同时加载静态内容，如 JavaScript 文件、CSS 文件等。匹配的机制是查找/struts/*目录，映射/struts/后面的常用的包。

（4）中断 Xwork 的执行：XWork 拦截器有很多种用法，可以使用 FilterDispatcher 来中断它在生命周期中的执行。

FilterDispatcher 的通用内容如代码清单 3-1 所示。

代码清单 3-1　web.xml

```
<filter>
    <filter-name>struts2</filter-name>
    <filter-class>
        org.apache.struts2.dispatcher.FilterDispatcher
    </filter-class>
</filter>

<!--
<filter>
    <filter-name>struts2</filter-name>
    <filter-class>
      org.apache.struts2.dispatcher.ng.filter.StrutsPrepareAndExecuteFilter
    </filter-class>
</filter>
-->

<filter-mapping>
    <filter-name>struts2</filter-name>
    <url-pattern>/*</url-pattern>
</filter-mapping>
```

代码解析

FilterDispatcher 的配置非常简单，就是在 web.xml 中加入<filter>元素中的这段代码，然后使用<filter-mapping>映射到所有请求即可。而在代码中，还有一个核心控制器 StrutsPrepareAndExecuteFilter，跟 FilterDispatcher 的作用类似，一般情况下，在 web.xml 中写入其中的一个就行了。它们两者的关系是，StrutsPrepareAndExecuteFilter 自 2.1.3 版本开始就替代了 FilterDispatcher，在此之前的版本使用 FilterDispatcher。这样做有什么好处呢？比较典型的场景是，使用 FilterDispatcher 的时候，自定义过滤器必须放在 Struts 2 的过滤器之前，否则便会失效。而 StrutsPrepareAndExecuteFilter 可以把它拆分成 StrutsPrepareFilter 和 StrutsExecuteFilter，可以在这两个过滤器之间加上自定义过滤器。当然，使用的过滤器还是要跟 Struts 2 的版本匹配。

3.2.3 HttpServletRequest

HttpServletRequest 类继承自 ServletRequest。客户端向服务器发送 HTTP 请求的时候，会在提交数据的同时携带一些参数，这些内容都保存在 HttpServletRequest 类中。同样地，可以在 Java 后端通过 HttpServletRequest 类提供的一些方法保存数据并把它们返回至前端。因此，该类也提供了很多种方法来在前端和后端获取这些数据，常见的有 getCookies()、getHeader()、getSession()等方法。在本节中，我们来正式学习如何在 Struts 2 的 Action 中获取 Request 对象，并且获取它携带的数据。Struts 2 有几种方法可以获取 Request 对象，具体使用哪一种要看项目的环境，还有程序员的喜好。

第一种方法是，通过 ActionContext 来获取 Request 对象，它们的代码如代码清单 3-2 所示。

代码清单 3-2 通过 ActionContext 来获取 Request 对象

```
# Action 中的代码:
Map request = (Map)ActionContext.getContext().get("request");
List<Emp> emps = imanage_reportdao.findAll();
request.put("emps",emps);
# 在 JSP 取值:
<s:iterator id="emp" value="#request.emps">
    <tr>
        <td><s:property value="#emp.name"/></td>
        <td><s:property value="#emp.age"/></td>
        <td><s:property value="#emp.address"/></td>
    </tr>
</s:iterator>
```

代码解析

本示例在 Java 后端的 Action 中，使用 ActionContext 来获取 Request 对象，再通过 Request 的 put()方法把员工对象保存到 emps 变量中。第二部分是在前端代码中，使用 Struts 2 的<s:iterator>元素把数据循环取出。

第二种方法是，通过 ServletActionContext 来获取 Request 对象，它们的代码如代码清单 3-3 所示。

代码清单 3-3 通过 ServletActionContext 来获取 Request 对象

```
# Action 中的代码:
HttpServletRequest request = ServletActionContext.getRequest();
request.setAttribute("username","zhangsan");
# 在 JSP 取值:
<s:property value="#request.username">
${requestScope.req}
```

代码解析

本示例分为两部分，第一部分是在 Java 后端的 Action 中，使用 ServletActionContext 来获取 Request 对象，再通过 Request 的 setAttribute()方法把员工对象保存到 username 变量中。第二部分是在前端代码中，使用 Struts 2 的<s:property>元素把数据直接拿出来。

第三种方法是，通过 Action 实现 ServletRequestAware 接口，接口中的方法便能获取 Request 对象，它们的代码如代码清单 3-4 所示。

代码清单 3-4 通过 Action 实现 ServletRequestAware 接口来获取 Request 对象

```
# Action 中的代码:
```

```
public class EmpDetailAction extends ActionBase implements Action,ServletRequestAware,
ServletResponseAware  {
    private HttpServletRequest request;
    public void setServletRequest(HttpServletRequest request) {
        this.request = request;
    }
    public String execute() throws Exception {
        request.setAttribute("username","zhangsan");
        return SUCCESS;
    }
}
# 在 JSP 取值:
<s:property value="#request.username">
${requestScope.req}
```

代码解析

本示例分为两部分，第一部分是在 Java 后端的 Action 中，让 EmpDetailAction 类实现 ServletRequestAware 接口，再在该类中声明 HttpServletRequest，并且设置 setter 方法，在 execute()方法中使用 Request 的 setAttribute()方法设置一个 username 返回值。第二部分是在前端代码中，使用 struts2 的<s:property>元素把数据直接拿出来。

3.2.4 HttpServletResponse

Web 服务器收到客户端的 HTTP 请求，针对每一次请求，都会创建一个代表请求的 Request 对象、代表响应的 Response 对象。既然 Request 和 Response 对象代表请求和响应，那我们要获取客户端提交过来的数据，只需要找 Request 对象就行了；要向程序输出数据，则需要找 Response 对象。Struts 2 里面有几种方法可以获取 Request 对象，具体使用哪一种要看项目的环境，还有程序员的喜好。不论获取 Request 对象还是 Response 对象，都需要 Action 类实现相应的拦截器接口。

有两种方法可以获取 HttpServletResponse 对象。第一种方法需要实现 org.apache.struts2.interceptor.ServletResponseAware 接口，如代码清单 3-5 所示。

代码清单 3-5 通过实现 ServletResponseAware 接口来获取 HttpServletResponse 对象

```
# Action 中的代码:
public class EmpAction extends ActionSupport implements ServletResponseAware
{
    private javax.servlet.http.HttpServletResponse response;
    // 获取 HttpServletResponse 对象
    public void setServletResponse(HttpServletResponse response)
    {
        this.response = response;
    }
    public String execute() throws Exception
    {
        response.getWriter().write("实现 ServletResponseAware 接口获取 HttpServletResponse 对象");
    }
}
```

代码解析

通过实现 ServletResponseAware 接口来获取 HttpServletResponse 对象，并且使用它的 write()方法向客户端输出一句话，这句话在返回成功后会直接通过浏览器显示出来。

第二种方法是通过 ServletActionContext 来获取 HttpServletResponse 对象，如代码清单 3-6 所示。

代码清单 3-6 通过 ServletActionContext 来获取 HttpServletResponse 对象

```
# Action 中的代码:
HttpServletResponse response = ServletActionContext.getResponse();
response.getWriter().write("zhangsan");
```

代码解析

本示例分为两部分，第一部分使用 ServletActionContext 来获取 HttpServletResponse 对象，第二部分通过 write()方法直接向前端返回一个员工姓名“zhangsan”。

3.2.5 XWork 拦截器

Struts 2 的拦截器（Interceptor）是它的核心，作用是在 Action 和 Result 被执行之前或者之后进行一系列处理。同时，拦截器也可以把通用的代码模块化并且作为可复用的类来运行。拦截器的本质是 AOP 的一种实现。拦截器栈（Interceptor Stack）是拦截器按照一定的顺序联结成的一条链，在访问被拦截的目标的时候，Struts 2 拦截器栈中的拦截器就会按照这条链的顺序被逐个调用。

Struts 2 拦截器有以下几个作用。

（1）Struts 2 的绝大部分功能都是通过拦截器来完成的，它默认提供了大量通用的拦截器，只需要在 Action 所在的包继承 struts-default 包，就可以开启这些拦截器。

（2）Struts 2 拦截器可以将工作按照特定的类型分开，通过对拦截器的不同选择、搭配来完成特定的需求，这些拦截器会被有序执行。当然，用户也可以自定义拦截器，通常用来实现登录验证和权限验证。

Struts 2 拦截器分为默认拦截器和自定义拦截器，下面我们分别针对这两种类型的拦截器进行讲解。先讲如何开启默认拦截器。我们先掌握默认拦截器，再学习开发自定义拦截器的方法。下面，我们先来介绍几个默认拦截器。

- alias：该拦截器实现在不同请求中的相似参数别名的转换。
- createSession：该拦截器负责创建一个 HttpSession 对象，主要用于需要有 HttpSession 对象才能正常工作的功能中。
- exception：该拦截器负责处理异常，它将异常映射为结果。
- i18n：该拦截器支持国际化，它负责把所有的语言、区域放入用户 Session 中。
- logger：该拦截器负责日志记录，主要用于输出 Action 的名字。
- fileUpload：该拦截器主要用于文件上传，它负责解析表单中文件域的内容。
- timer：该拦截器输出 Action 执行的时间。

接下来，我们演示一个简单有效、易于观察的默认拦截器 timer，学习它的使用方法。当然，不同拦截器的使用方法不尽相同，但只要熟练掌握一个，其他的稍加思索就能够触类旁通。打开 struts.xml 文件，找到发货数量统计功能的 Action，在它的配置代码中加入 timer 默认拦截器，如代码清单 3-7 所示。

代码清单 3-7 struts.xml

```
<action name="SendAmount" class="SendAmountAction">
    <interceptor-ref name="timer" />
```

```
    <result type="json">
        <param name="root">dataMap</param>
    </result>
</action>
```

上述代码的输出结果如下：

```
Executed action [SendAmount!execute] took 5 ms.
```

代码解析

从上述代码中不难看出，Struts 2 默认拦截器的使用方法便是：在某个业务的 Action 配置文件中，加入<interceptor-ref>元素，然后在 name 属性中写入拦截器名称，在本例中 name 的值是 timer。执行完发货数量统计功能之后，可以看到程序输出了 Action 执行的时间（5ms）。

学完 Struts 2 的默认拦截器的用法之后，我们学习一下如何创建 Struts 2 的自定义拦截器。打开管理器（manage）项目的 com.manage.platform 包，在该包下新建 LoginInterceptor 类，该类就是我们新建的自定义拦截器，用来拦截某些特定需求，它的作用是在会话（Session）中的用户信息过期时，使程序自动跳转至登录界面。自定义拦截器的具体内容如代码清单 3-8 所示。

代码清单 3-8　LoginInterceptor.java

```
package com.manage.platform;

import javax.servlet.http.HttpServletRequest;
import javax.servlet.http.HttpSession;

import org.apache.struts2.ServletActionContext;

import com.opensymphony.xwork2.Action;
import com.opensymphony.xwork2.ActionContext;
import com.opensymphony.xwork2.ActionInvocation;
import com.opensymphony.xwork2.interceptor.Interceptor;

public class LoginInterceptor implements Interceptor {

    public void destroy() {
        // TODO Auto-generated method stub
    }

    public void init() {
        System.out.println("拦截器执行！");
    }

    public String intercept(ActionInvocation Invocation) throws Exception {
        // 获取URL请求
        ActionContext context = Invocation.getInvocationContext();
        HttpServletRequest request = (HttpServletRequest)context.get(ServletActionContext.
HTTP_REQUEST);
        // 获取会话
        HttpSession session = request.getSession();
        // 获取请求路径
        String path = request.getRequestURI();
        // 判断是否登录
        if (session.getAttribute("user") == null) {
            request.getRequestDispatcher("/login.jsp");
        }
```

```
        return Invocation.invoke();
    }
}
```

代码解析

代码很简单，几乎没有任何难度。需要注意的是，新建自定义拦截器需要实现 Interceptor 接口，init()方法是程序启动的时候用来初始化拦截器的动作，destroy()方法是销毁拦截器时触发的动作，而真正的业务逻辑在 intercept()方法中。我们获取 HttpSession 对象，通过 session.getAttribute("user")语句获取它里面的 user 值，判断 user 值是不是等于 null，如果是就跳转到登录界面。逻辑很简单，而自定义拦截器一般的应用场景也就是处理类似的问题。

最后打开 struts2.xml 文件，完成自定义拦截器的配置，相关内容如代码清单 3-9 所示。

代码清单 3-9　struts2.xml

```
<package name="json" extends="json-default">
    <interceptors>
<interceptor name="LoginInterceptor" class="com.manage.platform.LoginInterceptor">
</interceptor>
        <interceptor-stack name="mystack">
            <interceptor-ref name="LoginInterceptor"></interceptor-ref>
        </interceptor-stack>
    </interceptors>

    <action name="SendAmount" class="SendAmountAction">
        <interceptor-ref name="timer" />
        <interceptor-ref name="LoginInterceptor" />
        <result type="json">
            <param name="root">dataMap</param>
        </result>
    </action>
</package>
```

代码解析

配置自定义拦截器时，先用<interceptor >元素来配置拦截器和 class；再用<interceptor-stack>元素配置一个名为 mystack 的拦截器栈，把 LoginInterceptor 自定义拦截器加入进去。之前已经讲述过拦截器栈的作用了，栈里可以加入很多拦截器并且让它们有序执行。如果我们新建了其他自定义拦截器，也可以将它们放在这个拦截器栈里。同样地，我们把自定义拦截器 LoginInterceptor 加到发货数量统计功能的 Action 中，让它和默认拦截器 timer 放在一起。这时，我们再次运行统计发货数量的代码的时候，程序就会在自定义拦截器 LoginInterceptor 的代码断点处停留下来，然后完成代码逻辑判断。

3.3 框架集成

在 Java Web 开发中，针对开发工具的选择也是至关重要的。关于开发工具的选择，要是详细地说起来，恐怕三天三夜也说不完，这是因为关于开发工具对比的内容太多了，大家可以选择自己喜欢的工具来开发。但是，作为一个老工程师，我说说自己的看法。对初学者来说，还是选择简单的工具最好，这样可以快速入门，避免了因为开发工具难以配置就打退堂鼓的情况。在这里，我们选择 Eclipse Neon2 （4.6.2）这个版本，可以简称为 Eclipse 4.6，该版本是近年来比较流行的，可以说在执行速度与特性方面都已经能满足程序员所有的需求。

而我们所熟知的 MyEclipse，因为其扩展性，可以采用最流行的 MVC 架构来开发。它可以说是无限扩展的，需要什么插件就安装什么插件。这些来自第三方的插件，可以非常方便地为项目服务，提供强大的功能。而 Tomcat 也可以成功解析这些插件。这样，既可以为程序员开发提供便利，又可以节省开发成本，何乐而不为？采用 MyEclipse 开发的项目与采用 Eclipse 开发的项目在本质上没有什么不同，两者的项目结构也基本类似，但有一个特别棘手的问题，那就是 MyEclipse 会提供一些 JAR 包，如果采用它自己提供的 JAR 包，那么把这些项目导入 Eclipse 的时候便会出现不能识别的问题。关于这个问题需要注意的是，解决的方法无非就是在网上下载 Eclipse 无法找到的包，将它们导入项目，把项目报错的红叉全部消除掉即可。

在 manage 项目中，需要搭建 SSH 开发框架。SSH 是 Struts+Spring+Hibernate 的集成框架，是目前较流行的一种 Web 开发模式，因为在集成基础框架的时候，JDBC 和 Spring 提供的 JDBC 都已经顺便集成到了 manage 项目中，所以此处只讲解 SSH 的集成。

按照几年前的做法，我们需要像下面这样来完成 SSH 项目框架的搭建工作。

首先，需要去网上下载这些框架。具体的下载方法就不赘述了，基本上使用搜索引擎搜索它们，都可以搜索到符合条件的下载地址。读者可以到这些框架的官方网站去下载，官方网站不但提供 JAR 包，还提供源码和参考文档。如果读者的英文水平不高，可以选择在 CSDN 下载。

注意，在进行框架集成的时候有两种方式。

第一种是本节讲的利用 MyEclipse 工具自带的方式集成，这种方式非常简单，也不会出现缺失 JAR 包的情况。但是弊端也比较明显，就是不同版本的 MyEclipse 可能无法识别集成好的框架，需要再次集成，不然会报大量找不到类的错误。而且这种方式在 Eclipse 中会出现找不到包的情况，因为 Eclipse 没有提供 MyEclipse 中的 JAR 包。

第二种是直接复制相应的 JAR 包到 lib 文件夹中，这种方式的好处是可以按需集成。例如，有些不需要的 JAR 包就不用复制进去了。这种方式的缺点是如果架构师对需要集成的 JAR 包不熟悉的话可能会出现错误，而且所有的 JAR 包堆叠在 lib 文件夹里也不方便管理，但可以使用自建 JAR 库的方式弥补。如果需要下载所有的 JAR 包，需要在以下几个网站里寻找。

- Struts 官方网站。
- Spring 官方网站。
- Hibernate 官方网站。

这些集成项目框架的老方式虽然管用，但也有一个致命的错误，那就是所有的 JAR 包必须保存在项目当中，与项目一起发布，这样做的好处是项目可以一直稳固运行，不会出现丢 JAR 包的情况。但坏处也显而易见，一个软件项目的源码也就是几十 MB 的样子，可如果把所有 JAR 包保存进去，项目的空间占用量便会达到几百 MB，甚至几 GB，这样就太浪费空间了。且不说发布的时候会比较麻烦，单说每一个新项目都需要占用这么多的空间，而且很多 JAR 包都是重复的，便得不偿失。因此，本书中的项目框架搭建方法，完全摒弃过去的复制 JAR 包的方式，统一改成 Maven 方式——通过程序员编写 POM 文件来下载所需的 JAR 包，如果某些包不再需要了，也不用手动删除，直接删除项目 POM 文件中的语句即可。这就是近几年来最新的框架搭建方式。

3.3.1　Struts 2 集成

传统的集成方式是将 Struts 2.x 包里需要的 JAR 包导到/WebRoot/WEB-INF/lib 目录下，再新建一个

struts.xml 配置文件到 src 目录下即可。使用这种方式集成 Struts 2 会让所有的 JAR 文件都集成在 Web App Libraries 这个库文件夹下。如果还要集成其他 JAR 包的话，那么随着 JAR 包集成得越来越多，这个库文件夹下的文件也会越来越多，这样非常不利于管理，也会显得凌乱。我们先来看看比较独特的 MyEclipse 中集成 Struts 2 的方法。除了该工具，关于其他 IDE，我们统一使用 Maven 方式来集成 JAR 包。

第一种集成方式是，打开项目的"BuildPath"，配置"Build Path"，选择"Add Library"→"MyEclipse Libraries"，此时，会列出 MyEclipse 自带的所有 JAR 库。从列表中，找到"Struts 2 Core Libraries"，点击"完成"按钮。此时，MyEclipse 会自动生成一个 Struts 2 Core Libraries 库文件夹来管理这些 JAR 文件。从项目的构建路径可以看到，单独把一些 JAR 文件放到一个库文件夹中管理非常有条理，也显得很专业。注意，这种方式需要 MyEclipse 支持，如果 Eclipse 或者 IntelliJ IDEA 也提供这些工具包的话，也是可以这样做的。

第二种集成方式是，打开项目的"Build Path"，配置"Build Path"，选择"Add Library"。此时，会弹出一个新的对话框，在列表中选择"User Library"。再次弹出一个新对话框，点击"User Libraries"按钮。此时，就可以新建用户库了。点击"New"按钮，输入名称"Struts 2"。点击"Add JARs"，找到 Struts 2 文件夹，选中需要添加的文件，点击"确定"。

此时，我们手动添加的 JAR 文件也可以被统一放到 Struts 2 文件夹中来管理了。一般，初学者可能更倾向于使用第一种集成方式，但一个成熟的开发人员最好还是把一类 JAR 文件放入一个文件夹中来管理。这两种关于框架文件的集成方式都可以使用，但有一个问题就是需要把 JAR 包保存在项目文件夹中，非常占用空间。

因此，我们采用 Maven 方式来集成 Struts 2 框架，之前的两种方式作为参考，学习一下就行了。打开 manage 项目，在项目结构的最下面找到 pom.xml 文件，打开它就能看到管理系统中使用到的所有 JAR 包配置，而 Struts 2 框架的配置如代码清单 3-10 所示。

代码清单 3-10　pom.xml

```
<!—Ktruts 2 依赖 -->
<dependency>
    <groupId>org.apache.struts</groupId>
    <artifactId>struts2-core</artifactId>
    <version>2.3.35</version>
</dependency>

<dependency>
    <groupId>org.apache.struts</groupId>
    <artifactId>struts2-spring-plugin</artifactId>
    <version>2.3.35</version>
</dependency>

<dependency>
    <groupId>org.apache.struts</groupId>
    <artifactId>struts2-json-plugin</artifactId>
    <version>2.3.35</version>
</dependency>
```

代码解析

这段配置代码的作用很简单，就是在项目中集成 Struts 2 的依赖，分别配置了 3 段，它们是 struts2-core、struts2-spring-plugin 和 struts2-json-plugin 这 3 个 POM 文件。在 pom.xml 文件中可以按住 Ctrl 键，再使用鼠标左键点击相关依赖，便可以进入该依赖的详细配置当中。具体的子标签页有 Overview、

Dependencies、Dependency Hierarchy、Effective POM、pom.xml 这 5 个，具体的作用基本上在名称上都能体现，无非是反映了这个 JAR 包配置的详细情况，可以大概了解一下，无须手动更改。因为 POM 文件中编写的需要引入的框架JAR包的依赖语句基本上都是固定的，可以直接在项目的POM文件中修改，不必进入详细界面。

举个简单的例子，从代码中可以看到 Struts 2 框架引入的插件版本都是 2.3.35 版本，如果想使用 2.4 版本，直接修改这个数字就行了，Maven 会自动从远程下载 2.4 版本，而程序员不用关心具体的步骤，这样非常方便、高效。而这 3 个文件的作用分别是：Struts 2 的 core 核心文件、Struts 2 的 Spring 插件、Struts 2 的 JSON 插件。通常，集成一个框架所需要的 JAR 包很多，但应该做到按需集成。例如，在本项目中如果集成 Struts 2 的 core 包可以顺利启动项目的话，JSON 插件就不用集成了。可是如果框架中涉及后端返回给前端的数据需要进行 JSON 字符转换，没有 JSON 插件便会报错，因此 JSON 插件就是必需的了。而 Spring 插件则是必备的，这已经是一个常识。

不论以哪种方式集成 Struts 2，都需要在 src 目录下建立一个 struts.xml 文件来配置拦截器和 Action 功能的业务逻辑。而且，需要在 web.xml 里配置 Struts 2 用到的核心过滤器，如代码清单 3-11 所示。

代码清单 3-11 web.xml

```
<filter>
    <filter-name>struts2</filter-name>
    <filter-class>
        org.apache.struts2.dispatcher.ng.filter.StrutsPrepareAndExecuteFilter
    </filter-class>
</filter>

<filter-mapping>
     <filter-name>struts2</filter-name>
     <url-pattern>/*</url-pattern>
</filter-mapping>
```

3.3.2 Spring 3 集成

先讲在 MyEclipse 中集成 Spring 3 的方式。

第一种方式是打开项目的“Build Path”，配置“Build Path”，选择“Add Library”→“MyEclipse Libraries”，此时，会列出 MyEclipse 自带的所有 JAR 库。从列表中，找到“Spring 3.0 Core Libraries”，点击“完成”。注意，这种方式需要 MyEclipse 支持，如果 Eclipse 或者 IntelliJ IDEA 也提供这些工具包的话，也是可以这样做的。在 src 目录下建立一个 applicationContext.xml 文件。在 web.xml 里需要配置 Spring 用到的监听器：

```
<listener>
  <listener-class>org.springframework.web.context.ContextLoaderListener </listener-class>
</listener>
```

添加 Struts 2 和 Spring 整合的插件 struts2-spring-plugin-2.0.12.jar。如果不使用这个插件，则需要在 struts.xml 里加入一些配置：

```
<constant name="struts.objectFactory" alue="org.apache.struts2.spring. StrutsSpringObjec
tFactory" />
```

如果采用第一种方式集成 Spring 3，就已经完成了 Struts 2 和 Spring 3 搭配的过程。但如果需要在 MyEclipse 下搭配 Hibernate，则可以采用第二种方式。

将鼠标指针定位到 manage 项目名称上，点击鼠标右键，依次选择“MyEclipse”→“Add Spring Capabilities”，在弹出的对话框里勾选“Spring 3.0 AOP”“Spring 3.0 Core”“Spring 3.0 Persistence Core”“Spring 3.0 Persistence JDBC”“Spring 3.0 Web”等 5 个核心库，注意将它们复制到/WebRoot/WEB-INF/lib 目录下，再点击“Next”，配置存放 Spring 配置文件的路径与名称，将 JAR 包放在 WebRoot/WEB-INF/lib 下，将配置文件放在 src 下，配置文件名为 applicationContext.xml。

创建数据源，切换到“MyEclipse Database Explorer”窗口。在“DB Browser”界面里，点击鼠标右键选择“New”，新建一个数据源。在弹出的窗口中，根据自己项目所建的数据库来选择配置，引入连接来驱动 JAR 包。

Oracle 连接方式如下：

```
shDriver
jdbc:oracle:thin:@localhost:1521:manage
```

MySQL 连接方式如下：

```
mysqlDriver
jdbc:mysql://localhost:3306/manage
```

具体的数据库连接配置如图 3-5 所示。

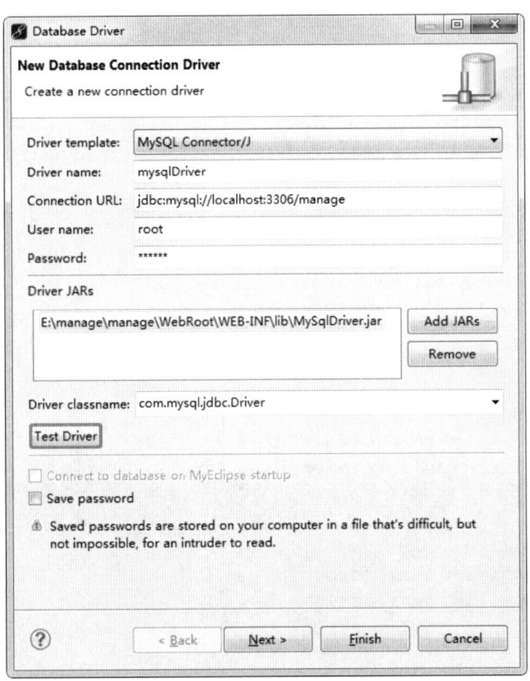

图 3-5 具体的数据库连接配置

配置好之后，点击“Test Driver”按钮测试配置连接是否成功。成功了再进行下一步操作。

在“Schema Details”对话框中选择连接映射的数据库，没必要将全部数据库连接进来。应该根据用户名选择需要连接的数据库，连接成功后可以查看表结构。配置好以后，选中数据库，将它的“Open connection”打开看一看，看数据是否已连接。当这一切处理妥当之后，便可以在 MyEclipse 的当前视图中查看数据库中的数据。例如，打开“mysqlDriver”这个数据库连接，在“manage”数据库下的“TABLE”中找到“user”表，点击鼠标右键，选择“Generate”→“Select Statement”，便可以在右侧显示出正在操作的 SQL 语句，例如：

```
select 'id','name','pwd'from'manage'.'user'
```

便可以查出 user 表中的数据。同理，对于该表数据的增加、删除、更新也可以在该视图下完成。这个工具在 MyEclipse 和数据库之间建立一种关系，可以在 MyEclipse 中操作数据库，比较方便、快捷。可以看出，MyEclipse 作为 Eclipse 的定制版，提供了不少的便捷方法，而在 Eclipse 中集成 Spring 3 的方法则简单多了，要么直接使用 POM 方式，要么手动复制 JAR 包。

下面讲一下在 Eclipse 中集成 Spring 3 的方法。

在 Eclipse 中集成 Spring 3 的方法比较简单，和集成 Struts 2 的方法差不多，只要在 POM 文件中加入配置代码即可，如代码清单 3-12 所示。

代码清单 3-12　pom.xml

```
<dependency>
    <groupId>org.springframework</groupId>
    <artifactId>spring-core</artifactId>
    <version>${spring.version}</version>
</dependency>

<dependency>
    <groupId>org.springframework</groupId>
    <artifactId>spring-jdbc</artifactId>
    <version>${spring.version}</version>
</dependency>

<dependency>
    <groupId>org.springframework</groupId>
    <artifactId>spring-web</artifactId>
    <version>${spring.version}</version>
</dependency>

<dependency>
    <groupId>org.springframework</groupId>
    <artifactId>spring-webmvc</artifactId>
    <version>${spring.version}</version>
</dependency>

<dependency>
    <groupId>org.springframework</groupId>
    <artifactId>spring-orm</artifactId>
    <version>${spring.version}</version>
</dependency>
```

代码解析

这段配置代码的作用是引入 SSH 框架中关于 Spring 的部分，一共包含 5 个 POM 组件（但项目不一定只有这 5 个），可以根据项目的具体情况增加/删除。需要注意的是，一般以 org.springframework 为 groupId 的都是 Spring 需要引入的 JAR 包组件。spring-core 是核心文件，spring-jdbc 是 JDBC 文件，

spring-web 是 Web 依赖，spring-webmvc 是 Web MVC 依赖，spring-orm 是数据库关于 ORM 框架的文件。总之，这些 JAR 包组件，构成了 Spring 系列的引入文件。如果还需要扩展，继续在 POM 文件中增加组件就行，比直接把 JAR 包复制到 lib 文件夹要方便得多。

3.3.3 Hibernate 集成

先讲一下在 MyEclipse 中集成 Hibernate 的方法。

搭建好了 Struts 2 和 Spring 3 这两个框架，可以很好地帮助我们控制项目的请求转向和管理实体类。现在，让我们搭建项目数据通道的最后一层——持久层 Hibernate。搭建好这一层，目前业内流行的 SSH 框架就建立起来了。

（1）将鼠标指针定位到 Web Project 项目名称上，点击鼠标右键，依次选择“MyEclipse”→“Add Hibernate Capabilities”。

（2）在“Add Hibernate Capabitities”对话框中选择“Hibernate 3.3”，把“hibernate.cfg.xml”文件建立在“WebRoot”目录下，注意将库复制到“/WebRoot/WEB-INF/lib”目录下。

（3）在“Add Hibernate Capabitities”对话框中选择“Spring configuration file”，表示希望将 Hibernate 托管给 Spring 进行管理，这是将 Hibernate 与 Spring 进行整合的基础。然后点击“Next”。

（4）在出现的对话框中选择“Existing Spring configuration file”。因为之前已经添加了 Spring 的配置文件，所以这里选择的是已存在的配置文件。MyEclipse 会自动找到存在的那个文件。然后在“SessionFactory Id”中输入“Hibernate”的“SessionFactory”在 Spring 配置文件中的“Bean ID”，这里输入“sessionFactory”即可。然后点击“Next”。

（5）在出现的对话框中的“BeanID”里面输入数据源在 Spring 中的“Bean ID”，这里输入“dataSource”。然后在“DB Driver”里面选择刚刚配置好的 SSH，MyEclipse 会将其余的信息自动填写到表格里面。然后点击“Next”。

（6）取消选中“Create SessionFactory class?”，点击“Finish”，即可添加 Hibernate 的 SessionFactory，如图 3-6 所示。

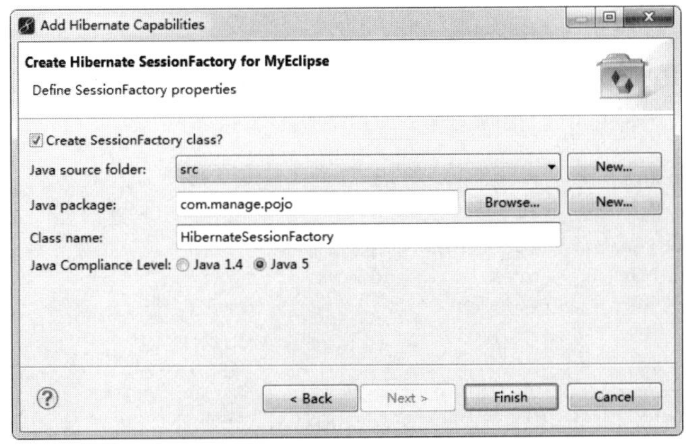

图 3-6 添加 SessionFactory

在步骤（6）中，如果选中“Create Session Factory class?”，会生成一个 HibernateSessionFactory.java

文件，该文件的作用是在项目当中动态获取 sessionFactory，以提供对数据库表的增、删、改、查操作。如果通过 Hibernate 对数据库进行了 ORM 操作，就必须建立 sessionFactory。而 sessionFactory 的获取就成了难题，总不能在每一次操作的时候都获取吧，因此可以通过建立 HibernateSession Factory 这样的基类来完成个这个功能。当然，如果程序员自己开发了一套获取类，就不用新建了。

Hibernate 的主要作用就是跟数据库建立联系，通过配置的方式，在项目中生成类来管理表的形式，方便在开发过程中直接使用，不用手动去写。但如果数据库中的表过多，Hibernate 会在项目文件夹下产生过多的映射文件，也就是.hbm.xml 文件，这算是美中不足之处吧。总之，我们要事先把 Hibernate 框架集成到项目当中，至于用不用，是另外一回事。到这里，整个项目的框架就算是初步成形了。

Hibernate Reverse Engineering 反向生成 POJO 类，自动生成映射关系的步骤如下。

（1）再次进入“MyEclipse Database Explorer”界面，全选所有的表，点击鼠标右键选择“Hibernate Reverse Engineering”。

（2）点击“Java src folder”右边的“Browse”选项，设置到自己新建的包下面。

（3）勾选“Create POJO< >DB Table mapping information”，再选择第一项，也就是包含“.hbm.xml”的这一项。建议不选择“Create abstract class”，否则会生成大量抽象类文件。

（4）选择“Id Generator”的生成策略，选择“native”。

（5）保持默认设置，直接点击“Finish”完成这项操作。

（6）最后回到“MyEclipse Java Enterprise”界面，查看是否已成功生成映射文件。

Hibernate 的项目结构的 POJO 类与映射文件如图 3-7 所示。

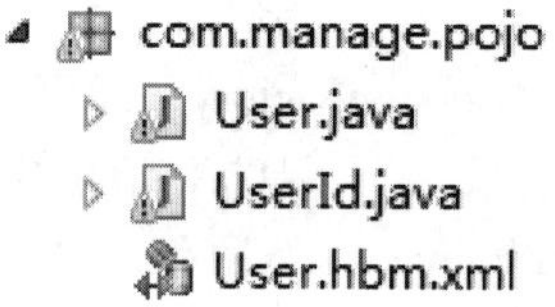

com.manage.pojo
User.java
UserId.java
User.hbm.xml

图 3-7　POJO 类与映射文件

到这里，已经将 SSH 整合的所有操作都做好了，接下来就是进行编码工作，修改相应的 XML 配置文件，直到最后完成整个项目的开发。发布 Web 项目，启动 Tomcat 服务器，可以测试之前的配置工作是否成功。如果成功的话，直接访问地址 http://localhost:8080/manage/ 会解析成功，显示页面的内容。如果失败了，可以留意一下输出的错误信息，并根据错误信息来定位问题。可以看出，在 Eclipse 中集成 Hibernate 的方法比较简单，那就是直接使用 POM 方式。

下面讲一下在 Eclipse 中集成 Hibernate 的方法。

在 Eclipse 中集成 Hibernate 的方法比较简单，和集成 Struts 2、Spring 3 的方法差不多，只需要在 POM 文件中加入配置代码即可，如代码清单 3-13 所示。

代码清单 3-13　pom.xml

```
<dependency>
    <groupId>org.hibernate</groupId>
    <artifactId>hibernate-core</artifactId>
    <version>3.6.10.Final</version>
</dependency>
```

代码解析

这段配置代码的作用是引入 SSH 框架中关于 Hibernate 的部分。配置信息的方法很简单，就是直接编写 Hibernate 的 POM 文件信息。该 POM 文件包含几乎所有需要使用到的 Hibernate 的 JAR 包。

3.3.4 前端插件引入

在没有前端插件的时候，所有的网页都是通过 HTML 编写的，如果网页稍微复杂、美观一点，就是使用 HTML+CSS 这样的组合编写的，相信大家在一些技术图书上见过这样的文字。随着互联网的发展，对于软件开发效率的要求越来越高，这就意味着版本迭代要越来越快。要实现这种需求，不但要对后端框架进行有效的整合，还需要对前端框架、前端插件进行引入，从而省去很多不必要的工作。

关于前端框架和前端插件的说法，其实不用区分得太过清晰。一般把 Vue 这类重量级的前端技术叫作框架，把 jQuery EasyUI 这类轻量级的前端技术叫作插件，因为它们都是可插拔的，所以引入或者删掉它们不会对项目造成过大的影响。项目的前端一旦采用 Vue 这类技术，则意味着整个前端的编写模式都要发生改变，甚至在某些方面和传统的 JavaScript 会发生冲突，如语法不一致等。

在管理系统中，我们采用 jQuery EasyUI 这门比较简单的前端技术，它的开发环境的搭建方法比较简单。因为 jQuery EasyUI（以下简称 EasyUI）属于前端插件，所以只需要在写前端页面的时候引入它们的 JavaScript 文件即可，不用什么复杂的配置。相比之下，前端开发环境的配置要比后端简单得多。如果不引入相应的 JavaScript 文件，直接在页面中写入代码，会报前端 JavaScript 错误，一般都是缺少对象导致的。

为了管理方便，我们需要在 WebRoot 目录下建立一个 easyui 文件夹，用于存放 EasyUI 所需要的 JavaScript 文件（包括 jQuery 的文件和 EasyUI 的文件）。

引入 jQuery 的代码如下：

```
<script type="text/javascript" src="easyui/jquery-1.7.2.min.js"></script>
```

引入 EasyUI 的代码如下：

```
<script type="text/javascript" src="../jquery.EasyUI.min.js"></script>
<script type="text/javascript" src="easyui/easyui-lang-zh_CN.js"></script>
<link rel="stylesheet" type="text/css" href="../themes/default/EasyUI.css">
```

因为 EasyUI 引入的文件比较多，所以一般直接复制 EasyUI 提供的文件夹即可。引入的时候，要合理安排目录结构，做到让引入的文件清晰明了，不会让人迷茫。在确定目录结构之后，在后面的开发过程中，只要编写前端页面代码都要引入这段代码。另外，如果需要在本项目中集成其他前端插件，如 Bootstrap、ExtJS 等也可以参照本节的方法进行，只是它们需要引入的文件不一样，可以参考官方文档。至此，整个管理系统的开发框架，还有前端插件的引入都已经完成了。下面就可以正式进行开发了。

3.3.5 事务配置

在 Spring 的配置文件中，主要的内容就是数据源和事务管理。事务（Transaction）一般是指需要做的一个完整的操作，通常由 SQL、Java 等高级语言编写的程序发起，并且包含 BEGIN 与 END 之间的逻辑处理语句。事务的配置内容一般放在 Spring 的配置文件 applicationContext.xml 当中，如代码清单 3-14 所示。

代码清单 3-14 applicationContext.xml

```
<bean id="dataSource" class="org.apache.commons.dbcp.BasicDataSource">
```

```
  <property name="driverClassName" value="${driverClassName}">
  </property>
  <property name="url" value="${url}">
  </property>
  <property name="username" value="${username}"></property>
  <property name="password" value="${password}"></property>
  <!-- 连接池启动时的初始值 -->
  <property name="initialSize" value="${initialSize}"></property>
  <!-- 连接池的最大值 -->
  <property name="maxActive" value="${maxActive}"></property>
  <!-- 最大空间值，当经过一个高峰时间后，连接池可以将已经用不到的连接释放一部分，直至连接数量减少到
maxIdle 为止 -->
  <property name="maxIdle" value="${maxIdle}"></property>
  <!-- 最小空间值，当空间的连接数少于阈值时，连接池就会预申请一些连接，以免洪峰到来时来不及申请 -->
  <property name="minIdle" value="${minIdle}"></property>
</bean>
```

可以看到，Spring 建立了一个名为 dataSource 的 Bean，这个 Bean 就是用来与数据库建立连接的，它对应的实现类是 org.apache.commons.dbcp.BasicDataSource，已经封装在 Spring 的 JAR 包里。其余的 <property>元素则用来设置数据库的属性，如地址、用户名、密码、连接池等。后期在进行持久化操作的时候，要使用 jdbcTemplate 和 namedjdbcTemplate 这两个 Spring 的封装类。如果想要使用这两个类，就必须在 Spring 的配置文件中注入它们的实体，此处使用构造函数注入，如代码清单 3-15 所示。

代码清单 3-15　在 Spring 的配置文件中注入封装类实体

```
<bean id="jdbcTemplate" class="org.springframework.jdbc.core.JdbcTemplate" autowire=
"default">
  <property name="dataSource">
    <ref local="dataSource" />
  </property>
</bean>
<bean id="namedjdbcTemplate" class="org.springframework.jdbc.core.namedparam.
NamedParameterJdbcTemplate">
  <constructor-arg ref="dataSource" />
</bean>
```

只有注入了实体，在使用这些类的时候才不用使用关键字 new，这正是 Spring 的方便之处。

数据库事务有以下 4 个特性。

- **原子性**：事务是数据库的逻辑工作单位，事务包括的操作要么全做，要么全不做。
- **一致性**：事务执行的结果必须是数据库从一个一致性状态变到另一个一致性状态。
- **隔离性**：事务的执行不能被其他事务干扰。
- **持续性**：事务一旦提交，它对数据库中数据的改变就应该是永久性的。

在进行持久化操作的时候，必须使用数据库事务，这样才能始终保持数据库中的数据是正确的。因此，有必要在 Spring 的配置文件里配置事务管理器（见代码清单 3-16），并且映射事务的生效范围与匹配规则。

代码清单 3-16　在 Spring 的配置文件里配置事务管理器

```
<!-- 声明使用注解式事务 -->
<bean id="transactionManager" class="org.springframework.jdbc.datasource.
DataSourceTransactionManager">
  <property name="dataSource" ref="dataSource"></property>
</bean>
```

```
<!-- 对标注@Transaction 注解的 Bean 进行事务管理 -->
<!-- 定义事务通知 -->
<tx:advice id="txAdvice" transaction-manager="transactionManager">
  <!-- 定义方法的过滤规则 -->
  <tx:attributes>
    <!-- 所有方法都使用事务 -->
    <tx:method name="*" propagation="REQUIRED" />
    <!-- 定义所有 get 开头的方法都是只读的 -->
    <tx:method name="find*" read-only="true" />
  </tx:attributes>
</tx:advice>
<!-- 定义 AOP 配置 -->
<aop:config>
  <!-- 定义一个切入点 -->
  <aop:pointcut expression="execution (* com.manage.platform.service.impl..*.*(..))"
id="services" />
  <!-- 对切入点和事务的通知进行适配 -->
  <aop:advisor advice-ref="txAdvice" pointcut-ref="services" />
</aop:config>
```

这段配置代码的作用是建立一个名为 transactionManager 的 Bean，它对应的类是 org.springframework.jdbc.datasource.DataSourceTransactionManager，已经封装在了 Spring 的 JAR 包里。这样做的意思是，我们需要对所有数据库操作都开启事务，来始终保证数据的正确性。然后设置属性，让所有的方法都使用事务。最后，利用 Spring 的 AOP 进行切面设置，让其在 com.manage.platform. service.impl 包下的所有接口都开启事务，也就是设置事务的生效范围。

使用事务最大的好处就是确保数据的正确性。因为在没有事务控制的时候，数据库极有可能由于并发或者其他原因产生脏数据，这是不应该发生的情况，也比较难处理。而事务可以做到从框架级别上杜绝这种现象的发生。例如，某个导出操作需要在插入数据操作后完成，如果插入数据的操作失败了，那么导出的数据肯定是不正确的。为了解决这个问题，就需要对这两个操作进行事务控制。一旦插入数据的操作失败，数据库依靠事务进行回滚，在程序代码上可以加入这样的逻辑：如果插入失败、数据回滚，就不执行导出操作。

3.4 权限管理

权限设计的概念比较简单，具体实施起来却比较困难。它的标准含义是：在项目中加入符合业界规范或者自定义的安全机制，以防止没有授权的用户访问。归根结底，就是用户只能访问自己被授权的资源，在访问非授权的资源时可能会被提示没有操作权限。然而，概念比较简单，做起来就难了。例如，我们需要设计用户（包括超级管理员）规则、用户行为、关联关系等逻辑，并且针对这些逻辑进行编码，只有把这些逻辑无缝串联起来，才能成为标准的权限设计。

（1）用户规则可以针对超级管理员、管理员、普通用户等不同的用户设计不同的权限。

（2）用户行为主要指每个用户在执行各自权限范围内的操作时所触发的代码逻辑，这些逻辑需要符合人的思想理念，如超级管理员可以删除管理员、管理员可以删除普通用户、普通用户无法删除自己等。至于细节方面的问题就太多了，数不胜数。

（3）关联关系的核心是把用户规则、用户行为之间所有的操作所涉及的依赖全部考虑进去，不但需要在程序代码上进行合理的设计，还需要在数据库中进行合理的设计，等把关系（如主、外键关系）彻底梳理好之后，才能进入开发阶段。

管理员和普通用户因为权限不同，登录后所看到的操作界面也不同，这仍然是需要开发人员分别进行处理的，甚至需要美工设计不同的界面；而管理员在对用户进行操作的时候，还需要参考数据库中关于授权的角色概念（其实不参考也行），以方便对用户进行批量授权。而普通用户之间可能还存在不同的关系，如上下级等。这些都是权限设计需要考虑的范畴。还有一个令人头疼的问题，组织架构的树形结构该如何设计，就算项目经理画出了原型图，架构师又该通过哪种技术来实现？

理解了权限设计，还需要理解权限管理的概念：用户访问项目的时候，他可以操作的功能都要符合提前设计好的权限。例如，他拥有哪些功能菜单，可以执行哪些操作。而进行授权的操作即称为权限控制。权限管理的大概过程是：针对用户选择合理的角色（角色需要设置权限），再进行资源之间的关联关系匹配，最后对这些设置进行保存。

3.4.1　业务设计

不论权限系统有多么复杂，我们都可以根据现有的业务对其进行简化。另外，在进行权限系统的业务设计的时候，还需要结合项目的实际情况，切勿盲目跟风。在管理系统的权限设计中，我们把管理员的业务设计分割成 4 个模块，它们分别是：区域管理、人员管理、菜单管理和权限设置。

- 区域管理：对应部门的树形组织架构，如销售总部下可以新建华北销售区域、西北销售区域等分部，而它们的组织编码（ID）需要有包含关系。例如，通过销售总部 ID 可以获取它所有的分部 ID。
- 人员管理：人员管理即用户管理，如销售总部下可以有管理员和张三两个用户。在对不同用户进行授权的时候需要点击界面中的“设置角色”按钮，它支持的操作还有“编辑”“删除”等。
- 菜单管理：列出管理系统下所有的树形菜单和详细信息。可以针对单个菜单进行设置，设置内容主要有名称、上级、级别、网址等，通过对每个菜单进行设置，做出完整的树形菜单（表现数据关系），以便它们在任何用户登录的时候都可以根据该用户的权限合理显示信息。
- 权限设置：列出管理系统当前的所有系统角色，支持的操作有“编辑”“删除”“分配权限”等，其中“分配权限”操作用于给不同的角色分配不同的权限（如它可以操作的功能），分配完成后再通过人员管理即可完成数据同步。

管理系统的权限设计经过了多次讨论，总算是确定了方案。权限管理界面如图 3-8 所示。

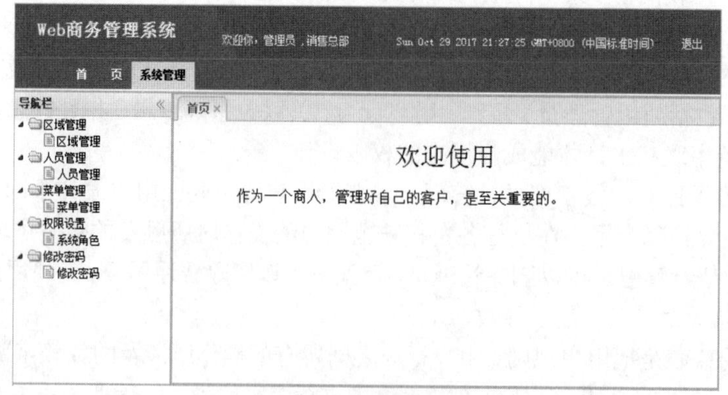

图 3-8　权限管理界面

3.4.2　程序设计

完成了权限管理的业务设计后，我们先来讲解权限管理的程序设计，正式编写权限管理模块相关的代码。因为这部分代码特别多，所以我们选择“人员管理”模块的“新增”功能来演示权限管理的具体过程，看看在该过程中如何实现权限操作最难的——“关联关系”功能。

首先，我们以建立李四账户为基准。通过 admin 账户进入权限管理界面，点击“人员管理”菜单下的“新增”按钮，弹出的窗口如图 3-9 所示。

图 3-9　新增账户

在窗口中分别填入需要的数据后，点击“保存”按钮，可以看看究竟会触发哪些事件，与之相关的逻辑又是如何判断的？首先需要在 manage 项目 WebRoot 目录的 framework 目录下新建 useredit.jsp 文件，用于开发新建用户的展示界面，如代码清单 3-17 所示。

代码清单 3-17　useredit.jsp

```
<%@ page language="java" import="java.util.*" pageEncoding="UTF-8"%>
<!DOCTYPE html>
<html>
    <head>
        <meta http-equiv="Content-Type" content="text/html; charset=UTF-8">
        <title>人员管理</title>
        <link rel="stylesheet" type="text/css" href="../easyui/themes/default/ easyui.css">
        <link rel="stylesheet" type="text/css" href="../easyui/themes/icon.css">
        <link rel="stylesheet" type="text/css" href="../css/demo.css">
        <link rel="stylesheet" type="text/css" href="../css/fw.css"></link>
        <script type="text/javascript" src="../easyui/jquery-1.7.2.min.js"></script>
        <script type="text/javascript" src="../easyui/jquery.easyui.min.js"></script>
        <script type="text/javascript" src="../easyui/easyui-lang-zh_CN.js"></script>
        <script type="text/javascript" src="../js/common.js"></script>
        <script type="text/javascript" src="../js/JQuery-formui.js"></script>
        <script type="text/javascript" src="useredit.js"></script>
    </head>
    <body>
        <div data-options="fit:true">
            <!-- 内容栏 -->
            <div class="editcontent"
                style="padding:10px;background:#fff;border:1px solid #ccc;height: 200px;">
```

```
            <div id="maindata">
                <!-- 不需要显示的字段 -->
                <div style="display:none;">
                    <input id="ICODE" type="text"> <input id="NO" type="text">
                </div>
                <table class="table table-hover table-condensed">
                    <tr>
                        <th>区域</th>
                        <td>
                            <%--<select id="PARENTICODE" class="span2" style="width:
130px;" data-options="required:true">
                        </select>--%> <input id="AREAICODE" type="text"
                            class="easyui-combotree span2"
                            data-options="url:'AREAFindTree.action',required: true">
</td>
                        <th>姓名</th>
                        <td><input id="NAME" type="text"
                            class="easyui-validatebox span2" data-options="required:
true">
                        </td>
                    </tr>
                    <tr>
                        <th>登录账号</th>
                        <td><input id="LOGINNAME" type="text"
                            class="easyui-validatebox span2"></td>
                        <th>登录密码</th>
                        <td><input id="PASSWORD" type="text"
                            class="easyui-validatebox span2"></td>
                    </tr>
                    <tr>
                        <th>联系电话</th>
                        <td colspan="3"><input id="PHONE" type="text" class="span2">
                        </td>
                    </tr>
                    <tr>
                        <th>电子邮箱</th>
                        <td colspan="3"><input id="EMAIL" type="text" class="span5"
style="width:322px;"></td>
                    </tr>
                </table>
            </div>
        </div>
        <!-- 保存按钮栏 -->
        <div style="text-align:center;padding:5px 0;">
            <a id="btnSave" class="easyui-linkbutton"
                data-options="iconCls:'icon-ok'">保 存</a>     
     <a id="btnCancel" class="easyui-linkbutton"
                data-options="iconCls:'icon-cancel'">取 消</a>
        </div>
    </div>
</body>
</html>
```

代码解析

该 JSP 的主要功能是利用 EasyUI 提供的样式，快速开发新建用户的展示界面，内容比较简单，主要是通过在<table>元素中新建文本框来获取用户填写的数据，注意，需要引入 EasyUI 样式。最后，在 id 为 btnSave 的按钮中编写保存事件，触发的方法在该界面引用的 JavaScript 文件 useredit.js 中。

接着需要在 manage 项目 WebRoot 目录的 framework 目录下新建 useredit.js 文件，用于开发新建用户的展示界面的各种动作事件，如代码清单 3-18 所示。

代码清单 3-18 useredit.js

```
(function($) {
    $(function() {
        // 获取参数
        var icode = JUDGE.getURLParameter("icode");
        // alert(icode);
        // icode
        if (!JUDGE.isNull(icode)) {
            var url = "USERFindByUUID.action?maindatauuid=" + icode;
            $.ajax({
                type : "post",
                url : url,
                contentType : "text/html",
                error : function(event, request, settings) {
                    $.messager.alert("提示消息", "请求失败!", "info");
                },
                success : function(data) {
                    $("#maindata")
                            .fromJsonString(JSON.stringify(data.maindata));
                }
            });
        }
        $("#btnCancel").click(function() {
            window.parent.$('#wedit').window('close');
        });
        $("#btnSave").click(
                function() {
                    // 表单验证
                    if (!$('#maindata').form('validate')) {
                        $.messager.alert("提示消息", "信息填写不完整!", "info");
                        return;
                    }
                    // 主表
                    var maindata = $("#maindata").toJsonString();
                    // alert(maindata);
                    $.ajax({
                        type : "post",
                        url : "USERSave.action",
                        dataType : "json",
                        data : maindata,
                        contentType : "text/html",
                        error : function(event, request, settings) {
                            // 请求失败时调用函数
                            $.messager.alert("提示消息", "请求失败!", "info");
                        },
                        success : function(data) {
                            if (data.returncount > 0) {
                                // 自身主键刷新，不要出现重复保存的情况
                                if (data.savetype == "insert") {
                                    $.messager.alert("提示消息", "新增保存成功!", "info",
                                            function() {
                                                window.parent.$('#dataview')
                                                        .treegrid('reload');
                                                window.parent.$('#wedit')
```

```
                                            .window('close');
                                });
                        } else {
                            $.messager.alert("提示消息", "编辑保存成功!", "info",
                                    function() {
                                        window.parent.$('#dataview')
                                                .treegrid('reload');
                                        window.parent.$('#wedit')
                                                .window('close');
                                    });
                        }
                    } else {
                        $.messager.alert("提示消息", "保存失败!", "info");
                    }
                }
            });
        });
    });
})(window.jQuery);
```

代码解析

本 JavaScript 文件包含大量的代码，主要语法以 jQuery 为主，作用是完成与用户相关的动作事件，我们可以忽略无关的内容，直接找到与当前操作相关的 btnSave 按钮的点击事件代码。首先，这段代码进行了简单验证，接着使用 AJAX 请求（其 Action 对应 USERSave.action）的方式来完成用户数据的保存操作，等待完成用户数据的插入，再返回当前界面来提示保存成功、编辑成功或者操作失败的信息。

接着需要在 manage 项目 src 目录下的 struts.xml 配置文件中增加与保存用户信息相关的 Action 配置信息，如代码清单 3-19 所示。

代码清单 3-19　struts.xml

```
<action name="USERSave" class="MANAGE_USERAction" method="save">
     <result type="json">
          <param name="root">dataMap</param>
     </result>
 </action>
```

代码解析

本例新增一个 Action 实例，它的属性 name 表示 Action 名称，class 表示在 Spring 配置文件中托管的类名称，method 表示进入该 Action 时需要使用的方法是 save()。而<result>的属性 type 表示返回数据的类型是 JSON 类型，<param>的属性 name 表示获取一个名称为 root、封装好的 dataMap 数据给前端。

接着需要在 manage 项目 src 目录下的 com.manage.platform.action 包下新建 MANAGE_USERAction.java 文件，设置与用户操作相关的 Action 入口类，例如实现 save()方法，在该方法里编写新建用户的逻辑，如代码清单 3-20 所示。

代码清单 3-20　MANAGE_USERAction.java

```
/**
 * 保存表单信息功能
 * */
public String save() {
    try {
```

```
        HttpServletRequest request = ServletActionContext.getRequest();
        ReadUrlString urlString = new ReadUrlString();
        String dataString = urlString.streamToString(request.getReader());
        String jsonString = URLDecoder.decode(dataString, "UTF-8");
        MANAGE_USEREntity maindata = (MANAGE_USEREntity) JsonUtil.toBean(
                jsonString, MANAGE_USEREntity.class);
        if (null == maindata.getICODE() || maindata.getICODE().isEmpty()) {
            maindata.setICODE(UUID.randomUUID().toString());
            // 公共字段
            // InitCreate(maindata);
            int returncount = imanage_userservice.insert(maindata);
            dataMap.put("maindatauuid", maindata.getICODE());
            dataMap.put("savetype", "insert");
            dataMap.put("returncount", returncount);
        } else {
            // 公共字段
            // InitModidy(maindata);
            int returncount = imanage_userservice.update(maindata);
            dataMap.put("savetype", "update");
            dataMap.put("returncount", returncount);
        }
    } catch (IOException e) {
        e.printStackTrace();
    }
    return SUCCESS;
}
```

代码解析

本类作为用户相关的 Action 入口类，包含很多关于用户操作的方法，但此处我们可以忽略无关的部分，重点分析 save()方法。在该方法中，maindata 作为封装好的数据直接传入 insert()和 update()方法中，因为本例用于演示插入操作，所以通过获取 ICODE 的数值来区分是保存还是更新操作。如果 ICODE 为 null，说明用户还没有组织架构中对应的 ICODE，所以自然进入插入代码段。另外，在进行 ICODE 判断之前还进行了一些其他的操作，例如设置字符编码等，具体的内容最好通过 Debug 来调试。

接着需要在 manage 项目 src 目录下的 com.manage.platform.dao.impl 包下新建 MANAGE_USERDaoImpl.java 文件，开发持久层类。在 insert()方法里编写新建用户的持久层逻辑，如代码清单 3-21 所示。

代码清单 3-21 MANAGE_USERDaoImpl.java

```
public int insert(MANAGE_USEREntity entity) {
    try {
         String sql = "insert into MANAGE_USER(ICODE,NO,NAME,PHONE,EMAIL,STOPFLAG,
LOGINNAME,PASSWORD,AREAICODE)" + " VALUES(:ICODE,:NO,:NAME,:PHONE,:EMAIL,:STOPFLAG,
:LOGINNAME,:PASSWORD,:AREAICODE)";
        SqlParameterSource namedParameters = new BeanPropertySqlParameterSource (entity);
        return this.namedjdbcTemplate.update(sql, namedParameters);
    } catch (Exception e) {
        e.getMessage();
    }
    return 0;
}
public int update(MANAGE_USEREntity entity) {
   StringBuffer sql = new StringBuffer();
    sql.append(" UPDATE MANAGE_USER SET ");
    sql.append(" NO =:NO,");
```

```
        sql.append(" NAME =:NAME,");
        sql.append(" PHONE =:PHONE,");
        sql.append(" EMAIL =:EMAIL,");
        sql.append(" STOPFLAG =:STOPFLAG,");
        sql.append(" LOGINNAME =:LOGINNAME,");
        sql.append(" PASSWORD =:PASSWORD,");
        sql.append(" AREAICODE =:AREAICODE ");
        sql.append(" WHERE ICODE=:ICODE");
        SqlParameterSource namedParameters = new BeanPropertySqlParameterSource(entity);
        return this.namedjdbcTemplate.update(sql.toString(), namedParameters);
    }
```

代码解析

本类作为用户相关的持久层类，包含很多关于用户操作的方法，但此处我们可以忽略无关的部分，重点分析 insert()方法。在该方法中，新建一个 sql 变量，内容是向 MANAGE_USER 表中插入数据的 SQL 语句，需要的参数皆为上层封装好的内容。本例直接使用了 BeanPropertySqlParameterSource()方法来把 entity 数据模型类转换成了 Spring JDBC 需要的参数格式，同时把 sql、namedParameters 作为参数传入 namedjdbcTemplate 提供的 update()方法中，以完成插入数据的操作。另外，本例的 update()方法也出现在了上层的代码中，是根据 ICODE 值是否为空来判断是否进入条件分支的。

新建用户的操作完成了，但因为该用户尚未有任何权限，所以即使登录成功了，也不能在项目中做任何操作。因此，我们还需要为该用户进行角色授权，这是权限管理中最核心的代码，只有掌握了这块代码才算是真正学会了权限管理。

首先，通过 admin 账户进入权限管理界面，点击“系统角色”，在打开的界面中选择“管理员”对应的“分配权限”，弹出的窗口如图 3-10 所示。

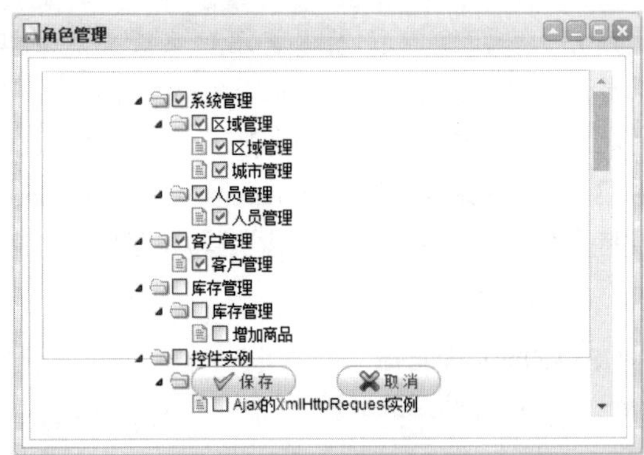

图 3-10　分配权限

因为窗口中默认已经有了数据，我们可以不用做任何操作，只需要点击“保存”即可传输当前界面的数据到后端，来模拟一次真实的授权操作。点击“保存”按钮，可以看看究竟会触发哪些事件，与之相关的逻辑又是如何判断的。首先需要在 manage 项目 WebRoot 目录的 framework 目录下新建 permissionedit.jsp 文件，用于设计执行分配权限操作的展示界面，如代码清单 3-22 所示。

代码清单 3-22　permissionedit.jsp

```
<%@ page language="java" import="java.util.*" pageEncoding="UTF-8"%>
<!DOCTYPE html>
```

```
<html>
    <head>
        <meta http-equiv="Content-Type" content="text/html; charset=UTF-8">
        <title>角色管理</title>
        <link rel="stylesheet" type="text/css" href="../easyui/themes/default/easyui. css">
        <link rel="stylesheet" type="text/css" href="../easyui/themes/icon.css">
        <link rel="stylesheet" type="text/css" href="../css/demo.css">
        <link rel="stylesheet" type="text/css" href="../css/fw.css"></link>
        <script type="text/javascript" src="../easyui/jquery-1.7.2.min.js"> </script>
        <script type="text/javascript" src="../easyui/jquery.easyui.min.js"> </script>
        <script type="text/javascript" src="../easyui/easyui-lang-zh_CN.js"> </script>
        <script type="text/javascript" src="../js/common.js"></script>
        <script type="text/javascript" src="../js/JQuery-formui.js"></script>
        <script type="text/javascript" src="permissionedit.js"></script>
    </head>
    <body>
        <div data-options="fit:true">
            <!-- 内容栏 -->
            <div class="editcontent"
                style="padding:10px;background:#fff;border:1px solid #ccc;height: 200px;">
                <div id="maindata">
                    <!-- 不需要显示的字段 -->
                    <div style="display:none;">
                          <input id="LEVEL" type="text"> <input id="ICODE" type="text">
                    </div>
                    <table class="table table-hover table-condensed">
                        <tr>
                            <th>分配权限</th>
                            <td colspan="3">
                                <ul id="tt2" class="easyui-tree" data-options=
"checkbox:true"></ul>
                            </td>
                        </tr>
                    </table>
                </div>
            </div>
            <!-- 保存按钮栏 -->
            <div style="text-align:center;padding:5px 0;">
                <a id="btnSave" class="easyui-linkbutton"
                  data-options="iconCls:'icon-ok'">保存</a>     
                
                <a id="btnCancel" class="easyui-linkbutton"
                  data-options="iconCls:'icon-cancel'">取消</a>
            </div>
        </div>
    </body>
</html>
```

代码解析

分配权限的 JSP 跟之前的人员管理界面类似，基本上保持了 EasyUI 的开发风格。需要注意的是，该界面中显示的权限属性菜单是通过 EasyUI 提供的 Tree 来显示的，具体做法是在 permissionedit.js 中获取权限树，将其显示在界面名为 tt2 的<ul>元素中。另外，保存按钮依然对应的是 btnSave，可以在 permissionedit.js 中看到原始代码。

接着需要在 manage 项目 WebRoot 目录的 framework 目录下新建 permissionedit.js 文件，用于进行分配权限的各种行为事件的逻辑处理，如代码清单 3-23 所示。

代码清单 3-23 permissionedit.js

```
(function($) {
    $(function() {
        // 获取参数（角色 id）
        var icode = JUDGE.getURLParameter("icode");
        // 加载这个角色的已有权限到树中
        $('#tt2').tree(
                {
                    url : 'PERMISSIONFindByUUID.action?maindatauuid='
                            + JUDGE.getURLParameter("icode")
                });
        // 获取选中的节点
        function getChecked() {
            var nodes = $('#tt2').tree('getChecked');
            var s = '';
            for ( var i = 0; i < nodes.length; i++) {
                if (s != '')
                    s += ',';
                s += nodes[i].text;
            }
            alert(s);
        }
        // 保存
        $("#btnSave").click(
                function() {
                    // 获取选中的菜单（菜单中间用逗号隔开）
                    var nodes = $('#tt2').tree('getChecked');
                    var models = '';
                    for ( var i = 0; i < nodes.length; i++) {
                        if (models != '')
                            models += '|';
                        models += nodes[i].id;
                    }
                    // 获取参数中的 icode
                    var roleicode = JUDGE.getURLParameter("icode");
                    // 拼装数据
                    var maindata = "{'ROLEICODE':'" + roleicode
                            + "','MODELS':'" + models + "'}";
                    // 保存
                    $.ajax({
                        type : "post",
                        url : "PERMISSIONSave.action",
                        dataType : "json",
                        data : maindata,
                        contentType : "text/html",
                        error : function(event, request, settings) {
                            // 请求失败时调用函数
                            $.messager.alert("提示消息", "请求失败!", "info");
                        },
                        success : function(data) {
                            $.messager.alert("提示消息", "保存成功!", "info",
                                    function() {
                                        window.parent.$('#dataview').datagrid(
                                                'reload');
                                        window.parent.$('#wedit').window(
                                                'close');
                                    });
```

```
                    }
                });
            });
        // 取消
        $("#btnCancel").click(function() {
            window.parent.$('#wedit').window('close');
        });
    });
})(window.jQuery);
```

代码解析

这个 JavaScript 文件包含大量的代码，主要语法以 jQuery 为主，作用是完成分配权限相关的动作事件，我们可以忽略无关的内容，直接找到与当前操作相关的 btnSave 按钮的点击事件来看代码。首先，这段代码进行了简单验证，并且使用 maindata 变量来封装后端需要的数据，接着使用 AJAX 请求（其 Action 对应 PERMISSIONSave.action）的方式来完成分配权限的操作，等待完成了分配权限的操作，再返回当前界面来提示保存成功或者操作失败的信息。另外，与 tt2 相关的内容是对 EasyUI 树控件的封装操作。

接着需要在 manage 项目 src 目录下的 struts.xml 配置文件中增加与保存用户相关信息的 Action 配置信息，如代码清单 3-24 所示。

代码清单 3-24 struts.xml

```
<action name="PERMISSIONSave" class="MANAGE_PERMISSIONAction" method="save">
    <result type="json">
        <param name="root">dataMap</param>
    </result>
</action>
```

代码解析

本例新增一个 Action 实例，它的属性 name 表示 Action 名称，class 表示在 Spring 配置文件中托管的类名称，method 表示进入该 Action 时需要使用的方法是 save()。而<result>的属性 type 表示返回数据的类型是 JSON 类型，<param>的属性 name 表示获取一个名称为 root、封装好的 dataMap 数据给前端。

接着需要在 manage 项目 src 目录下的 com.manage.platform.action 包下新建 MANAGE_PERMISSIONAction.java 文件，设置与分配权限操作相关的 Action 入口类，例如实现 save()方法，在该方法里编写分配权限的逻辑，如代码清单 3-25 所示。

代码清单 3-25 MANAGE_PERMISSIONAction.java

```
/**
 * 保存表单信息功能
 * */
public String save() {
    try {
        // 获取参数
        HttpServletRequest request = ServletActionContext.getRequest();
        ReadUrlString urlString = new ReadUrlString();
        String dataString = urlString.streamToString(request.getReader());
        String jsonString = URLDecoder.decode(dataString, "UTF-8");
        // 拆分参数
        JSONObject obj = JSONObject.fromObject(jsonString);
        String ROLEICODE =obj.containsKey("ROLEICODE")? obj.getString("ROLEICODE"):"";
        String MODELS =obj.containsKey("MODELS")? obj.getString("MODELS"):"";
```

```
            int returncount = 0;
            if(null!=ROLEICODE  && ROLEICODE .length()>0){
                // 删除旧数据
                imanage_PERMISSIONservice.deleteByRoleicode(ROLEICODE);
                // 增加新数据
                String[] modelarr = MODELS.split("\\|");
                for (int i = 0; i < modelarr.length; i++) {
                    MANAGE_PERMISSIONEntity entity = new MANAGE_PERMISSIONEntity();
                    entity.setICODE(UUID.randomUUID().toString());
                    entity.setMODELICODE(modelarr[i]);
                    entity.setROLEICODE(ROLEICODE);
                    returncount += imanage_PERMISSIONservice.insert(entity);
                }
            }
            dataMap.put("returncount", returncount);
        } catch (IOException e) {
            e.printStackTrace();
        }
        return SUCCESS;
    }
```

代码解析

本类作为用户相关的 Action 入口类，包含多关于权限分配的方法，但此处我们可以忽略无关的部分，重点分析 save()方法。该方法总共分为 4 个步骤来完成权限分配的业务逻辑处理，第一步是获取参数，主要依靠 HttpServletRequest 对象。第二步是拆分参数，主要依靠 JSONObject 对象。第三步是删除旧数据，因为设置权限的关联关系特别复杂，如果使用更新的话就太难了，不妨使用简单的做法，把原来的关联关系删除，再增加新的关联关系。第四步是增加新数据，把新的权限关联关系保存进数据库中。

接着需要在 manage 项目 src 目录下的 com.manage.platform.dao.impl 包下新建 MANAGE_PERMISSIONDaoImpl.java 文件，开发持久层类。在 insert()方法里编写分配权限的持久层逻辑，如代码清单 3-26 所示。

代码清单 3-26　MANAGE_PERMISSIONDaoImpl.java

```
public int insert(MANAGE_PERMISSIONEntity entity) {
    try {
        String sql = "insert into MANAGE_PERMISSION(ICODE,ROLEICODE,MODELICODE)" +
" VALUES(:ICODE,:ROLEICODE,:MODELICODE)";
        SqlParameterSource namedParameters = new BeanPropertySqlParameterSource (entity);
        return this.namedjdbcTemplate.update(sql, namedParameters);
    } catch (Exception e) {
        e.getMessage();
    }
    return 0;
}
```

代码解析

本类作为分配权限的持久层类，包含很多关于分配权限的方法，但此处我们可以忽略无关的部分，重点分析 insert()方法。在该方法中，新建一个 sql 变量，内容是向 MANAGE_PERMISSION 表中插入数据的 SQL 语句，需要的参数皆为上层封装好的内容。本例直接使用 BeanPropertySqlParameterSource()方法来把 entity 数据模型类转换成 Spring JDBC 需要的参数格式，同时把 sql、namedParameters 作为参数传入 namedjdbcTemplate 提供的 update()方法中，以完成插入数据的操作。

完成了新增用户和分配权限的操作后，权限系统的核心功能就已经开发完毕了，至于其他的功能，读者可以参考源码使用 Debug 来进行调试，以实际地操作、练习方能更好地理解权限系统的知识。

3.4.3 数据库设计

在完成用户规则、用户行为的设计之后，就需要考虑权限管理的关联关系的设计了。权限管理会在执行业务操作的同时执行相应的数据库操作。

首先，我们通过数据库的一条单独的数据通道来解析管理系统的权限设计，只要熟练地掌握了这条数据通道，就可以掌握权限系统的真谛。权限系统的所有信息都保存在 6 张表里，其中管理员账号为 admin、密码为 admin，普通用户账号为 zhangsan，密码为 zhangsan。当然，关于权限的设计不一定需要 6 张表，也可以精简为 3~5 张，这就需要根据具体的业务需求来判断了。例如，有些项目并不需要销售总部、地市销售这类概念，就有可能缩减一两张表，但权限设计的核心是必须建立菜单中的父子关系，这样的话，当管理员给用户设置角色的时候，才能匹配到菜单的树形结构，以便进行展示和操作。在管理系统当中，我针对 Oracle、MySQL 数据库分别设计了权限表，表的字段都相同，只是数据库字段、字段类型、方言不一样，这是因为这两个数据库本质上有一些区别，而大体上无异。因此，在下文的配图中以 MySQL 的表为例进行介绍。

1. MANAGE_AREA

角色表（MANAGE_AREA）如图 3-11 所示。

ICODE	NO	NAME	SPELLNO	CUSTOMNO	PARENTICODE	STOPFLAG	ADDRESS	ZIP	TEL	LEVEL1
1	0	销售总部	xszb	1		0	0	0	0	(NULL)

图 3-11 MANAGE_AREA 表

数据分析

这个初始化数据库里只有一条记录，存储销售总部的信息。我们使用管理员账号登录后，可以在区域管理功能中看到这条记录对应的列表。所谓区域管理，就是管理权限系统中所对应的区域，不论是销售总部还是西北区等都可以称作区域。那么，如果一个用户被设定为销售总部的角色，就会自动匹配该角色下所有的权限，这样极为方便。例如，销售总部这个角色下有 100 个权限，针对用户张三单独授权 100 次的操作过于烦琐。那么，一种可复用的做法就是，我们针对销售总部这个角色一次性授权 100 次，接下来，不论是张三还是李四，我们为他赋予销售总部的权限时候，就只需要操作一次了。这样不但节省系统资源也利于操作，最主要的是它符合人的思维模式。

我们看到了销售总部这个角色，很容易联想到在该角色下的用户。我们假定采取白盒测试的方式来理解这个思路。目前为止，销售总部对应的用户确定是张三，接下来，我们只需要对它进行分析即可。实际上，在程序代码中仍然可以使用其他的控制，例如直接通过 NAME 来进入不同的代码分支，这当然是一个可选的参数。例如，这段代码：

```
MANAGE_AREAEntity usercode = (MANAGE_AREAEntity)session.getAttribute("area");
if(usercode.getNAME().equals("销售总部")){
    System.out.println("销售总部的代码分支");
}
```

2. MANAGE_USER

用户表（MANAGE_USER）如图 3-12 所示。

ICODE	NO	NAME	PHONE	EMAIL	STOPFLAG	LOGINNAME	PASSWORD	AREAICODE
fab9ff72-159a-4474-8431-4b2976434e14	(NULL)	张三	(NULL)	(NULL)	0	zhangsan	zhangsan	1
1	(NULL)	管理员	(NULL)	(NULL)	(NULL)	admin	admin	1

图 3-12　MANAGE_USER 表

数据分析

在本例中，我们不用关注管理员的角色分配，以张三作为参考。只要明白了张三对应的树形结构中处在中间的叶子节点的所有含义，就能理解与角色相关的所有内容了。而管理员账号位于树形结构的最上层，是更加简单的。

从表中的数据可以看到，张三这条数据的信息中，LOGINNAME、PASSWORD 是用户名、密码。AREAICODE 是角色信息，表示销售总部，因为角色信息涉及菜单的显示，所以需要与角色表中的 ICODE 保持一致。这条数据里最有价值的信息就是 ICODE 数据“fab9ff72-159a-4474-8431-4b2976434e14”。

3. MANAGE_USER _ROLE

用户角色设置表（MANAGE_USER _ROLE）如图 3-13 所示。

ICODE	USERICODE	ROLEICODE
32d0e009-15bf-4db8-9cf8-b4ce562a32c1	fab9ff72-159a-4474-8431-4b2976434e14	e5490a87-2248-47ec-aa79-5cf06fabf35f
(NULL)	(NULL)	(NULL)

图 3-13　MANAGE_USER _ROLE 表

数据分析

在 MANAGE_USER 表中，张三对应的 ICODE 数据“fab9ff72-159a-4474-8431-4b2976434e14”是 MANAGE_USER_ROLE 表中的 USERICODE。接着，我们需要去 MANAGE_PERMISSION 表中找到该条数据对应的 ROLEICODE 数据“e5490a87-2248-47ec-aa79-5cf06fabf35f”。

4. MANAGE_PERMISSION

角色成员关联表（MANAGE_PERMISSION）如图 3-14 所示。

ICODE	ROLEICODE	MODELICODE
96c50328-28b7-46ea-b639-0e7e623fdbf5	e5490a87-2248-47ec-aa79-5cf06fabf35f	7d573014-556a-48d0-9d1a-150e412ebfa4
7aa2ca68-845a-40ab-bb66-e673ebaf68cb	e5490a87-2248-47ec-aa79-5cf06fabf35f	c1bddbe2-b908-45af-8e5a-257012c03dae

图 3-14　MANAGE_PERMISSION 表

数据分析

通过 MANAGE_USER_ROLE 表的 ROLEICODE 对应的数据找到 MANAGE_PERMISSION 匹配的数据。ROLEICODE 的数据是“e5490a87-2248-47ec-aa79-5cf06fabf35f ”，MODELICODE 成员有两个，分别是两个具体权限功能的 ICODE。

5. MANAGE_MODEL

模型表（MANAGE_MODEL）如图 3-15 所示。

ICODE	NAME	URL	PARENTICODE	LEVEL1
7d573014-556a-48d0-9d1a-150e412ebfa4	报表统计	(NULL)	(NULL)	一级菜单=一级菜单
c1bddbe2-b908-45af-8e5a-257012c03dae	发货统计	(NULL)	7d573014-556a-48d0-9d1a-150e412ebfa4	二级菜单=二级菜单

图 3-15　MANAGE_MODEL 表

数据分析

MANAGE_MODEL 表的 ICODE 对应 MANAGE_PERMISSION 表的 MODELICODE。而这些内容决定了当使用张三登录项目后管理系统显示的菜单和功能。接着，我们可以通过二级菜单寻找二级菜单下对应的功能，如图 3-16 所示。

ICODE	NAME	URL	PARENTICODE	LEVEL1
36d257ad-42e4-4898-a7ed-279753ff416a	发货城市统计	report/sendcity.jsp	c1bddbe2-b908-45af-8e5a-257012c03dae	具体功能菜单=具体功能菜单
1763ddbe-cbbd-4b7f-a900-ad31669a03db	发货数量统计	report/sendamount.jsp	c1bddbe2-b908-45af-8e5a-257012c03dae	具体功能菜单=具体功能菜单

图 3-16 成员表父子关系

可以看出，图 3-16 中的 PARENTICODE 数据都等于 MANAGE_MODEL 表的 ICODE 数据“c1bddbe2-b908-45af-8e5a-257012c03dae”，这就说明“发货统计”菜单下一共有两个子菜单，它们分别是“发货城市统计”“发货数量统计”。

其实，菜单与功能的对应关系在 MANAGE_PERMISSION 表中就已经可以查到了，MANAGE_PERMISSION 表中查到的是所有菜单的对应关系，但仅凭对应关系无法构造出菜单，还需要凭借对应关系去找到具体的菜单信息，这样做的好处是更方便维护菜单的父子关系。

6. MANAGE_ROLE

角色信息表（MANAGE_ROLE）如图 3-17 所示。

ICODE	FULLNAME
d4cde3a3-472b-4ae6-8b74-864a4fb633c5	管理员
425b4463-4470-4ae3-abf5-d916da09f71c	超级管理员
e5490a87-2248-47ec-aa79-5cf06fabf35f	销售总部

图 3-17 MANAGE_ROLE 表

数据分析

该表只维护角色的基本信息，对应管理员界面的“系统角色”列表，并没有参与具体的角色交互业务。

3.5 架构设计

因为框架的搭建是一个不断积累和尝试的过程，所以关于 SSH 框架的搭建和学习，我们采取了类似白盒测试的方法：假定框架是已经搭建好的模式，接着我们通过合理、科学地拆分，带领读者从最简单的代码入手，一步一个脚印，深入浅出地学习框架。当然，如果读者想使用类似黑盒测试的方法来学习，可以直接阅读 3.5.7 节。

在进行架构设计之前，我们很有必要讲讲三层架构的设计思想。

很多公司都有自己的开发架构。这些架构的分层，很大程度上，是基于公司项目的整体分解而来的。例如，A 公司的层次符合 A 公司的所有项目，只要是根据这种层次编写的代码，就很容易维护。用项目管理的理念，架构层次就是该公司的项目架构在公司的事业环境因素下积累的组织过程资产。这些资源，往往是可以复用的。有的公司采用三层架构，有的公司采用四层架构，还有的公司竟然采用六层架构，甚至更多。

对于每个架构层次的命名，各公司也不尽相同，可谓“仁者见仁，智者见智”。其实，架构层次并不是越多越好，例如，我也做过六层架构的开发模式，得出的结论就是该公司的项目扩展性很好，我们可以轻易地把一些新的逻辑写入符合条件的某一层，不会影响其他代码；但是，六层架构的缺点也比较明显，在开发某个具体需求的时候，程序员要从头到尾写六层代码，稍不留神，就会出现混乱，导致开发时间严重不足。所以，我认为典型的 Java 开发架构层次，三层就足够了。如果业务比较复杂，在未来的某个时间点可能需要在每个流程中增加逻辑，也可以开发四层架构。

3.5.1 逻辑层

在通过 Java 处理之前，前端的数据是通过 AJAX 或者表单提交进入后端的，这条路径是前端通往后端的桥梁，这座桥梁就是前端和后端的分水岭。项目整体上遵循 MVC 框架。暂且不说其他两个模式，先单说一下控制器，很明显控制器扮演着 MVC 框架控制者的角色，也就是说，不论前端发生什么情况，请求都要经过控制器来指明导向。例如，前端发送了一个 AJAX 请求，这个请求会被控制器接收，然后，控制器告诉这个请求应该去哪里。在管理系统中，控制器是 Struts 2 扮演的，只要前端发送 AJAX 请求，控制器就会去 struts.xml 文件中寻找对应的 action 组件，从而跳转到 action 的对应类。

在 action 的对应类中，MVC 框架的作用就暂时不体现了。此时，Web 程序将控制权交给了 Java。一般这个 action 组件的对应类会实现 Struts 2 提供的 Action 底层接口。在该类中，开发人员可以“抛弃”前端的东西，只需要专注于前端传递过来的数据，并使用 Java 代码进行大量的逻辑处理，可以把实现这个过程的层统称为逻辑层。在逻辑层中完成了需要做的事情，就可以进入下一个层次。

逻辑层需要处理的东西很多，主要根据某个具体需求的内容而定。例如，某个需求是在数据库中查询记录，从前端传递过来的数据是查询条件，我们就需要对这些查询条件进行一些处理，包括编码、分页、处理时间参数、传入查询条件等。

下面通过管理系统的发货数量统计功能来具体讲述逻辑层。

SendAmountAction 类的完整内容如代码清单 3-27 所示。

代码清单 3-27　SendAmountAction.java

```
package com.manage.report.action;

import java.io.UnsupportedEncodingException;
import java.util.Date;
import java.util.List;
import java.util.Map;
import java.util.UUID;

import javax.servlet.http.HttpServletRequest;
import javax.servlet.http.HttpServletResponse;
import javax.servlet.http.HttpSession;

import net.sf.json.JSONArray;
import net.sf.json.JSONObject;
import net.sf.json.JsonConfig;

import org.apache.struts2.ServletActionContext;
import org.springframework.beans.factory.annotation.Autowired;

import com.fore.util.DateJsonValueProcessor;
import com.fore.util.JsonUtil;
```

```
import com.manage.hibernate.User;
import com.manage.platform.action.ActionBase;
import com.manage.platform.entity.MANAGE_AREAEntity;
import com.manage.report.dao.IMANAGE_REPORTDao;
import com.opensymphony.xwork2.Action;
import com.opensymphony.xwork2.ActionContext;
import com.report.service.UserService;

public class SendAmountAction extends ActionBase implements Action {
    @Autowired
    private UserService userService;

    private IMANAGE_REPORTDao imanage_reportdao;
    public IMANAGE_REPORTDao getImanage_reportdao() {
        return imanage_reportdao;
    }
    public void setImanage_reportdao(IMANAGE_REPORTDao imanage_reportdao) {
        this.imanage_reportdao = imanage_reportdao;
    }

    public String execute() throws Exception {
        HttpServletRequest request = ServletActionContext.getRequest();
        HttpSession session = (request).getSession(true);
        MANAGE_AREAEntity usercode = (MANAGE_AREAEntity)session.getAttribute("area");
        // 其他权限预留方法
        if(usercode.getNAME().equals("成都")){}
        // 销售总部
        if(usercode.getNAME().equals("销售总部")){
            dataMap.clear();
            // 当前页
            int intPage = Integer.parseInt((page == null || page == "0") ? "1": page);
            // 每页显示的记录的条数
            int pageCount = Integer.parseInt((rows == null || rows == "0") ? "20": rows);
            int start = (intPage - 1) * pageCount + 1;
            // 在界面中输入的参数
            if (null != condition && condition.length() > 0) {
                try {
                    condition = java.net.URLDecoder.decode(condition, "UTF-8");
                } catch (UnsupportedEncodingException e) {
                    e.printStackTrace();
                }
            }

            // 查询条件
            StringBuffer sbwhere = new StringBuffer();
            if(null!=condition && !condition.isEmpty()){
                JSONObject obj = JSONObject.fromObject(condition);
                String dateStart =obj.containsKey("dateStart")? obj.getString("dateStart"):"";
                String dateEnd =obj.containsKey("dateEnd")? obj.getString("dateEnd"):"";
                dateStart = dateStart.replace("-", "");
                dateEnd = dateEnd.replace("-", "");
                if((null!=dateStart  && dateStart .length()>0)&&(null!=dateEnd  &&
 dateEnd .length()>0) ){
                    sbwhere.append(" WHERE to_char(SENDDATE,'yyyymmdd')>="+"'"+dateStart
 +"'"+" and to_char(TAKEDATE,'yyyymmdd')<="+"'"+dateEnd+"'" );
                }
            }
```

```
            // 查询数据的SQL语句
            StringBuffer sbfind = new StringBuffer();
            sbfind.append(
            "SELECT CITY,\n" +
            "       GOODS,\n" +
            "       AMOUNT,\n" +
            "       RECEIVER,\n" +
            "       SENDDATE,\n" +
            "       TAKEDATE,\n" +
            "       REMARK\n" +
            "  FROM GOODS_SENDCOUNT"
            +sbwhere);

            // 查询总条数的SQL语句
            StringBuffer sbcount = new StringBuffer();
            sbcount.append(
            "SELECT count(1)\n" +"  FROM GOODS_SENDCOUNT"+sbwhere+"");

            // 查询列表
             List<Map<String, Object>> list = imanage_reportdao.findData(sbfind, start,
pageCount);
              JsonConfig jsonConfig = new JsonConfig();
            jsonConfig.registerJsonValueProcessor(Date.class , new DateJsonValueProcessor());
            jsonConfig.registerJsonValueProcessor(java.sql.Timestamp.class ,
new DateJsonValueProcessor());
            JSONArray jsonlist = JSONArray.fromObject(list, jsonConfig);
            int count = imanage_reportdao.count(sbcount);
            dataMap.put("rows", jsonlist);
            dataMap.put("total", count);
            // 数据导出预留方法
            if(exportflag!=null){
            }
        }
        // 清空查询条件
        exportflag = null;
        condition = null;
        return SUCCESS;
    }
}
```

代码解析

（1）下面这段代码主要用于声明业务层类的实例，因为采用了 Spring 配置的方式，所以在使用具体业务层类的时候，必须先声明，以完成注解，方便该类中的调用操作。

```
private IMANAGE_REPORTDao imanage_reportdao;
public IMANAGE_REPORTDao getImanage_reportdao() {
    return imanage_reportdao;
}
public void setImanage_reportdao(IMANAGE_REPORTDao imanage_reportdao) {
    this.imanage_reportdao = imanage_reportdao;
}
```

（2）execute()方法基本实现了所有的方法体。这个方法是 Struts 2 提供的，可以在继承 Struts 2 的类中自动运行，只要把需要处理的逻辑写在该方法中即可。

```
public String execute() throws Exception{}
```

（3）下面这段代码主要用于处理通过 AJAX 传递的参数，将其编码格式转换为 UTF-8 格式。

```
if (null != condition && condition.length() > 0) {
    try {
        condition = java.net.URLDecoder.decode(condition, "UTF-8");
    } catch (UnsupportedEncodingException e) {
        e.printStackTrace();
    }
}
```

（4）下面这段代码主要用于将前端页面传递过来的时间参数分别截取为开始时间和结束时间。如果开始时间和结束时间不为空，就将其封装在 SQL 语句的查询条件中。

```
if(null!=condition && !condition.isEmpty()){
    JSONObject obj = JSONObject.fromObject(condition);
    String dateStart =obj.containsKey("dateStart")? obj.getString("dateStart"):"";
    String dateEnd =obj.containsKey("dateEnd")? obj.getString("dateEnd"):"";
    dateStart = dateStart.replace("-", "");
    dateEnd = dateEnd.replace("-", "");
    if((null!=dateStart  && dateStart .length()>0)&&(null!=dateEnd  && dateEnd .length()>0) ){
        sbwhere.append(" WHERE to_char(SENDDATE,'yyyymmdd')>="+"'"+dateStart+"'"+" and
to_char(TAKEDATE,'yyyymmdd')<="+"'"+dateEnd+"'" );
    }
}
```

（5）下面这段代码主要用于封装查询操作的 SQL 语句，分别封装了查询数据的 SQL 语句和查询总条数的 SQL 语句。当今流行的、通用的分页写法就是这样的，一条 SQL 语句查询展示数据，另一条 SQL 语句查询总数。然后，将所有数据同时返回给前端页面。分页的计算是离不开记录的总条数的。

```
// 查询数据的 SQL 语句
StringBuffer sbfind = new StringBuffer();
sbfind.append(
"SELECT CITY,\n" +
"       GOODS,\n" +
"       AMOUNT,\n" +
"       RECEIVER,\n" +
"       SENDDATE,\n" +
"       TAKEDATE,\n" +
"       REMARK\n" +
"  FROM GOODS_SENDCOUNT"
+sbwhere);

// 查询总条数的 SQL 语句
StringBuffer sbcount = new StringBuffer();
sbcount.append("SELECT count(1)\n" +"  FROM GOODS_SENDCOUNT"+sbwhere+"");
```

（6）下面这段代码使用之前声明好的业务层执行类，调用其查询方法，并且传递之前封装好的 3 个参数，最后返回一个 List<Map<String, Object>>类型的 list 容器。

```
List<Map<String, Object>> list = imanage_reportdao.findData(sbfind, start, pageCount);
JSONArray jsonlist = JsonUtil.fromObject(list);
int count = imanage_reportdao.count(sbcount);
dataMap.put("rows", jsonlist);
dataMap.put("total", count);
```

（7）在逻辑层中书写代码的时候，一定要拿到 Web 前端传递过来的数值。如果使用 Struts 2，则可以使用 HttpServletRequest request = ServletActionContext.getRequest()语句来获得 Request 请求的所有信息。假如前端使用一个表单来提交数据的话，在这里，就可以使用下面的代码来获取前端传递过来的数值。

```
String CITY = request.getParameter("CITY");
String GOODS = request.getParameter("GOODS");
String AMOUNT = request.getParameter("AMOUNT");
String RECEIVER = request.getParameter("RECEIVER");
String SENDDATE = request.getParameter("SENDDATE");
String TAKEDATE = request.getParameter("TAKEDATE");
String REMARK = request.getParameter("REMARK");
String flag = request.getParameter("flag");
```

获取这些数值后，我们就可以把它们封装到与之对应的 JavaBean 里面，以方便开发过程中的使用。有了 JavaBean，自然也可以非常容易地使用 Java 容器来封装、处理大量的数据了。除了这种方式，还有两种方式可以获取 Request 对象：实现 ServletRequestAware 接口或使用 ActionContext。

通过对完整代码的解析可以发现，逻辑层的主要作用是做一些基于业务的常规处理。从前端传递过来的时间参数，如果不做转码处理，极有可能出现乱码；做完了转码处理，还需要将完整的时间参数截取为开始时间和结束时间，这样才能在封装 SQL 语句的时候，将它们作为变量传入 SQL 语句。从宏观上讲，逻辑层一般需要处理这些问题：分页变量的声明以及计算、SQL 语句的组装、为其他功能预留代码分支。如果需求比较复杂，还需要做一些其他处理。但是，这些处理最好都是轻量级、符合逻辑层宗旨的。

SendAmountAction 类的代码量其实不多，但从整体上看，代码显得比较混乱，这是因为犯了一个错误。该类把封装 SQL 语句的代码放到了逻辑层，这是不妥的。封装 SQL 语句本身就是一件极其烦琐的事情，放在逻辑层里，会占用大量的空间，显得逻辑层没有条理。如果是像这个例中简单的 SQL 语句还好，要是遇见复杂的 SQL 语句，可能占用的空间更多；要是有改动 SQL 语句的需求，也有可能把逻辑层的其他功能改坏。所以，不提倡将封装 SQL 语句放在逻辑层，在后面的例子中，会将 SendAmountAction 类重新改写。从这个例子中也可以看出，Java 的架构层次是有讲究的，一般会将前端的、易处理的逻辑放在前面的层次，将困难的、涉及数据库的逻辑放在后面的层次。

3.5.2　业务层

在逻辑层处理完数据后，程序运行到可以触发下一层的方法时，就会进入业务层。

例如，通过 imanage_reportdao.findData(sbfind, start, pageCount)语句进入业务层。业务层的代码往往非常简捷，主要会根据逻辑层传递下来的数据，进行下一步的封装。例如，SendAmountAction 逻辑层处理好了数据，需要把这些数据当作参数，与数据库进行交互。根据 SendAmountAction 逻辑层的需求，findData()和 count()两个接口是必须在业务层建立的。这两个接口一个用于查询数据列表，一个用于查询记录总条数。

IMANAGE_REPORTDao 类的部分内容如代码清单 3-28 所示。

代码清单 3-28　IMANAGE_REPORTDao.java

```
package com.manage.report.dao;

import java.util.List;
```

```
import java.util.Map;
import java.util.UUID;
import org.apache.log4j.Logger;
import com.manage.data.bean.Send;

public interface IMANAGE_REPORTDao {
    /**
     * @author wangbo
     * @despcription 根据条件查询数据列表
     */
    public abstract List<Map<String, Object>> findData(StringBuffer sql, int start,
int count);

    /**
     * @author wangbo
     * @despcription 根据条件查询记录总条数
     */
    public abstract int count(StringBuffer sql);

    /**
     * @author wangbo
     * @despcription 导出功能
     */
    public abstract String exportCsv(List<Map<String, Object>> list, String fileName,
UUID uuid);
}
```

代码解析

（1）业务层分别建立了 findData()和 count()这两个必须有的接口，参数类型与逻辑层保持一致。

（2）业务层只建立持久层需要用到的接口，并不实现它。

（3）在逻辑层，我们对前端传递过来的参数基本上都做了应有的处理，也就是说，实现了它们的逻辑规则。那么在业务层，我们要做的就是利用逻辑层传递过来的有用的参数，进行业务拓展。例如，有插入业务，就需要编写一个插入业务的方法；有查询业务，就需要编写一个查询业务的方法等。把这些方法归纳起来的层就叫作业务层。试想一下，如果我有 1000 个业务，是不是也可以将它们统一放在业务层呢？答案为“是”。

3.5.3 持久层

持久层是 Java 三层架构的最后一层，用于直接与数据库建立联系。从最初的 JDBC 到现在的 MyBatis，连库的方式也跟 Web 技术一样，从未停止过发展。在管理系统的持久层里，使用 Spring 提供的 JdbcTemplate 类和 NamedParameterJdbcTemplate 类来进行持久化操作。首先，持久层的 MANAGE_REPORTDaoImpl 类先继承了 DaoImplBase 类，又实现了 IMANAGE_REPORTDao 接口。这意味着 MANAGE_REPORTDaoImpl 类可以使用 DaoImplBase 类中提供的方法，也必须实现 IMANAGE_REPORTDao 接口中建立的方法。

持久层必须实现业务层所定义的所有方法，但不用具体实现，只是必须有一个方法体。也就是说，如果业务层有 1000 个业务，持久层也必须有 1000 个与之对应的方法体。

MANAGE_REPORTDaoImpl 类的完整内容如代码清单 3-29 所示。

代码清单 3-29 MANAGE_REPORTDaoImpl.java

```
package com.manage.report.dao.impl;
import java.util.List;
import java.util.Map;
import java.util.UUID;

import org.apache.log4j.Logger;

import com.manage.data.bean.Send;
import com.manage.platform.dao.impl.DaoImplBase;
import com.manage.report.dao.IMANAGE_REPORTDao;
public class MANAGE_REPORTDaoImpl extends DaoImplBase implements IMANAGE_REPORTDao {

    public static final Logger logger4j = Logger.getLogger(MANAGE_REPORTDaoImpl2.class);

    public List<Map<String, Object>> findData(StringBuffer sql, int start,
            int count) {
        sql = pageSql(sql, start, count);
        logger.info("logback=" + sql.toString());
        logger4j.info("log4j=" + sql.toString());
        List<Map<String, Object>> list = namedjdbcTemplate.getJdbcOperations()
                .queryForList(sql.toString());
        return list;
    }

    public int count(StringBuffer sql) {
        return namedjdbcTemplate.getJdbcOperations()
                .queryForInt(sql.toString());
    }
}
```

DaoImplBase 类的完整内容如代码清单 3-30 所示。

代码清单 3-30 DaoImplBase.java

```
package com.manage.platform.dao.impl;


import org.slf4j.Logger;
import org.slf4j.LoggerFactory;
import org.springframework.jdbc.core.JdbcTemplate;
import org.springframework.jdbc.core.namedparam.NamedParameterJdbcTemplate;

/**
 * @author wangbo
 * @despcription 持久层类
 */
public class DaoImplBase {
    protected JdbcTemplate jdbcTemplate;
    protected NamedParameterJdbcTemplate namedjdbcTemplate;
    protected static final Logger logger = LoggerFactory.getLogger("interfaceLogger");

    /**
     * @return the jdbcTemplate
     */

    public JdbcTemplate getJdbcTemplate() {
        return jdbcTemplate;
```

```
    }

    /**
     * @param jdbcTemplate the jdbcTemplate to set
     */

    public void setJdbcTemplate(JdbcTemplate jdbcTemplate) {
        this.jdbcTemplate = jdbcTemplate;
    }

    /**
     * @return the namedjdbcTemplate
     */

    public NamedParameterJdbcTemplate getNamedjdbcTemplate() {
        return namedjdbcTemplate;
    }

    /**
     * @param namedjdbcTemplate the namedjdbcTemplate to set
     */

    public void setNamedjdbcTemplate(NamedParameterJdbcTemplate namedjdbcTemplate) {
        this.namedjdbcTemplate = namedjdbcTemplate;
    }

    // Oracle 分页
    public StringBuffer pageSql2(StringBuffer sql_in,int start, int count) {
            StringBuffer sql = new StringBuffer();
            sql.append(" select * from (");
            sql.append("     select * from (");
            sql.append(sql_in);
            sql.append("                ) p ");
            sql.append("          where p.row_number >= " + start + ") q ");
            sql.append("  where rownum <= " + count + " ");
            return sql;
    }

    // MySQL 分页
    public StringBuffer pageSql(StringBuffer sql_in,int start, int count) {
        StringBuffer sql = new StringBuffer();
        sql.append(sql_in);
        sql.append(" limit " + start +"," +count);
        return sql;
    }
}
```

代码解析

（1）持久层所需要的操作数据库的实体，已经在 DaoImplBase 中声明了。在该类中，可以直接使用该实体。

（2）持久层分别实现了 IMANAGE_REPORTDao 接口中定义的所有方法。例如，在 findData()方法中，使用下面的语句进行持久化操作。

```
List<Map<String, Object>> list = namedjdbcTemplate.getJdbcOperations(). QueryForList
(sql.toString())
```

并且返回 List<Map<String, Object>>类型的 list 容器。在 count()方法中，使用下面的语句返回一个 int 类型的数据，也就是记录总条数。

```
return namedjdbcTemplate.getJdbcOperations().queryForInt(sql.toString())
```

（3）持久层是 Java 架构层次的最后一层，Java 通过持久化对象直接与数据库建立联系，进行持久化操作。例如，向数据库写入数据；或者从数据库中查询数据，然后将数据以某种类型返回。理论上来讲，我们完全可以继续开发 Java，再写一层代码，让持久化对象也通过开发人员定义的方式呈现出来。但是，Java 为持久化对象提供了现成的接口，到了持久层，开发人员只需要调用持久化接口，并传入正确的参数即可完成工作，不用关心接口的具体实现。一方面可以减轻开发人员的压力，另一方面，也可以让 Java 以一个并不复杂的姿态展现在大众面前，它既是一个开发工具，也是一个使用工具。

讲解完代码，我们实际使用一下发货数量统计功能，看看该功能的代码运行完毕会返回给用户一个什么样的结果。打开管理系统，在“报表统计”下选择“发货数量统计”，点击“查询”按钮，结果如图 3-18 所示。

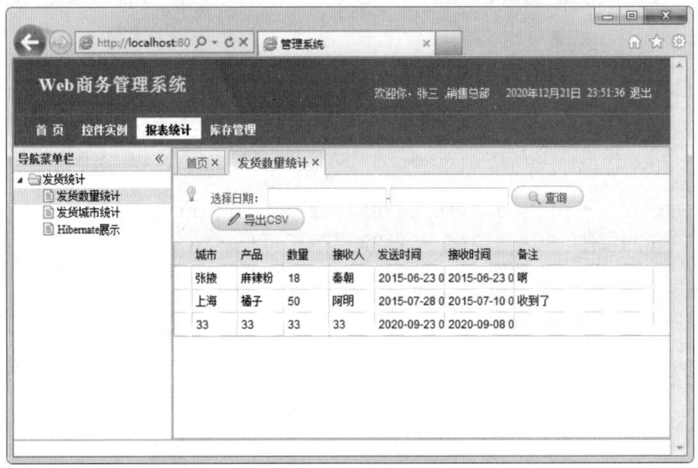

图 3-18　发货数量统计

3.5.4　架构优化

前面说过，SendAmountAction 类把组装 SQL 语句放到了逻辑层，这是极为不妥的。为此，我们需要改造一下逻辑层，把封装 SQL 语句放到合适的地方。这样，既可以为逻辑层“瘦身”，也可以体现出 Java 架构分层的好处。因为涉及的代码较多，此处只对 findData()进行改造，为读者呈现一个完整的过程示例，以便了解这样做的理由。

（1）在 SendAmountAction 类中新建一个 listResult 变量，传入查询条件和分页参数。

```
List<Map<String, Object>> listResult = imanage_reportdao.findDataResult (condition,start,
pageCount);
```

（2）在 IMANAGE_REPORTDao 接口中，新建 findDataResult()方法。

```
public abstract List<Map<String, Object>> findDataResult(String condition, int start,
int count);
```

（3）在 MANAGE_REPORTDaoImpl 类中，实现 findDataResult()方法。从代码中可以看出，我们在逻辑层对 condition 变量只进行了转码，就让它作为参数，传递到了持久层；然后把所有关于 condition 的处理，还有封装 SQL 语句的处理都放在了持久层。这样一来，逻辑层的代码量减小了很多，但持久层的增加了。虽然代码量整体上是差不多的，但这种做法无疑是对的。

```
public List<Map<String, Object>> findDataResult(String condition, int start, int count) {
    StringBuffer sbwhere = new StringBuffer();
    if(null!=condition && !condition.isEmpty()){
        JSONObject obj = JSONObject.fromObject(condition);
        String dateStart =obj.containsKey("dateStart")? obj.getString("dateStart"):"";
        String dateEnd =obj.containsKey("dateEnd")? obj.getString("dateEnd"):"";
        dateStart = dateStart.replace("-", "");
        dateEnd = dateEnd.replace("-", "");
        if((null!=dateStart && dateStart .length()>0)&&(null!=dateEnd  && dateEnd .
length()>0) ){
            sbwhere.append(" WHERE to_char(SENDDATE,'yyyymmdd')>="+"'" +dateStart+"'"+"
and to_char(TAKEDATE,'yyyymmdd')<="+"'"+dateEnd+"'" );
        }
    }
    StringBuffer sql = new StringBuffer();
    sql.append(
      "SELECT CITY,\n" +
      "       GOODS,\n" +
      "       AMOUNT,\n" +
      "       RECEIVER,\n" +
      "       SENDDATE,\n" +
      "       TAKEDATE,\n" +
      "       REMARK,\n" +
      "  FROM GOODS_SENDCOUNT"
      +sbwhere);
    sql = pageSql(sql, start, count);
    logger.info(sql.toString());
    List<Map<String, Object>> list = namedjdbcTemplate.getJdbcOperations().queryForList
(sql.toString());
  return list;
}
```

3.5.5 架构拓展

到目前为止，管理系统的 Java 架构层次分别是逻辑层、业务层、持久层这 3 种架构层次，是 Java 中最基本的。随着需求的不断变化，可能需要在 3 层的基础上增加层，常见的有服务层、代理层等，每个公司对层的命名都不尽相同，但最基本、最常见的也就是之前提到的那几种。Java 架构层次非常重要，不但关系着项目的生命周期，还关系到开发人员的成长。在一个注重 Java 代码质量的公司里发展，肯定对开发人员职业生涯是一种帮助。反之，如果在一个对 Java 代码质量漠不关心的公司里发展，长此以往，开发人员就会养成为实现某个需求而放弃程序员修养的坏习惯。

之前，我们完成了管理系统的若干个查询功能，但一个好的系统，只有查询功能肯定是不行的。而且查询功能的数据总不能依靠手动在数据库中添加吧？所以，接下来，我们需要实现数据录入功能。这既是开发新功能，也是对 Java 架构的拓展。

点击“库存管理”，在“导航菜单栏”里，点击“增加商品”，就会在首页的右侧弹出“增加商品”界面，如图 3-19 所示。

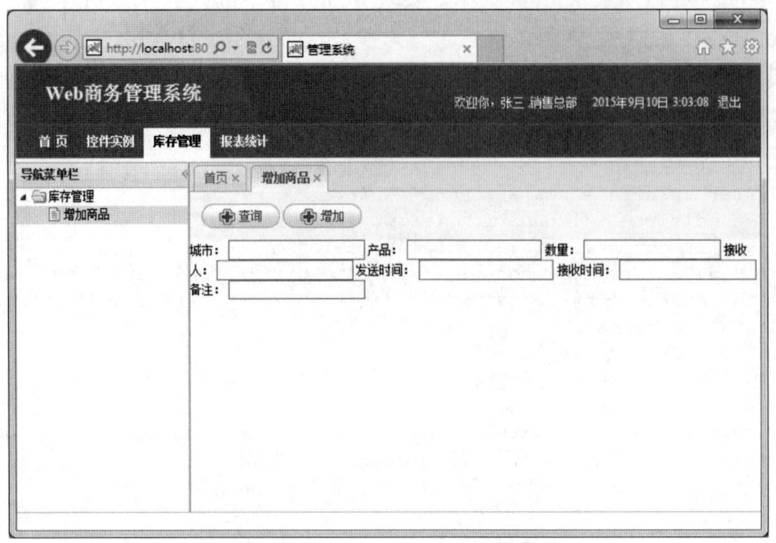

图3-19 “增加商品”界面

这个界面的功能有两个，一个是查询，另一个是增加。首先，可以点击“查询”，这样就会列出目前发货表中的数据。这个结果集取的是数据库中的最新数据，可以把当前的数据情况记录下来；然后通过点击“增加”来为发货表增加几条记录；最后，再次点击“查询”，就可以明显地对比出增加前和增加后的情况了，也可以验证增加记录是否成功。

点击“查询”按钮，查看当前数据库中的记录，增加商品前的查询结果如图3-20所示。

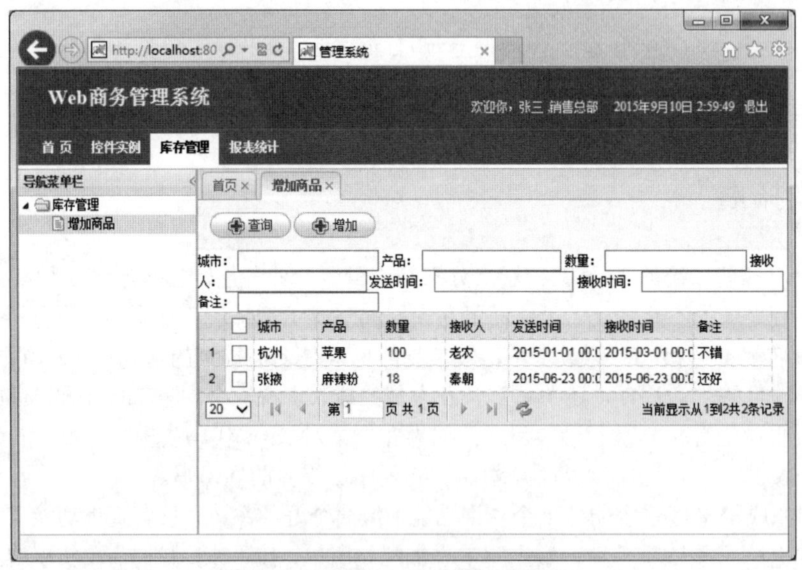

图3-20 增加商品前的查询结果

在对应的文本框中，输入需要录入数据库中的数据。然后，点击“增加”按钮，就可以把当前的这条记录插入发货表中。接着，再次点击“查询”按钮，验证数据是否增加成功，增加商品后的查询结果如图 3-21 所示。

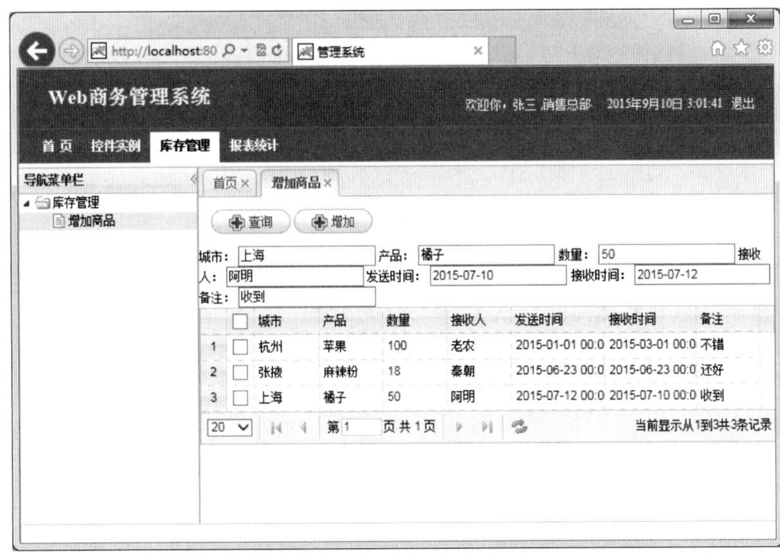

图 3-21　增加商品后的查询结果

很明显，当前的增加操作成功了。通过查询结果，可以看到，数据库中增加了一条记录。增加功能该如何实现呢？下面通过对代码的逐步分析来领略其中的开发技术。

打开 addgoods.jsp 页面，该页面的完整内容如代码清单 3-31 所示。

代码清单 3-31　addgoods.jsp

```
<%@ page language="java" import="java.util.*" pageEncoding="UTF-8"%>
<!DOCTYPE html>
<html>
    <head>
        <title>增加商品</title>
        <link rel="stylesheet" type="text/css" href="../easyui/themes/default/easyui.css">
        <link rel="stylesheet" type="text/css" href="../easyui/themes/icon.css">
        <link rel="stylesheet" type="text/css" href="../css/demo.css">

        <script type="text/javascript" src="../js/jquery-1.8.2.min.js"></script>
        <script type="text/javascript" src="../easyui/jquery.easyui.min.js"></script>
        <script type="text/javascript" src="../js/My97DatePicker/WdatePicker.js"></script>
        <script type="text/javascript" src="../js/JQuery-formui.js"></script>
        <script type="text/javascript" src="../js/common.js"></script>

        <style type='text/css'>
            body{margin:0px;padding:0px;}
        </style>
    </head>
    <body>
        <!-- 查询条件 -->
        <div id="formdata" class="demo-info">
            <a href="#" id="btnAdd" class="easyui-linkbutton" data-options="iconCls:
'icon-add'">查询</a>
```

```
            <a href="#" id="btnAddGoods" class="easyui-linkbutton" data-options=
"iconCls:'icon-add'">增加</a>
        </div>
        <div>
            <form id="addgoods" method="post">
                    <label for="CITY">城市：</label>
                    <input  type="text" name="CITY"  />
                    <label for="GOODS">产品：</label>
                    <input  type="text" name="GOODS"  />
                    <label for="AMOUNT">数量：</label>
                    <input  type="text" name="AMOUNT"  />
                    <label for="RECEIVER">接收人：</label>
                    <input  type="text" name="RECEIVER"  />
                    <label for="SENDDATE">发送时间：</label>
                    <input  type="text" name="SENDDATE"  onclick="WdatePicker();"/>
                    <label for="TAKEDATE">接收时间：</label>
                    <input  type="text" name="TAKEDATE"  onclick="WdatePicker();"/>
                    <label for="REMARK">备注：</label>
                    <input  type="text" name="REMARK"  />
                    <input type="hidden" name="flag" value="add" />
                </form>
         </div>
         <!-- 显示结果 -->
         <table id="datagrid"></table>
         <script type="text/javascript">
           $(function(){
               // 查询按钮
               $("#btnAdd").click(function(){
                   binddatagrid();
               });
               // 增加商品
               $("#btnAddGoods").click(function(){
                   $("#addgoods").form("submit", {
                       url:"AddGoods.action",
                       onSubmit: function(){
                       },
                       success:function(data){
                            // binddatagrid();
                       }
                   });
               });
               // 随窗口缩放
               $(window).resize(function(){
                   $('#datagrid').datagrid('resize');
               });
               // 绑定数据列表
               function binddatagrid(condition) {
                   // 获取查询条件
                   var condition =$("#formdata").toJsonString();
                   condition = escape(encodeURIComponent(condition));
                   // 通过 AJAX 查询数据
                   var url="AddGoods.action";
                   if(condition && condition.length>0)
                       url += "?condition="+condition;
                   $('#datagrid').datagrid({
                       nowrap : true,
                       fitColumns : true,
                       pageList : [ 20, 50,100 ],
```

```
    singleSelect : true,
    collapsible : false,
    url : url,
    frozenColumns : [ [ {
        field : 'ck',
        checkbox : false
    } ] ],
    columns : [ [
    {
        field : 'CITY',
        title : '城市',
        width : 100,
        sortable : true
    },
    {
        field : 'GOODS',
        title : '产品',
        width : 100,
        sortable : true
    },
    {
        field : 'AMOUNT',
        title : '数量',
        width : 100,
        rowspan : 2
    },
    {
        field : 'RECEIVER',
        title : '接收人',
        width : 100,
        sortable : true,
        rowspan : 2
    },
    {
       field : 'SENDDATE',
       title : '发送时间',
        width :150,
        sortable : true,
        rowspan : 2
    },
    {
        field : 'TAKEDATE',
        title : '接收时间',
        width : 150,
        sortable : true,
        rowspan : 2
    },
    {
        field : 'REMARK',
        title : '备注',
        width :100,
        sortable : true,
        rowspan : 2
    }
    ] ],
    pagination : false,
    rownumbers : false
});
```

```
                $('#datagrid').datagrid('getPager').pagination( {
                    beforePageText : '第',
                    afterPageText : '页 共 {pages} 页',
                    displayMsg : '当前显示从{from}到{to}共{total}条记录',
                    onBeforeRefresh : function(pageNumber, pageSize) {
                        $('#datagrid').datagrid('clearSelections');
                    }
                });
            };
        });
        $("#btnSaveFile").click(function(){
            $.messager.progress({
                title:'请等待',
                msg:'数据处理中……'
            });
            var condition = $("#formdata").toJsonString();
            var exportflag = "yes";
            condition = escape(encodeURIComponent(condition));
            var url='AddGoods.action?condition='+condition+'&exportflag='+exportflag;
            $.ajax( {
                type : "post",
                url : url,
                error : function(event,request, settings) {
                    $.messager.alert("提示消息", "请求失败", "info");
                },
                success : function(data) {
                    $.messager.progress('close');
                    var name = data.rows;
                    window.location.href = "FileDownload.action?number=1&fileName="+name;
                }
            });
        });
    </script>
  </body>
</html>
```

代码解析

（1）这个页面的代码与其他查询页面的代码基本一致，使用复制、粘贴的方式开发功能是很方便的。唯一的不同之处就是加入了一个 ID 为 addgoods，利用 POST 方式提交数据的表单。这个表单中的信息，就对应着发货表中的字段。

（2）下面这行语句在页面上加入了一个“增加”按钮，用来触发增加数据的动作。

```
<a href="#" id="btnAddGoods" class="easyui-linkbutton" data-options="iconCls:'icon-add'">
增加</a>
```

（3）下面这行语句通过 hidden 类型的文本框来传递增加商品的判断标识。

```
<input type="hidden" name="flag" value="add" />
```

这行语句主要用来区分查询与增加的逻辑。这种做法在 Java Web 开发中经常用到，是一个不错的技巧。

（4）使用 EasyUI 的语法来进行表单的提交，并且通过 Struts 2 的拦截器机制找到对应的 Action，从前端进入后端。

AddGoodsAction 类的完整内容如代码清单 3-32 所示。

代码清单 3-32 AddGoodsAction.java

```
package com.manage.data.action;

import java.io.UnsupportedEncodingException;
import java.text.SimpleDateFormat;
import java.util.Date;
import java.util.List;
import java.util.Map;
import java.util.UUID;

import javax.servlet.http.HttpServletRequest;
import javax.servlet.http.HttpSession;

import net.sf.json.JSONArray;
import net.sf.json.JSONObject;
import net.sf.json.JsonConfig;

import org.apache.struts2.ServletActionContext;

import com.fore.util.DateJsonValueProcessor;
import com.fore.util.JsonUtil;
import com.manage.data.bean.Send;
import com.manage.platform.action.ActionBase;
import com.manage.platform.entity.MANAGE_AREAEntity;
import com.manage.report.dao.IMANAGE_REPORTDao;
import com.opensymphony.xwork2.Action;

public class AddGoodsAction extends ActionBase implements Action {
    private IMANAGE_REPORTDao imanage_reportdao;
    public IMANAGE_REPORTDao getImanage_reportdao() {
        return imanage_reportdao;
    }
    public void setImanage_reportdao(IMANAGE_REPORTDao imanage_reportdao) {
        this.imanage_reportdao = imanage_reportdao;
    }

    public String execute() throws Exception {
        HttpServletRequest request = ServletActionContext.getRequest();
        HttpSession session = (request).getSession(true);
        MANAGE_AREAEntity usercode = (MANAGE_AREAEntity)session.getAttribute("area");
        // 其他权限预留方法
        if(usercode.getNAME().equals("成都")){}
        // 销售总部
        if(usercode.getNAME().equals("销售总部")){
            String CITY = request.getParameter("CITY");
            String GOODS = request.getParameter("GOODS");
            String AMOUNT = request.getParameter("AMOUNT");
            String RECEIVER = request.getParameter("RECEIVER");
            String SENDDATE = request.getParameter("SENDDATE");
            String TAKEDATE = request.getParameter("TAKEDATE");
            String REMARK = request.getParameter("REMARK");
            String flag = request.getParameter("flag");
            Send send = new Send();
            send.setCity(CITY);
            send.setGoods(GOODS);
            send.setAmount(AMOUNT);
            send.setReceiver(RECEIVER);
```

```
                send.setSenddate(SENDDATE);
                send.setTakedate(TAKEDATE);
                send.setRemark(REMARK);

                    // 增加商品
                if(flag!=null && flag.equals("add")){
                    boolean addFlag = imanage_reportdao.addGoods(send);
                    dataMap.put("total", 0);
                    dataMap.put("rows", "sdfsdf");
                    return null;
                }else{
                    dataMap.clear();
                    // 当前页
                    int intPage = Integer.parseInt((page == null || page == "0") ? "1": page);
                    // 每页显示的记录的条数
                    int pageCount = Integer.parseInt((rows == null || rows == "0") ? "20": rows);
                    int start = (intPage - 1) * pageCount + 1;
                    // 在页面中输入的参数
                    if (null != condition && condition.length() > 0) {
                        try {
                            condition = java.net.URLDecoder.decode(condition, "UTF-8");
                        } catch (UnsupportedEncodingException e) {
                            e.printStackTrace();
                        }
                    }

                    // 查询条件
                    StringBuffer sbwhere = new StringBuffer();
                    if(null!=condition && !condition.isEmpty()){
                    JSONObject obj = JSONObject.fromObject(condition);
                    String dateStart =obj.containsKey("dateStart")? obj.getString("dateStart"):"";
                    String dateEnd =obj.containsKey("dateEnd")? obj.getString("dateEnd"):"";
                    dateStart = dateStart.replace("-", "");
                    dateEnd = dateEnd.replace("-", "");
if((null!=dateStart  && dateStart .length()>0)&&(null!=dateEnd  && dateEnd .length()>0) ){
sbwhere.append(" WHERE to_char(SENDDATE,'yyyymmdd')>="+"'"+dateStart+"'"+" and to_char
(TAKEDATE,'yyyymmdd')<="+"'"+dateEnd+"'" );
                        }
                    }

                    // 查询数据的SQL语句
                    StringBuffer sbfind = new StringBuffer();
                    sbfind.append(
                            "SELECT CITY,\n" +
                            "       GOODS,\n" +
                            "       AMOUNT,\n" +
                            "       RECEIVER,\n" +
                            "       TAKEDATE,\n" +
                            "       SENDDATE,\n" +
                            "       REMARK\n" +
                            "  FROM GOODS_SENDCOUNT"
                            +sbwhere);

                    // 查询总条数的SQL语句
                    StringBuffer sbcount = new StringBuffer();
                    sbcount.append(
                            "SELECT count(1)\n" +"  FROM GOODS_SENDCOUNT"+sbwhere+"");
        // 查询列表
```

```
        List<Map<String, Object>> list = imanage_reportdao.findData(sbfind, start, pageCount);
        JSONArray jsonlist = JsonUtil.fromObject(list);
        int count = imanage_reportdao.count(sbcount);
        dataMap.put("rows", jsonlist);
        dataMap.put("total", count);
        // 数据导出预留方法
        if(exportflag!=null){
        }
    }
        }
        // 清空查询条件
        exportflag = null;
        condition = null;
        return SUCCESS;
    }
}
```

代码解析

（1）在这个名为 AddGoodsAction 的控制类中，使用了下面的语句来获取 Request 上下文对象。

```
HttpServletRequest request = ServletActionContext.getRequest();
```

并且通过该对象提供的 getParameter()方法获取了前端传递进来的参数。

（2）Send send = new Send();生成一个新的 Send 对象，用来以实体 Bean 的方式，分别存放与之对应的前端参数。例如，send.setCity(CITY);语句会将 CITY 变量存入实体 Bean 的 city 中。send.setGoods (GOODS);语句会将 GOODS 变量存入实体 Bean 的 goods 中；send.setAmount(AMOUNT);语句会将 AMOUNT 变量存入实体 Bean 的 amount 中。

（3）使用 flag 变量的值，来决定程序应该进入哪条分支。因为从前端传递过来的 flag 变量的值是 add，所以程序进入了 add 分支，以完成在发货表中增加数据的操作。如果 flag 变量的值是其他值，则会进入另一个分支，也就是查询分支。

（4）boolean addFlag = imanage_reportdao.addGoods(send);语句调用增加商品的方法，传递的参数是一个已经封装好的实体 Bean。

商品实体 Bean 如代码清单 3-33 所示。

代码清单 3-33 Send.java

```
package com.manage.data.bean;

public class Send {
    private String city;
    private String goods;
    private String amount;
    private String receiver;
    private String senddate;
    private String takedate;
    private String remark;
    public String getCity() {
        return city;
    }
    public void setCity(String city) {
        this.city = city;
    }
    public String getGoods() {
```

```
        return goods;
    }
    public void setGoods(String goods) {
        this.goods = goods;
    }
    public String getAmount() {
        return amount;
    }
    public void setAmount(String amount) {
        this.amount = amount;
    }
    public String getReceiver() {
        return receiver;
    }
    public void setReceiver(String receiver) {
        this.receiver = receiver;
    }
    public String getSenddate() {
        return senddate;
    }
    public void setSenddate(String senddate) {
        this.senddate = senddate;
    }
    public String getTakedate() {
        return takedate;
    }
    public void setTakedate(String takedate) {
        this.takedate = takedate;
    }
    public String getRemark() {
        return remark;
    }
    public void setRemark(String remark) {
        this.remark = remark;
    }
}
```

当我们把前端传递进来的参数顺利地封装成一个对应的实体 Bean 的时候，就可以把这个 Bean 作为参数来调用增加商品的方法。

MANAGE_REPORTDaoImpl 类的部分内容如代码清单 3-34 所示。

代码清单 3-34　MANAGE_REPORTDaoImpl.java

```
public boolean addGoods(Send sendEntity) {
String sql = "INSERT INTO GOODS_SENDCOUNT(CITY, GOODS, AMOUNT, RECEIVER, TAKEDATE,
SENDDATE,REMARK)" +
        "VALUES("+"'"+sendEntity.getCity()+"'"+","
        +"'"+sendEntity.getGoods()+"'"+","
        +"'"+sendEntity.getAmount()+"'"+","
        +"'"+sendEntity.getReceiver()+"'"+","
        +"to_date("+"'"+sendEntity.getSenddate()+"'"+","+"'YYYY-MM-DD'"+")"+","
        +"to_date("+"'"+sendEntity.getTakedate()+"'"+","+"'YYYY-MM-DD'"+")"+","
        +"'"+sendEntity.getRemark()+"'"+")";
        jdbcTemplate.update(sql);
        return true;
}
```

代码解析

（1）这段代码是从 MANAGE_REPORTDaoImpl 类中提取的关于 addGoods()的完整代码。因为很多方法都是在MANAGE_REPORTDaoImpl 中实现的，所以展示出完整代码反而会干扰我们对程序的分析。

（2）addGoods()方法是非常简单的，直接利用类 Send 中提供的 get 方法（见代码清单 3-33）来获取数值，并且将它封装在动态 SQL 语句中。

（3）使用 jdbcTemplate.update(sql);语句来完成增加商品的持久化操作，并且返回 true。

到这里，整个增加商品功能的代码就讲解完毕了。总结一下，Java 中有很多实用的技巧，例如代码清单 3-32 利用了隐藏域来传值，并且在后端利用隐藏域的值改变了代码分支。有时候，这些看似很简单的细节，能为我们解决很多棘手的问题。在 Java 开发中，基础功能很重要。代码的基础功能越好，在开发复杂功能的时候，整个功能模块的设计才会越稳固。

3.5.6 Hibernate 查询

在前面几节中，我们使用 JdbcTemplate 演示了程序，虽然能够满足常规的需求，但仍然感觉到美中不足。这是因为，虽然本章搭建完成的是 SSH 框架，但持久层并没有真正应用 Hibernate，所以在本节中我们就真正地使用 Hibernate 来实现一个简单的查询功能。因为与其他功能类似，所以此处就讲有代表性的查询功能，对于其他的功能，读者稍微改动一下代码即可完成。在动手之前，我们来看看原型设计图，图 3-22 展示的就是我们最终完成的样子。

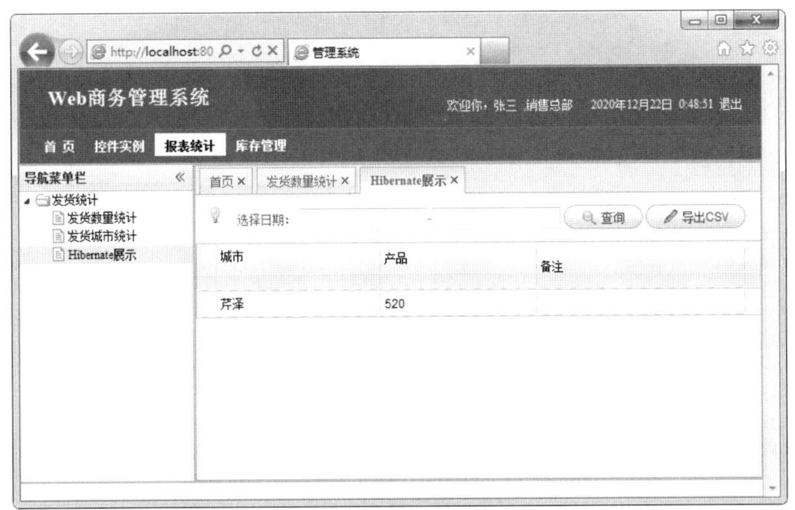

图 3-22 原型设计图

我们先来看看前端页面的部分内容，如代码清单 3-35 所示。

代码清单 3-35 senduser.jsp

```
// 绑定数据列表
function binddatagrid(condition) {
    // 获取查询条件
    var condition =$("#formdata").toJsonString();
    condition = escape(encodeURIComponent(condition));
```

```
    // 通过AJAX查询数据
    var url="SendUserAmount.action";
    if(condition && condition.length>0) url += "?condition="+condition; $('#datagrid').
datagrid({
        nowrap : true,
        fitColumns : true,
        pageList : [ 20, 50,100 ],
        singleSelect : false,
        collapsible : false,
        url : url,
        frozenColumns : [ [ {
            field : 'ck',
            checkbox : false
        } ] ],
        columns : [ [
        {
                    field : 'name',
                    title : '城市',
                    width : 100,
                    sortable : true
        },
        {
                    field : 'pwd',
                    title : '产品',
                    width : 100,
                    sortable : true
        },
        {
                    field : 'REMARK',
                    title : '备注',
                    width :100,
                    sortable : true,
                    rowspan : 2
        }
        ] ],
        pagination : false,
        rownumbers : false
            });

            $('#datagrid').datagrid('getPager').pagination( {
        beforePageText : '第',
        afterPageText : '页    共 {pages} 页',
        displayMsg : '当前显示从{from}到{to}共{total}记录',
        onBeforeRefresh : function(pageNumber, pageSize) {
                    $('#datagrid').datagrid('clearSelections');
            }
            });
        };
```

代码解析

本段代码基本与之前的“发货数量统计”功能的前端页面代码是一样的，区别是我去除了几个多余的字段，又把目标 Action 重新写了一份。所以，该功能的重点仍然是后端部分。

struts.xml 配置如下：

```
<action name="SendUserAmount" class="SendUserAction">
    <result type="json">
<param name="root">dataMap</param>
    </result>
</action>
```

接着，我们通过 struts.xml 找到 Hibernate 展示”功能对应的目标 Action，即 SendUserAction。新建 SendUserAction.java 文件，在该文件内部写好业务逻辑，部分内容如代码清单 3-36 所示。

代码清单 3-36 SendUserAction.java

```
List<User> users  = userService.queryUsers();
```

代码解析

本段代码与之前的“发货数量统计”功能的后端代码基本一致，唯一的区别是我把使用 JdbcTemplate 查询改成了使用 Hibernate 查询，所以我查询的参数与返回值都是不一样的。

接着，我们看看用户查询的接口，如代码清单 3-37 所示。

代码清单 3-37 UserService.java

```
package com.report.service;
import java.util.List;

import com.manage.hibernate.User;


public interface UserService {
    /**
     * 保存用户
     */
    public void save(User user);
    /**
     * 获取用户列表
     */
    public List<User> queryUsers();
}
```

代码解析

本段代码实现的是一个接口，主要有两个方法。第一个是 save()，用于保存用户；第二个是 queryUsers()，用于查询所有用户。因为此处只为演示 Hibernate 的用法，所以我们暂时只实现 queryUsers()方法。

接着，我们看看用户查询的接口的实现类，如代码清单 3-38 所示。

代码清单 3-38 UserServiceImp.java

```
package com.report.service;

import java.util.List;

import org.springframework.beans.factory.annotation.Autowired;
import org.springframework.stereotype.Service;
import org.springframework.transaction.annotation.Transactional;

import com.manage.hibernate.User;
import com.manage.report.dao.UserDAO;
```

```
@Service("userService")
public class UserServiceImp implements UserService {
    @Autowired
    private UserDAO userDAO;

    @Override
    @Transactional
    public void save(User user){
        userDAO.save(user);
    }

    @Override
    public List<User> queryUsers() {
        return userDAO.findAllUsers();
    }
}
```

代码解析

本段代码实现的是一个接口的实现类，这里没有具体的代码，接着看持久层。

我们看看用户查询的接口的持久层实现类，如代码清单 3-39 所示。

代码清单 3-39　UserDAO.java

```
package com.manage.report.dao;
import java.util.List;
import javax.annotation.Resource;
import org.springframework.orm.hibernate3.HibernateTemplate;
import org.springframework.stereotype.Component;
import com.manage.hibernate.User;

@Component
public class UserDAO {
    private HibernateTemplate hibernateTemplate;
    public HibernateTemplate getHibernateTemplate() {
        return hibernateTemplate;
    }
    @Resource
    public void setHibernateTemplate(HibernateTemplate hibernateTemplate) {
        this.hibernateTemplate = hibernateTemplate;
    }
    public void save(User user){
        hibernateTemplate.save(user);
    }
    public List<User> findAllUsers(){
         return (List<User>) this.getHibernateTemplate().find("from User order by id");
    }
}
```

代码解析

因为本段代码集成了 Hibernate，所以直接调用它的查询方法 find()即可完成对 User 对象的查询，并且把数据返回给前端。

User 对象的 XML 映射文件如代码清单 3-40 所示。

代码清单 3-40　User.hbm.xml

```
<?xml version="1.0" encoding="utf-8"?>
<!DOCTYPE hibernate-mapping PUBLIC "-//Hibernate/Hibernate Mapping DTD 3.0//EN"
```

```
"http://hibernate.sourceforge.net/hibernate-mapping-3.0.dtd">
<hibernate-mapping>
    <class name="com.manage.hibernate.User" table="user" catalog="manage">
        <id name="id" type="java.lang.String">
            <column name="id" length="100" />
            <generator class="assigned" />
        </id>
        <property name="name" type="java.lang.String">
            <column name="name" length="200" />
        </property>
        <property name="pwd" type="java.lang.String">
            <column name="pwd" length="200" />
        </property>
    </class>
</hibernate-mapping>
```

代码解析

本段代码是持久层与数据库之间的映射桥梁，从代码中可以看到，该文件对应的table是用户表user，那么它对应的实体 Bean 就是 User 类。而数据库的字段用<column>元素来表示，<column>元素的值分别是 id、name、pwd。映射完了字段，还必须映射 type（类型），因为字段和 type 类型都是字符串类型的，所以此处设置为 java.lang.String。

3.5.7 配置文件

本节主要详细讲解 SSH 框架的配置文件，以及这些配置文件是如何协作来保证整个框架的正常执行的。学习配置文件非常重要，在搭建框架的时候，第一个重要的步骤是导入 JAR 包，集成框架；第二个重要的步骤就是编写这些框架的配置文件。只有对参数进行正确的设置，集成的框架才能发挥作用，否则即便完成了框架集成，也是没有作用的。

我们来学习 Java 架构师必备的技能——编写配置文件。在前面的章节中，我们已经学习了系统架构的分层思想。那么，如何将这些分层串联起来呢？发挥作用的正是项目中的配置文件。

1. JSP 配置

JSP 配置的重点内容如代码清单 3-41 所示。

代码清单 3-41 JSP 配置

```
<link rel="stylesheet" type="text/css" href="../easyui/themes/default/easyui.css">
<link rel="stylesheet" type="text/css" href="../easyui/themes/icon.css">
<link rel="stylesheet" type="text/css" href="../css/demo.css">
<link rel="stylesheet" type="text/css" href="../css/fw.css"></link>
<script type="text/javascript" src="../easyui/jquery-1.7.2.min.js"></script>
<script type="text/javascript" src="../easyui/jquery.easyui.min.js"></script>
<script type="text/javascript" src="../easyui/easyui-lang-zh_CN.js"></script>
<script type="text/javascript" src="../js/common.js"></script>
<script type="text/javascript" src="../js/JQuery-formui.js"></script>
<script type="text/javascript" src="permissionedit.js"></script>
```

代码解析

这部分代码来自一个 JSP 的配置文件，说得更加透彻一些就是引用文件。<link>元素是用于引用 CSS 文件的，而 CSS 文件则是用于美工开发的。那么，美工在项目中开发好了 CSS 文件，程序员要怎么拿来使用呢？就是要通过引用方式来使用。

<script>标签引用了 EasyUI 的 JavaScript 脚本，以便我们在项目中可以使用它。接着，它又引用了 permissionedit.js，这个 JavaScript 文件是我们单独开发的，用于与 permissionedit.jsp 文件配套。其实，所有的 JavaScript 代码都可以写到 permissionedit.jsp 里面，只不过这样做太烦琐了，不利于程序的开发和阅读。

2. struts.xml

struts.xml 是 Struts 2 的配置文件，负责与 Struts 2 相关的所有设置，如 Struts 2 拦截器配置、Struts 2 异常处理、Action 业务配置等，部分内容如代码清单 3-42 所示。

代码清单 3-42　struts.xml

```
<?xml version="1.0" encoding="UTF-8" ?>
<!DOCTYPE struts PUBLIC "-//Apache Software Foundation//DTD Struts Configuration 2.1
//EN" "http://struts.apache.org/dtds/struts-2.1.dtd">
<struts>
    <constant name="struts.ui.theme" value="simple" />
    <!-- 将Struts 2的核心控制器转发给 Spring中的实际控制器 -->
    <constant name="struts.objectFactory" value="spring"></constant>
    <constant name="struts.locale" value="zh_CN"></constant>
    <constant name="struts.i18n.encoding" value="UTF-8"></constant>
    <constant name="struts.devMode" value="false"></constant>
    <constant name="struts.configuration.xml.reload" value="true"></constant>
    <!-- 定义资源文件的位置和类型 -->
    <!-- 将Struts 2的核心控制器转发给 Spring中的实际控制器 -->
    <constant name="struts.objectFactory" value="spring"></constant>
    <!-- 项目架构 -->
    <package name="json" extends="json-default">
        <interceptors>
            <interceptor name="LoginInterceptor" class="com.manage.platform.LoginInterceptor">
</interceptor>
            <interceptor-stack name="mystack">
                <interceptor-ref name="LoginInterceptor"></interceptor-ref>
            </interceptor-stack>
        </interceptors>
        <!-- 人员角色关系 -->
        <action name="USERROLEFind" class="MANAGE_USER_ROLEAction"
            method="find">
            <result type="json">
                <param name="root">dataMap</param>
            </result>
        </action>
        <action name="USERROLESave" class="MANAGE_USER_ROLEAction"
            method="save">
            <result type="json">
                <param name="root">dataMap</param>
            </result>
        </action>
        <!-- 权限赋值 -->
        <action name="PERMISSIONFind" class="MANAGE_PERMISSIONAction"
            method="find">
            <result type="json">
                <param name="root">dataMap</param>
            </result>
        </action>
        <action name="PERMISSIONSave" class="MANAGE_PERMISSIONAction"
            method="save">
            <result type="json">
```

```
        <param name="root">dataMap</param>
    </result>
</action>
<!-- 角色列表 -->
<action name="ROLEFind" class="MANAGE_ROLEAction" method="find">
    <result type="json">
        <param name="root">dataMap</param>
    </result>
</action>
<action name="ROLESave" class="MANAGE_ROLEAction" method="save">
    <result type="json">
        <param name="root">dataMap</param>
    </result>
</action>
<action name="ROLEFindByUUID" class="MANAGE_ROLEAction" method="findByUUID">
    <result type="json">
        <param name="root">dataMap</param>
    </result>
</action>
<action name="ROLEDelete" class="MANAGE_ROLEAction" method="delete">
    <result type="json">
        <param name="root">dataMap</param>
    </result>
</action>
<!-- 菜单 -->
<action name="MODELFindGrid" class="MANAGE_MODELAction" method="findgrid">
    <result type="json">
        <param name="root">jsonarr</param>
    </result>
</action>
<action name="MODELSave" class="MANAGE_MODELAction" method="save">
    <result type="json">
        <param name="root">dataMap</param>
    </result>
</action>
<!-- 角色 -->
<action name="AREASave" class="MANAGE_AREAAction" method="save">
    <result type="json">
        <param name="root">dataMap</param>
    </result>
</action>
<action name="AREAFindByUUID" class="MANAGE_AREAAction" method="findByUUID">
    <result type="json">
        <param name="root">dataMap</param>
    </result>
</action>
<action name="AREADelete" class="MANAGE_AREAAction" method="delete">
    <result type="json">
        <param name="root">dataMap</param>
    </result>
</action>
<!-- 权限业务 -->
<action name="USERLogin" class="MANAGE_USERAction" method="login">
    <result type="json">
        <param name="root">dataMap</param>
    </result>
</action>
<action name="USERSave" class="MANAGE_USERAction" method="save">
```

```
                <result type="json">
                    <param name="root">dataMap</param>
                </result>
            </action>
            <action name="USERDelete" class="MANAGE_USERAction" method="delete">
                <result type="json">
                    <param name="root">dataMap</param>
                </result>
            </action>
            <!-- 测试报表 -->
            <action name="TestStrutsFind" class="TestStrutsAction" method="find">
                <result type="json">
                    <param name="root">dataMap</param>
                </result>
            </action>
            <!-- 下载文件 -->
            <action name="FileDownload" class="com.manage.report.action.FileDownload">
                <result name="success" type="stream">
                    <param name="contentType">application/ms-excel</param>
                    <param name="contentDisposition">attachment;fileName="${fileName}"</param>
                    <param name="inputName">downloadFile</param>
                    <param name="bufferSize">1024</param>
                </result>
            </action>
            <!-- 业务 -->
            <action name="SendAmount" class="SendAmountAction">
                <result type="json">
                    <param name="root">dataMap</param>
                </result>
            </action>
            <action name="SendCity" class="SendCityAction">
                <result type="json">
                    <param name="root">dataMap</param>
                </result>
            </action>
            <action name="AddGoods" class="AddGoodsAction">
                <result type="json">
                    <param name="root">dataMap</param>
                </result>
            </action>
        </package>
        <!-- 公共 -->
        <package name="wow" extends="struts-default">
            <global-results>
                <result name="sql">/error.jsp</result>
                <result name="invalidinput">/error.jsp</result>
                <result name="naming">/error.jsp</result>
            </global-results>
            <global-exception-mappings>
                <exception-mapping result="sql" exception="java.sql.SQLException">
    </exception-mapping>
                <exception-mapping result="invalidinput"
                exception="cn.codeplus.exception.InvalidInputException"></exception-mapping>
                <exception-mapping result="naming"
                    exception="javax.naming.NamingException"></exception-mapping>
            </global-exception-mappings>
        </package>
    </struts>
```

代码解析

（1）<struts>元素对内的所有内容包含了 Struts 2 的配置文件的开始和结束，它跟<html>元素差不多，是一个完整的元素对。

（2）<constant name="struts.ui.theme" value="simple" />语句设置了 Struts 2 的主题，主题是项目的统一风格，主要作用于前端的 UI，提供展示效果和对应的程序特性。Struts 2 的主题有 simple、xhtml、css_xhtml、ajax，管理系统使用了 simple 主题。

（3）<constant name="struts.objectFactory" value="spring"></constant>表明，当指定 struts.objectFactory 为 spring 时，struts2 框架会把 Bean 转发给 Spring 来创建、装配、注入。但是 Bean 创建完成之后，由 Struts 2 容器来管理其生命周期。这样说可能过于笼统，我们举个典型的例子。

```
<action name="SendCity" class="SendCityAction">
    <result type="json">
        <param name="root">dataMap</param>
    </result>
</action>
```

例如，该 XML 文件中有这样一段配置来描述“发货城市统计”功能。如果要使用它，我们知道是要通过 AJAX 来调用的，至于细节是否跟 Struts 2 的拦截器有关，这里暂且不赘述。当我们的业务由控制器转发到这里的时候，我们知道 SendCity 所依赖的类是 SendCityAction。但是，纵观整个配置文件，我们并没有发现 SendCityAction 类所引用的路径。也就是说，如果没有 Spring，我们必须把这个类改写成 class="com.manage.report.action.SendCityAction"，只有这样，Struts 2 才能进入下面的业务。

但是，因为我们将 Struts 2 的类工厂生成器指定成了 Spring，所以我们可以遍历 Spring 的配置文件 applicationContext.xml，找出与之相关的内容：

```
<bean id="SendCityAction" class="com.manage.report.action.SendCityAction">
    <property name="imanage_reportdao" ref="MANAGE_REPORTDao"></property>
</bean>
```

这样，第一个问题就解决了。SendCityAction 可以找到对应的类，只不过这个类由 Spring 生成。那么拓展一下思路，我们知道，从 Action 这个后端应用的入口进入的数据通道，也就是逻辑层、业务层、持久层，肯定是需要应用 DAO 层来完成与数据库的交互的，具体的代码如下：

```
private IMANAGE_REPORTDao imanage_reportdao;
public IMANAGE_REPORTDao getImanage_reportdao() {
    return imanage_reportdao;
}
public void setImanage_reportdao(IMANAGE_REPORTDao imanage_reportdao) {
    this.imanage_reportdao = imanage_reportdao;
}
List<Map<String, Object>> list = imanage_reportdao.findData(sbfind, start, pageCount);
```

我们在 applicationContext.xml 通过<property>来注入 imanage_reportdao，就是为了通过 imanage_reportdao 来使用 findData()这个方法。如果只是单纯地在 applicationContext.xml 中写上注入代码是没有作用的，甚至无法启动程序。因为 imanage_reportdao（可以理解为一个变量）在程序中是找不到的，这样，我们就需要在程序中声明这个接口的实例，并且声明 get 方法和 set 方法，以便 applicationContext.xml 读取并且装配。

接下来，imanage_reportdao 作为 DAO 层，它肯定是要调用某一个业务方法与数据库进行交互的。所以我们通过 ref 属性，为它注入了另一个 Bean。该 Bean 的名称是 MANAGE_REPORTDao（只是一个名称并不是类名），可以理解为引用。Ref属性的作用是指定引用。

```
<bean id="MANAGE_REPORTDao" class="com.manage.report.dao.impl.MANAGE_REPORTDaoImpl">
    <property name="jdbcTemplate" ref="jdbcTemplate"></property>
    <property name="namedjdbcTemplate" ref="namedjdbcTemplate"></property>
</bean>
```

而这个Bean对应的类是MANAGE_REPORTDaoImpl，就是最终的DAO层的实现。它在类中使用了jdbcTemplate和namedjdbcTemplate，为了具备使用这两个类所必要的条件。

```
List<Map<String, Object>> list = namedjdbcTemplate.getJdbcOperations()
     .queryForList(sql.toString());
```

我们再一次使用ref属性引用下一层内容。

```
<bean id="namedjdbcTemplate" class="org.springframework.jdbc.core.namedparam.
NamedParameterJdbcTemplate">
    <constructor-arg ref="dataSource" />
</bean>
```

配置一个NamedParameterJdbcTemplate模板来使用构造函数注入器。我们知道，namedjdbcTemplate是操作数据库的，引用NamedParameterJdbcTemplate可以保证方法的顺利调用，但遗憾的是它并没有数据库信息。所以，我们还需要使用构造函数注入器，继续使用ref元素引用下一层——dataSource。

```
<bean id="dataSource" class="org.apache.commons.dbcp.BasicDataSource">
    <property name="driverClassName" value="${driverClassName}"></property>
    <property name="url" value="${url}"></property>
    <property name="username" value="${username}"></property>
    <property name="password" value="${password}"></property>
    <!-- 连接池启动时的初始值 -->
    <property name="initialSize" value="${initialSize}"></property>
    <!-- 连接池的最大值 -->
    <property name="maxActive" value="${maxActive}"></property>
    <!-- 最大空闲值，当经过一个高峰时间后，连接池可以将已经用不到的连接释放一部分，直至连接数量减少的
maxIdle为止 -->
    <property name="maxIdle" value="${maxIdle}"></property>
    <!-- 最小空闲值，当空闲的连接数少于阈值时，连接池就会预申请一些连接，以免洪峰到来时来不及申请 -->
    <property name="minIdle" value="${minIdle}"></property>
</bean>
```

然而，dataSource所对应的类是BasicDataSource.class，第三方JAR包是commons-dbcp-1.2.1.jar，这是我们操作数据库时必须引入的JAR包。至此，数据库交互的细节被正式隐藏了，程序员可以只关注业务开发了。即便如此，程序员的工作量还是非常大。这也是Java未来的发展方向：不断地开发扩展插件，并且不断地引用插件。而程序员的一部分工作就是学习如何配置、如何使用插件。

driverClassName、url、username、password等连接池信息都是通过${}方式获取的，很明显该方式用于读取变量。那么问题又来了，这个Bean是如何读取变量的呢？弄不清楚这个问题，我们就离透彻地掌握Java框架搭建总是有一步之遥！

applicationContext.xml中有一段配置代码格外醒目。

```
<bean class="org.springframework.beans.factory.config.PropertyPlaceholderConfigurer">
    <property name="locations" value="classpath:Oracleby.properties" />
</bean>
```

这个 Bean 的作用是读取配置文件 Oracleby.properties，接下来，我们展示 Oracleby.properties 的代码。

```
driverClassName=oracle.jdbc.driver.OracleDriver
url=jdbc:oracle:thin:@127.0.0.1:1521:manage
username=system
password=manage
initialSize=10
maxActive=50
maxIdle=20
minIdle=10
```

这样是不是一目了然？所有的信息都会显示出来。如果我们需要改动 JDBC 池的信息，那么只需要改动这个配置文件即可。因为从头到尾每一段程序的引用都已经做了非常规范的配置。只要该配置文件改变了，其他的相关代码根本不用改变，这就是框架设计的精妙之处！

说到这里，仍然有一个遗留问题尚未解决，我们只知道是 Oracleby.properties 文件一个 Bean，是一则配置信息，那么谁来读取这个 Bean 呢？答案是 PropertyPlaceholderConfigurer，该类的作用就是读取配置文件的信息。也就是说，这个类本身会自动读取配置文件信息，只要在项目启动的时候，web.xml 里配置了读取 Spring 的信息，那么这个配置引用的 applicationContext.xml 的内容便会运行。

```
<!-- Spring 配置文件路径 -->
<context-param>
    <param-name>contextConfigLocation</param-name>
    <param-value>classpath:applicationContext.xml</param-value>
    <!-- <param-value>/WEB-INF/applicationContext.xml</param-value> -->
</context-param>
<!-- 加载 Spring 配置文件 applicationContext.xml -->
<listener>
    <listener-class>org.springframework.web.context.ContextLoaderListener </listener-class>
</listener>
```

从这个例子可以看出，Java 项目搭建中的每一个细节都值得注意，细节背后往往有更多的代码。另外，从 Spring 的核心思想——控制反转、依赖注入，也可以看出来这种特点，它们需要把 Java 所需要的所有东西都纳入 Spring 的管辖范围，并且依赖注入方式（如 Ref）。

接下来让我们回到 Struts 2 中，继续学习下面的配置。

```
<constant name="struts.locale" value="zh_CN"></constant>
```

在对项目进行国际化的时候需要用到如下本地参数。

```
<constant name="struts.i18n.encoding" value="UTF-8"></constant>
```

上述代码主要用于设置请求编码。

```
<constant name="struts.devMode" value="false"></constant>
```

上述代码中，struts.devMode 用于设置模式，可选值为 true、false（默认为 false）。在开发模式下，Struts 2 的动态重新加载配置文件和资源文件的功能会默认生效，同时 Struts 2 也会提供更完善的日志支持。

```
<constant name="struts.configuration.xml.reload" value="true"></constant>
```

上述代码中，struts.configuration.xml.reload（依赖于 struts.devMode 的设置）的可选值为 true、false，

它的含义是：是否重新加载 XML 配置文件。

```
<package name="json" extends="json-default"> </package>
```

上述代码中，<package>元素可以理解成像 Java 包一样的东西，Java 包的作用是把代码分门别类，以方便我们进行开发。<package>元素的作用也是一样的。该配置的意思是名为 json 的<package>元素下列出了管理系统的大部分业务，如果有必要也可以全部都写到这个元素下。extends 是扩展的意思，在本配置文件中，它扩展了 json-default 的另一个配置文件，extends 也可以理解为引用、包含。

```
<struts>
    <package name="json-default" extends="struts-default">
        <result-types>
            <result-type name="json" class="org.apache.struts2.json.JSONResult"/>
        </result-types>
        <interceptors>
            <interceptor name="json" class="org.apache.struts2.json.JSONInterceptor"/>
        </interceptors>
    </package>
</struts>
```

上述代码中，json-default 定义了管理系统的返回结果类型，因为是 JSON 类型的，所以引入了解析 JSON 的插件，而<interceptor>是一个 JSON 拦截器。至于这两者具体做了些什么，我们需要分析源码才可以知道。而配置这些内容的原因，则是我们已经把返回结果定义成了 JSON 类型的：

```
<result type="json">
    <param name="root">dataMap</param>
</result>
```

至于该包下的其他内容，都是大同小异的。例如：

```
<action name="SendCity" class="SendCityAction">
    <result type="json">
        <param name="root">dataMap</param>
    </result>
</action>
```

上述代码说明了拦截器拦截到对应的请求后应该如何去做，例如拦截到 SendCity 的请求就去寻找 SendCityAction（已经配置到了 Spring 之中）。而 JSON 相关的内容用于定义返回数据类型。

下面是公共类的配置信息。

```
<package name="wow" extends="struts-default">
    <global-results>
        <result name="sql">/error.jsp</result>
        <result name="invalidinput">/error.jsp</result>
        <result name="naming">/error.jsp</result>
    </global-results>
    <global-exception-mappings>
         <exception-mapping result="sql" exception="java.sql.SQLException"> </exception-
mapping>
         <exception-mapping result="invalidinput"
              exception="cn.codeplus.exception.InvalidInputException"></exception- mapping>
        <exception-mapping result="naming"
             exception="javax.naming.NamingException"></exception-mapping>
    </global-exception-mappings>
</package>
```

这段配置信息的作用是定义全局的返回值。在本例中，<result name="sql">/error.jsp</result>表示如果 Action 的返回值是 sql，即跳转到 error.jsp 页面。因为 Struts 2 提供了异常捕获机制，所以当代码出现异常时，就会自动跳转到与之对应的错误页面。例如，我们可以把程序中的异常设定为捕获后抛出，由 Struts 2 自身来处理，并且在 struts.xml 文件中配置这些异常，将会很大程度上减少代码量，从而优化框架结构。

最后，我们需要讲解一下 Struts 2 的拦截机制。

（1）当客户端请求到达服务器端的时候，Struts 2 的拦截器会自动拦截该请求。拦截机制由 StrutsPrepareAndExecuteFilter 类来实现，该类决定把请求分发到具体的某个 Action 中。

（2）Struts 2 内置了很多拦截器，用于实现一些常用的功能，如文件上传、数据验证等，这些内置拦截器配置在 struts-default.xml 中。

3. applicationContext.xml

applicationContext.xml 是 Spring 的配置文件，负责与 Spring 相关的所有设置，如典型的 Java 类托管、数据源配置、事务配置等，如代码清单 3-43 所示。

代码清单 3-43 applicationContext.xml

```
<!-- 声明使用注解式事务 -->
<bean id="transactionManager" class="org.springframework.jdbc.datasource.
DataSourceTransactionManager">
    <property name="dataSource" ref="dataSource"></property>
</bean>
<!-- 对标注@Transaction 注解的 Bean 进行事务管理 -->
<!--<tx:annotation-driven transaction-manager="transactionManager"/> -->
<!-- 定义事务通知 -->
<tx:advice id="txAdvice" transaction-manager="transactionManager">
    <!-- 定义方法的过滤规则 -->
    <tx:attributes>
          <!-- 所有方法都使用事务 -->
          <tx:method name="*" propagation="REQUIRED" />
          <!-- 定义所有 get 开头的方法都是只读的 -->
          <tx:method name="find*" read-only="true" />
      </tx:attributes>
</tx:advice>
<!-- 定义 AOP 配置 -->
<aop:config>
    <!-- 定义一个切入点 -->
    <aop:pointcut expression="execution (* com.manage.platform.service.impl..*.*(..))"
id="services" />
    <!-- 对切入点和事务的通知进行适配 -->
    <aop:advisor advice-ref="txAdvice" pointcut-ref="services" />
</aop:config>
<bean id="throwsAdvice" class="com.manage.platform.exception.ExceptionDispose" />
<aop:config proxy-target-class="true">
    <aop:pointcut expression="execution(* com.manage.platform..*.*(..))" id="exPoint" />
    <aop:advisor advice-ref="throwsAdvice" pointcut-ref="exPoint" />
</aop:config>

<!-- Hibernate 配置 -->
<context:annotation-config />
<context:component-scan base-package="com" />

<bean id="sessionFactory"
```

```
        class="org.springframework.orm.hibernate3.annotation.AnnotationSessionFactoryBean">
        <property name="dataSource" ref="dataSource" />
        <!-- 配置实体描述文件 -->
        <property name="mappingResources">
            <list>
                <value>com/manage/hibernate/User.hbm.xml</value>
            </list>
        </property>
        <property name="hibernateProperties">
            <props>
                <prop key="hibernate.format_sql">true</prop>
                <prop key="hibernate.hbn2ddl.auto">update</prop>
                <prop key="hibernate.dialect">org.hibernate.dialect.MySQLDialect</prop>
            </props>
        </property>
    </bean>

    <bean id="hibernateTemplate" class="org.springframework.orm.hibernate3.HibernateTemplate">
        <property name="sessionFactory" ref="sessionFactory" />
    </bean>

    <!-- 配置事务管理器 -->
    <bean id="transactionManager2"
        class="org.springframework.orm.hibernate3.HibernateTransactionManager">
        <property name="sessionFactory" ref="sessionFactory" />
    </bean>
    <tx:advice id="txAdvice2" transaction-manager="transactionManager2">
        <tx:attributes>
            <tx:method name="find*" read-only="true" />
            <tx:method name="add*" propagation="REQUIRED" />
            <tx:method name="delete*" propagation="REQUIRED" />
            <tx:method name="update*" propagation="REQUIRED" />
        </tx:attributes>
    </tx:advice>

    <!—AOP 代理设置-->
    <aop:config>
        <aop:pointcut expression="execution(public * com.report.service..*.*(..))"
    id="myPointcut" />
        <aop:advisor advice-ref="txAdvice2" pointcut-ref="myPointcut" />
    </aop:config>
```

代码解析

以上代码主要描述了 Spring 关于数据源、数据库事务的配置，以及这些配置之间的依赖关系的实现。

```
<property name="dataSource" ref="dataSource"></property>
```

以上这段代码表明了事务的配置是基于数据源的。<tx:advice>元素是事务的配置元素。

```
<!-- 所有方法都使用事务 -->
<tx:method name="*" propagation="REQUIRED" />
<!-- 定义所有 get 开头的方法都是只读的 -->
<tx:method name="find*" read-only="true" />
```

以上这段代码是事务过滤方法，其中，我们笼统地使所有方法都开启 REQUIRED 级别的事务。其实，我们也可以这样配置：

```
<tx:method name="add*" propagation="REQUIRED" />
```

```
<tx:method name="delete*" propagation="REQUIRED" />
<tx:method name="update*" propagation="REQUIRED" />
<tx:method name="find*" propagation="REQUIRED" />
```

上述代码针对业务详细的增、删、改、查操作开启事务。

```
<!-- 定义AOP配置 -->
<aop:config>
    <!-- 定义一个切入点 -->
    <aop:pointcut expression="execution (* com.manage.platform.service.impl..*.*(..))"
id="services" />
    <!-- 对切入点和事务的通知进行适配 -->
    <aop:advisor advice-ref="txAdvice" pointcut-ref="services" />
</aop:config>
```

以上这段代码使用 AOP 思想来管理事务的映射，事务的生效范围是 com.manage.platform.service.impl 包下的所有内容。

```
<bean id="throwsAdvice" class="com.manage.platform.exception.ExceptionDispose" />
<aop:config proxy-target-class="true">
    <aop:pointcut expression="execution(* com.manage.platform..*.*(..))" id="exPoint" />
    <aop:advisor advice-ref="throwsAdvice" pointcut-ref="exPoint" />
</aop:config>
```

以上这段代码表示如果报错，则开启报错处理机制。

关于 Hibernate 的配置也不是很难，主要有几点，牢固把握它们就没有什么问题了。

```
<context:component-scan base-package="com" />
```

以上这段代码展示了开启 Hibernate 相关代码的扫描方式，规则是匹配所有的 com 包。

```
<bean id="sessionFactory"
    class="org.springframework.orm.hibernate3.annotation.AnnotationSessionFactoryBean">
    <property name="dataSource" ref="dataSource" />
</bean>
```

以上这段代码配置开启 Hibernate 的 SessionFactory，Hibernate 要想进行数据库操作，必须先开启它。然后，读入 dataSource，注意，该 dataSource 与之前的 JdbcTemplate 使用的是同一个数据源。

```
<bean id="hibernateTemplate" class="org.springframework.orm.hibernate3. HibernateTemplate">
    <property name="sessionFactory" ref="sessionFactory" />
</bean>
```

从 HibernateTemplate 的字面意思我们就知道这是一个模板，然后我们又知道 Hibernate 是一个对象关系映射的框架，所以我们很容易联想到 hibernateTemplate 的功能就是将 Hibernate 的持久层访问模板化，或者我们直接称其为 Hibernate 的持久化模板。

HibernateTemplate 有两种用法。

（1）直接用，在实现类中继承 HibernateDaoSupport 类，然后使用 this.getHibernateTemplate()直接获取 HibernateTemplate 对象，就可以调用 HibernateTemplate 中封装的一些方法了。

（2）第一种方法在系统中使用起来比较麻烦，每次都要在 DAO 的实现类中继承 HibernateDaoSupport，我们可以对 HibernateTemplate 再次进行封装。Java 就是这样不断地封装、继承、多态，这样使用它编写出来的程序才会更加健壮，以至于能够极大程度上减少 bug 数量。

至于其他开启事务的配置和 JdbcTemplate 的配置基本一致，只是 ID 变了，否则会因为重复而报错。

Spring 提供了 7 种类型的事务传播行为，它们详细描述了不同事务场景的处理方式，这 7 种事务传播行为如表 3-1 所示。

表 3-1　事务传播行为

事务传播行为	说明
REQUIRED	没有事务，新建事务；已有事务，加入事务列表中
SUPPORTS	使用当前事务处理，当前没有事务的话，则不使用事务
MANDATORY	使用当前事务处理，当前没有事务的话，则抛出异常
REQUIRES_NEW	新建事务，如果当前存在事务，把它挂起
NOT_SUPPORTED	不使用事务处理，如果当前有事务，把它挂起
NEVER	不使用事务处理，如果当前有事务，抛出异常
NESTED	嵌套事务执行，当前没有事务的话，新建事务

4. web.xml

web.xml 是服务器启动时加载的配置文件，负责与服务器相关的所有设置，如加载其他框架的配置文件，加载各类监听器、过滤器，配置 Servlet 信息等，如代码清单 3-44 所示。

代码清单 3-44　web.xml

```
<?xml version="1.0" encoding="UTF-8"?>
<web-app version="2.5" xmlns="http://java.sun.com/xml/ns/javaee"
    xmlns:xsi="http://www.w3.org/2001/XMLSchema-instance"
    xsi:schemaLocation="http://java.sun.com/xml/ns/javaee http://java.sun.com/xml/ns/
javaee/web-app_2_5.xsd">
    <!-- Spring 配置文件路径 -->
    <context-param>
        <param-name>contextConfigLocation</param-name>
        <param-value>classpath:applicationContext.xml</param-value>
        <!-- <param-value>/WEB-INF/applicationContext.xml</param-value> -->
    </context-param>
    <!-- 加载 Spring 配置文件 applicationContext.xml -->
    <listener>
    <listener-class>org.springframework.web.context.ContextLoaderListener</listener-class>
    </listener>
    <!-- 加载项目生命周期的监听类 -->
    <listener>
        <listener-class>com.manage.util.LifeListener</listener-class>
    </listener>
    <servlet>
        <description>This is the description of my J2EE component</description>
        <display-name>This is the display name of my J2EE component</display-name>
        <servlet-name>testservlet2</servlet-name>
        <servlet-class>com.manage.report.testservlet2</servlet-class>
    </servlet>
    <servlet-mapping>
        <servlet-name>testservlet2</servlet-name>
        <url-pattern>/testservlet2.servlet</url-pattern>
    </servlet-mapping>
    <!-- 配置 Struts 过滤器 -->
    <filter>
        <filter-name>struts2</filter-name>
```

```
    <filter-class>
        org.apache.struts2.dispatcher.ng.filter.StrutsPrepareAndExecuteFilter
    </filter-class>
</filter>
<!-- 字符集过滤器 -->
<filter>
    <filter-name>encoding</filter-name>
<filter-class>org.springframework.web.filter.CharacterEncodingFilter</filter-class>
    <init-param>
        <param-name>encoding</param-name>
        <param-value>UTF-8</param-value>
    </init-param>
</filter>
<filter>
    <filter-name>struts-cleanup</filter-name>
    <filter-class>org.apache.struts2.dispatcher.ActionContextCleanUp</filter-class>
</filter>
<filter-mapping>
    <filter-name>struts-cleanup</filter-name>
    <url-pattern>*.action</url-pattern>
</filter-mapping>
<!-- 自定义匿名过滤器 -->
<filter>
    <filter-name>AnonymousFilter</filter-name>
    <filter-class>com.manage.platform.AnonymousFilter</filter-class>
    <init-param>
        <param-name>postfix-list</param-name>
        <param-value>jsp</param-value>
    </init-param>
    <init-param>
        <param-name>trust-page</param-name>
        <param-value>/index.jsp,imageHTML.jsp,image.jsp</param-value>
    </init-param>
    <init-param>
        <param-name>welcome-Page</param-name>
        <param-value>index.jsp</param-value>
    </init-param>
</filter>
<filter-mapping>
    <filter-name>AnonymousFilter</filter-name>
    <url-pattern>/*</url-pattern>
</filter-mapping>
<filter-mapping>
    <filter-name>struts2</filter-name>
    <url-pattern>/*</url-pattern>
</filter-mapping>
<filter-mapping>
    <filter-name>encoding</filter-name>
    <url-pattern>/*</url-pattern>
</filter-mapping>
<mime-mapping>
    <extension>doc</extension>
    <mime-type>application/doc</mime-type>
</mime-mapping>
<welcome-file-list>
    <welcome-file>index.jsp</welcome-file>
</welcome-file-list>
<!-- 设置超时 -->
```

```
    <session-config>
        <session-timeout>-1</session-timeout>
    </session-config>
    <!-- 登录过滤器 -->
    <filter>
        <filter-name>LoginFilter</filter-name>
        <filter-class>com.manage.platform.LoginFilter</filter-class>
    </filter>
    <filter-mapping>
        <filter-name>LoginFilter</filter-name>
        <url-pattern>*.action</url-pattern>
    </filter-mapping>
    <!-- 自定义登录过滤器-->
    <filter>
        <filter-name>LifeFilter</filter-name>
        <filter-class>com.manage.util.LifeFilter</filter-class>
    </filter>
    <filter-mapping>
        <filter-name>LifeFilter</filter-name>
        <url-pattern>/*</url-pattern>
    </filter-mapping>
<!--     <filter>
        <filter-name>sessionFilter</filter-name>
        <filter-class>com.manage.platform.SessionFilter</filter-class>
    </filter>
    <filter-mapping>
        <filter-name>sessionFilter</filter-name>
        <url-pattern>/*</url-pattern>
    </filter-mapping>
     -->
</web-app>
```

代码解析

因为 web.xml 是服务器启动时加载的第一个配置文件，所以很多重要的信息都必须配置在该文件里。例如，<param-value>classpath:applicationContext.xml</param-value>是读取 Spring 配置文件的语句，只有这样配置了，服务器在启动的时候才会加载 applicationContext.xml 文件里与 Spring 相关的配置信息，这样的话，Spring Framework 才算搭建完成。

类似<listener-class>com.manage.util.LifeListener</listener-class>这样的语句用于加载监听器，可以是第三方框架提供的监听器，如 Struts 2 提供的监听器，也可以是自定义的监听器，如 LifeListener。

<servlet>相关的元素用于加载 Servlet 的配置信息，因为 Servlet 承担了前后端交互的控制器角色，如果在这里不配置是不会生效的。

<session-config>元素设置了 Session 的相关信息，因为 Session 在 Web 应用中的作用是举足轻重的，所以有必要对它进行设置。例如，可以设置 Session 的过期时间等，其中−1 表示永不超时。

web.xml 里可以设置的内容还有很多，但常用的就是这些。如果需要往 web.xml 里新增内容，最好根据项目的实际需求，再配合官方提供的文档来做。

另外，web.xml 在启动的时候肯定是需要加载第三方 JAR 包的，如果我们在 web.xml 里配置了某些功能，却没有导入这些功能对应的 JAR 包，服务器肯定会报找不到类的错误。在项目中集成 JAR 包的办法有两种，第一种是直接复制 JAR 包到 lib 文件夹中；第二种是使用开发工具自带的方式集成，例如 MyEclipse 10.7 自身可以集成框架，如图 3-23 所示。

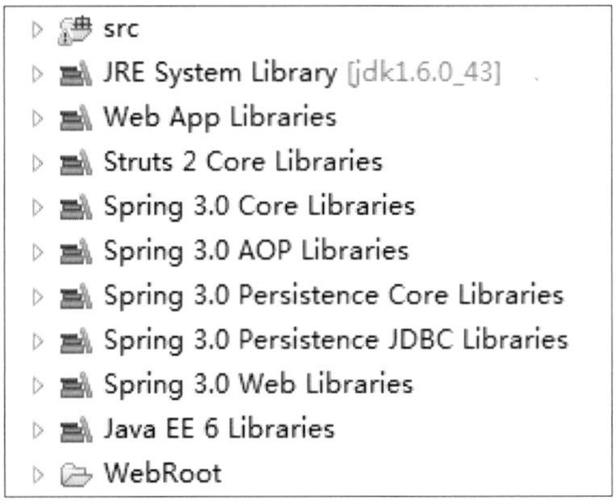

src
JRE System Library [jdk1.6.0_43]
Web App Libraries
Struts 2 Core Libraries
Spring 3.0 Core Libraries
Spring 3.0 AOP Libraries
Spring 3.0 Persistence Core Libraries
Spring 3.0 Persistence JDBC Libraries
Spring 3.0 Web Libraries
Java EE 6 Libraries
WebRoot

图 3-23 工具集成的 JAR 包

JRE System Library 是指 JDK 6，Web App Libraries 是后期不断加入的第三方插件，一般是复制到 lib 目录下的，会自动出现在这里。Struts 2 Core Libraries 是 Struts 2 的 JAR 包。所有以 Spring 开头的 JAR 包都是与 Spring 相关的。Java EE 6 Libraries 是 Java 企业级开发所必须引入的一个包，里面有很多功能，如获取 Servlet 功能等，而架构师所需要做的不仅是把它们整合到一个项目里，还需要让它们有条不紊地运行，并且不会出现错误。

3.6 数据导出

数据导出是 Java 企业级开发中经常会用到的功能。简单的导出功能，通过 POI 组件或者 Java 提供的方法就可以轻松地实现。而复杂的导出功能，就需要更多的定制开发工作，如多种样式的导出、多级表头的导出等。不管怎么说，只有牢牢地掌握了数据导出的基础技术，才可以发挥自己的创造力，开发出更加强大的导出功能。

随着 Java Web 领域的不断发展，人们逐渐意识到了信息的重要性。很多公司都热衷于开发一个属于自己的信息系统，力争把公司的业务信息化，存储信息的方式也从传统的纸质存储变为磁盘存储，再到现在把信息保存在云服务器上的云部署，这样做的好处显而易见。当今时代被称为信息时代，也是大数据时代，想要建立大数据，就必须把海量的数据存入数据库，这是“万里长征”的第一步。只有保存了足够多的原始数据，才能够对这些数据进行分析、加工，从中筛选出我们需要的数据。如果从数据库中已经检索到了符合条件的数据，并且已经将其返回到了前端页面，就可以说，已经实现了大部分的客户需求。尽管如此，前端的数据只能在计算机上显示，并不能被带走或者以纸质的方式打印出来，所以，在 Java Web 开发中，数据导出是一个非常重要的功能。

举个典型的例子，在管理系统中查询出的发货城市统计表，如果只是浏览，这个目标就太简单了。更为重要的目标，是把这些数据导出为我们经常使用、便于携带和阅览的文件，一般情况下，就是 Excel 文件或者 CSV 文件，只有导出成这些格式的文件，这些数据的价值才能完全体现。例如，可以将文件打印出来，在开会的时候人手一份，用来分析销售情况；也可以把数据从一台计算机上存储到一个 U 盘里，带回家里分析。这些场景，都依赖于数据导出功能。还有一个比较重要的场景，在信息化的公司进行月度或者年度考核、总结的时候，都需要把数据库中的数据导出来，对其进行汇总，以评估公司各项月度或年度指标情况。

因此，数据导出功能对客户来说，是重点需求；对程序员来说，是必须掌握的开发技术。基本上信息系统都绕不开数据导出这个功能。

3.6.1　POI

1. POI 介绍

POI 是一个成熟的数据导出框架，主要用于导出 Excel 文件。大多数公司都希望投入更少的资金，做更多的事情。如果涉及数据导出，就要不可避免地操作 Excel，这实际上是非常让人头疼的事情。研究这些东西，又需要一笔巨大的支出，好在 POI 为我们解决了这个问题。POI 提供了操作 Excel 的 API，利用 POI 可以很容易地完成 Excel 文件的导出。

Apache POI 是 Apache 软件基金会的开源函数库，POI 给 Java 程序提供 API，使其能对 Microsoft Office 系列软件的文件进行读写。POI 主要包含 5 个包，包含 HSSF 的包主要用于导出.xls 格式的文件；包含 XSSF 的包主要用于导出.xlsx 格式的文件；包含 HWPF 的包主要用于导出.doc/.docx 格式的文件；包含 HSLF 的包主要用于导出.ppt/.pptx 格式的文件；包含 HDGF 的包主要用于导出.vsd 格式的文件。基本上，对于 Microsoft Office 提供的办公软件，POI 都给予了很好的支持。至于国内经常用到的 WPS，POI 仍然是支持的，但可能力度不够。

POI 的功能非常强大，在这里我们主要讲解如何导出 Excel 文件。

本例以发货城市统计表来讲述 POI 导出。我们都知道，发货城市统计这张表的作用，即统计销售情况，如果只能在 Web 页面显示这些数据，其价值会大打折扣。所以，需要利用 POI 将符合条件的记录导出为 Excel 文件，以方便更多的人用不同的方式去浏览。图 3-24 中包含发货城市统计。

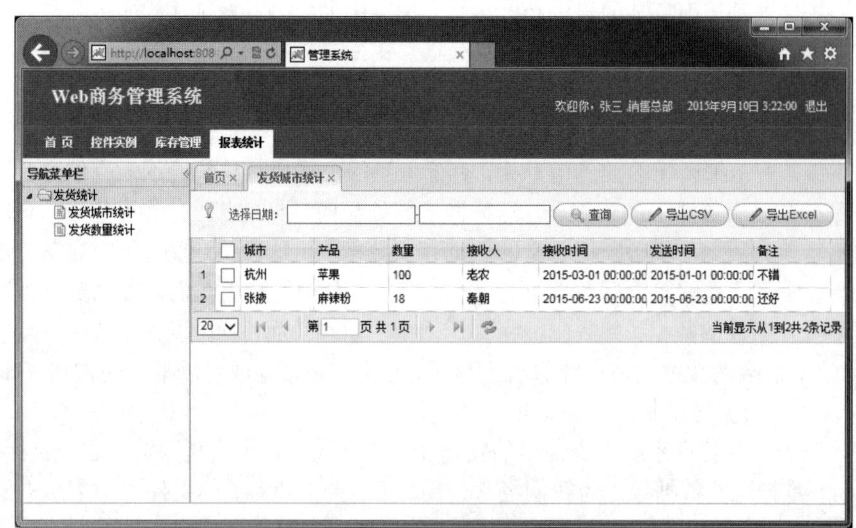

图 3-24　导出 Excel 文件的界面

图 3-24 是管理系统的导出界面，从界面上看，“发货城市统计”界面提供了两个导出功能，一个是“导出 CSV”，另一个是“导出 Excel”。从功能上讲，两者都可以实现数据导出功能，但从具体使

用情况来讲，一般情况下，我们常用到“导出 Excel”功能。Excel 格式的文件浏览起来更加方便、直观，而且支持的数据量并不小，有些数据还可以在 Excel 中利用公式来计算。至于“导出 CSV”功能，只是在面对超大数据量，“导出 Excel”功能容易出错或者根本不支持的时候才选择的妥协办法。还有一种情况经常用到 CSV 格式的文件，就是把符合条件的大量数据以 CSV 格式导出，再利用某些工具直接导入别的数据库。这是单纯的数据平移操作，不用考虑其他问题，所以非常适合使用 CSV 格式的文件。

利用 POI 导出时，首先需要把 POI 的 JAR 包导入 Java 项目，这是第一步。只有导入了相应的 JAR 包，才可以使用 POI 提供的各种操作 Excel 的 API。

2. POI 导出前端实现

首先，打开“发货城市统计”界面的文件 sendcity.jsp。在该文件中，找到“导出 Excel”按钮的代码。通过分析，可以看到，我们并没有对该按钮声明一个方法，而是为它赋予了一个 id = "btnSaveExcel" 的语句。很明显，接下来，我们要通过 jQuery 的方式来绑定触发事件。

通过在文件里搜索 btnSaveExcel 可以找到这块代码，如代码清单 3-45 所示。

代码清单 3-45 sendcity.jsp

```
$("#btnSaveExcel").click(function(){
    $.messager.progress({
        title:'请等待',
        msg:'数据处理中...'
    });
    var condition = $("#formdata").toJsonString();
    var exportflag = "excel";
    condition = escape(encodeURIComponent(condition));
    var url='SendCity.action?condition='+condition+'&exportflag='+exportflag;
    $.ajax( {
        type : "post",
        url : url,
        error : function(event,request, settings) {
              $.messager.alert("提示消息", "请求失败", "info");
        },
        success : function(data) {
            $.messager.progress('close');
            var name = data.rows;
            window.location.href = "FileDownload.action?number=2&fileName="+name;
        }
    });
});
```

代码解析

在这段代码中，我们为“导出 Excel”按钮绑定了点击的触发事件。$.messager.progress 是一个典型的 EasyUI 插件，作用是在点击“导出 Excel”按钮的时候，弹出一个进度条，如果请求时间过长，该进度条会一直重复播放动画，表明请求还在持续，当请求结束后，该进度条消失。其他代码的作用与之前讲述 AJAX 请求时的代码的作用类似，都是传递查询条件和构建 AJAX 请求的参数。

下面这行代码的作用是在所有的操作都结束后，利用页面跳转的方式请求 FileDownload 来下载已经生成的 Excel 文件：

```
window.location.href = "FileDownload.action?number=2&fileName="+name;
```

当我们在前端通过查询条件，成功查询到需要的数据之后，就可以点击“导出 Excel”按钮，来进入后端的处理代码。其实，不论是哪种导出方式，在前端需要做的都只是通过查询条件找出数据，观察这些数据是否符合条件。如果符合，点击导出按钮之后，也只是把查询条件传递到后端，利用查询条件，在后端再做一次查询，并且触发导出代码，肯定不是把数据传递到后端或者将页面上的数据导出。综合考虑一下，仍然是传递查询条件这种方式更节省资源，也更符合逻辑，在后端多做一次查询其实不用耗费多少内存，JVM 会隔段时间自动回收这些内存的。

3. POI 导出后端实现

打开 SendCityAction 类文件，可以找到 POI 导出 Excel 文件的所有后端代码。我们暂且不用关心该 Action 中的其他代码，其他代码在别的章节已经进行过详细的解析。我们只关注与 POI 导出相关的代码。找到这段代码的开头，如代码清单 3-46 所示。

代码清单 3-46　SendCity Action.java

```
// 销售总部
if(usercode.getNAME().equals("销售总部")){
    dataMap.clear();
    // 当前页
    int intPage = Integer.parseInt((page == null || page == "0") ? "1": page);
    // 每页显示的记录的条数
    int pageCount = Integer.parseInt((rows == null || rows == "0") ? "20": rows);
    int start = (intPage - 1) * pageCount + 1;
    // 在页面中输入的参数
    if (null != condition && condition.length() > 0) {
        try {
            condition = java.net.URLDecoder.decode(condition, "UTF-8");
        } catch (UnsupportedEncodingException e) {
        e.printStackTrace();
    }
}
// 查询条件
StringBuffer sbwhere = new StringBuffer();
if(null!=condition && !condition.isEmpty()){
    JSONObject obj = JSONObject.fromObject(condition);
    String dateStart =obj.containsKey("dateStart")? obj.getString("dateStart"):"";
    String dateEnd =obj.containsKey("dateEnd")? obj.getString("dateEnd"):"";
    dateStart = dateStart.replace("-", "");
    dateEnd = dateEnd.replace("-", "");
    String tbUsername =obj.containsKey("tbUsername")? obj.getString("tbUsername"):"";
    if(null!=tbUsername  && tbUsername .length()>0){
        sbwhere.append(" FULLNAME like'%"+tbUsername+"%' ");
    }
    if((null!=dateStart && dateStart .length()>0)&&(null!=dateEnd  && dateEnd .length()>0)){
        sbwhere.append(" AND   to_char(carddate,'yyyymmdd')>="+"'"+dateStart+"'"+" and
to_char(carddate,'yyyymmdd')<="+"'"+dateEnd+"'" );
    }
}
// 查询分页的 SQL 语句
StringBuffer sbfind = new StringBuffer();
sbfind.append(
    "SELECT CITY,\n" +
    "       GOODS,\n" +
    "       AMOUNT,\n" +
    "       RECEIVER,\n" +
```

```
        "        TAKEDATE,\n" +
        "        SENDDATE,\n" +
        "        REMARK,\n" +
        "   FROM GOODS_SENDCOUNT"
      +sbwhere);
    // 查询总条数的 SQL 语句
    StringBuffer sbcount = new StringBuffer();
    sbcount.append(
        "SELECT count(1)\n" +
        "   FROM GOODS_SENDCOUNT"+sbwhere+"");
    // 查询列表
    List<Map<String, Object>> list = imanage_reportdao.findData(sbfind, start, pageCount);
    JSONArray jsonlist = JsonUtil.fromObject(list);
    int count = imanage_reportdao.count(sbcount);
    dataMap.put("rows", jsonlist);
    dataMap.put("total", count);
    if(exportflag!=null && exportflag.equals("excel")){
        String srcdir = request.getRealPath("/");
        UUID uuid = UUID.randomUUID();
        String path = srcdir + "/temp/"+uuid+".xls";
        String flag = imanage_reportdao.exportExcel(list,path,uuid);
        dataMap.put("rows", flag);
        logger.info(dataMap.toString());
        exportflag = null;
        condition = null;
    }
    if(exportflag!=null && exportflag.equals("csv")){
        String srcdir = request.getRealPath("/");
        UUID uuid = UUID.randomUUID();
        String path = srcdir + "/temp/"+uuid+".csv";
        String flag = imanage_reportdao.exportCsv(list,path,uuid);
        dataMap.put("rows", flag);
        logger.info(dataMap.toString());
        exportflag = null;
        condition = null;
    }
```

代码解析

通过对该段代码的整体分析可以发现，这段代码并不难。我们只需要找到关键部分的代码，仔细分析一下就可以明白它的含义，如果还有困难，可以进入“Debug”，逐步调试一下。代码入口的注释表明这段代码与销售总部有关，也就是说，登录的账号只要具有销售总部对应的权限，就可以顺利进入这个分支，让其生效。

这段代码可以分成两个部分，第一部分是与查询相关的，也就是说，点击“查询”就会触发它们；第二部分是与导出相关的。

全篇代码的分水岭与 exportflag 变量有关，如果是“查询”按钮触发的请求，则该变量为 null，会运行与查询有关的所有代码，运行完成之后会返回前端。如果点击了“导出 Excel”，则该变量的值就会成为 excel。在对 exportflag 变量进行逻辑判断的时候，会进入导出 Excel 文件的分支。

（1）下面这条语句的作用是获取当前服务器的路径。在我的本机项目中，服务器的路径是 E:\apache-tomcat-6.0.30\webapps\manage\。

```
String srcdir = request.getRealPath("/");
```

也就是说，我要在该路径下的某个文件夹中存放生成的 Excel 文件。在这里需要延伸讲解一下，如果将管理系统部署到某个供应商的服务器下，该路径会自动发生变化。这样，不管服务器在哪儿，程序生成的文件路径都会是正确的。

（2）下面这条语句用于动态生成 UUID，UUID 是通用唯一识别码。使用 UUID 的好处是，在管理系统中，所有的 ID 字段都可以保证是唯一的，不至于因重名发生冲突。所以，把 UUID 当作生成的 Excel 文件的名称，是最合适的。当然，也可以统一命名，如“发货城市统计报表”等。

```
UUID uuid = UUID.randomUUID();
```

（3）利用调试，得到 path 的值为 E:\apache-tomcat-6.0.30\webapps\manage\/temp/7b5b4ba1-5499-42b0-99cf-28f84bb2c75d.xls。新建一个 path 变量，用来存放 Excel 文件的完整路径，其中包含 Excel 文件的名称。

```
String path = srcdir + "/temp/"+uuid+".xls";
```

（4）下面这条语句将之前查询出的结果 list、path、uuid 当作参数传入需要生成 Excel 文件的方法中，如果该方法运行成功，返回 flag（标志）。

```
String flag = imanage_reportdao.exportExcel(list,path,uuid);
```

（5）如果前端需要 flag 来判断 Excel 文件生成的情况，可以将其放在 dataMap 中返回，如果不需要，也可以摒弃。

```
dataMap.put("rows", flag);
```

（6）下面这条语句清空 exportflag 变量。

```
exportflag = null;
```

在 Action 层的代码分析完毕，伴随着 Java 服务器的运行，进入 DAO 层。

DAO 层的实现如下：

```
public abstract String exportExcel(List<Map<String, Object>> list, String fileName, UUID uuid);
```

该层并没有对传递进来的 3 个参数进行处理，以后随着业务逻辑的增加，可以在 DAO 层里对这 3 个参数进行处理，或者在该层中编写新的导出方法。

持久层 DaoImpl 的实现如代码清单 3-47 所示。

代码清单 3-47　DaoImpl.java

```
// 导出 Excel 文件的代码
public String exportExcel(List<Map<String, Object>> list, String fileName, UUID uuid) {
    // 创建一个 webbook
    HSSFWorkbook wb = new HSSFWorkbook();
    // 在 webbook 中添加一个 sheet
    HSSFSheet sheet = wb.createSheet("发货城市统计");
    // 在 sheet 中添加表头，即第 0 行
    HSSFRow row = sheet.createRow((int) 0);
    // 创建格式
    HSSFCellStyle style = wb.createCellStyle();
    // 格式居中
    style.setAlignment(HSSFCellStyle.ALIGN_CENTER);
    // 对单元格赋值
    HSSFCell cell = row.createCell((short) 0);
```

```
        cell.setCellValue("城市");
        cell.setCellStyle(style);
        cell = row.createCell((short) 1);
        cell.setCellValue("产品");
        cell.setCellStyle(style);
        cell = row.createCell((short) 2);
        cell.setCellValue("数量");
        cell.setCellStyle(style);
        cell = row.createCell((short) 3);
        cell.setCellValue("接收人");
        cell.setCellStyle(style);
        cell = row.createCell((short) 4);
        cell.setCellValue("接收时间");
        cell.setCellStyle(style);
        cell = row.createCell((short) 5);
        cell.setCellValue("发送时间");
        cell.setCellStyle(style);
        cell = row.createCell((short) 6);
        cell.setCellValue("备注");
        cell.setCellStyle(style);
        // 使用实体 Bean
    //  List list = cityBean.getCity();
        for (int i = 0; i < list.size(); i++){
            row = sheet.createRow((int) i + 1);
            // 创建单元格，并赋值
            row.createCell((short) 0).setCellValue(list.get(i).get("CITY").toString());
            row.createCell((short) 1).setCellValue(list.get(i).get("GOODS").toString());
            row.createCell((short) 2).setCellValue(list.get(i).get("AMOUNT").toString());
            row.createCell((short) 3).setCellValue(list.get(i).get("RECEIVER").toString());
            row.createCell((short) 4).setCellValue(list.get(i).get("TAKEDATE").toString());
            row.createCell((short) 5).setCellValue(list.get(i).get("SENDDATE").toString());
            row.createCell((short) 6).setCellValue(list.get(i).get("REMARK").toString());
            //cell.setCellValue(new SimpleDateFormat("yyyy-mm-dd").format(cityBean.getCity()));
        }
        // 将文件保存到指定位置
        try{
            FileOutputStream fout = new FileOutputStream(fileName);
            wb.write(fout);
            fout.close();
        }
        catch (Exception e){
            e.printStackTrace();
        }
          return fileName;
    }
```

代码解析

（1）下面这条语句创建了一个 webbook，相当于 Excel 中的创建空工作簿命令。首先，创建一个空工作簿，以便接下来可以在该工作簿中完成相应的操作。

```
HSSFWorkbook wb = new HSSFWorkbook();
```

（2）下面这条语句在创建好的工作簿中插入了一个工作表，名称是“发货城市统计”。在 Excel 中，新建工作簿的操作会默认生成 3 个空工作表。

```
HSSFSheet sheet = wb.createSheet("发货城市统计");
```

（3）下面这条语句声明了 row 变量，并且从第 0 行开始处理。

```
HSSFRow row = sheet.createRow((int) 0);
```

（4）下面这条语句创建了格式变量 style，可以设置字体、颜色、对齐方式等。

```
HSSFCellStyle style = wb.createCellStyle();
```

（5）下面这条语句设置格式为居中。

```
style.setAlignment(HSSFCellStyle.ALIGN_CENTER);
```

（6）下面的代码创建了单元格变量 cell，从第 0 行开始，设置 cell 的值为“城市”，格式为之前创建好的 style 变量。

```
HSSFCell cell = row.createCell((short) 0);
cell.setCellValue("城市");
cell.setCellStyle(style);
```

（7）下面的代码使用 for 循环为每一行创建了单元格，从第 1 行（第 0 行是表头，已经设置）开始，分别设置单元格的内容为 CITY、GOODS、AMOUNT，对应 list 中的城市、产品和数量。

```
for (int i = 0; i < list.size(); i++){
    row = sheet.createRow((int) i + 1);
    // 创建单元格，赋值
  row.createCell((short) 0).setCellValue(list.get(i).get("CITY").toString());
    row.createCell((short) 1).setCellValue(list.get(i).get("GOODS").toString());
    row.createCell((short) 2).setCellValue(list.get(i).get("AMOUNT").toString());
}
```

（8）下面的代码创建了一个 FileOutputStream 对象（文件输出流），用于将数据写入 fileName 这个路径里的文件。

```
try{
    FileOutputStream fout = new FileOutputStream(fileName);
    wb.write(fout);
    fout.close();
}
```

（9）下面这条语句将 wb 的内容写入了文件输出流，用于在真正意义上创建 Excel 文件。

```
wb.write(fout);
```

（10）下面这条语句关闭了文件输出流。

```
fout.close();
```

至此，利用 POI 导出 Excel 文件的工作就完成了，接下来要做的就是把这个文件下载下来。此时，也许会出现其他场景，例如客户可能觉得，只要在服务器上生成了 Excel 文件就可以了，如果需要使用的话，直接去服务器上查看，不也是可以的吗？如果客户有这种想法，就可以省略下载 Excel 文件的步骤，该功能的整个需求就完成了。

4. 下载 Excel 文件

在生成 Excel 文件之后，程序会回到前端。通过开发人员工具，可以查看返回值里存放的 flag 变量，表明 Excel 文件是否已经成功生成。

Excel 文件成功生成后，接下来要做的就是把这个文件下载下来。通过 window.location.href 命令可以很容易地实现该功能。

```
window.location.href = "FileDownload.action?number=2&fileName="+name;
```

此时，浏览器又会触发一个新的 FileDownload 请求，程序又一次进入后端代码。

打开 FileDownload.java 文件，如代码清单 3-48 所示。

代码清单 3-48　FileDownload.java

```
package com.manage.report.action;
import java.io.FileInputStream;
import java.io.InputStream;
import org.apache.struts2.ServletActionContext;
import com.opensymphony.xwork2.ActionSupport;

// 文件下载
public class FileDownload extends ActionSupport {
    private int number;
    private String fileName;
    public int getNumber() {
        return number;
    }
    public void setNumber(int number) {
        this.number = number;
    }
    public String getFileName() {
        return fileName;
    }
    public void setFileName(String fileName) {
        this.fileName = fileName;
    }
    // 返回一个输入流（对于客户端来说是输入流，对于服务器端来说是输出流）
    public InputStream getDownloadFile() throws Exception {
        if(1 == number) {
            this.fileName = fileName+".csv";
            // 获取资源路径
            return ServletActionContext.getServletContext().getResourceAsStream("temp/"+
fileName);
        }
        else if(2 == number) {
            this.fileName = fileName;
            // 设置编码
            this.fileName = new String(this.fileName.getBytes("GBK"),"ISO-8859-1");
            return new FileInputStream(fileName);
        }
        else if(3 == number)  {
            this.fileName = "发货城市统计.rar";
            // 设置编码
            this.fileName = new String(this.fileName.getBytes("GBK"),"ISO-8859-1");
            return ServletActionContext.getServletContext().getResourceAsStream
("upload/发货城市统计.rar");
        }
        else
        return null;
    }
    @Override
    public String execute() throws Exception {
```

```
        return SUCCESS;
    }
}
```

代码解析

（1）可以看到该文件的主要作用就是下载文件，对于下载有3个条件判断分支，以number变量来决定。因为在前端发出请求的时候，我们的代码携带的number变量为2，所以，此时运行值为2的分支，并且触发该分支下的代码。

（2）下面这行代码设置编码格式为GBK，以解决中文乱码的问题。

```
this.fileName = new String(this.fileName.getBytes("GBK"),"ISO-8859-1");
```

（3）下面这行代码利用FileInputStream读取服务器存放的Excel文件，并且完成下载。

```
return new FileInputStream(fileName);
```

打开下载成功的Excel文件，如图3-25所示。

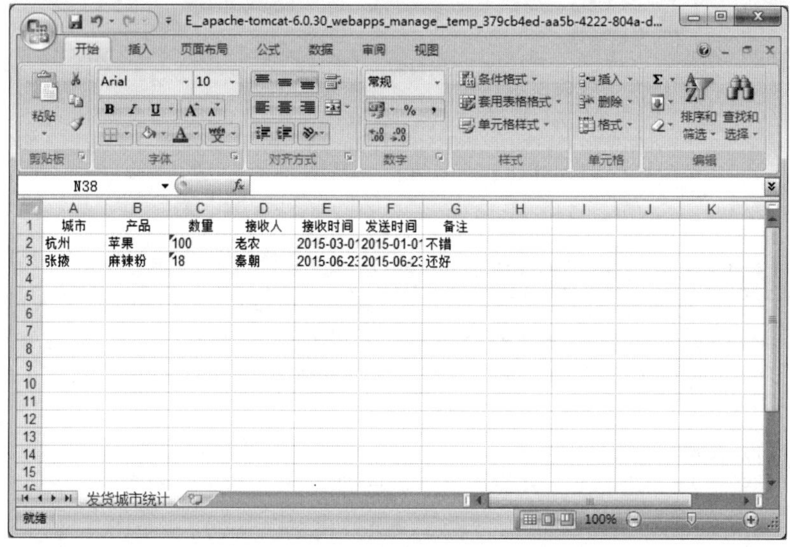

图3-25　下载成功的Excel文件

3.6.2　CSV

1. CSV介绍

CSV的全称为Comma-Separated Values，即逗号分隔值，其文件以纯文本形式存储数据。CSV文件由任意数目的记录组成，记录间以某种分隔符分隔，比较常用的分隔符是逗号。CSV 文件中，所有的记录都遵循这一规则，没有其他的样式设置，故该类文件的特征是占用空间小、存储容量大，非常适合大量数据的存储和迁移。

利用POI可以实现自定义样式的导出，非常适合导出报表类的数据，但导出的格式是Excel就要受到Excel文件的规则限制。有时候，我们可能对数据样式的要求并不高，需要的只是把海量数据经过一个低成本的方式导入某个文件当中，然后把这些文件分给享需要的人或者导入其他数据库。如果利用 POI 导出，因为数据量巨大，会浪费大量的内存，并且加大服务器负载。如果 POI 处理的程序写得不够完善，则极易出现内存溢出、导出表格混乱等问题。此时，我们可以利用 CSV 的方式进行导出，从而规避这些问题。

导出 CSV 文件的界面如图 3-26 所示。

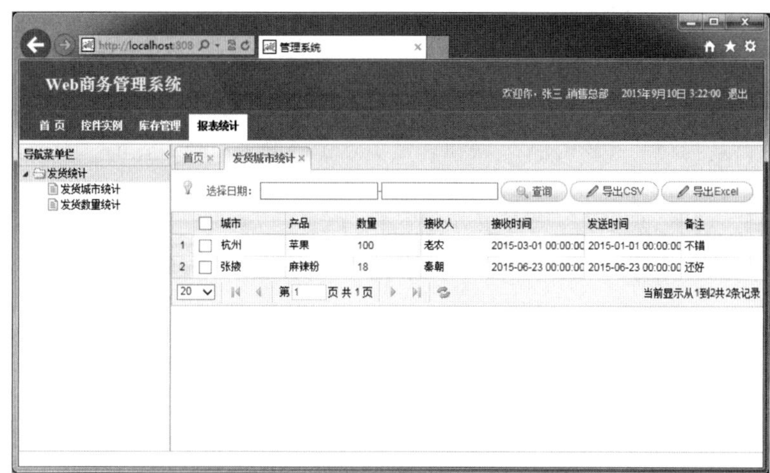

图 3-26 导出 CSV 文件的界面

在图 3-26 所示的界面中，可以直接点击“查询”来查询发货城市统计表中所有的数据。如果该表有上千万条数据，“导出 Excel”功能并不合适，在这种情况下，就需要“导出 CSV”功能了。

利用“CSV 导出”功能时，不需要导入 JAR 包，使用 Java 自己的语法就可以完成相应的代码实现。它与 POI 的一个主要的区别就是：不依赖于第三方 JAR 包，就可以独立实现功能。这是因为，纯文本文件没有 Excel 中那些花哨的样式，使用 Java 的语法完全可以实现导出功能。

2. CSV 导出前端实现

首先，打开“发货城市统计”界面的文件 sendcity.jsp。在该文件中，找到“导出 CSV”按钮的代码，通过分析，可以看到，我们并没有对该按钮声明一个方法，而是为它赋予了一个 id = "btnSaveFile" 的语句。很明显，接下来，我们要通过 jQuery 的方式来绑定触发事件。

通过在文件里搜索 btnSaveFile 可以找到这块逻辑的代码，如代码清单 3-49 所示。

代码清单 3-49 sendcity.jsp

```
$("#btnSaveFile").click(function(){
    $.messager.progress({
        title:'请等待',
        msg:'数据处理中...'
    });
    var condition = $("#formdata").toJsonString();
    var exportflag = "csv";
    condition = escape(encodeURIComponent(condition));
    var url='SendCity.action?condition='+condition+'&exportflag='+exportflag;
    $.ajax( {
        type : "post",
```

```
        url : url,
        error : function(event,request, settings) {
            $.messager.alert("提示消息", "请求失败", "info");
        },
        success : function(data) {
            $.messager.progress('close');
            var name = data.rows;
            window.location.href = "FileDownload.action?number=1&fileName="+name;
        }
    });
});
```

代码解析

在这段代码中，我们为“导出 CSV”按钮绑定了点击的触发事件。$.messager.progress 是一个典型的 EasyUI 插件，作用是在点击“导出 CSV”按钮的时候，弹出一个进度条，如果请求时间过长，该进度条会一直重复播放动画，表明请求还在持续，当请求结束后，该进度条消失。其他代码的作用与之前讲述 AJAX 请求时的代码的作用类似，都是传递查询条件和构建 AJAX 请求的参数。

```
window.location.href = "FileDownload.action?number=1&fileName="+name;
```

上面这段代码的作用是在所有的操作都结束后，利用界面跳转的方式请求 FileDownload 来下载已经生成的 CSV 文件。当前端的数据都准备妥当之后，就可以点击“导出 CSV”按钮，来进入后端的处理代码。

3. CSV 导出后端实现

打开 SendCityAction 类文件，可以找到 Excel 文件导出 CSV 的所有后端代码。我们暂且不用关心该 Action 中其他的代码，其他代码在别的章节已经进行过详细的解析了。我们只关注与 CSV 导出相关的代码。找到这段代码的开头，如代码清单 3-50 所示。

代码清单 3-50　SendCityAction.java

```
// 销售总部
if(usercode.getNAME().equals("销售总部")){
  dataMap.clear();
  // 当前页
  int intPage = Integer.parseInt((page == null || page == "0") ? "1": page);
  // 每页显示的记录的条数
  int pageCount = Integer.parseInt((rows == null || rows == "0") ? "20": rows);
  int start = (intPage - 1) * pageCount + 1;
  // 在页面中输入的参数
  if (null != condition && condition.length() > 0) {
    try {
      condition = java.net.URLDecoder.decode(condition, "UTF-8");
    } catch (UnsupportedEncodingException e) {
      e.printStackTrace();
    }
  }
  // 查询条件
  StringBuffer sbwhere = new StringBuffer();
  if(null!=condition && !condition.isEmpty()){
    JSONObject obj = JSONObject.fromObject(condition);
    String dateStart =obj.containsKey("dateStart")? obj.getString("dateStart"):"";
    String dateEnd =obj.containsKey("dateEnd")? obj.getString("dateEnd"):"";
    dateStart = dateStart.replace("-", "");
```

```
    dateEnd = dateEnd.replace("-", "");
    String tbUsername =obj.containsKey("tbUsername")? obj.getString("tbUsername"):"";
    if(null!=tbUsername  && tbUsername .length()>0){
      sbwhere.append(" FULLNAME like'%"+tbUsername+"%' ");
    }
    if((null!=dateStart  && dateStart .length()>0)&&(null!=dateEnd  && dateEnd .
length()>0) ){
      sbwhere.append(" AND   to_char(carddate,'yyyymmdd')>="+"'"+dateStart+"'"+" and
to_char(carddate,'yyyymmdd')<="+"'"+dateEnd+"'" );
    }
  }
  // 查询分页的 SQL 语句
  StringBuffer sbfind = new StringBuffer();
  sbfind.append(
      "SELECT CITY,\n" +
      "       GOODS,\n" +
      "       AMOUNT,\n" +
      "       RECEIVER,\n" +
      "       TAKEDATE,\n" +
      "       SENDDATE,\n" +
      "       REMARK,\n" +
      "  FROM GOODS_SENDCOUNT"
      +sbwhere);
  // 查询总条数的 SQL 语句
  StringBuffer sbcount = new StringBuffer();
  sbcount.append(
      "SELECT count(1)\n" +
      "  FROM GOODS_SENDCOUNT"+sbwhere+"");
  // 查询列表
  List<Map<String, Object>> list = imanage_reportdao.findData(sbfind, start, pageCount);
  JSONArray jsonlist = JsonUtil.fromObject(list);
  int count = imanage_reportdao.count(sbcount);
  dataMap.put("rows", jsonlist);
  dataMap.put("total", count);
  if(exportflag!=null && exportflag.equals("excel")){
    String srcdir = request.getRealPath("/");
    UUID uuid = UUID.randomUUID();
    String path = srcdir + "/temp/"+uuid+".xls";
    String flag = imanage_reportdao.exportExcel(list,path,uuid);
    dataMap.put("rows", flag);
    logger.info(dataMap.toString());
    exportflag = null;
    condition = null;
  }
  if(exportflag!=null && exportflag.equals("csv")){
    String srcdir = request.getRealPath("/");
    UUID uuid = UUID.randomUUID();
    String path = srcdir + "/temp/"+uuid+".csv";
    String flag = imanage_reportdao.exportCsv(list,path,uuid);
    dataMap.put("rows", flag);
    logger.info(dataMap.toString());
    exportflag = null;
    condition = null;
  }
}
```

代码解析

导出 CSV 文件的代码和导出 Excel 文件的代码都是通过 exportflag 变量来决定运行哪一个分支的。进入分支后的代码也跟导出 Excel 文件的差不多，区别在持久层。

（1）下面这条语句的作用是获取当前服务器的路径。在我的本机项目中，服务器的路径是 E:\apache-tomcat-6.0.30\webapps\manage\。

```
String srcdir = request.getRealPath("/");
```

也就是说，要在该路径下的某个文件夹中存放生成好 CSV 文件。在这里需要延伸讲解一下，如果将管理系统部署到某个供应商的服务器下，该路径会自动发生变化。这样，不管服务器在哪儿，程序生成的文件路径都会是正确的。

（2）下面这条语句用于动态生成 UUID，并将其当作生成的 CSV 文件的名称，当然，也可以统一命名，如“发货城市统计报表”等。

```
UUID uuid = UUID.randomUUID();
```

（3）下面这条语句新建一个 path 变量，用来存放 CSV 文件的完整路径（E:\apache-tomcat-6.0.30\webapps\manage\temp\7b5b4ba1-5499-42b0-99cf-28f84bb2c75d.csv），其中包含该 CSV 文件的名称。

```
String path = srcdir + "/temp/"+uuid+".csv";
```

（4）下面这条语句将之前查询出的结果 list、path、uuid 当作参数传入需要生成 CSV 文件的方法中，如果该方法运行成功，返回 flag。

```
String flag = imanage_reportdao.exportCsv(list, path, uuid);
```

（5）如果前端需要 flag 来判断 CSV 文件生成的情况，可以将其放在 dataMap 中返回。

```
dataMap.put("rows", flag);
```

（6）下面这条语句清空 exportflag 变量。

```
exportflag = null;
```

在 Action 层的代码分析完毕，下面我们来看一下其他层的代码。进入该方法，可以看到该方法在 DAO 层的实现如下：

```
public abstract String exportCsv(List<Map<String, Object>> list, String fileName, UUID uuid);
```

该层并没有对传递进来的 3 个参数进行处理，以后随着业务逻辑的增加，可以在 DAO 层里对这 3 个参数进行处理。

持久层 DaoImpl 的实现如代码清单 3-51 所示。

代码清单 3-51　DaoImpl 的实现

```
// 导出 CSV 文件的代码
public String exportCsv(List<Map<String, Object>> list, String fileName, UUID uuid) {
    /**
     * 把数据按一定的格式写到 CSV 文件中
     * @param fileName CSV 文件的完整路径
     */
    FileWriter fw = null;
    try {
        fw = new FileWriter(fileName);
```

```
        // 输出表头
        String title = "城市,产品,数量,接收人,接收时间,发送时间,备注\r\n";
        fw.write(title);
        String content = null;
        for(int i=0;i<list.size();i++) {
            // 注意列之间用,间隔，写完一行需要回车、换行，即要在末尾加上\r\n
            content =list.get(i).get("CITY").toString()+","
                      +list.get(i).get("GOODS").toString()+","
                      +list.get(i).get("AMOUNT").toString()+","
                      +list.get(i).get("RECEIVER").toString()+","
                      +list.get(i).get("TAKEDATE").toString()+","
                      +list.get(i).get("SENDDATE").toString()+","
                      +list.get(i).get("REMARK").toString()+"\r\n";
            fw.write(content);
        }
    }catch(Exception e) {
        e.printStackTrace();
        throw new RuntimeException(e);
    }finally {
    try {
        if(fw!=null) {
            fw.close();
        }
        } catch (IOException e) {
            e.printStackTrace();
        }
    }
    String flag =  uuid.toString();
    return flag;
}
```

代码解析

导出 CSV 文件的实现代码与 POI 导出的大同小异，相比而言，导出 CSV 文件的实现更加简单。需要建立一个 FileWriter 类，用来写入字符文件。

下面举一个典型的例子来演示 FileWriter 类的用法，如代码清单 3-52 所示。它的核心用法是使用 fw.write(content)方法来写入已经拼装好的内容。

代码清单 3-52　FileWriter.java

```
for(int i=0;i<list.size();i++) {
    // 注意列之间用,间隔，写完一行需要回车、换行，即要在末尾加上\r\n
    content =list.get(i).get("CITY").toString()+","
              +list.get(i).get("GOODS").toString()+","
              +list.get(i).get("AMOUNT").toString()+","
              +list.get(i).get("RECEIVER").toString()+","
              +list.get(i).get("TAKEDATE").toString()+","
              +list.get(i).get("SENDDATE").toString()+","
              +list.get(i).get("REMARK").toString()+"\r\n";
    fw.write(content);
}
```

使用 for 循环把文件的内容写入 content 变量中，循环一次就把一行数据写入生成的 CSV 文件中，直到循环结束，就可以把所有数据写完，返回 flag。

4. 下载 CSV 文件

在生成 CSV 文件之后，程序会回到前端。通过开发人员工具，可以查看到返回值里存放的 flag 变量，表明 CSV 文件已经成功生成。

接下来，要做的就是把这个文件下载下来。通过 window.location.href 命令可以很容易地实现该功能。

```
window.location.href = "FileDownload.action?number=1&fileName="+name;
```

此时，浏览器又会触发一个新的 FileDownload 请求，程序又一次进入后端代码。

打开 FileDownload 类文件，如代码清单 3-53 所示。

代码清单 3-53 FileDownload.java

```
package com.manage.report.action;
import java.io.FileInputStream;
import java.io.InputStream;
import org.apache.struts2.ServletActionContext;
import com.opensymphony.xwork2.ActionSupport;

// 文件下载
public class FileDownload extends ActionSupport{
    private int number;
    private String fileName;
    public int getNumber() {
         return number;
  }
  public void setNumber(int number) {
    this.number = number;
  }
  public String getFileName() {
    return fileName;
  }
  public void setFileName(String fileName) {
    this.fileName = fileName;
  }
  // 返回一个输入流（对于客户端来说是输入流，对于服务器端来说是输出流）
  public InputStream getDownloadFile() throws Exception
  {
    if(1 == number)
    {
      this.fileName = fileName+".csv";
      // 获取资源路径
      return ServletActionContext.getServletContext().getResourceAsStream("temp/"+fileName);
    }
    else if(2 == number)
    {
      this.fileName = fileName;
      // 设置编码
      this.fileName = new String(this.fileName.getBytes("GBK"),"ISO-8859-1");
      return new FileInputStream(fileName);
    }
    else if(3 == number)
    {
      this.fileName = "发货城市统计.rar";
      // 设置编码
      this.fileName = new String(this.fileName.getBytes("GBK"),"ISO-8859-1");
      return ServletActionContext.getServletContext().getResourceAsStream("upload/发货
城市统计.rar");
    }
    else
```

```
      return null;
    }
    @Override
    public String execute() throws Exception {
      return SUCCESS;
    }
  }
```

代码解析

可以看到该文件的主要作用就是下载文件，对于下载有 3 个条件判断分支，以 number 变量来决定。因为在前端发出请求的时候，我们的代码携带的 number 变量为 1，所以，此时运行值为 1 的分支。

设置编码格式为 GBK，以解决中文乱码的问题。

```
this.fileName = new String(this.fileName.getBytes("GBK"),"ISO-8859-1");
```

利用 ServletActionContext 提供的方法来读取服务器存放的 CSV 文件，并且完成下载。

```
return ServletActionContext.getServletContext().getResourceAsStream("temp/"+fileName);
```

打开下载成功的 CSV 文件，如图 3-27 所示。

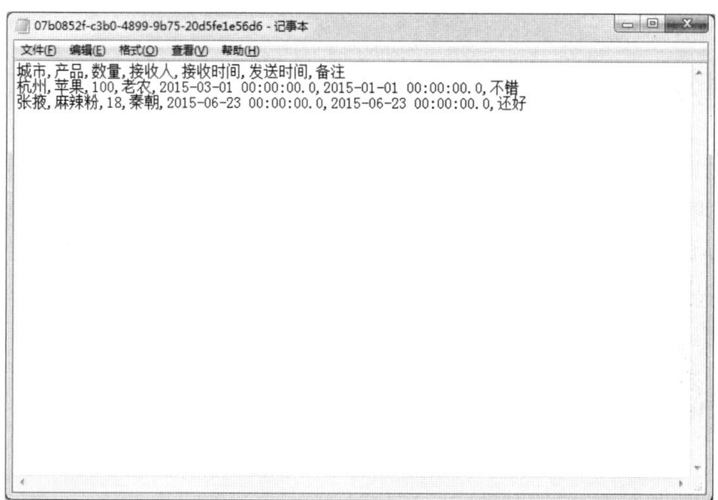

图 3-27　下载成功的 CSV 文件

3.6.3　导出功能 XML 文件配置

不管是导出的 Excel 文件还是 CSV 文件，在下载的时候，都会用到 FileDownload 这个公共类，从服务器端完成对文件的下载，如代码清单 3-54 所示。如果不对这个类进行配置，就不能顺利完成下载，在程序的最后关头也可能会报错。

代码清单 3-54　对 FileDownload 类进行配置

```
<action name="FileDownload" class="com.manage.report.action.FileDownload">
  <result name="success" type="stream">
    <param name="contentType">application/ms-excel</param>
```

```
        <param name="contentDisposition">attachment;fileName="${fileName}"</param>
        <param name="inputName">downloadFile</param>
        <param name="bufferSize">1024</param>
    </result>
</action>
```

代码解析

仔细阅读上面的配置代码就可以明白其中的道理。需要注意如下几点。

- action 的属性 name 指明了类对应的路径。
- <result name="success" type="stream">表明了如果请求成功，返回的是流，因为下载都需要用到流。
- <param name="contentType">application/ms-excel</param>表明了下载格式是 Excel，导出 CSV 文件也可以用此格式。
- <param name="contentDisposition">attachment;fileName="${fileName}"</param>表明了文件路径。
- <param name="inputName">downloadFile</param>指向了被下载文件的来源，对应着 Action 类中的某个属性，类型为 downloadFile，也就是类中的 public InputStream getDownloadFile()方法。
- <param name="bufferSize">1024</param>表明了缓冲区大小。

3.7 加入缓存机制

有些项目在运行的过程中，容易出现高并发的情况。何为高并发呢？就是 JDBC 请求过于频繁。举个例子，在管理系统中，对报表 A 的查询就会建立 JDBC，我们在完成查询之后，会把数据返回到前端，与此同时，也会习惯在 finally 语句中写上关闭连接的操作。但是，如果有几万人同时操作这个报表，就会给数据库带来很大的负载，这就是高并发的一种典型场景。那么，有什么办法可以避免高并发呢？使用缓存就是其中的一个办法。在缓存的选择方面，推荐使用 Ehcache。

3.7.1 Ehcache 搭建

1. ehcache.xml

在管理系统 manage 项目的 src 目录下新建 ehcache.xml，其主要作用是设置项目中关于缓存的配置项，在该文件中的设置，直接作用于整个项目，所以必须认真对待，它决定了缓存的执行效率。例如，在该文件中设置把缓存保存到磁盘中，就可以不用担心缓存的容量问题，如代码清单 3-55 所示。

代码清单 3-55 ehcache.xml

```
<?xml version="1.0" encoding="UTF-8"?>
<ehcache xmlns:xsi="http://www.w3.org/2001/XMLSchema-instance"
    xsi:noNamespaceSchemaLocation="http://ehcache.org/ehcache.xsd">
    <!-- 磁盘缓存位置 -->
    <diskStore path="java.io.tmpdir/ehcache" />
    <!-- 默认缓存 -->
    <defaultCache maxElementsInMemory="10000" eternal="false"
        timeToIdleSeconds="120" timeToLiveSeconds="120" overflowToDisk="true" />
    <!-- users 缓存 -->
    <cache name="users" maxElementsInMemory="1000" eternal="false"
```

```
        timeToIdleSeconds="120" timeToLiveSeconds="120" overflowToDisk="false"
        memoryStoreEvictionPolicy="LRU" />
</ehcache>
```

代码解析

（1）<diskStore>元素的作用是在硬盘上保存 Ehcache 的路径。当前的配置是通过 I/O 的临时路径来保存缓存，可以在 Debug 模式下看到具体的路径。

（2）<defaultCache>元素的作用是设置默认缓存参数。例如设置缓存容量（maxElementsInMemory）是 10000，eternal 设置为 false，表示缓存中的内容不会永久存在，而是依赖于过期时间。timeToIdleSeconds 设置缓存过期时间。OverflowToDisk 表示溢出处理方式，如果设置为 true，则会在内容溢出的时候将内容写入磁盘。

（3）<cache >元素的作用是设置用户缓存，它的参数作用跟默认缓存的一样。

2. spring-ehcache.xml

spring-ehcache.xml 配置文件的作用是把 Ehcache 对象的生成托管给 Spring，这跟数据模型类的托管是一个道理。因为 Ehcache 是对象，使用它必然需要进行初始化，还要生成具体的实例，如代码清单 3-56 所示。

代码清单 3-56 spring-ehcache.xml

```
<?xml version="1.0" encoding="UTF-8"?>
<beans xmlns="http://www.springframework.org/schema/beans"
         xmlns:xsi="http://**.w3.or*/2001/XMLSchema-instance"
         xmlns:cache="http://www.springframework.org/schema/cache"
         xmlns:aop="http://www.springframework.org/schema/aop"
         xsi:schemaLocation="http://www.springframework.org/schema/beans http://www.
springframework.org/schema/beans/spring-beans-3.0.xsd http://www.springframework.org/
schema/cache http://www.springframework.org/schema/cache/spring-cache-3.2.xsd http://www.
springframework.org/schema/aop http://www.springframework.org/schema/aop/spring-aop-3.0.xsd
        ">
    <bean id="ehcache"
        class="org.springframework.cache.ehcache.EhCacheManagerFactoryBean">
        <property name="configLocation" value="classpath:ehcache.xml" />
    </bean>
    <bean id="cacheManager" class="org.springframework.cache.ehcache.EhCacheCacheManager">
        <property name="cacheManager" ref="ehcache" />
    </bean>
    <!-- 缓存开关 -->
    <cache:annotation-driven cache-manager="cacheManager" />
    <!-- 缓存注解 -->
    <cache:advice id="cacheAdvice" cache-manager="cacheManager">
        <cache:caching cache="users">
            <cache:cacheable method="findGridByCondition" />
        </cache:caching>
    </cache:advice>
    <!-- 缓存映射 -->
    <aop:config proxy-target-class="false">
        <aop:advisor advice-ref="cacheAdvice"
            pointcut="execution (* com.manage.platform.service.impl..*.*(..))" />
    </aop:config>
</beans>
```

代码解析

只要理解了 Spring 的控制反转和依赖注入思想，这些代码就很容易理解，而且，之前在 applicationContext.xml 中的大部分代码都是这样配置的，两者非常类似。首先，我们需要建立 Ehcache 的实体 Bean。

（1）<bean id="ehcache">元素通过引用第三方插件 EhCacheManagerFactoryBean，读取本地路径下的 ehcache.xml 配置文件以生成连接实例，而读取的方法是该类的具体实现，需要参考源码来理解，但如果不想学习源码也没关系，该插件本身就是个工具，我们知道如何使用就行了。但我们需要明白，它的 JAR 包是 spring-context-support-4.0.4.RELEASE，如果项目中没有引用该包，那么元素的引用将无法正确执行，项目不能启动。

（2）<bean id="cacheManager">元素通过引用第三方插件 EhCacheCacheManager，对 EhCache 进行实际的操作。同时，它的 JAR 包也是 spring-context-support-4.0.4.RELEASE。

（3）<cache:annotation-driven cache-manager="cacheManager" />表示开启 Ehcache 缓存的使用。

（4）<cache:caching cache="users">表示使用之前配置的 users 缓存信息。

（5）<cache:cacheable method="findGridByCondition" />表示使用缓存的具体方法。

（6）<aop:config>元素使用面向切面编程思想来映射缓存监视的包名，跟数据库事务配置的原理完全一样。

3. EhcacheDemo

Ehcache 的配置文件已经开发完毕了，接着，我们通过一个简单的 Java 类来测试之前的配置文件是否生效，还有代码的输出结果是否可靠。如果发现数据并没有达到预期的效果，可以不断地修改配置文件并进行测试。EhcacheDemo 类如代码清单 3-57 所示。

代码清单 3-57　EhcacheDemo.java

```
package com.manage.util;
import net.sf.ehcache.Cache;
import net.sf.ehcache.CacheManager;
import net.sf.ehcache.Element;

public class EhcacheDemo {
    public static void main(String[] args) throws Exception {
        CacheManager cacheManager = new CacheManager();
        Cache cache = cacheManager.getCache("users");
        String contentkey = "one";
        Element content = new Element(contentkey, "Hello Ehcache");
        cache.put(content);
        Element one = cache.get("one");
        System.out.println(cache.getSize());
        System.out.println(cache.getKeys());
        System.out.println(one.getObjectValue());
    }
}
```

上述代码的输出结果如下：

```
1
[one]
Hello Ehcache
```

代码解析

（1）首先这段代码能够成功输出数据，说明了 Ehcache 配置成功。

（2）CacheManager cacheManager = new CacheManager()表示新建一个 CacheManager 对象。

（3）Cache cache = cacheManager.getCache("users")表示缓存对象 cache 应用配置文件中设定好的 users 相关配置。

（4）Element content = new Element(contentkey, "Hello Ehcache")表示把 Hello Ehcache 字符串保存在 contentkey 键中。

（5）cache.put(content)表示把键值对保存在缓存对象 cache 中。

完成这些代码的编写后，就可以使用 Cache 提供的方法，如 getSize()、getKeys()、getObjectValue()，直接从缓存中获取之前保存好的数据了。

3.7.2 Ehcache 使用

之前的章节使用 Ehcache 完成了数据的存储和获取，证明 Ehcache 的配置已经没有任何问题。但是，若只单纯地使用 Java 代码进行测试，又如何把 Ehcache 和项目中的实际需求结合起来呢？例如，在管理系统中，我们可以使用 Ehcache 进行区域管理功能的数据查看，理论上如果 Ehcache 生效，那么第一次查询时会与数据库建立交互，而第二次查询时，因为缓存中已经有了数据就不用再做重复的操作了。

1. 使用文件注解方式来使用 Ehcache

在项目中使用 XML 文件来配置 Ehcache 被称作文件注解方式，使用这种方式的具体操作已经介绍过了，就是在项目中新建 ehcache.xml、spring-ehcache.xml 文件。那么接下来，我们来看看实际效果如何。因为在 spring-ehcache.xml 中的缓存注解配置项已经设定了 Ehcache 的生效方法是 findGridByCondition()，生效范围是 findGridByCondition()对应的包 com.manage.platform.service.impl 下的全部类，所以此处我们直接运行 findGridByCondition()方法对应的功能模块即可完成测试。

使用 admin 账户登录“管理员”界面，点击“系统管理”菜单下的“区域管理”。同时，记得以 Debug 方式启动项目，在 MANAGE_AREAServiceImpl 类的 findGridByCondition()方法处打上断点。点击“区域管理”的时候，会自动在这里进入断点，可以发现项目已经查出了数据，并且把数据保存到了缓存之中，但具体的动作是看不到的，操作界面如图 3-28 所示。

图 3-28 Ehcache 测试功能

测试方法是：点击"刷新"按钮，让程序再次去数据库里查询数据。这时，我们发现无论如何，程序也不会再进入断点了。而且列表可以成功地显示，并且显示速度非常快。因此，说明 Ehcache 依靠配置文件来设置缓存的操作成功了。

2. 使用代码注解方式来使用 Ehcache

Ehcache 的代码注解方式很简单，在需要开启缓存的代码上方加入注解标识（如@Cacheable(value = "users")）即可。使用注解标识修饰方法的话，可以省去文件注解当中的部分内容。首先，需要把文件注解当中的部分内容删除或者注释掉，否则无法判断是哪一个注解方式生效。

```
<!-- 缓存注解 -->
<cache:advice id="cacheAdvice" cache-manager="cacheManager">
    <cache:caching cache="users">
        <cache:cacheable method="findGridByCondition" />
    </cache:caching>
</cache:advice>
<!-- 缓存映射 -->
<aop:config proxy-target-class="false">
    <aop:advisor advice-ref="cacheAdvice"
        pointcut="execution (* com.manage.platform.service.impl..*.*(..))" />
</aop:config>
```

接着，在需要开启缓存的方法上使用注解标识。

```
@Cacheable(value = "users")
public List<Map<String, Object>> findGridByCondition(String condition) {
      return MANAGE_AREAdao.findGridByCondition(condition);
}
```

接着，重复运行之前检测 Ehcache 缓存是否生效的方法，会发现两种注解方式的结果是一样的，这就说明这两种注解方式都在管理系统中生效了，标志着 Ehcache 缓存正式集成到了项目的架构里。使用 Ehcache 的好处非常多，如果在一个大数据系统或者高并发的电商系统中使用缓存，把诸如排行榜这类需要复杂计算的数据保存到缓存里，不是很好吗？

3.8 解决并发问题

并发问题在项目运行过程中是难以避免的，最好的办法就是不断地优化代码和框架，使用各种手段来应对或预防并发问题。首先，需要明白什么是并发问题，并发问题在 Java 项目中一般指的是该项目在某个时间点有很多用户访问，从而给系统造成了极高的负载。因为很多用户访问项目，这些用户的访问一定会与数据库建立 JDBC，从而产生大量的前后端交互操作。JVM 能力有限，因为各种原因，并不能及时、快速地回收各类并发产生的资源，所以会造成项目的负载很高，产生各类问题。

解决并发问题有很多办法，如使用缓存、使用静态页面、构建服务器集群等。使用缓存的作用是把很多复杂的 SQL 运算（如多表查询）事先计算好，并且把它放置在缓存中，这样当客户端访问功能时，就可以直接从缓存中读取数据，而不用建立 JDBC。使用静态页面的作用更加直接，因为静态页面没有任何的前后端交互操作，如表单提交、AJAX 请求等，所以它可以节省很多系统资源。构建服务器集群是从硬件方面解决并发的问题，单台服务器肯定存在瓶颈（由于有其性能极限），而多台服务器分担客户端请求的话就会轻松很多。

3.8.1 连接池

并发与JDBC有一定的关系，我们就可以从优化JDBC来入手，找出一些解决并发问题的方法。JDBC池是一种很好的方案，它可以在项目初始化的时候，把一定数量的连接存储在内存中，当用户访问项目的时候，首先会直接从连接池中获取空闲连接对象。连接对象使用完毕，会自动回到连接池，以方便下一个用户访问时获取。

连接池的参数是可变的，程序员可以通过配置文件来设置，以找出性能最佳的连接池方案。总之，连接池把建立、关闭数据库等耗时的操作剔除，对连接进行科学的管理（连接复用），这样就节省了大量的系统资源。具体内容如代码清单 3-58 所示。

代码清单 3-58 applicationContext.xml

```
<bean id="dataSource" class="org.apache.commons.dbcp.BasicDataSource">
    <property name="driverClassName" value="${driverClassName}"></property>
    <property name="url" value="${url}"></property>
    <property name="username" value="${username}"></property>
    <property name="password" value="${password}"></property>
    <!-- 连接池启动时的初始值 -->
    <property name="initialSize" value="${initialSize}"></property>
    <!-- 连接池的最大值 -->
    <property name="maxActive" value="${maxActive}"></property>
    <!-- 最大空间值，当经过一个高峰时间后，连接池可以将已经用不到的连接释放一部分，直至连接数量减少的
maxIdle 为止 -->
    <property name="maxIdle" value="${maxIdle}"></property>
    <!-- 最小空间值，当空间的连接数少于阈值时，连接池就会预申请一些连接，以免洪峰到来时来不及申请 -->
    <property name="minIdle" value="${minIdle}"></property>
</bean>
```

代码解析

连接池使用 BasicDataSource 类进行管理，它需要配置在单独的 Bean 中。其内容主要是设置连接池参数，来起到优化 JDBC 的作用，常用的参数有以下几个。

（1）initialSize：连接池的初始值。

（2）maxActive：连接池的最大值。

（3）maxIdle：最大空间值，当经过并发高峰时间后，连接池可以把已经不用的连接释放一部分，直至连接数量减少的 maxIdle 为止。

（4）minIdle：最小空间值，当项目的连接数少于阈值时，连接池会预申请一些连接作为备用，以免并发高峰到来时来不及申请。

连接池最大的特点是依靠自身来管理这些连接，程序员只用通过配置参数来进行干预，因此需要可以不断地改变这些参数的组合，来找出适合当前项目的最佳性能方案。需要注意的是，如果请求的数量超过了 maxActive，超出的请求就会处于等待队列，直到前面的连接被逐个释放。

3.8.2 Nginx

使用连接池可以显著地解决部分并发问题，对企业级的 Java 项目来说基本能够满足使用。但是，当面对那些高并发的互联网项目的时候，使用连接池明显力不从心了。因此，针对这些项目，我们不但

需要使用连接池，还需要使用分布式集群，把并发分配到不同的主机上，从而达到负载均衡的目标。而项目要实现负载均衡，就需要使用 Nginx 和 Apache，它们可以作为中间服务器，专门负责把并发转移到不同的项目服务器上。在本节中，我们主要讲述 Nginx 在管理系统中的应用。

Nginx 是一款轻量级、高性能的反向代理服务器，其主要作用就是将并发转移到不同的服务器上，从而实现负载均衡。Nginx 的使用率非常高，其用户包括百度、京东、淘宝等网站，Nginx 支持不同的操作系统，如 Windows、Linux 等，它最大的特点是能够支持数十万的并发，当然这需要很好的硬件支撑。

1. 下载 Nginx

在浏览器打开 Nginx 的官方下载网站，在这里有 3 个版本供我们下载，分别是 Mainline version（正式版）、Stable version（稳定版）和 Legacy versions（过去版），一般选择正式版和稳定版即可，在这里我们选择稳定版。下载好软件并且解压缩后，出现了 Nginx 的目录，里面有一些文件夹，它们是 conf（配置）、docs（文档）、logs（日志）等，还有启动程序 nginx.exe，可以双击 nginx.exe 来启动。当然，这样做的前提是最好把 Nginx 目录复制到一个单独的文件夹中，如 E:\nginx-1.12.2。

2. Nginx 命令

Nginx 的命令需要在 DOS 界面中执行，常用的命令有下面这几个。

（1）E:\nginx-1.12.2> start nginx：启动 Nginx。

（2）E:\nginx-1.12.2> nginx.exe -s stop：快速退出 Nginx，不保存相关信息。

（3）E:\nginx-1.12.2> nginx.exe -s quit：完整退出 Nginx，保存相关信息。

（4）E:\nginx-1.12.2> nginx.exe -s reload：重载 Nginx，用于更新配置。

（5）E:\nginx-1.12.2> nginx.exe -s reopen：打开 Nginx 日志文件。

（6）E:\nginx-1.12.2> nginx –v：查看 Nginx 版本号。

3. 配置 Nginx

Nginx 的配置文件是 conf 目录下的 nginx.conf，打开该文件，可以对 Nginx 代理服务器的信息进行配置。如果配置成功可以使用重载命令使其生效，再参考项目中的实际效果，即可观察 Nginx 带来的性能变化。具体内容如代码清单 3-59 所示。

代码清单 3-59　nginx.conf

```
#user  nobody;
worker_processes  1;
#error_log  logs/error.log;
#error_log  logs/error.log  notice;
#error_log  logs/error.log  info;
#pid        logs/nginx.pid;
events {
    #允许的最大连接数量
    worker_connections  1024;
}
http {
    include       mime.types;
    default_type  application/octet-stream;
    #log_format  main  '$remote_addr - $remote_user [$time_local] "$request" '
    #                  '$status $body_bytes_sent "$http_referer" '
    #                  '"$http_user_agent" "$http_x_forwarded_for"';
    #access_log  logs/access.log  main;
```

```
    sendfile        on;
    #tcp_nopush     on;
    #keepalive_timeout  0;
    keepalive_timeout  65;
    #gzip  on;
#转发服务器集群
upstream localtomcat {
    server 127.0.0.1:8080 weight=1;
    server 127.0.0.1:18080 weight=2;
    #server 127.0.0.1:8080 max_fails=1 fail_timeout=10s;
    #server 127.0.0.1:18080 max_fails=1 fail_timeout=10s;
}
    #当前的 Nginx 配置
    server {
        listen       80;
        server_name  localhost;
        #charset koi8-r;
        #access_log  logs/host.access.log  main;
        #location / {
        #    root   html;
        #    index  index.html index.htm;
        #}
         # 定义转发指向名称及配置信息
       location / {
            root html;
            index index.html index.htm;
            proxy_pass http://localtomcat;
            proxy_set_header  X-Real-IP  $remote_addr;
            client_max_body_size  100m;
            #proxy_pass http://localtomcat;
            #proxy_redirect off;
            #proxy_set_header Host $host;
            #proxy_set_header X-Real-IP $remote_addr;
            #proxy_set_header REMOTE-HOST $remote_addr;
            #proxy_set_header X-Forwarded-For $proxy_add_x_forwarded_for;
            #client_max_body_size 50m;
            #client_body_buffer_size 256k;
            #proxy_connect_timeout 1;
            #proxy_send_timeout 30;
            #proxy_read_timeout 60;
            #proxy_buffer_size 256k;
            #proxy_buffers 4 256k;
            #proxy_busy_buffers_size 256k;
            #proxy_temp_file_write_size 256k;
            #proxy_next_upstream error timeout invalid_header http_500 http_503 http_404;
            #proxy_max_temp_file_size 128m;
       }
        #定义路径转发
        #location /manage/ {
        #     proxy_pass http://localhost:8080;
        #     root   jsp;
        #     index  index.jsp index.jsp;
        #}
        #error_page  404              /404.html;
        # redirect server error pages to the static page /50x.html
        #
        error_page   500 502 503 504  /50x.html;
        location = /50x.html {
```

```
            root   html;
        }
        # proxy the PHP scripts to Apache listening on 127.0.0.1:80
        #
        #location ~ \.php$ {
        #    proxy_pass   http://127.0.0.1;
        #}
        # pass the PHP scripts to FastCGI server listening on 127.0.0.1:9000
        #
        #location ~ \.php$ {
        #    root           html;
        #    fastcgi_pass   127.0.0.1:9000;
        #    fastcgi_index  index.php;
        #    fastcgi_param  SCRIPT_FILENAME  /scripts$fastcgi_script_name;
        #    include        fastcgi_params;
        #}
        # deny access to .htaccess files, if Apache's document root
        # concurs with nginx's one
        #
        #location ~ /\.ht {
        #    deny  all;
        #}
    }
    # another virtual host using mix of IP-, name-, and port-based configuration
    #
    #server {
    #    listen       8000;
    #    listen       somename:8080;
    #    server_name somename  alias  another.alias;
    #    location / {
    #        root   html;
    #        index  index.html index.htm;
    #    }
    #}
    # HTTPS server
    #
    #server {
    #    listen       443 ssl;
    #    server_name  localhost;
    #    ssl_certificate cert.pem;
    #    ssl_certificate_key cert.key;
    #    ssl_session_cache    shared:SSL:1m;
    #    ssl_session_timeout  5m;
    #    ssl_ciphers  HIGH:!aNULL:!MD5;
    #    ssl_prefer_server_ciphers  on;
    #    location / {
    #        root   html;
    #        index  index.html index.htm;
    #    }
    #}
}
```

代码解析

该文件中列出了 Nginx 的配置信息，可以通过修改这些信息来改变 Nginx 的代理逻辑。

（1）worker_connections 1024：允许的最大连接数量是 1024 个。

（2）upstream localtomcat{}：具体的转发服务器集群，可以在该元素中配置 N 个转发服务器。

（3）server 127.0.0.1:8080 weight=1：转发服务器 TomcatA，地址指向本机，端口是 8080，优先级是 1。

（4）server 127.0.0.1:18080 weight=2：转发服务器 TomcatB，地址指向本机，端口是 18080，优先级是 2。

（5）location/{}：定义转发指向名称及配置信息。

（6）proxy_pass 是 http://localtomcat：定义转发的目标是代理服务器集群 localtomcat，也就是 localtomcat 下的两台 Tomcat 服务器。

（7）server {}：当前的服务器配置，如该元素下的 server_name 属性值是 localhost，说明接下来我们测试的地址是 http://localhost/manage/。

4. 配置 Tomcat

配置 Tomcat 的操作比较简单，第一处配置是其中另一台服务器的端口号，可以稍加调整，例如在 server.xml 把 02 服务器的原端口号 8005 改成 18005，把 8080 改成 18080，把 8009 改成 18009。第二处配置是进行和 Redis 结合的改动，在 context.xml 中的具体内容如代码清单 3-60 所示。

代码清单 3-60　context.xml

```
<Valve  className="com.radiadesign.catalina.session.RedisSessionHandlerValve" />
<Manager className="com.radiadesign.catalina.session.RedisSessionManager"
     host="127.0.0.1"
     port="6379"
     database="0"
     maxInactiveInterval="60" />
```

代码解析

本段代码在结合 Redis 达到使用 Nginx 实现负载均衡的同时，实现 Session 共享，以免出现数据错。RedisSessionHandlerValve 和 RedisSessionManager 是 Redis 提供的控制工具类，而 host 需要设置为本机地址，对应 Nginx 配置文件中服务器集群里的 Tomcat 服务器。maxInactiveInterval 则是 Session 的过期时间，如果需要测试代码的话，可以把它的数值设定得大一些，以方便观察结果。另外，这段代码需要加入服务器集群里的所有 Tomcat 服务器才能生效。

5. 测试 Nginx

先打开 DOS 界面，分别启动 Nginx 和 Redis，分别把 manage 项目复制到需要测试的两个 Tomcat 的 webapps 目录中，再同时启动两个 Tomcat。接着，在浏览器中访问测试地址 http://localhost/manage/，并且不停地刷新，会发现标题（Title）会经常变换，分别是服务器 1 和服务器 2，说明请求从 Nginx 转发到了不同的 Tomcat 服务器，从而达到了负载均衡的目标，再加上开启了 Redis，就可以做到负载均衡下的 Session 共享。

3.9 小结

本章主要通过在管理系统 manage 项目中集成 Struts 2、Spring、Hibernate 来进行典型的 Java EE 企业级项目的框架搭建，带领读者学习架构师的工作内容。可以说从框架搭建到框架集成再到架构设计，这条路线是项目开发的必经之路，而其他的内容就是在搭建好的项目框架之中不停地填充。例如，权限管理模块是一个自成系统的庞大模块，包括业务设计、程序设计、数据库设计等，如何把它成功地集成在 manage 项目之中是一个难点，而数据导出是 manage 项目的常规需求，如何实现这个需求要依靠 POI 开源框架，这又会涉及集成 POI 的操作。

最后，为了解决并发带来的问题，我们又在管理系统中集成了 Ehcache，利用 Ehcache 在硬盘中保存缓存文件，在获取这些数据的时候直接通过缓存查询，可以极大地提高系统性能。另外，为了实现负载均衡，我们又在管理系统中增加了连接池和 Nginx，再结合 Redis 做到了负载均衡下的 Session 共享。通过本章的学习，读者可以轻松进入初级架构师的层次。在内容安排上，针对 SSH 框架，先是集成了 JdbcTemplate，完成了一些常规的需求，接着又集成了 Hibernate，可谓实现了两种持久层技术，读者在学习的时候，可以重点关注一下。

第 4 章　Spring MVC

Spring MVC 是近年来逐渐流行起来的 Java 开发框架，其主要设计思想是抛弃 Struts 2，直接利用 Spring 来实现 MVC 设计理念，所以它被称作 Spring MVC。在 Spring MVC 中，我们无须将 Struts 2 当作控制器来转发 Action 的请求，可直接使用 Spring 自带的注解来实现方法级别的拦截。这样做的好处非常明显：不用集成 Struts 2 框架，直接使用 Spring 自身即可完成前后端交互，不仅可以提高程序性能和速度，还可以降低开发难度。因为 Spring 的注解是依靠它本身的拦截器机制的，这个机制又依赖于 AOP 设计理念，所以在代码可读性方面，Spring MVC 也比 Struts 2 更有优势。

4.1　Spring MVC 概述

Spring MVC 是 Spring 提供给 Web 应用的框架。Struts 2 框架需要进行大量的 XML 配置，这些配置不仅包括 Spring 对依赖关系的注入，还包括 struts.xml 文件中大量的业务 Action、框架拦截器、自定义拦截器等的配置。其中需要手动设置的配置项太多了。因为 Java 的开发趋势是去配置化，烦琐的配置会让程序的复杂度增加，还会干扰正常需求的开发，所以 Spring MVC 框架直接使用 Spring 来完成所有的配置，在业务 Action 的配置方面采用了注解，这样就节省了程序员很多的时间，让他们更加专注于业务逻辑的开发。在框架融合度方面，Spring MVC 与 Spring 高度融合，为程序员呈现出一种更加清晰的开发模式。当然，在 ORM 框架的选择上，Spring MVC 仍然可以使用 JDBC，也可以使用 MyBatis，这主要取决于项目的需求。

4.1.1　Spring MVC 框架特点

Spring MVC 最大的特点便是去除了 Struts 2 的配置，为程序员节省了大量的时间，还让整个项目结构更加清晰，而且与 Spring 高度融合。它完全不依赖于 Servlet API，在视图技术方面，不仅仅支持 JSP，还支持很多其他的技术，如 FreeMarker 和 Thymeleaf 等，有自己独特的请求资源映射策略和方法。与 Struts 2 的区别是：Spring MVC 实现了方法级别的拦截，依靠的是 Servlet；而 Struts 实现了类级别的拦截，依靠的是过滤器（Filter）。

Spring MVC 提供一个 DispatcherServlet，其作用类似于 Struts 2 的 FilterDispatcher，即核心控制器。DispatcherServlet 是前端控制器，需要配置在 web.xml 文件中。核心控制器的作用就是根据定义好的拦截匹配规则（映射策略），拦截用户请求，再把目标发送到 Controller 类中进行处理。在针对 XML 配置文件的修改方面，Spring MVC 做到了可以直接编辑配置文件，而不用重新编译应用程序。在参数传递方面，Spring MVC 可以根据用户的输入来自动构造 JavaBean，但需要保证视图与 POJO 的字段一致，还能够自动进行数据类型转换，例如把字符解析成 String、float 等类型。Spring MVC 还提供了输入校验，如果无法通过校验，则重新回到输入表单，校验规则是可选的。另外，Spring MVC 还提供了国际化与本地化服务，支持根据用户区域来匹配语言。总的来说，Spring MVC 进一步简化了 MVC 模式，对该模式的耦合度进行降低，让程序员的开发逻辑更加清晰。最后说说 Spring MVC 的角色划分，它包含前端控制器（DispatcherServlet）、请求处理器映射（HandlerMapping）、处理器适配器（HandlerAdapter）和视图解析器（ViewResolver）。

4.1.2　Spring MVC 框架搭建

在框架搭建方面，Spring MVC 广泛应用的时候，基本上已经不再使用导入 JAR 包的方式来搭建项目了，基本上都使用 Maven 架构。在本章中，我们采用一个简单的项目来详细讲述一下 Spring MVC 的技术架构，示例项目名称为 emp，该项目是一个典型的学生管理系统。在前端方面我们采用最基本的 HTML 代码即可，而在后端方面我们采用 Spring MVC 和 MyBatis 架构。在搭建完框架之后，我们实现一个简单的查询需求，并且从各个方面来分析这个需求的开发细节，以达到掌握 Spring MVC 框架的目的。

学生管理系统只有一个界面，以及一个查询功能，即在“学号”文本框中输入对应的学号，即可查询该学生的信息，字段有“学号”“姓名”“性别”“地址”。如果想要继续扩充，也可以在数据库的学生表中增加字段，然后在程序中修改业务逻辑。接着，我们便从整体上来搭建一个简单、完整的 Spring MVC 项目，并且在此基础上讲解在 Spring MVC 框架下的查询功能。如果熟练掌握了这个功能，那基本上可以胜任 Spring MVC 框架下的其他需求的开发了。

针对 Spring MVC 的学习，其思路与 SSH 框架的学习基本上一致。因为学生管理系统比较简单，也没有权限管理，所以代码量和配置会比较少。但话说回来，精简的系统可能会更利于学习框架搭建。学生管理系统的功能非常简单，主要是为了让我们通过一个经典的实例来学习 Spring MVC，尽管如此，它仍然是一个完整的项目，因此也需要做一个整体规划。它的首页如图 4-1 所示。

图 4-1　学生管理系统首页

实际上，我们只需要开发两个功能，便可以让这个项目的业务变得相对完整。第一，开发学生信息的增加功能；第二，开发学生信息的查询功能。一般只要有了这两个简单的功能，任何用于学习的项目都可以算是完整的，有时候甚至连新增业务都不用添加，我们只需要在数据库对应的表里面增加几条测试数据即可。切记，我们学习的重点是框架的搭建，而不是业务，因此针对业务的设计反而是越简单越好，这样可以让框架方面的知识在代码中凸显出来，更利于学习和掌握。

在这个系统里，我们无须集成复杂的权限系统。但是，数据从何而来呢？在使用 SSH 框架的管理系统中，数据是通过脚本导入和手动录入的，在学生管理系统中，我们完全可以沿用这种做法。因为学生管理系统没有权限管理，所以我们需要录入的脚本数据只有学生、教师的几条信息。这时我们完全可以使用 SQLyog 等工具，在可视化界面花几分钟的时间手动增加信息，甚至连主外键关系都不用考虑。

学生管理系统虽然简单，却完整地集成了 Spring MVC，把 Spring MVC 变成基础框架平台，这样无论以后遇见多么复杂的项目，都可以使用该基础平台来进行开发，毕竟程序开发是万变不离其宗的。而这个项目的前端，我们不用任何插件，直接使用原生 JavaScript 和 jQuery。在后端 ORM 框架方面，实际上有很多种选择，使用原生 JDBC 或者 Hibernate 都是可以的。因为项目很简单，数据量不大，所以使用哪种技术在前期都没有高并发、大数据量引发的性能问题。因为目前针对 Spring MVC 和 Spring

Boot 的、较为流行的 ORM 框架是 MyBatis，所以我们选择该技术作为 ORM 框架。而数据库自然是选择轻巧、易用的 MySQL 了。

在第 3 章中，我们已经搭建了一个成熟的 SSH 框架，不但讲述了 SSH 框架的具体搭建方法，还针对 Struts 2、Hibernate 的核心技术进行了讲解，最终设计了一套权限系统，包含 6 张表，尽管现在的开源系统已经有了自带的权限系统，但学会自己设计，也并不是什么坏事，正所谓技多不压身！除了讲述 Java 的经典三层架构在 Struts 2 中的应用外，我们还讲述了诸如数据导出、使用 Hibernate 方式查询数据、解决缓存并发问题等。在本章中，我们可以如法炮制，以相似的方式，为大家讲解 Spring MVC 的核心技术，还有整个框架搭建的具体过程。其实，针对框架的学习就是这样，只要认真掌握了其中的一套框架，别的也就自然不在话下了，这就叫作“万变不离其宗”“以不变应万变”。

SSH 框架在流行了五六年之后，逐渐退出了历史舞台。Struts 2、Hibernate 到现在已经快到了“无人问津”的地步，而主要讲述这两种框架的技术图书、文档，动辄都是上百万字的，网上的参考资料也是铺天盖地。尤其是 Hibernate，这门框架确实非常精巧，但无奈的是过于依赖自动化，反而让程序员陷入了被动。使用 JavaBean 的方式操作数据库固然好，但想在几个实体 Bean 之间做关联查询、嵌套查询，就会陷入一堆麻烦的配置当中，让程序员非常“抓狂”。而这种多表关联查询的场景在软件开发当中又是司空见惯的，这就导致程序员纷纷抛弃了 Struts 2 与 Hibernate，开始使用 Spring MVC 和 MyBatis 来代替它们。与此同时，一个新的技术栈正式诞生，那就是由过去的 SSH 变化而得的 SSM，即 Spring MVC+Spring+MyBatis 的组合。我们就踏过 SSH 框架的：“荒原”，追寻着 SSM 的“气息”，来揭开 SSM 框架神秘的“面纱”吧。

4.2 框架核心

框架搭建的过程可以说很简单，也可以说很复杂。这是为什么呢？程序员即便非常熟悉框架搭建，但想要把那些成百上千的配置项全部记住也是不切实际的。因此，不管一个人的软件开发技术水平有多高，搭建框架时也必然是需要参考资料的。如果参考的资料比较正确、全面，那么搭建一个框架可能只需要一小时；如果这份资料出错率高又是残缺不全的，那么搭建一个框架可能就需要一周的时间，因为你需要不停地解决搭建框架过程中出现的种种错误。

鉴于此，要学习框架搭建，比较简单的方法便是，在日常的工作当中，把一些耳熟能详的框架，（如 SSH、SSM、Spring Boot、Spring Cloud 等）一次性搭建好之后，增加详细的注释，再把它们保存在一个单独的文件夹，作为一个基础版本。这样的话，每当我们下次需要搭建类似的框架时，便可以把它们拿出来复用，需要做的修改无非就是修改一下数据源，剩下的事情便是新业务的开发了。

谈到 SSM 框架的搭建，个人觉得比 SSH 要复杂一些，主要表现在 SSM 的配置文件中，有很多内容是需要自动对包进行扫描的，如果这部分的扫描通配符规则制定错误，导致的后果便会是整个项目启动不起来，或者项目可以启动，却发现运行到某个方法的时候，无法运行 Mapper 文件里对应的 SQL 语句。这就令人十分恼火了，最主要的是可能还没有任何出错提示，让人无法根据提示来修复问题，这就是 SSM 框架搭建中会走的一些弯路，读者需要格外注意。

但是，读者也是幸运的，因为在编写本书的时候，我已经把这些框架的基础版本确定好了，读者只需在学习完相应的章节后，把源码保存在单独的文件夹里，下次需要搭建框架的时候拿出来直接用就行了，这是不是也符合了软件开发领域的开箱即用的规则呢？

4.2.1 Spring MVC 执行过程

我们通过学生管理系统的开发，来讲解 Spring MVC 的学习。在开发之前，仍然需要像学习 SSH 框架那样，完成一个标准的过程。第一步，就是熟悉 Spring MVC 的执行过程，只有弄懂了这一点，针对其他内容的学习才可以游刃有余。一个请求在 Spring MVC 框架中主要经历以下几个步骤。

（1）用户提交请求至前端控制器（DispatcherServlet）。

（2）DispatcherServlet 查询一个或多个处理器映射器（HandlerMapping），找到处理请求的控制器来处理。

（3）DispatcherServlet 调用处理器适配器（HandlerAdapter），让适配器执行控制器。

（4）控制器进行业务逻辑处理后，返回 ModelAndView 对象，该对象本身包含了视图对象的信息。

（5）DispatcherServlet 把视图信息交给视图解析器（ViewResolver），找到 ModelAndView 对象指定的视图对象。

（6）视图负责将 ModelAndView 对象返回到客户端。

（7）调用视图解析代码。

（8）将视图（View）返回到前端控制器。

（9）DispatcherServlet 开始进行渲染视图操作。

（10）视图把显示的结果最终呈现给用户。

Spring MVC 的执行过程如图 4-2 所示。

Spring MVC 执行过程

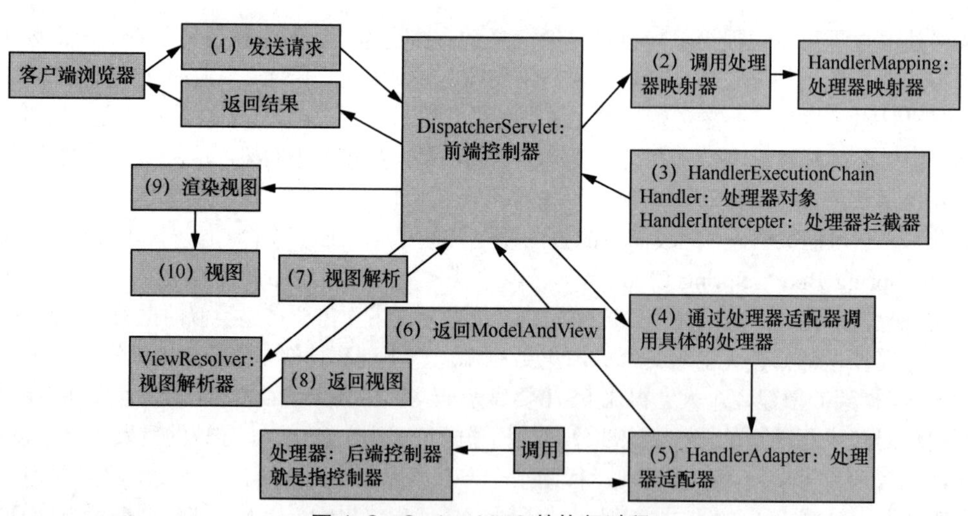

图 4-2　Spring MVC 的执行过程

从图 4-2 来看，Spring MVC 的执行过程很复杂，但实际上在程序开发过程中，我们需要关注的只有上文总结的 6 个步骤，其他的步骤虽然也会触发，但基本上都是程序自动执行的，不需要人为地干预，也不需要写控制过程走向的代码。

4.2.2 DispatcherServlet

web.xml 作为项目应用程序级别的配置文件，会贯穿整个项目启动的过程，也就说该配置文件里的内容直接决定了项目的任何属性配置。DispatcherServlet 是中央控制器，作为整个请求响应的控制中心，来统一调度框架中的各个组件。DispatcherServlet 也是前端控制器，主要用于拦截用户请求，相当于 MVC 模式中的控制器。DispatcherServlet 负责整个过程控制的拦截和转发，极大地降低了组件之间的耦合度。

当一个用户请求到达服务器的时候，DispatcherServlet 会对该请求的 URL 进行解析，再调用 HandlerMapping 获得该请求对应的 Handler 配置信息，主要有一个 Handler（后端处理器）、多个 HandlerInterceptor（拦截器），最后返回 HandlerExecutionChain 对象。接着，DispatcherServlet 再根据处理结果获得的 Handler，选择一个合适的 HandlerAdapter，调用具体的方法来处理用户的请求。这时，程序会提取 Request 对象中的 POJO 模型数据，来填充 Handler 的输入参数，并且执行 Controller，正式步入程序员自己编写业务代码的阶段。而在填充 Handler 的输入参数的过程中，根据应用程序的配置，Spring 框架将会做如下一些默认的工作。

- 数据转换：对参数进行数据转换，例如把字符解析成 String、float 或 Decimal 等类型，还包括把字符串格式化成数字、日期格式化等。
- 数据校验：对参数的有效性进行校验，并将结果保存在 BindingResult 或 Error 中。

最后，Handler 执行完成后，向 DispatcherServlet 返回一个 ModelAndView 对象，根据返回的 ModelAndView 对象，再选择一个合适的 ViewResolver 返回给 DispatcherServlet，根据 View 设置的情况来渲染视图，把结果返回给客户端。

DispatcherServlet 的通用代码如代码清单 4-1 所示。

代码清单 4-1 web.xml

```
<servlet>
    <servlet-name>springmvc</servlet-name>
    <servlet-class>org.springframework.web.servlet.DispatcherServlet</servlet-class>
    <load-on-startup>2</load-on-startup>
</servlet>

<<!-- servlet-mapping>
    <servlet-name>springmvc</servlet-name>
    <url-pattern>*.action</url-pattern>
</servlet-mapping>-->

<servlet-mapping>
    <servlet-name>springmvc</servlet-name>
    <url-pattern>/</url-pattern>
</servlet-mapping>
```

代码解析

DispatcherServlet 的配置非常简单，就是在 web.xml 中加入<servlet>元素中的这段代码，然后使用<servlet-mapping>映射所有请求。打开源码可以看到 DispatcherServlet 在 spring-webmvc 包中，所以如果没有引入这个包，肯定是不能使用 Spring MVC 的，而*.action 的作用是匹配所有以.action 结尾的路径。因为 DispatcherServlet 本质上就是一个 Servlet，所以它的配置方法与 Servlet 是一样的。为了能够拦截到所有请求，此处使用“/”来匹配。

4.2.3 HandlerMapping

HandlerMapping 即处理器映射器，负责根据用户请求的 URL 找到对应的 Handler，Spring MVC 提供了不同的映射策略（常见的有配置文件、实现接口、注解等方式）来拦截用户请求。HandlerMapping 是一个接口，它会根据定义好的规则来匹配 Controller。当一个用户请求到达服务器的时候，DispatcherServlet 会对该请求的 URL 进行解析，再调用 HandlerMapping 获得该请求对应的 Handler 配置信息，主要有一个 Handler（后端处理器）、多个 HandlerInterceptor（拦截器），最后把它们绑定到 HandlerExecutionChain 对象上返回。

HandlerMapping 的通用代码如代码清单 4-2 所示。

代码清单 4-2 DispatcherServlet.java

```
/**
 * Return the HandlerExecutionChain for this request.
 * <p>Tries all handler mappings in order.
 * @param request current HTTP request
 * @return the HandlerExecutionChain, or {@code null} if no handler could be found
 */
protected HandlerExecutionChain getHandler(HttpServletRequest request) throws Exception {
    for (HandlerMapping hm : this.handlerMappings) {
        if (logger.isTraceEnabled()) {
            logger.trace(
                    "Testing handler map [" + hm + "] in DispatcherServlet with name '" +
getServletName() + "'");
        }
        HandlerExecutionChain handler = hm.getHandler(request);
        if (handler != null) {
            return handler;
        }
    }
    return null;
}
```

代码解析

以上是 DispatcherServlet.java 文件中的源码，作用是遍历所有的映射器，直至找到能够配对该请求的一个映射器，在映射器内部配对到对应的 Handler，最终生成 HandlerExecutionChain 对象并返回。例如，我点击界面的“查询学号”按钮，就会触发源码中的断点，得到的数据是这样的：HandlerExecutionChain with handler [public java.lang.Object com.controller.StudentController.findInfoById (int)] and 1 interceptor，表示它已经找到了对应的类 StudentController（Handler）和它的方法 findInfoById()。

4.2.4 HandlerAdapter

HandlerAdapter 即处理器适配器，它的作用是调用具体的方法来处理用户的请求，然后会返回一个 ModelAndView 对象。HandlerAdapter 会把 Controller 的执行结果 ModelAndView 返回给 DispatcherServlet，经由 DispatcherServlet 处理后再在前端显示。

HandlerAdapter 的通用代码如代码清单 4-3 所示。

代码清单 4-3 DispatcherServlet.java

```
/**
 * Return the HandlerAdapter for this handler object.
 * @param handler the handler object to find an adapter for
 * @throws ServletException if no HandlerAdapter can be found for the handler. This is
a fatal error.
 */
protected HandlerAdapter getHandlerAdapter(Object handler) throws ServletException {
    for (HandlerAdapter ha : this.handlerAdapters) {
        if (logger.isTraceEnabled()) {
            logger.trace("Testing handler adapter [" + ha + "]");
        }
        if (ha.supports(handler)) {
            return ha;
        }
    }
    throw new ServletException("No adapter for handler [" + handler +
          "]: The DispatcherServlet configuration needs to include a HandlerAdapter that
supports this handler");
}
```

代码解析

以上的 DispatcherServlet.java 文件中源码的作用是遍历所有的处理器适配器，通过 Handler 找到对应的 HandlerAdapter，然后使用 getHandlerAdapter(Object handler)得到 HandlerAdapter，这个函数会遍历所有注入的 HandlerAdapter，依次使用 supports()方法寻找适合这个 Handler 的适配器子类。例如，我点击界面的“查询学号”按钮，就会触发源码中的断点，得到的数据是 org.springframework.web.servlet.mvc.method.annotation.RequestMapping HandlerAdapter@619cc3dc，包含 WebApplicationContext 信息、returnValueHandlers 信息等。

4.2.5 ViewResolver

ViewResolver 即视图解析器，负责把程序的处理结果生成视图。例如，可以利用它的 prefix 属性来设置解析地址，也可以利用 suffix 属性来设置具体的解析类型，如.jsp。它通常把 ModelAndView 这种逻辑视图解析为具体的视图。

ViewResolver 的通用代码如代码清单 4-4 所示。

代码清单 4-4 springmvc-servlet.xml

```
<!--springmvc 的视图解析器 -->
<bean class="org.springframework.web.servlet.view.UrlBasedViewResolver">
    <property name="prefix" value="/WEB-INF/JSP/"></property>
    <property name="suffix" value=".jsp"></property>
    <property name="viewClass" value="org.springframework.web.servlet.view.JstlView"/>
</bean>
```

代码解析

上述代码的含义是，UrlBasedViewResolver 将使用 JstlView 对象来渲染结果，并在 HandlerMethod 对象返回的 ModelAndView 的基础上，加上目录前缀/WEB-INF/JSP/和文件扩展名.jsp。例如运行代码，返回的 viewName 值为 helloworld，则对应的实际 JSP 文件为/WEB-INF/JSP/helloworld.jsp，它是配置文件的配置项目，作用是配置路径、视图类型，返回标签（如 JSTL 标签）等，而对应的类是 UrlBasedViewResolver。

我们来看看 Springmvc-servlet.xml 里面有什么内容。UrlBasedViewResolver 是 ViewResolver 的一种简单实现，继承了 AbstractCachingViewResolver，主要作用是提供一种拼接 URL 的方式来解析视图，它可以让我们通过 prefix 属性指定前缀（表示目录），通过 suffix 属性指定文件扩展名，然后把返回的逻辑视图名称加上指定的前缀和文件扩展名就构成了最终的视图 URL 了。

4.3 数据绑定与标签

数据绑定是将用户在前端的输入绑定到模型的一种特性，正因为有了数据绑定，HTTP 请求里的 String 类型的参数才可以动态地绑定到对应类型的对象属性当中。这样的话，在开发需求的时候，便会省去前端字符串参数手动转换成对应 POJO 的操作。而表单标签库的作用是渲染元素。

4.3.1 数据绑定概述

HTTP 请求有一个特性，那就是所有的参数均为字符串。这样的话，当请求参数传递到后端的时候，就必须把这些参数的类型手动转换为 POJO 中对应字段的类型，这是一件相当麻烦的事情。数据绑定技术应运而生，可以把这些类型通过一定的绑定关系，自动进行转换，这就为程序员节省了大量的时间，提高了工作效率。在这里我们举一个典型的例子，来阐述一下什么是数据绑定。例如，现在有一段代码：

```
@RequestMapping("/saveorder")
public String saveOrder(OrderForm orderForm,Model model){
    // 保存订单
    Order order = new Order();
    order.setUser(orderForm.getUser());
    try {
        product.setAmount(Float.parseFloat(orderForm.getAmount()));
    }catch (NumberFormatException e){
    }
}
```

OrderForm 有一个 amount 属性，用来保存订单的金额。那么问题来了，我们都知道 HTTP 传递过来的参数默认都是 String 类型的，如果硬要把它赋值给 amount 属性，势必会引起类型转换错误。因此，我们才需要使用 parseFloat()方法来把字符串转换成 Float 类型的数据，再进行赋值。但是，如果之前已经做过了数据绑定，就不用这么麻烦了，因为框架帮我们做好了这些操作。这样的话，代码便可以直接精简为：

```
@RequestMapping("/saveorder")
public String saveOrder (Order order,Model model)
```

因为有了数据绑定，所以我们才不再需要 OrderForm 这个中间类，也不再使用 parseFloat()来对数据类型进行转换了，对这一切，数据绑定已经帮我们做好了。数据绑定还有一个莫大的好处，那就是因为事先已经绑定了特定的数据类型，所以在前端输入表单，验证失败，重新生成 HTML 表单的时候，仍然会记得之前的数据。接着，我们来学习 Spring VNC 自带的前端页面处理标签，这些标签与 HTML 原生标签有一定的区别，但可以相互转换。

4.3.2 input 标签

input 标签用来渲染出<input type="text"/>元素，表 4-1 展示了 input 标签的属性。这些属性可选，不包括 HTML 属性，而是表单标签库特有的属性，input 标签常用属性如表 4-1 所示。

表 4-1　input 标签常用属性

属性	说明
cssClass	渲染<input>元素的 CSS 类
cssStyle	渲染<input>元素的 CSS 样式
cssErrorClass	bound 属性错误时的 CSS 样式
htmlEscape	是否对被渲染的值进行 HTML 转义，包含 true 或者 false
path	要绑定的属性路径

Form 里原始的 input 标签如下：

```
<form:input id ="order" path="order" cssErrorClass="errorStyle" />
```

渲染后的<input>元素如下：

```
<input type="text" id="order" name="order" />
```

如果前端 order 属性对应的文本框输入验证错误，input 标签便会被渲染成以下<input>元素。

```
<input type="text" id="order" name="order" class="errorStyle" />
```

4.3.3　password 标签

password 标签用来渲染出<input type="password" />元素，它的常用属性如表 4-2 所示。

表 4-2　password 标签常用属性

属性	说明
cssClass	渲染<password>元素的 CSS 类
cssStyle	渲染<password>元素的 CSS 样式
cssErrorClass	bound 属性错误时的 CSS 样式
htmlEscape	是否对被渲染的值进行 HTML 转义，包含 true 或者 false
path	要绑定的属性路径
showPassword	显示或者隐藏密码，默认值为 false

Form 里原始的 password 标签如下：

```
<form:password id="pwd"path="pwd"/>
```

渲染后的 password 标签如下：

```
<input type="password" id="pwd" name="pwd" />
```

4.3.4　hidden 标签

hidden 标签用来渲染出<input type="hidden" />元素，它的常用属性如表 4-3 所示。

表 4-3　hidden 标签常用属性

属性	说明
htmlEscape	是否对被渲染的值进行 HTML 转义，包含 true 或者 false
path	要绑定的属性路径

Form 里原始的 hidden 标签如下：

```
<form:hidden path="orderId" />
```

渲染后的 hidden 属性值如下：

```
<input type="hidden" id="orderId" name="orderId" />
```

4.3.5　textarea 标签

textarea 标签用来渲染出 HTML 的<textarea>元素（一个支持多行输入的元素），它的常用属性如表 4-4 所示。

表 4-4　textarea 标签常用属性

属性	说明
cssClass	渲染<textarea>元素的 CSS 类
cssStyle	渲染<textarea>元素的 CSS 样式
cssErrorClass	bound 属性错误时的 CSS 样式
htmlEscape	是否对被渲染的值进行 HTML 转义，包含 true 或者 false
path	要绑定的属性路径

Form 里原始的 textarea 标签如下：

```
<form:textarea path="remark" rows="3" cols="50" />
```

渲染后的<textarea>元素如下：

```
<textarea name="remark" rows="3" cols="50"></textarea>
```

4.3.6　select 标签

select 标签用来渲染出 HTML 的<select>元素，该标签主要用来展示一个集合（如 Map、Array 等）中的数据，通常情况下用于循环输出一组数据，它的常用属性如表 4-5 所示。

表 4-5　select 标签常用属性

属性	说明
cssClass	渲染<select>元素的 CSS 类
cssStyle	渲染<select>元素的 CSS 样式
cssErrorClass	bound 属性错误时的 CSS 样式
htmlEscape	是否对被渲染的值进行 HTML 转义，包含 true 或者 false

续表

属性	说明
items	用于设置循环输出的一组数据的集合
itemLabel	用于设置循环输出的一组数据的集合的名称
itemValue	用于设置循环输出的一组数据的集合的数据
path	要绑定的属性路径

Form 里原始的 select 标签如下：

```
<form:select path="order"
items= "${orders}" itemLabel="name"
itemValue="id" />
```

渲染后的<select>元素如下：

```
<select id="order">
<option value="id-0">name-0</option>
<option value="id-1">name-1</option>
<option value="id-2">name-2</option>
</select>
```

4.3.7 checkboxes 标签

checkboxes 标签用来渲染出 HTML 的<checkboxes>元素，它的常用属性如表 4-6 所示。

表 4-6 checkboxes 标签常用属性

属性	说明
cssClass	渲染<checkboxes>元素的 CSS 类
cssStyle	渲染<checkboxes>元素的 CSS 样式
cssErrorClass	bound 属性错误时的 CSS 样式
htmlEscape	是否对被渲染的值进行 HTML 转义，包含 true 或者 false
items	用于设置循环输出的一组数据的集合
itemLabel	用于设置循环输出的一组数据的集合的名称
itemValue	用于设置循环输出的一组数据的集合的数据
path	要绑定的属性路径

Form 里原始的 checkboxes 标签如下：

```
<form:checkboxes path="order" items="${orderList}" />
```

渲染后的 checkboxes 标签如下：

```
<input type="checkbox" name="order" value="订单 1" />
<input type="checkbox" name="order" value="订单 2" />
<input type="checkbox" name="order" value="订单 3" />
```

4.4 框架集成

打开 Eclipse 开发工具，新建 emp 项目，并且需要在它的基础上搭建一个 SSM 开发框架。SSM 是 Spring MVC+Spring+MyBatis 的集成框架，是目前较流行的一种 Web 开发模式，因为在集成基础框架的时候，JDBC 和 Spring 提供的 JdbcTemplate 都已经被集成到了 emp 项目中，所以此处直接讲解 SSM 框架的集成。按照几年前的方法，我们需要用以下方法来完成 SSM 项目框架的搭建工作。

读者需要在网上下载这些框架。具体的下载方法就不赘述了，基本上通过搜索引擎，都可以搜索到符合条件的下载地址。可以到这些框架的官方网站下载，官方网站不但提供 JAR 包，还提供源码和参考文档。如果读者对英文不熟悉，可以选择在 CSDN 下载。注意，在进行框架集成的时候有以下两种方法。

第一种方法是利用 MyEclipse 工具自带的方式集成，使用这种方式集成起来非常简单，也不会有缺失 JAR 包的情况，但是弊端也比较明显，就是不同版本的 MyEclipse 可能无法识别集成好的框架，可能需要再次集成，不然会报大量找不到类的错误；而且这种方法在 Eclipse 中会出现找不到包的情况，因为 Eclipse 没有提供 MyEclipse 中的 JAR 包工具组合。

第二种方法是直接复制相应的 JAR 包到 lib 文件夹中，这种集成的好处是可以按需集成，例如，有些不需要的 JAR 包就不用复制进去。其缺点是如果架构师对需要集成的 JAR 包不熟悉的话，可能会出现错误，而且所有的 JAR 包堆叠在 lib 文件夹里也不方便管理，但可以使用自建 JAR 库的方式弥补。

如果需要下载所有的 JAR 包，需要在以下几个网站里寻找。

- Spring MVC 和 Spring 官方网站。
- MyBatis 官方网站。

时过境迁，这种集成项目框架的老方法已经不合时宜，现在基本上所有的项目都会采用编写 POM 文件的方式来进行框架的集成和第三方插件的管理。这是因为编写 POM 文件的方式是一种可插拔的工具，如果需要某种框架便把 POM 语句直接写入，如果不需要，把 POM 语句删掉即可。

4.4.1 Spring MVC 集成

打开 emp 项目，在项目结构的最内层找到 pom.xml 文件，打开它就能看到学生管理系统中所有使用到的 JAR 包配置，而 Spring MVC 框架的配置如代码清单 4-5 所示。

代码清单 4-5 pom.xml

```
<dependency>
    <groupId>org.springframework</groupId>
    <artifactId>spring-core</artifactId>
    <version>${spring.version}</version>
</dependency>

<dependency>
    <groupId>org.springframework</groupId>
    <artifactId>spring-jdbc</artifactId>
    <version>${spring.version}</version>
</dependency>

<dependency>
    <groupId>org.springframework</groupId>
```

```
        <artifactId>spring-web</artifactId>
        <version>${spring.version}</version>
    </dependency>

    <dependency>
        <groupId>org.springframework</groupId>
        <artifactId>spring-webmvc</artifactId>
        <version>${spring.version}</version>
    </dependency>

    <dependency>
        <groupId>org.springframework</groupId>
        <artifactId>spring-orm</artifactId>
        <version>${spring.version}</version>
    </dependency>
```

代码解析

这段配置代码的作用是引入 SSM 框架中关于 Spring 的部分，一共包含 5 个 POM 组件（但项目不一定只有这 5 个），可以根据项目的具体情况增加/删除。需要注意的是，一般以 org.springframework 为 groupId 的都是 Spring 需要引入的 JAR 包组件。spring-core 是核心文件，spring-jdbc 是 JDBC 文件，spring-web 是 Web 依赖，spring-webmvc 是 Web MVC 依赖，spring-orm 是数据库关于 ORM 框架的文件。总之，这些 JAR 包组件构成了 Spring 系列的引入文件。如果还需要扩展的话，继续在 POM 文件中增加组件就行，比直接把 JAR 包复制到 lib 文件夹要方便得多。Spring MVC 的核心包应该是 spring-webmvc，但如果单纯地引入这个包，没有其他包与之配合，也是无济于事的。

4.4.2 MyBatis 集成

MyBatis 集成的方法比较简单，直接在 pom.xml 文件中引入它的信息即可，如代码清单 4-6 所示。

代码清单 4-6 pom.xml

```
<dependency>
    <groupId>org.mybatis</groupId>
    <artifactId>mybatis</artifactId>
    <version>${mybatis.version}</version>
</dependency>
<dependency>
    <groupId>org.mybatis</groupId>
    <artifactId>mybatis-spring</artifactId>
    <version>${mybatis-spring.version}</version>
</dependency>
```

代码解析

这段配置代码的作用是引入 MyBatis 框架的 POM 语句，分别引入了 MyBatis 的核心，还有它与 Spring 相关的一些 JAR 包。至于版本号在 pom.xml 文件的其他部分使用变量的方式赋予了，在这里直接读取就行了。mybatis 包是 MyBatis 的核心，而 mybatis-spring 是 MyBatis 与 Spring Framework 进行整合的必备 JAR 包，因此这两个组件都是必须引入的。

4.4.3 事务配置

在 Spring 的配置文件中，最主要的事情就是管理数据源和事务。事务一般是指需要做的一个完整的操作，通常由 SQL、Java 等高级语言编写的程序发起，并且包含 BEGIN 与 END 之间的逻辑处理语句。事务的配置内容一般放在 Spring 的配置文件 applicationContext.xml。但在 SSM 框架的项目当中，事务有时也放在其他的文件（如 spring-mybatis.xml）中，事务配置代码如代码清单 4-7 所示。

代码清单 4-7　spring-mybatis.xml

```
<bean id="dataSource" class="com.alibaba.druid.pool.DruidDataSource" init-method="init"
      destroy-method="close">
  <property name="driverClassName">
    <value>${jdbc_driverClassName}</value>
  </property>
  <property name="url">
    <value>${jdbc_url}</value>
  </property>
  <property name="username">
    <value>${jdbc_username}</value>
  </property>
    <property name="password">
    <value>${jdbc_password}</value>
  </property>
  <!-- 连接池最大可使用连接数 -->
  <property name="maxActive">
    <value>20</value>
  </property>
  <!-- 初始化连接大小 -->
  <property name="initialSize">
    <value>1</value>
  </property>
  <!-- 获取连接最大等待时间 -->
  <property name="maxWait">
    <value>60000</value>
  </property>
  <!-- 连接池最大空闲 -->
  <property name="maxIdle">
    <value>20</value>
  </property>
  <!-- 连接池最小空闲 -->
  <property name="minIdle">
    <value>3</value>
  </property>
  <!-- 自动清除无用连接 -->
  <property name="removeAbandoned">
    <value>true</value>
  </property>
  <!-- 清除无用连接的等待时间 -->
  <property name="removeAbandonedTimeout">
    <value>180</value>
  </property>
  <!-- 连接属性 -->
  <property name="connectionProperties">
    <value>clientEncoding=UTF-8</value>
  </property>
</bean>
```

代码解析

可以看到 Spring 建立了一个名为 dataSource 的 Bean，这个 Bean 就是用来与数据库建立连接的，它对应的实现类是 com.alibaba.druid.pool.DruidDataSource，已经封装在 Spring 的 JAR 包里。其余的<property>元素则用来设置数据库的属性，如地址、用户名、密码、连接池等。

SqlSessionFactory 的生效机制如代码清单 4-8 所示。

代码清单 4-8 spring-mybatis.xml

```
<!—MyBatis 的 Session 工厂 -->
<bean id="sqlSessionFactory"
        class="org.mybatis.spring.SqlSessionFactoryBean"
        p:dataSource-ref="dataSource"
        p:configLocation="classpath:mybatis-config.xml"
        p:mapperLocations="classpath:/mapping/*.xml"/>

<!-- Mapper 对象，从 Session 工厂直接自动创建 -->
<bean class="org.mybatis.spring.mapper.MapperScannerConfigurer"
        p:basePackage="com.model.dao"
        p:sqlSessionFactoryBeanName="sqlSessionFactory"/>
```

代码解析

在上述代码中，configLocation 的作用是加载 MyBatis 的配置文件，mapperLocations 是通配符，用于加载所有 mapper 文件下的 XML 文件。**表示任意多级目录，*表示任意多个字符。

MapperFactoryBean 是 MyBatis-Spring 团队提供的一个用于根据 Mapper 接口生成 Mapper 对象的类，通过 MapperFactoryBean 可以配置接口文件以及注入 SqlSessionFactory，从而完成一个 Bean 的实例化。而 MapperScannerConfigurer 是一个以自动扫描形式来配置 MyBatis 中的映射器的类，可以通过设置包路径自动扫描包接口来生成映射器，这使得开发人员不用编写复杂的代码，便可以完成对映射器的配置，从而提高开发效率。例如，本项目中的配置路径便是 com.model.dao 包。只有注入了实体，在使用这些类的时候才可以不用使用关键字 new，这正是 Spring 的方便之处。在进行持久化操作的时候，必须使用数据库事务，这样才能始终保持数据库中的数据是正确的。因此，很有必要在 Spring 的配置文件里配置事务管理器，如代码清单 4-9 所示。

代码清单 4-9 applicationContext.xml

```
<!-- 事务管理器，用于注解注入事务 -->
<bean id="transactionManager"
        class="org.springframework.jdbc.datasource.DataSourceTransactionManager"
        p:dataSource-ref="dataSource"/>
```

代码解析

这段配置代码的作用是建立一个名为 transactionManager 的 Bean，它对应的类是 org.springframework.jdbc.datasource.DataSourceTransactionManager，已经封装在了 Spring 的 JAR 包里。然后这个事务管理器对应的数据源是刚才新建的 dataSource，而 dataSource 中则设置了连接池的信息。

使用事务最大的好处就是确保数据的正确性。因为在没有事务控制的时候，数据库极可能由于并发或者其他原因产生脏数据，这是不应该发生的情况，也比较难以处理。而事务可以做到从框架级别杜绝这种现象的发生。例如，某个导出操作需要在插入数据后完成，如果插入数据的操作失败了，那么导出的数据肯定是不正确的。为了解决这个问题，就需要对这两个方法进行事务控制。一旦插入数据的操作失败，数据库依靠事务进行回滚，在程序代码上可以加入这样的逻辑：当插入失败，数据回滚的时候，就不执行导出操作。

4.5　架构设计

框架的搭建是一个积累和不断尝试的过程，因此关于本章 Spring MVC 的框架搭建和学习，我们采取了类似白盒测试的方法：假定框架是已经搭建好的模式，接着我们通过合理、科学的拆分，带领读者从最简单的代码入手，一步一个脚印，深入浅出地理解框架学习的过程和细节。当然，如果读者想使用类似黑盒测试的方法来学习，可以直接阅读 4.5.4 节。

4.5.1　逻辑层

在通过 Java 代码处理之前，前端的数据是通过 AJAX 或者表单提交进入后端的，这条路径是前端通往后端的桥梁或者分水岭。项目整体上遵循了 MVC 框架，也就是模型（Model）、视图（View）、控制器（Controller）。先说一下控制器，很明显控制器扮演着 MVC 框架控制者的角色，也就是说不论前端发生什么情况，都要经过控制器来指明导向。例如，前端发送了一个 AJAX 请求，这个请求会被控制器接收，然后控制器告诉这个请求应该去哪里？在管理系统中，控制器是 Struts 2 扮演的，只要前端发送 AJAX 请求，控制器就会去 struts.xml 文件中寻找对用的 action 组件，从而跳转到 action 的对应类。而在 Spring MVC 中，一切都变得更加简单了。但我们仍然需要进行大量的配置，以支持这样的便捷。首先，启动 Tomcat 服务器，在浏览器地址栏中输入 http://localhost:8080/emp，按“Enter”键，进入学生管理系统的首页。

首页有一个简单的功能，那就是通过点击“查询”按钮来查出学生信息。可以输入学号，查出一个学生的信息，也可以选择不输入，查出学生表所有的信息，接着会通过 HTML 的<table>元素在首页上展示出学生的信息。我们先通过输入学号 1，来查询出该班级里学号为 1 的学生信息，即在“学号”旁边的文本框中输入 1，点击“查询”按钮，可以看到，首页的界面上已经展示出了学号为 1 的学生信息，如图 4-3 所示。

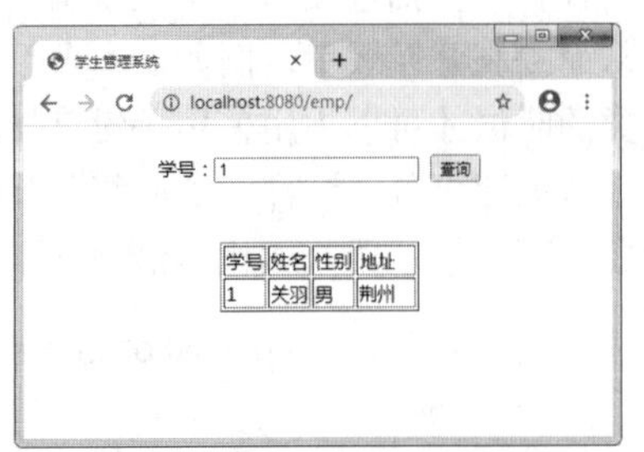

图 4-3　学生信息查询功能

学生信息查询功能是相对完整又非常简单的需求。因此，我们首先来学习该功能，即点击“查询”按钮，会通过超链接跳转到对应的页面。接着我们先看看这个功能的实现代码，如代码清单 4-10 所示。

代码清单 4-10　index.jsp

```
<%@ page contentType="text/html;charset=UTF-8" language="java" %>
<%@ taglib prefix="c" uri="http://java.sun.com/jsp/jstl/core" %>
<html>
    <head>
        <title>学生管理系统</title>
    </head>
    <script type="text/javascript" src="js/jquery-1.7.1.min.js"></script>
    <script type="text/javascript">
        $(function () {
            $("#search").click(function () {
                $.ajax({
                    type: "post",
```

```
                        url: "findInfoById",
                        data: $("#id"),
                        dataType: "json",
                        success: function (data) {
                            if(data != null){
                            var res = "";
                            res +=
                                "<td>" + data.id + "</td> <td>" + data.name
                                + "</td><td>" + data.sex + "</td><td>" + data.address
+ "</td>";
                            $("#student").html(res);

                        }else{
                            alert("请输入正确的信息！");
                        }
                        }
                    })
                })
            })
        </script>
        <body>
            <center>
                <div style="margin-top: 25px">
                    学号：<input type="text" id="id" name="id"/><input id="search" style=
"margin-left: 10px" type="button" value="查询"><br/>
                </div>
                <div style="margin-top: 50px">
                    <table border="1">
                        <tr>
                            <td>学号</td>
                             <td>姓名</td>
                             <td>性别</td>
                             <td>地址</td>
                         </tr>
                         <tr id="student">
                         </tr>
                     </table>
                 </div>
             </center>
        </body>
    </html>
```

代码解析

可以看出，学生信息查询功能的JSP代码非常简单，也没有引入第三方UI插件，所使用的只有jQuery和传统的HTML。即便是如此简单的功能，也可以完整地展示Spring MVC的整个流程走向。其实，在学习框架的时候，我们需要知道，前端页面越简单越好，这样就会更加清晰地展现出功能，把不相干的代码完全摒弃，剩下的就是精华，才能让我们的学习更加高效。点击“查询”后，程序会通过jQuery提供的$.ajax固定语法，把前端信息传递到后端，需要的有POST类型的提交方式、URL是findInfoById，而数据类型则是JSON。

接着，如果程序没有报错，一路顺利走到持久层，并且跟数据库交互的话，那么查询后的数据会以JSON的形式返回给前端，由data变量接收，再通过动态生成HTML代码，把data中的数据遍历出来，由<table>元素进行展示。看起来很简单，但实际上还是蕴含着很多重要的知识点。

接着，我们需要在Spring MVC中进行下一步的操作，我们已经知道它对应的是一个@RequestMapping

("/findInfoById")。而接下来，我们则注重分析这个@RequestMapping 所在的类，就可以分析出业务逻辑了。打开 StudentController.java 文件，开始进行业务逻辑的代码编写，如代码清单 4-11 所示。

代码清单 4-11　StudentController.java

```
package com.controller;

import java.util.List;

import org.springframework.beans.factory.annotation.Autowired;
import org.springframework.stereotype.Controller;
import org.springframework.ui.Model;
import org.springframework.web.bind.annotation.RequestMapping;
import org.springframework.web.bind.annotation.RequestParam;
import org.springframework.web.bind.annotation.ResponseBody;

import com.model.entity.Student;
import com.model.service.StudentService;

@Controller
public class StudentController {

    @Autowired
    private StudentService service;

    @RequestMapping("/findAll")
    public String findAll(Model model) {
        List<Student> list = service.findAll();
        model.addAttribute("studentlist", list);
        return "studentlist";
    }

    // 通过 AJAX 查询数据
    @ResponseBody
    @RequestMapping("/findInfoById")
    public Object findInfoById (@RequestParam("id") int id) {
        Student stu = service.findInfoById(id);
    //   String test = JsonUtil.toJson(stu);
        return stu;
    }
}
```

代码解析

@Controller 定义 StudentController 类是控制器组件，需要依赖配置文件的定义，由 HandlerMapping 实现请求的转发。找到@Controller 定义的类后，Spring MVC 会通过寻找 AJAX 对应的@RequestMapping（本例中对应的是@RequestMapping("/findInfoById")），找到与之相关的代码。

接下来，我们来看@RequestMapping("/findInfoById")对应的 findInfoById()方法究竟做了哪些事情，完成了哪些业务？在该方法的第一行代码处打上断点，使用调试方式来探究细节。接下来，在首页输入学号，点击“查询”试试反应，如图 4-4 所示。

学号：1 查询

图 4-4　查询学生信息

接下来在 Debug 模式下进入断点，如图 4-5 所示。

通过对 emp 变量的分析可以看到，我们从前端传递的参数都已经顺利进入后端了，其中 id 值为 1。接下来，我们按 F6 键，逐步分析代码的走向和每一步的变化。

当 Student stu = service.findInfoById(sid)语句运行后，我们发现，变量 stu 的值发生了改变。Stu 的实体对象为 Student 程序，从数据库里查询到了值，并且赋值给了 stu，该值为 Student{id=1, name='关羽', classes=null, sex='男', address='荆州'}，是一个典型的 JSON 字符串，属于前端可以接收的数据类型。这样的话，程序再往下“走一步”，运行 return stu 就可以将数据返回给前端进行展示了。这就是 Spring MVC 程序完整的运行过程，虽然看起来很简单，但这是因为我们在做这个简单的查询之前已经搭建好了 Spring MVC 框架，这一切才会畅通无阻，而搭建这个框架却不是容易的事情。

```
//Ajax根据ID查询数据
@ResponseBody
@RequestMapping("/findInfoById")
public Object findInfoById(@RequestParam("id") int id) {
    Student stu = service.findInfoById(id);
    //String test = JsonUtil.toJson(stu);
    return stu;
}
```

图 4-5 Debug 模式

4.5.2 业务层

当逻辑层处理完数据后，程序运行到可以触发下一层的方法时，就会进入业务层。例如，Student stu = service.findInfoById(sid)这条语句往下走究竟做了什么？刚才，我们直接运行完这条语句看到了结果。这次，我们需要进入这条语句的 Java 实现类，来看看这里面的代码有什么不一样的“风景”。接着，再对业务层代码进行分析，来找出答案，StudentService 类如代码清单 4-12 所示。

代码清单 4-12 StudentService.java

```
package com.model.service;

import com.model.entity.Student;

import java.util.List;

public interface StudentService {
    public List<Student> findAll();

    // 添加学生
    public void add(String name, int cid, String sex, String address);

    // 根据学号查询学生信息
    public Student findInfoById(int id);
}
```

代码解析

（1）在业务层分别建立了 findAll()、add ()和 findInfoById()这 3 个必须有的接口，参数类型与逻辑层保持一致。

（2）业务层只建立持久层需要用到的接口，并不去实现它。

（3）业务层是介于逻辑层与持久层中间的一层。如果我们有若干个逻辑层，这些逻辑层可能并不是一个类生成的，也就是说程序的入口可能有 100 个，我们的中间层却不用那么多，如果我们乐意，也可以只写 1 个中间层，当前的 StudentService。而 100 个程序入口可能会需要 500 个具体的业务，那么在 Java 程序设计的三层架构中，我们处于中间的业务层就可以写 500 个方法来完成任务。

（4）回到当前，findInfoById()是接口中定义的一个方法，虽然使用 Debug 模式无法进入这一层，但程序肯定会“路过”这一层，这是必然的，该方法返回的是学生类 Student 的实体对象，而参数 id 则代表了学号。其他的方法类似，例如 findAll()没有携带任何参数，但它的返回值是一个包含 Student 对象的 List，顾名思义，findAll()用于查询所有学生对象，这样才能返回 List，以列表的方式传给前端。

理解了业务层的含义，接着我们来看持久层的写法。

4.5.3　持久层

其实大家都知道，一般 Java 开发有着典型的三层架构，三层架构比较适合传统的 JDBC、Hibernate，而当前流行的 MyBatis 更经常使用的是四层架构，那就是在逻辑层、业务层、持久层后面再加上服务层，也就是 Service 层。服务层的主要功能是实现逻辑层的代码，并且获取可用的 DAO 与数据库进行交互。服务层 StudentServiceImpl 类如代码清单 4-13 所示。

代码清单 4-13　StudentServiceImpl.java

```
package com.service.Impl;

import com.model.dao.StudentDao;
import com.model.entity.Student;
import com.model.service.StudentService;

import org.springframework.stereotype.Service;

import java.util.List;

import javax.annotation.Resource;

@Service
public class StudentServiceImpl implements StudentService {

    // 注入 Dao 实例，否则 Dao 是 NULL 值
    @Resource
    private StudentDao studentDao;

    public List<Student> findAll() {
        return studentDao.findAll();
    }

    public void add(String name, int cid, String sex, String address) {

    }

    public Student findInfoById(int id) {
        return studentDao.findInfoById(id);
    }
}
```

代码解析

（1）QueryServiceImpl 类实现了 QueryService 中的所有方法。

（2）findInfoById()方法中，仍然只有一个 int 类型的 id 参数，表示学号。但是，我们可以发现，程序还需要继续往下走，在运行 return 语句的时候，变成了由 studentDao 来继续往下调用 findInfoById()方法。而 studentDao 就是最后一层持久层的具体代码。

持久层 StudentDao 类如代码清单 4-14 所示。

代码清单 4-14 StudentDao.java

```
package com.model.dao;

import com.model.entity.Student;

import org.apache.ibatis.annotations.Param;

import java.util.List;

public interface StudentDao {
     // 查询所有学生信息
    public List<Student> findAll();
     // 添加学生信息
    public void add(@Param("name") String name, @Param("cid") int cid, @Param("sex")
String sex,
            @Param("address") String address);
     // 根据学号查询学生信息
    public Student findInfoById(int id);
}
```

代码解析

这一层接口仍然定义了 3 种方法，分别是 findAll()、add()、findInfoById()，功能仍然和之前的一样。本层的作用就是纯粹定义接口，只需要注意参数的正确封装和传递即可。

接着，我们继续分析最后一层代码。其实，按照程序员正常的思维逻辑，代码写到这一层，肯定需要有一个 StudentDaoImpl.java 文件来设置最后一步的操作，这种思维是对的，过去的 JDBC、JdbcTemplate、Hibernate 都是这样做的，而 MyBatis 却别出心裁，把这一步“省略”了。其实并不是省略，而是进行了更加合理的划分，就是使用了 Mapper。我们使用 Eclipse 的快捷键 Ctrl+T，在 findInfoById() 方法上操作，却发现这已经是最后一层，那么与数据库交互的代码究竟被放到哪里去了呢？带着这个疑问，我们接着往下看。持久层 StudentDaoMapper.xml 文件的内容如代码清单 4-15 所示。

代码清单 4-15 StudentDaoMapper.xml

```
<?xml version="1.0" encoding="UTF-8"?>
<!DOCTYPE mapper PUBLIC "-//mybatis.org//DTD Mapper 3.0//EN" "http://mybatis.org/dtd/
mybatis-3-mapper.dtd">
<mapper namespace="com.model.dao.StudentDao">
    <!-id 值对应方法名称。结果类型没有配置别名则必须只用完整类路径 -->
    <select id="findAll" resultType="Student">
        select * from student
    </select>

    <select id="findInfoById" resultType="Student">
        select * from student where id = #{id}
    </select>
</mapper>
```

代码解析

（1）我们忽略其他代码，直接进入需要的一层，从这个 XML 文件中可以看到，所有涉及学生类的增、删、改、查操作都被保存在了该文件里。这样做的好处毋庸置疑，那就是方便管理。举个典型的例子，如果在学生管理系统中，不但需要管理学生，还需要管理老师，而且所涉的及各种 SQL 语句又特别多，那么把它们都保存在学生 mapper 文件或者老师 mapper 文件中明显不合适，最合适的做法就是分开保存。这样既方便程序开发，又方便代码的维护，在团队开发的时候，也避免程序员频繁修改某个文件的代码而引起代码版本冲突。

（2）通过 id 找到 findInfoById()方法的 SQL 语句，便可以看到这个语句的作用就是查询某个学生的具体信息。select * from student where id= #{id}这个 SQL 语句很简单，只是使用#{id}来接收学号。需要注意的是，这里的 resultType="Student"表示结果类型是 Student 类。这样的话，当数据库从 Student 表查询到所需要的数据后，便会直接以 Java 代码可以识别的 Student 类来返回了。

在 SQLyog 运行以下 SQL 语句，会得出图 4-6 所示的结果，说明已经与数据库建立了交互。

```
SELECT * FROM student WHERE id = 1
```

☐	id	name	cid	sex	address
☐	1	关羽	1	男	荆州

图 4-6　MySQL 查询

接下来，让我们把完整的业务开发完。因为之前已经详细演示过了，所以第二个业务我们直接进入持久层观察进行了哪些操作即可。其实，就是判断学生是否存在，并且将它的学号存入 Session 中。接下来，查询操作回到@Controller 注解处并找到对应的方法。

```
// 通过 AJAX 查询数据
@ResponseBody
@RequestMapping("/findInfoById")
public Object findInfoById(@RequestParam("id") int id) {
     Student stu = service.findInfoById(id);
//  String test = JsonUtil.toJson(stu);
     return stu;
}
```

直接返回 Object 是没有问题的，因为它可以识别 JSON 类型数据。在这里需要注意的是，如果项目没有对返回 JSON 类型数据进行配置的话，则可能会出错，因为它没有自动把 Bean 对象转换为 JSON 类型数据，而这个需要在配置文件里进行详细的配置。

4.5.4　配置文件

本节主要通过详细解说 Spring MVC 的配置文件，带领读者深入浅出地理解 Spring MVC 的框架是如何运转的，而支撑框架运转的配置文件又是如何协调各种框架之间的联系的，如何让这些框架合理地在一起工作并且不出现问题。我们带着这个目的，正式开始本节的学习。

1. web.xml

该文件用于在服务器启动的时候加载配置文件，其内容如代码清单 4-16 所示。

代码清单 4-16　web.xml

```
<?xml version="1.0" encoding="UTF-8"?>
<web-app xmlns:xsi="http://www.w3.org/2001/XMLSchema-instance"
          xmlns="http://java.sun.com/xml/ns/javaee"
          xsi:schemaLocation="http://java.sun.com/xml/ns/javaee http://java.sun.com/
xml/ns/javaee/web-app_2_5.xsd"
          id="WebApp_ID" version="2.5">
```

```
    <context-param>
        <param-name>contextConfigLocation</param-name>
        <param-value>classpath:spring-mybatis.xml;
            classpath:springmvc-servlet.xml
        </param-value>
    </context-param>
    <listener>
        <listener-class>org.springframework.web.context.ContextLoaderListener</listener-class>
    </listener>

    <filter>
        <filter-name>characterEncodingFilter</filter-name>
        <filter-class>org.springframework.web.filter.CharacterEncodingFilter</filter-class>
        <init-param>
            <param-name>encoding</param-name>
            <param-value>UTF-8</param-value>
        </init-param>
        <init-param>
            <param-name>forceEncoding</param-name>
            <param-value>true</param-value>
        </init-param>
    </filter>
    <filter-mapping>
        <filter-name>characterEncodingFilter</filter-name>
        <url-pattern>/*</url-pattern>
    </filter-mapping>

    <servlet>
        <servlet-name>springmvc</servlet-name>
        <servlet-class>org.springframework.web.servlet.DispatcherServlet</servlet-class>
        <load-on-startup>2</load-on-startup>
    </servlet>

    <!--<servlet-mapping>
        <servlet-name>springmvc</servlet-name>
        <url-pattern>*.action</url-pattern>
    </servlet-mapping>-->

    <servlet-mapping>
       <servlet-name>springmvc</servlet-name>
       <url-pattern>/</url-pattern>
    </servlet-mapping>

    <display-name>ssm 框架标准模式</display-name>
    <welcome-file-list>
        <welcome-file>index.jsp</welcome-file>
    </welcome-file-list>
</web-app>
```

代码解析

<display-name>元素表明了项目的名称及说明。<servlet-mapping>配置 Spring MVC 拦截器规则，此处采用了默认规则，拦截所有请求。

下面这段代码表明了 Log4j 的配置信息，主要作用是在 classpath 下读取 log4j.properties：

```
<context-param>
    <param-name>log4jConfigLocation</param-name>
```

```
    <param-value>classpath:log4j.properties</param-value>
</context-param>
```

下面这段代码是本地环境的配置，主要作用是加载了 springmvc-servlet.xml 配置文件。spring-mybatis.xml 配置文件里加载了详细的 MyBatis 配置，实际上 web.xml 需要把这些内容读取过来。如果这些内容都放置在 web.xml 里会非常拥挤，也不利于代码的管理和阅读，就把这部分关于数据源持久层的配置信息单独放到一个文件里，只是在项目启动的过程中加载进来就可以了。关于这些配置文件的具体作用，我们在接下来的内容中详细讲解，这里只讲述宏观上的加载：

```
<context-param>
   <param-name>contextConfigLocation</param-name>
    <param-value>classpath:spring-mybatis.xml;
        classpath:springmvc-servlet.xml
    </param-value>
</context-param>
```

下面这行代码中名称为 encodingFilter 的过滤器的主要作用是进行字符过滤，把整个项目的编码格式设置成 UTF-8，以防止乱码的问题。

```
<filter-mapping>
  <filter-name>characterEncodingFilter</filter-name>
  <url-pattern>/*</url-pattern>
</filter-mapping>
```

接下来分析一下下面这部分代码：

```
<servlet>
    <servlet-name>springmvc</servlet-name>
    <servlet-class>org.springframework.web.servlet.DispatcherServlet</servlet-class>
    <load-on-startup>2</load-on-startup>
</servlet>

<!--<servlet-mapping>
    <servlet-name>springmvc</servlet-name>
    <url-pattern>*.action</url-pattern>
</servlet-mapping>-->
```

DispatcherServlet 是前端控制器，配置在 web.xml 文件中。Servlet 拦截匹配的请求，拦截匹配规则要自己定义，把拦截下来的请求，依据相应的规则分发到目标控制器来处理，是配置 Spring MVC 的第一步。<load-on-startup>用来配置优先级，也就是加载顺序。

而<servlet-mapping>配置了 DispatcherServlet 的拦截规则，拦截所有*.action 或者.do 的请求。可以发现，在学生管理系统中，有一些请求都是以*.action 结束的，那么项目如何拦截这种请求呢？就是通过这里的代码配置的。至于如何拦截，就要研究 DispatcherServlet 的源码。之前也详细讲解过，接收到请求之后通过 HandlerMapping 来实现请求的转发，例如使用 DefaultAnnotationHandlerMapping 类来完成转发，至于转发的范围则通过<context:component-scan>元素来控制。为了能够拦截到所有请求，此处使用“/”来匹配，需要把“*.action”改为“/”。

接着，Spring MVC 通过 HandlerMapping 找到@Controller 对应类中的@RequestMapping，找到具体的方法，如 queryData()。在该方法中完成业务逻辑和数据库的交互之后，返回 ModelAndView。因为 ModelAndView 并不知道返回的具体类型，所以它会接着去查找 ViewResolver。

InternalResourceViewResolver 是 ViewResolver 的一种类型，它的返回范围是 emp 下的 JSP 文件。找到了返回类型后，ModelAndView 再把数据返回给 DispatcherServlet，最后在前端实现视图的渲染。当然，这是一个详细且常规的配置，具体到不同的项目当中，可能有一些细节方面的不同，这是因为 Spring MVC 有很多设置，通过这些不同设置的组合，会让程序对不同节点的控制有所不同。

设置项目中的 Session 组件过期时间：

```
<session-config>
    <session-timeout>99</session-timeout>
</session-config>
```

下面的代码对应项目的欢迎界面。在学生管理系统中，访问 http://localhost:8080/emp 这个地址，默认会进入 index.jsp 界面，也就是一切业务的开始界面：

```
<welcome-file-list>
    <welcome-file>index.jsp</welcome-file>
</welcome-file-list>
```

2. springmvc-servlet.xml

在 web.xml 中，该文件通过<context-param>元素完成加载，主要作用是实现数据源的配置，其内容如代码清单 4-17 所示。

代码清单 4-17 springmvc-servlet.xml

```
<beans xmlns="http://www.springframework.org/schema/beans"
       xmlns:xsi="http://www.w3.org/2001/XMLSchema-instance"
       xmlns:context="http://www.springframework.org/schema/context"
       xmlns:mvc="http://www.springframework.org/schema/mvc"
       xsi:schemaLocation="http://www.springframework.org/schema/beans http://www.
springframework.org/schema/beans/spring-beans-3.0.xsd http://www.springframework.org/
schema/context http://www.springframework.org/schema/context/spring-context-3.0.xsd
http://www.springframework.org/schema/mvc
http://www.springframework.org/schema/mvc/spring-mvc.xsd">


    <!-- 注解的扫描路径 -->
    <context:component-scan base-package="com.controller"/>
    <mvc:annotation-driven/>
    <mvc:defaul6-servlet-handler />

    <!-- springmvc 的视图解析器 -->
    <bean class="org.springframework.web.servlet.view.UrlBasedViewResolver">
        <property name="prefix" value="/WEB-INF/JSP/"></property>
        <property name="suffix" value=".jsp"></property>
        <property name="viewClass" value="org.springframework.web.servlet.view.JstlView"/>
    </bean>

    <bean id="StringHttpMessageConverter" class="org.springframework.http.converter.
StringHttpMessageConverter">
        <property name="supportedMediaTypes">
            <list>
                <value>text/plain;charset=UTF-8</value>
                <value>text/html;charset=UTF-8</value>
             </list>
        </property>
    </bean>
```

```
    <!-- 防止IE解析JSON出错 -->
    <bean id="mappingJackson2HttpMessageConverter" class="org.springframework.http.
converter.json.MappingJackson2HttpMessageConverter">
        <property name="supportedMediaTypes">
            <list>
                <value>application/json; charset=UTF-8</value>
            </list>
        </property>
    </bean>
</beans>
```

代码解析

首先需要明确，这个配置文件是通过web.xml在项目启动的时候加载的，其次需要知道，它是关于项目的数据源的配置。在正式阅读这段代码前，需要理解几个概念。

（1）default-autowire="byName"

以上这段配置信息的作用是在Spring中开启自动装配，根据属性名自动装配。简而言之，对于Bean当中引用的其他Bean，不需要自己去配置它该使用哪个类，Spring的自动装配可以帮助我们完成这些工作。

（2）default-lazy-init="true"

Spring在启动的时候，会默认加载整个对象序列，从初始化Action配置到Service配置，再到DAO配置，乃至数据库连接、事务等。如果不开启延时加载，会自动加载所有内容。这样做有一个弊端，如果需要用到A部门，而A部门下面有30万名员工的话，也会被默认加载进来，比较耗费资源。如果开启延时加载，A部门下面的30万名员工则不会被加载，直到程序真正调用的时候才会加载，这就是延时加载的作用。

（3）<context:annotation-config />

因为之前已经声明了要根据名称进行自动装配，所以理论上，我们需要在配置文件里逐个声明它们的第三方类，以便Spring根据第三方插件提供的方法来进行识别，例如代码：

```
//@AutoWired注解处理器
<bean class="org.springframework.beans.factory.annotation. AutowiredAnnotationBeanPostProcessor "/>
```

要使用@Required注解，还需要声明RequiredAnnotationBeanPostProccessor：

```
//@Required注解处理器
<bean class="org.springframework.beans.factory.annotation.RequiredAnnotationBeanPostProcessor"/>
```

很明显这样做非常麻烦，将会导致大量的配置信息出现，不便于阅读代码。因此，Spring提供了<context:annotation-config />来完成设置。这样的话，我们在使用自动装配的时候就不用声明第三方类的路径了，而Spring隐藏了具体实现，为我们自动配置了隐式定义的方法：

```
<context:component-scan base-package="com.controller" />
```

以上这段代码的作用是扫描com.controller包下所有的内容。在XML文件中配置了这个元素后，Spring可以自动扫描base-package下面或者子包下面的Java文件，如果扫描到有@Component、@Controller、@Service等注解的类，则把这些类注册为Bean，以供程序员直接使用。

```
@Autowired
private QueryService queryService;
```

例如上面这段代码，如果需要使用的话，在 Struts 2 中，需要使用 ref 来显式注入，而在 Spring MVC 中，可以直接使用@Autowired 注入，并且可以在上下文中使用，那么要实现这样的逻辑就需要定义<context:component-scan>元素来进行设置，否则这个注入无法被扫描到，也就失去了作用！而 UrlBasedViewResolver 这个定义的含义是指 UrlBasedViewResolver 将使用 JstlView 对象来渲染结果，并在 HandlerMethod 返回的 modelAndView 基础上，加上目录前缀/WEB-INF/jsp/和文件扩展名.jsp。例如，运行代码，返回的 viewName 值为 helloworld，则对应的实际 JSP 文件为/WEB-INF/jsp/helloworld.jsp。这是配置文件的配置项目，它的作用是配置路径、视图类型，以及返回标签元素，如 JSTL 标签。

3. spring-mybatis.xml

在 web.xml 中，该文件通过<context-param>元素完成加载，主要作用是实现 MyBatis 的配置，其内容如代码清单 4-18 所示。

代码清单 4-18 spring-mybatis.xml

```
<beans xmlns="http://www.springframework.org/schema/beans"
       xmlns:xsi="http://www.w3.org/2001/XMLSchema-instance"
       xmlns:p="http://www.springframework.org/schema/p"
       xmlns:context="http://www.springframework.org/schema/context"
       xsi:schemaLocation="http://www.springframework.org/schema/beans http://www.
springframework.org/schema/beans/spring-beans-3.0.xsd http://www.springframework.org/
schema/context http://www.springframework.org/schema/context/spring-context-3.0.xsd">

    <!-- 导入 JDBC 配置文件 -->
    <context:property-placeholder location="classpath:jdbc.properties" />
    <!-- 注解的扫描路径 -->
    <context:component-scan base-package="com.*" />
    <!-- 连接池 -->
    <bean id="dataSource" class="com.alibaba.druid.pool.DruidDataSource"
        init-method="init" destroy-method="close">
        <property name="driverClassName">
            <value>${jdbc_driverClassName}</value>
        </property>
        <property name="url">
            <value>${jdbc_url}</value>
        </property>
        <property name="username">
            <value>${jdbc_username}</value>
        </property>
        <property name="password">
            <value>${jdbc_password}</value>
        </property>
        <!-- 连接池最大可使用连接数 -->
        <property name="maxActive">
            <value>20</value>
        </property>
        <!-- 初始化连接大小 -->
        <property name="initialSize">
            <value>1</value>
        </property>
        <!-- 获取连接最大等待时间 -->
        <property name="maxWait">
            <value>60000</value>
        </property>
        <!-- 连接池最大空闲 -->
```

```
        <property name="maxIdle">
            <value>20</value>
        </property>
        <!-- 连接池最小空闲 -->
        <property name="minIdle">
            <value>3</value>
        </property>
        <!-- 自动清除无用连接 -->
        <property name="removeAbandoned">
            <value>true</value>
        </property>
        <!-- 清除无用连接的等待时间 -->
        <property name="removeAbandonedTimeout">
            <value>180</value>
        </property>
        <!-- 连接属性 -->
        <property name="connectionProperties">
            <value>clientEncoding=UTF-8</value>
        </property>
    </bean>

    <!-- MyBatis 的 Session 实例 -->
    <bean id="sqlSessionFactory" class="org.mybatis.spring.SqlSessionFactoryBean"
        p:dataSource-ref="dataSource" p:configLocation="classpath:mybatis-config.xml"
        p:mapperLocations="classpath:/mapping/*.xml" />

    <!--Mapper 对象从 Session 工厂直接自动创建实现类 -->
    <bean class="org.mybatis.spring.mapper.MapperScannerConfigurer"
        p:basePackage="com.model.dao" p:sqlSessionFactoryBeanName="sqlSessionFactory" />

    <!-- 事务管理器 -->
    <bean id="transactionManager"
            class="org.springframework.jdbc.datasource.DataSourceTransactionManager"
            p:dataSource-ref="dataSource" />

</beans>
```

代码解析

这段配置代码主要用于配置 MyBatis，我们知道使用 MyBatis 之前，需要开启 SessionFactory，这样才能以 MyBatis 的方式连接数据库，并使用 MyBatis 对数据库进行增、删、改、查的方法来操作数据。所以，需要定义一个 SessionIJ 的实例，它对应的第三方插件是 SqlSessionFactoryBean，作用是把具体的 MyBatis 的配置文件提供给 SessionFactory 程序。

SqlSessionFactoryBean 适配了 Configuration 对象，或者说是一个“工厂的工厂”，它是 Configuration 的对象工厂，生成了 Configuration 对象以后，再利用它生成 Session。例如，可以在它的源码中看到这样的信息：

```
public void setDataSource(DataSource dataSource) {
    if (dataSource instanceof TransactionAwareDataSourceProxy) {
        // If we got a TransactionAwareDataSourceProxy, we need to perform
        // transactions for its underlying target DataSource, else data
        // access code won't see properly exposed transactions (i.e.
        // transactions for the target DataSource).
        this.dataSource = ((TransactionAwareDataSourceProxy) dataSource).getTargetDataSource();
    } else {
        this.dataSource = dataSource;
```

```
    }
}
```

它的作用是先生成 SessionFactory 对象，再生成具体的 Session 对象，以供程序员直接使用。

既然 SessionFactory 是用于操作数据库的，就必须把它注入 dataSource，而 dataSource 已经在另一个引用的文件里配置过了，在这里直接使用 ref 引入进来即可：

```
<property name="dataSource" ref="dataSource" />
```

下面这段代码指定了 MyBatis 需要的配置文件，sessionFactory 对应的源码是 org.mybatis.spring.SqlSessionFactoryBean 类,数据源注入 dataSource,而 MyBatis 数据模型类读取的则是 mybatis-config.xml 文件，而匹配路径是/mapping/*.xml：

```
<bean id="sqlSessionFactory" class="org.mybatis.spring.SqlSessionFactoryBean"
        p:dataSource-ref="dataSource" p:configLocation="classpath:mybatis-config.xml"
        p:mapperLocations="classpath:/mapping/*.xml" />
```

下面这段代码的作用就是配置 MyBatis 需要使用的实体 Bean 文件,因为 MyBatis 的机制与 Hibernate 不同，所以这里的配置也不尽相同：

```
<typeAliases>
    <typeAlias type="com.model.entity.Student" alias="Student"/>
    <typeAlias type="com.model.entity.Teacher" alias="Teacher"/>
    <typeAlias type="com.model.entity.Classes" alias="Classes"/>
</typeAliases>
```

下面这段代码把 sessionFactory、dataSource 设置成依赖 DataSourceTransactionManager 来执行，DataSourceTransactionManager 与 Hibernate 框架使用的 HibernateTransactionManager 类似，作用就是开启事务。dataSource 的作用是建立数据源，注入它表明为 dataSource 开启事务。基本上所有的框架配置里面，在数据源建立时都使用 dataSource 这个名称，这大概是程序员约定俗成的习惯：

```
<bean id="transactionManager"
        class="org.springframework.jdbc.datasource.DataSourceTransactionManager"
        p:dataSource-ref="dataSource" />
```

<bean id="dataSource" Class="com.alibaba.build.pool.DruidDataSource">相关的代码，则通过使用注入的方式来使用数据源。dataSource 对应的第三方插件是 DruidDataSource。而它的驱动器、URL、用户名、密码、测试语句，还有关于连接池的配置等，都是直接从 jdbc.properties 文件中读取的：

```
<context:property-placeholder location="classpath:jdbc.properties" />
```

JDBC 文件的内容如下：

```
jdbc_driverClassName=com.mysql.jdbc.Driver
jdbc_url=jdbc:mysql://localhost:3306/emp?characterEncoding=utf-8
jdbc_username=root
jdbc_password=123456
```

例如，用户名 p:username="${jdbc.username}"对应的是 JDBC 文件中的 jdbc.username=root，而 <value>${jdbc.maxActive}</value>则用于读取 jdbc.maxActive 的值，即 20，表明连接池的最大连接数是 20。这里配置了数据源的各种信息，如驱动器、数据库、用户名、密码等，而我们使用以下配置代码来加载它，即为数据库设置读取属性：

```
<bean id="dataSource" class="com.alibaba.druid.pool.DruidDataSource"
        init-method="init" destroy-method="close">
    <property name="driverClassName">
        <value>${jdbc_driverClassName}</value>
    </property>
    <property name="url">
        <value>${jdbc_url}</value>
    </property>
    <property name="username">
        <value>${jdbc_username}</value>
    </property>
    <property name="password">
        <value>${jdbc_password}</value>
    </property>
    <!-- 连接池最大可使用连接数 -->
    <property name="maxActive">
        <value>20</value>
    </property>
</bean>
```

4. mybatis-config.xml

该文件的主要作用是实现针对客户端请求的拦截以及返回信息的配置，其内容如代码清单 4-19 所示。

代码清单 4-19 mybatis-config.xml

```
<!DOCTYPE configuration PUBLIC "-//mybatis.org//DTD Config 3.0//EN" "http://mybatis.org/
dtd/mybatis-3-config.dtd">
<configuration>
    <settings>
        <setting name="cacheEnabled" value="true"/>
    </settings>
    <!-- 配置别名-->
    <typeAliases>
        <typeAlias type="com.model.entity.Student" alias="Student"/>
        <typeAlias type="com.model.entity.Teacher" alias="Teacher"/>
        <typeAlias type="com.model.entity.Classes" alias="Classes"/>
    </typeAliases>
</configuration>
```

代码解析

上述代码用于读取实体类，MyBatis 的这个配置文件与 Hibernate 的.hbm.xml 文件有点类似，都用于配置数据库与 JavaBean 的连接关系。

5. student 表

尽管学生管理系统用到了学生表、教师表、班级表，但是在本项目中只开发了学生信息查询功能，因此只用到了一张学生表（student 表）。在这里给出创建 student 表的 JavaBean 对象和创建它的 SQL 语句，用来支撑项目的正常运转，其他表可以参见源码。如果读者有兴趣，可以自行开发其他表的业务。

创建 student 表的 JavaBean 对象语句如代码清单 4-21 所示。

代码清单 4-21 Student.java

```
package com.model.entity;
```

```
public class Student {
  // 学号
  private int id;
  // 姓名
  private String name;
  // 班级
  private Classes classes;
  // 性别
  private String sex;
  // 地址
  private String address;

  @Override
  public String toString() {
    return "Student{" + "id=" + id + ", name='" + name + '\'' + ", classes=" + classes +
", sex='"
        + sex + '\'' + ", address='" + address + '\'' + '}';
  }

  public Student() {}

  public Student(int id, String name, Classes classes, String sex, String address) {

    this.id = id;
    this.name = name;
    this.classes = classes;
    this.sex = sex;
    this.address = address;
  }

  public int getId() {
    return id;
  }

  public void setId(int id) {
    this.id = id;
  }

  public String getName() {
    return name;
  }

  public void setName(String name) {
    this.name = name;
  }

  public Classes getClasses() {
    return classes;
  }

  public void setClasses(Classes classes) {
    this.classes = classes;
  }

  public String getSex() {
    return sex;
  }
```

```
    public void setSex(String sex) {
      this.sex = sex;
    }

    public String getAddress() {
      return address;
    }

    public void setAddress(String address) {
      this.address = address;
    }

}
```

代码解析

com.model.entity.Student 是学生模型类，主要创建了学号、姓名、班级、性别、地址这个几个属性。

创建 student 表的语句如代码清单 4-22 所示。

代码清单 4-22 student.sql

```
CREATE TABLE `student` (
  `id` bigint(20) NOT NULL COMMENT '学号',
  `name` varchar(50) DEFAULT NULL COMMENT '姓名',
  `cid` bigint(50) DEFAULT NULL COMMENT '课程ID',
  `sex` varchar(50) DEFAULT NULL COMMENT '性别',
  `address` varchar(50) DEFAULT NULL COMMENT '地址',
  PRIMARY KEY (`id`)
) ENGINE=InnoDB DEFAULT CHARSET=utf8
```

代码解析

student 表与数据模型类 com.model.entity.Student 保持一致，用于支撑学生信息查询功能的正常运行。

4.6 小结

本章的主要目标是学习 Spring MVC。本章详细地分析了 Spring MVC 的执行过程，读者可以对比第 3 章的 Struts 2 的执行过程来理解它们的差异；大致总结了 Spring MVC 精简后的框架，可供其他项目使用；通过讲述学生信息查询功能，并且分析它们之间的要点，力求把整个数据通道的过程串联起来，让读者真正领悟 Spring MVC 从前端到后端的实现过程。

本章深入浅出地讲解了 Spring MVC 框架所涉及的大部分配置信息，只有真正理解了这些配置信息，才可以说是彻底掌握了 Spring MVC 框架。然而，读者经过系统学习之后会发现，Spring MVC 的配置量虽然已经做了缩减，但仍然多得让人抓狂。正是因为有这个痛点，所以在 Spring Boot 框架中才会大量地削减框架的 XML 配置，真正地做到零配置和开箱即用，让程序员专注业务开发。

第5章 Spring Boot 核心技术

Spring Boot 是由 Pivotal 团队在 2013 年开始研发、2014 年 4 月发布第一个版本的全新开源的轻量级框架。它基于 Spring 4.0 设计，不仅继承了 Spring 家族框架原有的优秀特性，而且很大程度上减小了框架搭建和开发的复杂度。Spring Boot 本身集成了大量的框架，用于解决版本的冲突问题。另外，它提倡约定优于配置的理念，使程序员可以全身心地投入应用业务的开发中，而不用过多地关心框架的设置问题。

5.1 Spring Boot 概述

Spring、Spring MVC 框架的学习已经告一段落，我们正式来学习本书的重点——Spring Boot 框架技术。在学习之前，还是按照老规矩，先从整体上梳理一下 Spring Boot 的技术。其实，Spring Boot 的概念非常简单，它就是为了简化 Spring 应用而开发的一个框架，把 Spring 技术栈整合到一起，为 Java EE 开发提供一站式解决方案。虽然 Java EE 发展迅速，但其开发仍然有些“笨重”且配置繁多，这样造成的直接后果就是程序员的开发效率比较低，且部署项目和与集成第三方框架时会出现很多未知的问题。为了彻底解决这些问题，Spring Boot 秉承了约定大于配置的理念，事先对需要的框架、插件进行了默认的配置，让程序员真正地做到对工具的开箱即用，而不用再自己手动编写大量 XML 配置代码。从本质上来说，Spring Boot 并不是什么高深的技术，它只是帮你做了那些难缠棘手的、你不想做的 Spring Bean 配置。

5.1.1 Spring Boot 框架特点

Spring Boot 框架的特点有很多，大概梳理出以下几点。

- 可快速构建可运行的 Spring 项目，并且与主流框架无缝集成。
- 使用内置的 Servlet、Tomcat、Jetty 等容器，应用无须压缩成 WAR 包。
- 提供了很多程序构建模式 starters()，极大地方便了第三方插件的引用与 POM 文件的编写。
- 约定优于配置，大量的配置都有常规的默认值，减少程序员的负担。
- 零 XML 配置，开箱即用。
- 云计算优势明显，特别适合构建微服务技术栈。

5.1.2 Spring Boot 框架搭建

在框架搭建方面，Spring Boot 广泛应用的时候，基本上已经不再使用导入 JAR 包的方式来搭建项目了，使用 Maven 架构已经成了主流。在本章中，我们采用一个简单的项目来详细讲述一下 Spring Boot 的技术架构，示例项目名称为 car，该项目是一个典型的汽车管理系统。前端采用全新的视图显示技术 FreeMarker，而后端采用 Spring Boot、JPA、MyBatis 架构。在搭建完框架之后，针对这个项目开发一个简单的查询需求，并重点分析一下该需求，首页界面如图 5-1 所示。

图 5-1　汽车管理系统首页

汽车管理系统有一个登录功能，默认的用户名是 admin，密码是 123456，在登录框输入它们即可进入该系统的后台页面。

它还有一个简单的权限管理系统——用来控制用户可以操作的菜单。在首页中，我们大概需要开发几个功能，如用户设置、基础数据维护、证件管理、违章管理、数据分析、汽车品牌管理等功能。目前，我们可以以汽车品牌管理这个功能为突破口，来学习 Spring Boot 框架体系下的增、删、改、查。只要熟练学习和掌握了这个功能的整个开发过程，那么其他几个功能的开发也就不在话下了，毕竟 Java EE 中的功能开发大多都是类似的。

下面说说它的具体实现，通过添加车辆品牌，往数据库的汽车品牌表中增加数据，然后新数据会自动回显到列表当中。在该列表中，可以实现对单条数据的编辑和删除，在列表上方有一个按照姓名查询的功能，其他功能类似，只不过列表中的字段名会有所不同。在开发技术方面，我们采用了 Spring Boot，在前端技术方面暂时采用了 FreeMarker，ORM 框架目前采用的是 JPA，在 JPA 开发完成之后，再加入 MyBatis，让读者能够熟练掌握目前最流行的 ORM 技术。毕竟，单独掌握 JPA 或者 MyBatis 总感觉有所欠缺，最好的办法就是把它们全部掌握。

在第 4 章中，我们搭建了 SSM 框架，那么在本章中，我们就正式来看看 Spring Boot 框架是如何搭建的。其实，我个人感觉 Spring Boot 框架的搭建是最简单的，但是如果我们能够熟练掌握 SSH、SSM、Spring Boot 这几种框架的搭建方法，那么我们的技术水平便达到了架构师的程度，这自然是一件令人高兴的事情。在 Spring Boot 框架的搭建过程中，需要特别注意，本章中的 ORM 框架有两种，那就是 JPA 和 MyBatis，在搭建的时候可以特别留意一下，这两者如何正确搭配才能让项目的兼容性保持最佳而不会报错。

5.2 框架核心

Spring Boot 的框架核心就是约定大于配置和开箱即用的原则。基于这个原则，Spring Boot 默认进行了大量的设置，以减少程序员的工作量。如此看来，程序员的工作会特别轻松，无非就是编写 POM 文件和配置一下数据源之类的了。总之，它的特点就是让你的编程工作越来越简单。Spring Boot 框架还有一个强大的核心，那就是它可以根据类路径中的 JAR 包和类，自动装配 JavaBean。另外，它还提供了 Spring Boot CLI，来作为控制台命令工具。

最后，在开发模式方面，Spring Boot 因为具备这些特点，所以特别容易实现模块化开发，非常适用于团队成员的协作。如果每个人都能负责一个独立的模块，就会极大地提高效率，并且不用去修改项目组其他成员的代码，避免了很多代码融合方面的问题。在项目配置文件方面，Spring Boot 采用了 yml 与 properties 两种文件格式，具体选择哪一种要看项目的需求。

Spring Boot 的诞生就是为了缩减程序中成百上千的配置量，因此它完全是为了简化开发和快捷部署而生的。Spring Boot 内嵌了 Tomcat，不需要额外部署，只需要一个简单的运行环境。当程序部署好之后，只需要运行 java- jar test.jar，即可成功启动。在自动化部署方面，Spring Boot 可以结合当前非常热门的 Docker、Kubernetes、Jenkins 来快速完成集群搭建。

5.2.1 Spring Boot 执行过程

本章通过汽车管理系统的开发，来讲解 Spring Boot 的学习。在开发之前，我们仍然需要像学习 SSH 框架那样学习一个标准的过程。第一步就是熟悉 Spring Boot 的执行过程，只有弄懂了这一点，针对其他内容的学习才可以游刃有余。在学习方面，知识都是具有黏性的，它们既分散又藕断丝连，我们只有脚踏实地把一个又一个知识点都吃透了，才能拨开眼前的迷雾。一个 HTTP 请求在 Spring Boot 框架中需要经历以下几个步骤。

（1）在需要调试的代码处加上断点，启动 Spring Boot。运行 SpringApplication 对象的 run()方法，开始创建并启动监控器类 StopWatch。通过 configureHeadlessProperty()方法设置 java.awt.headless 的值。调用 getRunListeners()创建监听器 SpringApplicationRunListeners 对象，并且启动它。运行 DefaultApplicationArguments 初始化应用参数。

（2）运行 prepareEnvironment()方法，根据监听器和初始化参数准备 SpringFramework 环境（Environment）。

（3）通过 refreshContext()方法，刷新应用上下文环境。运行 createApplicationContext()方法，创建应用程序上下文环境。通过 prepareContext()方法，预加载应用上下文环境。

（4）通过 afterRefresh()方法运行 callRunners()方法，执行所有 runner。通过 finished()方法完成应用程序上下文环境的配置。调用 stop()方法，停止运行监控器类，并且输出日志，返回应用上下文环境。

Spring Boot 的执行过程如图 5-2 所示。

Spring Boot 的启动通过反射机制来创建代理对象，并且把它们托管给 Spring 容器管理。这个过程主要就是创建环境配置（ConfigurableEnvironment）、监听器（SpringApplicationRunListeners）、应用上下文环境（ConfigurableApplicationContext）这几个组件。在这个过程中，容器已经实例化了程序中需要用到的其他 JavaBean 组件，可以说完全是框架自行设置的，不依赖于程序员的手动配置，这就是

Spring Boot 最大的特点。当然，这个特点可以为程序员节省时间，也因为封装程度过高而导致源码阅读起来有一些难度。而当这个过程执行完，程序也就自然而然地启动成功了，这时只要在浏览器地址栏中输入访问路径，按“Enter”键，便可以进入程序。

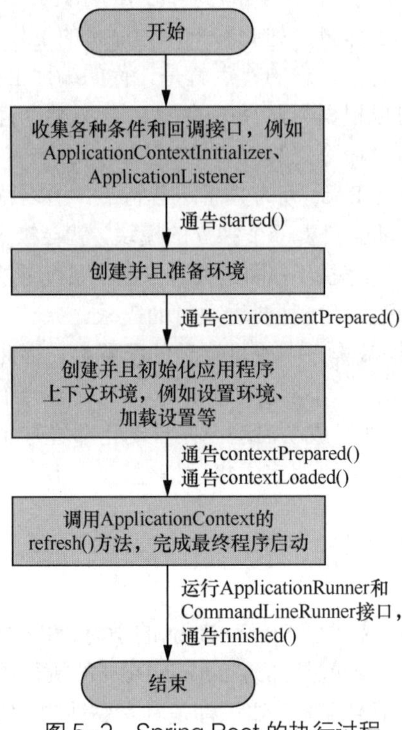

图 5-2 Spring Boot 的执行过程

5.2.2 SpringApplicationRunListener

SpringApplicationRunListener 是 Spring Boot 执行过程中的监听者，负责接收整个启动过程中不同执行点的触发事件的通知，并且针对这些通知进行回调。它是一个接口，提供了一些常用的方法。SpringApplicationRunListener 的内容如代码清单 5-1 所示。

代码清单 5-1 SpringApplicationRunListener.xml

```
public interface SpringApplicationRunListener {
    void started();
    void environmentPrepared(ConfigurableEnvironment environment);
    void contextPrepared(ConfigurableApplicationContext context);
    void contextLoaded(ConfigurableApplicationContext context);
    void finished(ConfigurableApplicationContext context, Throwable exception);
}
```

代码解析

started()方法在初始化 run()方法时触发，通知监听器，Spring Boot 已经开始执行了。

- environmentPrepared()方法，environment 执行完毕时触发。

- contextPrepared()方法，上下文环境创建并且初始化时触发。
- contextLoaded()方法，上下文环境已经完成了 Bean 的注入时触发。
- finished()方法，通知监听器 Spring Boot 启动完成。

5.2.3 ApplicationContextInitializer

ApplicationContextInitializer 是 Spring Boot 源码中提供的一个接口，用于 Spring 容器刷新之前对上下文环境（applicationContext）进行一些特定的设置。ApplicationContextInitializer 的内容如代码清单 5-2 所示。

代码清单 5-2 ApplicationContextInitializer.java

```
public interface ApplicationContextInitializer<C extends ConfigurableApplicationContext> {
    void initialize(C applicationContext);
}
```

代码解析

initialize()的作用就是初始化，参数是 applicationContext。

接着，我们以一个简单的例子来讲解一下 ApplicationContextInitializer 接口的用法。首先在 com.car.manage 包下新建一个类 CarApplicationContext，并且实现 ApplicationContextInitializer 接口，具体内容如代码清单 5-3 所示。

代码清单 5-3 CarApplicationContext.java

```
package com.car.manage;

import org.springframework.context.ApplicationContextInitializer;
import org.springframework.context.ConfigurableApplicationContext;

public class CarApplicationContext implements ApplicationContextInitializer {
     @Override
     public void initialize(ConfigurableApplicationContext applicationContext) {
         System.out.println("CarApplicationContext initialize! ");
     }
}
```

代码解析

CarApplicationContext 类实现了 ApplicationContextInitializer 接口，并且使用@Override 注解重写了 initialize()方法，作用是输出一句话“CarApplicationContext initialize!”。因为 ApplicationContextInitializer 类本身的作用就是 Spring 容器刷新之前对上下文进行一些配置，所以此处写一句简单的话，看看能否正常输出。

打开 com.car.manage 包下的 Application.java 文件，把启动代码修改如下：

```
public static void main(String[] args) {
    SpringApplication springApplication = new SpringApplication(Application.class);
    springApplication.addInitializers(new CarApplicationContext());
    springApplication.run(args);
}
```

启动 Spring Boot 之后，发现输出了“CarApplicationContext initialize!”，说明程序已经运行成功，符合我们预期的效果。

5.3　框架集成

在本节中，我们来谈谈 Spring Boot 框架的集成。Spring Boot 与其他框架不同，它的集成方法非常简单，这是因为 Spring Boot 本来就是一系列插件的集合，用来简化开发步骤，并且秉承了约定大于配置的原则。简单地讲，就是一改过去那种架构师搭建框架需要事必躬亲的做法：任何配置不论是否需要用到，程序员都必须对其进行设置，哪怕是简单地设置默认值。这样的话，如果只有一两处配置还好说，如果是一个稍微复杂点的项目，光设置这些配置的默认值，再编写那些枯燥乏味的 XML 配置文件，就够程序员喝一壶的了。为了让程序员尽早从这种痛苦中解脱出来，Spring Boot 提出了“约定大于配置”的原则，那就是针对很多设置，Spring Boot 直接事先为程序员设置好了默认值，这样一来，程序员便能把大量的时间花费在应该用到的地方，如搭建底层架构、梳理用户需求、开发业务逻辑。由此看来，使用 Spring Boot 来开发程序已经是不可逆转的趋势了！

从我多年的开发经验来看，使用 Spring Boot 确实能够比使用其他框架效率高，但也不见得能将效率提高到一个让人目瞪口呆的地步。毕竟，代码还是需要一行一行地“敲”，路还是一步一步走的，如果让程序员老张在 Spring Boot 框架下开发多附件上传、在线文件预览、工作流等原创的需求，所花费的时间不见得比在其他框架下少。例如，在 Struts 2 中，你正好有一款这样已经做好的在线文件预览插件，可以直接拿来用，那么从这个角度上来看，你使用 Struts 2 框架的开发效率还要比使用 Spring Boot 框架高很多。因此高效率是相对的。

5.3.1　Spring Boot 项目构建

Spring Boot 项目的集成顺序和之前的其他框架不太一样，这是因为它需要在 Spring Boot 官方网站上默认生成一个 Maven 类型的标准项目，然后把它下载到本地并导入，接着才可以正式编写 pom.xml 文件的内容。项目可以直接在官方网站上生成，也可以使用 IDE（如 Eclipse）生成，但需要填写目标 URL。下面，我们来具体讲解一下这两种生成方法。

（1）使用 Spring 官网的“spring initializr”界面生成项目：打开网站，填写好项目信息，例如，在“Project”下选择“Maven”模式，在“Language”下选择“Java”，Spring Boot 版本选择“2.4.2”，在 Group 文本框中填入“com.example”，在 Artifact 文本框中填入“demo”等，如图 5-3 所示。

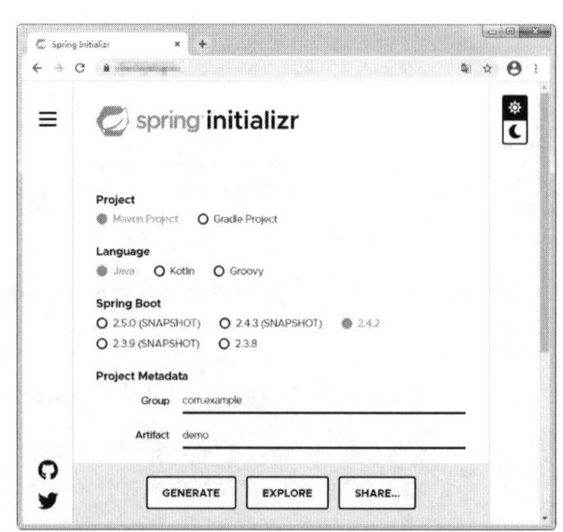

图 5-3　在线生成 Spring Boot 项目

（2）使用 Eclipse 新建 Spring Boot 项目：选择“File”菜单下的“Other”，在弹出的界面中选择“Spring Starter Project”选项，点击“Next”，在弹出的窗口中输入项目名称，将“Maven”的“Group”“Artifact”“Version”等设置好之后，点击“Next”，这时窗口会列出“Spring Boot Version”，我们保持默认的“2.4.2”，点击“Next”，就可以看到窗口中出现了“Site Info”站点信息，IDE 已经默认填好了，但网址是“spring initializr”界面的地址，说明使用 IDE 创建 Spring Boot 项目仍然是要依靠远程网站的。此时我们点击“Finish”，即可完成项目的新建。这时，我们打开新建的项目，就可以发现它已经具备了

Spring Boot 的目录结构，如图 5-4 所示。

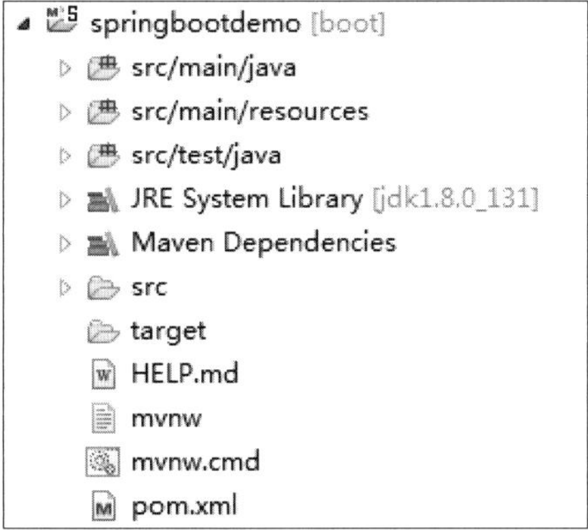

图 5-4 Spring Boot 的目录结构

因为已经生成了基本的 Spring Boot 框架结构，所以接下来我们只需要在 POM 文件中加入其他框架的配置即可。因为 Maven 需要引入的包太多了，没有必要把这些插件全部介绍一遍，读者只需要学习一些核心的编写方法即可，其他的大同小异！如果在使用某个功能开发需求的时候（如解析 JSON、使用 WebService 等）发现代码无法识别，便可以在网络上搜索对应缺少的 JAR 包的 POM 信息，直接将信息写入 pom.xml 中的<dependencies></dependencies>中间即可。Maven 会根据已经配置好的信息，直接连接互联网，下载相应的 JAR 包，解决代码无法识别的问题。如果没有连网也不用着急，可以把平时积累的 JAR 包复制到仓库里，这样也能解决问题。如果遇到某些 JAR 包的下载速度特别慢的问题，建议把仓库改成阿里巴巴的镜像仓库，直接从国内下载，这样就能避免国外网络访问慢的问题。Spring Boot 的 car 项目的 POM 文件内容如代码清单 5-4 所示。

代码清单 5-4 pom.xml

```
<parent>
    <groupId>org.springframework.boot</groupId>
    <artifactId>spring-boot-starter-parent</artifactId>
    <version>1.5.8.RELEASE</version>
</parent>

<dependency>
    <groupId>mysql</groupId>
    <artifactId>mysql-connector-java</artifactId>
</dependency>

<!-- MyBatis 版本> 1.0.0 因为 1.0.0 不支持拦截器 -->
<dependency>
    <groupId>org.mybatis.spring.boot</groupId>
    <artifactId>mybatis-spring-boot-starter</artifactId>
    <version>1.1.1</version>
</dependency>

<!-- JUnit 单元测试 -->
<dependency>
    <groupId>org.springframework.boot</groupId>
    <artifactId>spring-boot-starter-test</artifactId>
```

```
        <scope>test</scope>
    </dependency>

    <dependency>
        <groupId>com.alibaba</groupId>
        <artifactId>fastjson</artifactId>
        <version>${fastjson.version}</version>
    </dependency>

    <!-- 只需引入 spring-boot-devtools 即可实现热部署 -->
    <dependency>
        <groupId>org.springframework.boot</groupId>
        <artifactId>spring-boot-devtools</artifactId>
        <scope>true</scope>
    </dependency>

    <dependency>
        <groupId>org.springframework.boot</groupId>
        <artifactId>spring-boot-starter-tomcat</artifactId>
        <scope>provided</scope>
    </dependency>

    <dependency>
        <groupId>org.springframework</groupId>
        <artifactId>springloaded</artifactId>
    </dependency>

    <dependency>
        <groupId>org.springframework.boot</groupId>
        <artifactId>spring-boot-starter-freemarker</artifactId>
    </dependency>

    <dependency>
        <groupId>org.slf4j</groupId>
        <artifactId>slf4j-log4j12</artifactId>
    </dependency>

    <!-- 添加 Thymeleaf 依赖 -->
    <dependency>
        <groupId>org.springframework.boot</groupId>
        <artifactId>spring-boot-starter-thymeleaf</artifactId>
    </dependency>

    <!-- JPA -->
    <dependency>
        <groupId>org.springframework.boot</groupId>
        <artifactId>spring-boot-starter-data-jpa</artifactId>
    </dependency>

    <plugin>
        <groupId>org.springframework.boot</groupId>
        <artifactId>spring-boot-maven-plugin</artifactId>
        <configuration>
            <mainClass>com.car.manage.Application</mainClass>
            <fork>true</fork>
        </configuration>
        <executions>
            <execution>
```

```
                <goals>
                    <goal>repackage</goal>
                </goals>
            </execution>
        </executions>
    </plugin>
```

代码解析

这段配置代码的作用是引入 Spring Boot 框架中绝大部分的包，包括 mybatis-spring-boot-starter、spring-boot-devtools（热部署）、spring-boot-starter-tomcat（内置 Tomcat）等必备的核心包，还包括 MySQL、JUnit 单元测试、FreeMarker、Thymeleaf、JPA、fastjson 等常用的第三方插件，这样便能完成整个应用程序从启动到结束的所有过程。最后，把这些 JAR 包全部集成进应用程序，就构成了 Spring Boot 的完整体系。

5.3.2 Application 配置文件

application.properties 文件（如代码清单 5-5 所示）即 Application 配置文件，和之前我们使用的 SSH、SSM 框架的 application.properties 文件的作用是差不多的，但内容有了很大的不同，这是因为 Spring Boot 与其他框架最大的不同便是约定大于配置。因此，在搭建基本框架的时候，对于很多配置，框架在内部已经帮我们设置好了。即便如此，有些设置还是必须由我们手动完成。举个例子，JDBC 数据源便需要我们来手动设置，如果不手动设置它，那么程序不知道要连接哪一个数据库。程序毕竟还只是程序，没有那么智能，有些代码还是老老实实地写吧！因此，为了省事和方便管理，Spring Boot 便把这些配置直接集中保存在一个文件里，即便需要手动配置，也可以很快完成。

代码清单 5-5 application.properties

```
spring.devtools.restart.enabled=true
spring.application.name=car
spring.profiles.active=
# 访问端口
server.port=8080
# 访问路径
server.context-path=/
#Tomcat
server.tomcat.uri-encoding=UTF-8
# Tomcat 最大线程数，默认为 200
server.tomcat.max-threads=800
# 数据库访问配置
# 主数据源
spring.datasource.type=com.alibaba.druid.pool.DruidDataSource
spring.datasource.url=jdbc:mysql://localhost:3306/car?useUnicode=true&characterEncoding=
utf-8&useSSL=false
spring.datasource.username=root
spring.datasource.password=123456
spring.datasource.driverClassName=com.mysql.jdbc.Driver
# 下面为连接池的补充设置，应用数据源
# 初始化大小，设置最小值、最大值
spring.datasource.initialSize=5
spring.datasource.minIdle=5
spring.datasource.maxActive=200
# 配置获取连接等待超时的时间，单位为毫秒
```

```
spring.datasource.maxWait=60000
# 检测需要关闭的空闲连接，配置间隔时间，单位为毫秒
spring.datasource.timeBetweenEvictionRunsMillis=60000
# 配置一个连接在池的中最小生命周期，单位为毫秒
spring.datasource.minEvictableIdleTimeMillis=300000
spring.datasource.validationQuery=SELECT 1 FROM DUAL
spring.datasource.testWhileIdle=true
spring.datasource.testOnBorrow=false
spring.datasource.testOnReturn=false
# 打开 PSCache，并且指定每个连接上的 PSCache 大小
spring.datasource.poolPreparedStatements=true
spring.datasource.maxPoolPreparedStatementPerConnectionSize=20
# 配置监控来统计拦截的过滤器，
spring.datasource.filters=stat,log4j
# 通过 connectProperties 属性来打开 mergeSql 功能
spring.datasource.connectionProperties=druid.stat.mergeSql=true;druid.stat.slowSqlMillis=5000
# 合并多个 DruidDataSource 的监控数据
spring.datasource.useGlobalDataSourceStat=true
# 配置 JPA:
spring.jpa.database=MYSQL
# 显示或不记录每个 SQL 查询
spring.jpa.show-sql=true
spring.jpa.generate-ddl=true
# Hibernate ddl auto (create, create-drop, update)
spring.jpa.hibernate.ddl-auto=update
#spring.jpa.database-platform=org.hibernate.dialect.MySQL5Dialect
spring.jpa.hibernate.naming_strategy=org.hibernate.cfg.ImprovedNamingStrategy
#spring.jpa.database=org.hibernate.dialect.MySQL5InnoDBDialect
spring.jpa.properties.hibernate.dialect=org.hibernate.dialect.MySQL5Dialect
# 打开 Hibernate 摘要信息
spring.jpa.properties.hibernate.generate_statistics=true
# 打开二级缓存
spring.jpa.properties.hibernate.cache.use_second_level_cache=true
# 打开查询缓存
spring.jpa.properties.hibernate.cache.use_query_cache=true
# 缓存提供方
spring.jpa.properties.hibernate.cache.region.factory_class=org.hibernate.cache.ehcache.
SingletonEhCacheRegionFactory
# shared-cache-mode
spring.jpa.properties.javax.persistence.sharedCache.mode=ENABLE_SELECTIVE
#spring.resources.static-locations=classpath:/resources/,classpath:/static/
spring.http.encoding.charset=UTF-8
spring.http.encoding.force=true
spring.http.encoding.enabled=true
# logging.file=classpath:logback.xml
# FREEMARKER (FreeMarkerAutoConfiguration)
# 设置是否允许 HttpServletRequest 属性重写（隐藏）控制器生成的同名模型属性
spring.freemarker.allow-request-override=false
# 设置是否允许 HttpSession 属性重写（隐藏）控制器生成的同名模型属性
spring.freemarker.allow-session-override=false
# 启用模板缓存
spring.freemarker.cache=false
spring.freemarker.settings.template_update_delay=0
# 模板编码
spring.freemarker.charset=UTF-8
# 检查模板编码位置是否存在
spring.freemarker.check-template-location=true
# Content-Type 值
```

```
spring.freemarker.content-type=text/html
# 为这项技术启用视图解析
spring.freemarker.enabled=true
# 设置在与模板合并之前是否应将所有请求属性添加到模型中
spring.freemarker.expose-request-attributes=false
# 设置在与模板合并之前是否应将所有 HttpSession 属性添加到模型中
spring.freemarker.expose-session-attributes=false
# 设置是否公开一个名称为“springMacroRequestContext”的 RequestContext 以供 Spring 的宏库使用
spring.freemarker.expose-spring-macro-helpers=true
# 首选文件系统访问以进行模板加载，文件系统访问支持对模板更改进行热检测
spring.freemarker.prefer-file-system-access=true
# 在生成 URL 时为查看名称而添加的前缀
# spring.freemarker.prefix=/WEB-INF/templates
# 所有视图的 RequestContext 属性的名称
spring.freemarker.request-context-attribute=request
# 生成 URL 时附加到视图名称的后缀
spring.freemarker.suffix=.fmk.html
# 以逗号分隔的模板路径列表
spring.freemarker.template-loader-path=classpath:/templates/
# 可以解析的视图名称的白名单
# spring.freemarker.view-names=
# Thymeleaf 模板配置
spring.thymeleaf.prefix=classpath:/templates/
spring.thymeleaf.suffix=.html
spring.thymeleaf.mode=HTML5
spring.thymeleaf.encoding=UTF-8
# 热部署文件，页面不产生缓存，及时更新
spring.thymeleaf.cache=false
spring.resources.static-locations=classpath:/static/
# 管理配置
management.security.enabled=false
endpoints.shutdown.enabled=false
# 项目版本号
car.version=1.0
# 项目首页路径
url=http://localhost/car/login
# 数据桥
bridge.url=http://localhost:86
# 阿里大鱼短信配置
aliyuncs.sms.accessKeyId=test
aliyuncs.sms.accessKeySecret=test
# 短信签名
sms.SMS_SIGN=\u963A
# 违章数量
violation.times=10
# 短信模板#
# 用户注册
sms.01=SMS_1281
# 修改密码
sms.02=SMS_1282
# 申请通行证
sms.03=SMS_1283
# 移车发送短信
sms.04=SMS_1284
# 违章发送短信
sms.05=SMS_1285
# 数据分析短信
sms.06=SMS_1286
```

```
# 百度地图开放平台相关参数
baidu.ak=test
# POI 参数
baidu.radius=80
# 单点登录退出路径
single.logout.url=http://127.0.0.1:8080
```

代码解析

这段代码的作用是对 Spring Boot 项目中需要手动设置的地方进行统一配置，其中包括 JDBC 数据源、项目名称、访问端口号、访问路径、编码格式、Tomcat 最大线程数、数据库方言、Thymeleaf、FreeMarker 视图模板、缓存等的设置，还有其他的框架设置。这些设置绝大部分都“言简意赅”，理解上没有什么困难。例如，server.port=8080 就是指设置端口号为 8080，server.tomcat.uri-encoding=UTF-8 用来设置编码格式为 UTF-8，基本上跟其他框架中设置的语法差不多，有些甚至一样。

写到这里，我突然想起了曾经使用 Servlet、SSH、Spring MVC 等框架的青葱岁月，那些日子里，我们拼命地写代码，却发现在开发新需求的时候像一只苍蝇在玻璃上乱撞，怎么也出不去！这是为什么呢？原因很简单，之前的框架需求手动配置的地方太多了，而且这些配置经常分布在项目的不同文件之中，有些配置甚至在跟你“捉迷藏”，突然出现在某几个文件夹下。有些读者可能要问了，不配置不就行了吗？说得很对，但是事实很残酷，过去的框架耦合度非常高，开发人员往往只是要开发一个小功能，却要在很多地方完成配置，有时候一两个配置没有设置，整个项目就启动不起来了！为了彻底解决这些困扰开发人员的问题，Spring Boot 使出了绝招，那就是把所有的手动配置都集中保存在一个文件里，该文件还必须在 src/main/resources 这个目录下，这样便能最大程度上方便开发人员进行需求开发了。还有好多程序员喜欢把很多配置分到几个不同的 XML 文件中，还把它们藏在项目的不同角落里，让人防不胜防！如果这个程序员突然离职了，不留下详细的项目文档，还真没人能读懂他的代码了。

5.4　Spring Boot 整合 JPA

在本章中，我们先使用 Spring Boot 整合 JPA，在顺利开发完一个完整的需求之后，再使用 MyBatis 开发另一个需求。Spring Boot 整合 JPA 并不困难，就是在 application.properties 文件中增加一些配置。举个例子，汽车管理系统是怎么使用 JPA 的呢？在程序依次进入 Action 和 Service 的实现层之后，使用 findAll()方法时就会使用 JPA，findAill()中的 CarBrandRepository 接口是汽车品牌管理功能中用来继承 JpaRepository 的实现类，只要实现了它就具备了 JPA 的特性。

5.4.1　Spring Data JPA 介绍

Java 持久化 API（Java Persistence API，JPA）是 Sun 官方在 JDK 5 之后推出的一种新的 Java 持久化规范，它的作用很简单，就是整合现有的 ORM 技术，彻底解决这些 ORM 框架彼此之间不能互通的问题，并且让持久层开发更加简单。JPA 主要包含 3 方面的技术特点：第一，ORM 映射元数据，这一点与 Hibernate 类似，都需要使用 XML 代码或者注解的方式来描述对象和表之间的映射关系；第二，JPA 提供的 API 封装了增、删、改、查这些常用的操作，可以直接调用；第三，具有面向对象的查询语言 JPQL，类似 HQL。作为开发人员，你需要编写 repository 接口，其中包括自定义查找器方法，Spring 将自动提供实现。

5.4.2 JPA 事务与 DDL 操作

Spring 支持编程式事务管理和声明式事务管理两种方式。编程式事务管理使用 TransactionTemplate 或者直接使用底层的 PlatformTransactionManager。声明式事务管理建立在 AOP 之上，其本质是在业务方法运行前后进行拦截，然后在目标方法开始运行之前创建或者加入一个事务，在运行完目标方法之后会根据运行情况提交或者回滚事务。声明式事务管理最大的优点是不需要在业务代码中掺杂事务管理的代码，只需要在配置文件中依靠事务设置元素对事务进行符合规则的声明，便可以在整个应用程序内使用事务。而编程式事务管理需要手动编写事务注解代码，会在业务逻辑中加入多余的代码，导致程序具有耦合性。声明式事务管理是非侵入式的编程模式，因此更受欢迎。但它与编程式事务管理相比，也有不足之处，那就是事务只能作用到方法级别，无法像编程式事务管理那样作用到代码块级别。声明式事务管理的编写方法有两种，第一种是在 XML 文件中编写，通常使用 tx 和 aop 元素来控制，第二种是基于@Transactional 注解编写。

举个典型的例子，我们来看一下汽车品牌管理功能的服务层具体的代码实现，打开 CarBrandServiceImpl.java 文件，便可以看到关于注解的内容，如代码清单 5-6 所示。

代码清单 5-6 CarBrandServiceImpl.java

```
package com.car.manage.system.service.impl;

/**
 * 汽车品牌服务类
 */
@Service
@Transactional
public class CarBrandServiceImpl implements CarBrandService {
    @Autowired
    private CarBrandRepository CarBrandRepository;

    @Override
    public CarBrand findById(Long id) {
        return CarBrandRepository.findByIdAndEnabled(id, Boolean.TRUE);
    }

    @Override
    public void delete(Long id) {
        CarBrand CarBrand = CarBrandRepository.findOne(id);
        CarBrand.setEnabled(Boolean.FALSE);
        CarBrandRepository.delete(CarBrand);
        //CarBrandRepository.save(CarBrand);
    }
}
```

代码解析

在这段代码中，忽略@Service、@Autowired、@Override 这几个注解之后，再忽略所有的方法，就可以看到@Transactional 注解，它的作用便是实现声明式事务管理，即针对汽车品牌管理这个功能的服务层开启注解。由此可见其他功能的服务层也需要标记这个注解，这是因为它是通用的。

说到 JPA 操作数据库，之前我们已经讲述过一个增、删、改、查的例子，就是汽车品牌管理功能，那部分代码全部是使用 JPA 来跟数据库进行交互的。在这里，我们简单阐述一下 JPA 操作数据库。实际上，在除了 CarBrandServiceImpl.java 文件之外的 Java 代码层，都没有用到 JPA 的相关内容，只不过会根据 JPA 的特性对代码进行分层，而服务层真正使用到了 JPA。不信，咱们可以看看 Action 层等，它们都没有引入 JPA 相关的 JAR 包，而服务层引入了，如代码清单 5-7 所示。

代码清单 5-7　CarBrandServiceImpl.java

```
@Autowired
private CarBrandRepository CarBrandRepository;

@Override
public void delete(Long id) {
    CarBrand CarBrand = CarBrandRepository.findOne(id);
    CarBrand.setEnabled(Boolean.FALSE);
    CarBrandRepository.delete(CarBrand);
// CarBrandRepository.save(CarBrand);
}
```

代码解析

这段代码使用 CarBrandRepository.delete()方法进行删除操作，参数是一个 CarBrand 对象，至于如何删除，可以肯定地说，按照 ID 进行删除，但细节被程序隐藏了，这就是使用 JPA 的好处。CarBrandRepository 对象是使用@Autowired 来注入的。

接着，我们打开 CarBrandRepository.java 文件，CarBrandRepository 类是汽车品牌管理功能的基础类，继承了 JpaRepository，也可以说完全拥有了 JPA 编程的特性。接下来我们就来分析一下该类的特点与作用。CarBrandRepository.java 文件的内容如代码清单 5-8 所示。

代码清单 5-8　CarBrandRepository.java

```
package com.car.manage.system.dao;

import com.car.manage.system.entity.CarBrand;
import org.springframework.data.jpa.repository.JpaRepository;
import org.springframework.data.jpa.repository.JpaSpecificationExecutor;
import org.springframework.data.jpa.repository.Query;
import org.springframework.data.repository.query.Param;

import java.util.List;

/**
 * 通知数据库访问接口
 */
public interface CarBrandRepository extends JpaRepository<CarBrand, Long>,
JpaSpecificationExecutor<CarBrand> {
    /**
     * 查询通知
     *
     * @param enabled
     * @return 有效通知
     */
    List<CarBrand> findByEnabledOrderByCreatedAtDesc(Boolean enabled);

    /**
     * 根据 ID 和标识来查询通知
     *
     * @param ID
     * @param enabled 有效标识
```

```
     * @return 通知
     */
    CarBrand findByIdAndEnabled(Long id, Boolean enabled);
}
```

代码解析

可以看到 CarBrandRepository 继承了 JpaRepository 和 JpaSpecificationExecutor，分别传入了不同的参数。而其他方法则是按照 JPA 的自定义规则来写的。例如，countByReason()这个方法使用了@Query 来在 JPA 环境下手动编写 SQL 代码，而 findByIdAndEnabled()方法则使用了 JPA 的规则，根据方法名称来自动生成 SQL 语句，该方法的作用是查询 CarBrand 类，按照 id 和 enabled 字段的规则来查询。

5.4.3 汽车品牌管理需求

因为已经搭建好了汽车管理系统的 Spring Boot 项目，接下来我们就在项目里实现汽车品牌管理的需求，把常用的增、删、改、查功能都实现。通过这个需求的开发，读者就能掌握 Spring Boot 框架的绝大部分内容了。

因为 JPA 是用于与数据库建立绑定关系的，所以我们在 CarBrand.java 里面通过@Table(name = "car_brand")修改表名称，这会自动在数据库中新建一张表，字段和当前 JavaBean 已经生成的保持一致。也就是说，传统的 ORM 框架通过数据库的表字段名来生成 JavaBean，而 JPA 是反向的，通过 JavaBean 来生成数据库表和它的字段，这就是 JPA 的迷人之处，也是其他 ORM 无法代替它的原因，因为这种模式一旦确定了就无法改变了。修改 JavaBean 的字段，表不会发生改变，但可以把表删掉，直接使用 JPA 重新建立，这样的话，字段便也可以重新生成了，起到新建表的作用。

下面，我们来正式开发汽车管理系统的“品牌管理”界面。首先，打开汽车管理系统的首页点击“汽车品牌管理”，打开品牌管理界面，如图 5-5 所示。

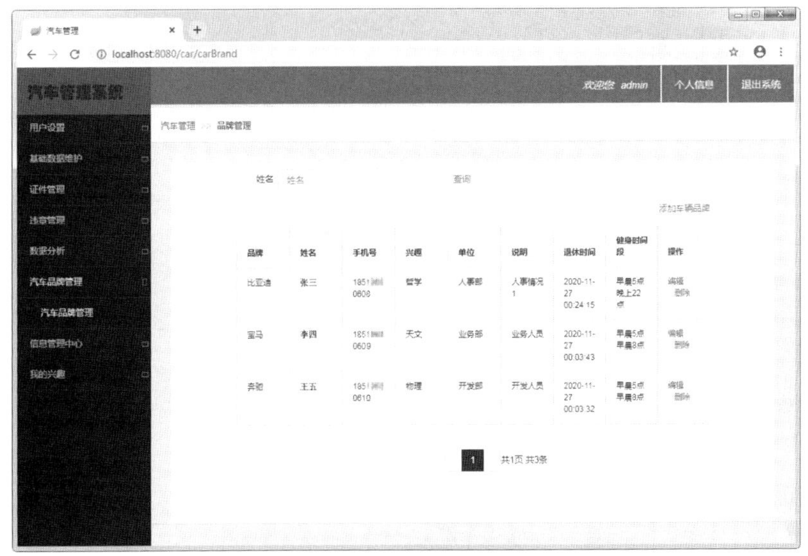

图 5-5 品牌管理界面

可以看到，汽车品牌管理界面默认已经有3条记录了。也可以看见，该界面的增、删、改、查功能都已经完成了。一般，在Java EE企业级开发中，程序员所做的大部分工作都是实现这种业务系统的增、删、改、查功能，再加上一些导入/导出功能和图表展示功能等。当然，随着业务的复杂程度增加，也会涉及WebService连通调试、电商支付等不一样的需求。例如，在汽车管理系统中，我们默认先实现对报表的展示，如果已经把这一切都做好后，可能会涉及一些收费的操作，如停车管理等，如果涉及支付操作，就需要集成银联、微信、支付宝等的接口，原本相对简单的业务便会因为新的需求而变得复杂起来。这是不能避免的，因为在软件开发的过程中，客户总希望我们提供的软件功能越来越强大，如果迭代开发，这种需求也会难免会被提到议程上。

接着，我们便根据汽车品牌管理功能，对增、删、改、查的实现进行详细的讲解。我们先来讲解汽车品牌的新增功能，看看前端与后端代码如何调试。首先，我们先来看一下进入“品牌管理”界面会发生什么事情。CarBrandController.java的内容如代码清单5-9所示。

代码清单5-9　CarBrandController.java

```java
/**
* 汽车管理列表
*
* @param map 存放所有汽车品牌信息
* @param carBrandSearch 分页查询条件
* @return 列表
*/
@RequestMapping(method = RequestMethod.GET, produces = MediaType.TEXT_HTML_VALUE)
public String index(Map<String, Object> map, CarBrandSearch carBrandSearch) {
    carBrandSearch.setSize(Constants.PAGE_SIZE);
    carBrandSearch.setPage(0);
    Page<CarBrand> pages = carBrandService.findAll(carBrandSearch);
    List<CarBrand> carbrands = pages.getContent();
    Integer totalPages = pages.getTotalPages();
    Long totalElements = pages.getTotalElements();
    map.put("totalPages", totalPages);
    map.put("totalElements", totalElements);
    map.put("carbrands", carbrands);
    return "car/carBrand/index";
}
```

代码解析

这段代码的作用是查询汽车品牌管理功能的列表。首先，我们需要知道，它的参数有两个，一个是map；另一个是CarBrandSearch。map的作用是封装返回值的分页信息、POJO。totalPages是总页数，totalElements是总条数，而carbrands则是CarBrand类型的POJO，也就是具体的数据，如品牌、姓名、单位等信息，但它们在List当中，用于在前端通过循环标签展示出来。在这里需要注意的是，有时候总页数和总条数也会以Page对象返回，这主要取决于不同的架构师如何来搭建框架。

当所有的数据都封装好之后，使用return命令返回一个地址car/carBrand/index，对应的是该目录下面的index.fmk.html文件，index.fmk.html的内容如代码清单5-10所示。

代码清单5-10　index.fmk.html

```html
<div class="col-md-offset-9 col-md-2 mt10">
    <a class="float-right fa-plus-circle ml15 blue"
        href="${ctx!}/car/carBrand/new">添加车辆品牌</a>
</div>
```

```
<div class="col-md-10 col-md-offset-1 carbrand-table">
    <table class="table table-bordered table-model-2 table-hover">
        <thead>
            <tr>
                <th class="col-md-1">品牌</th>
                <th class="col-md-1">姓名</th>
                <th class="col-md-1">手机号</th>
                <th class="col-md-1">兴趣</th>
                <th class="col-md-1">单位</th>
                <th class="col-md-1">说明</th>
                <th class="col-md-1">退休时间</th>
                <th class="col-md-1">健身时间段</th>
                <th class="col-md-1">操作</th>
            </tr>
        </thead>
        <tbody>
            <tbody id="body">
            <#list carbrands as carbrand>
            <tr>
                <td>${carbrand.carsBrand!''}</td>
                <td>${carbrand.name!''}</td>
                <td>${carbrand.phone!''}</td>
                <td>${carbrand.interest!''}</td>
                <td>${carbrand.dept!''}</td>
                <td>${carbrand.description!''}</td>
                <td>${(carbrand.createdAt?string('YYYY-MM-dd HH:mm:ss'))!''}</td>
                <td>${carbrand.beginTime!''}${carbrand.endTime!''}</td>
                <td>
                  <a href="${ctx!}/car/carBrand/${carbrand.id}/edit"
                      class="blue" onclick="">编辑</a>
                  <a href="javascript:void(0);"
                      class="ml10 blue btn-del" data-id="${carbrand.id}"
                      data-toggle="modal" data-target="#deleteModal">删除</a>
                </td>
            </#list>
        </tbody>
    </table>
    <div style=" bottom:10%" class="col-md-4  col-md-offset-5">
        <ul class="pagination" id="page"
            style=" vertical-align:middle;line-height:2">
        </ul>
    </div>
</div>
```

代码解析

这段代码的作用是对后端封装好的数据在前端进行展示，最终呈现给用户。其实，代码很简单，具备 HTML 基础的人都可以看懂，主要过程便是在<table>元素中展示具体的数据，使用类似<th class="col-md-1">品牌</th>这样的语句绘制表头，并且设置格式，再使用<#list carbrands as carbrand>语句进行循环，在循环体中使用类似<td>${carbrand.carsBrand!''}</td>的语句分别取出 POJO 实体类中已经封装好的数据。当表头与单元格的数据做到对应的时候，便能够正常显示数据了，即便不一致也没有关系，最多发生表头与单元格内容对不上的情况，这个时候只要稍微调试就能做出你想要的效果。

学习完了列表展示，我们来看看新增功能如何实现。点击“添加车辆品牌”，首先会触发已经编写好的新增业务逻辑，我们先来看看 CarBrandController.java 中对应的代码是什么样子的，具体内容如代码清单 5-11 所示。

代码清单 5-11　CarBrandController.java

```
/**
 * 新增汽车品牌
 *
 * @param map
 * @return 创建页面
 */
@RequestMapping(value = "/new", method = RequestMethod.GET, produces = MediaType.
TEXT_HTML_VALUE)
public String create(Map<String, Object> map) {
    return "/car/carBrand/create";
}
```

代码解析

这段代码的作用是从前端转入后端的控制层，然后做一个跳转回到前端进入汽车品牌管理的新增界面。使用了 Spring Boot 之后，每一步操作都需要进入控制层，并且由 Controller 转发，即便转发的内容只有几行代码，这是一种规范。当然，在前几年，也有直接通过前端页面跳转到其他界面的做法，但这样会让调试代码极不方便，所以最好还是遵守这种规范。当程序运行到 return 语句的时候，会自动跳转到 create.fmk.html，并且在前端渲染出添加品牌的界面。

新增界面如图 5-6 所示。

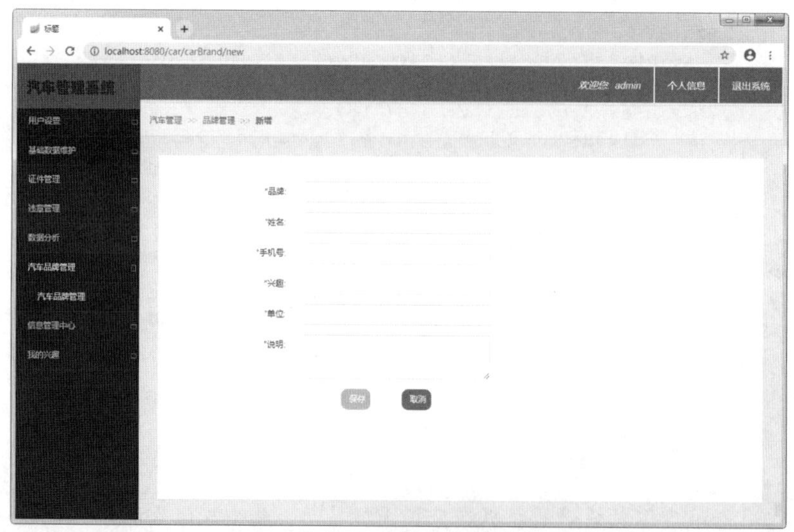

图 5-6　汽车品牌管理的新增界面

注意：此处展示的是原型图，也是客户所看到的实际界面，我们假设原型图与客户看到的实际界面完全一致，这样便能把这两种工作合二为一。在软件开发中，产品经理提供给程序员的原型图和客户所期待的成品理应是一致的，但往往由于各种各样的原因会有差别，很难做到“百分之百一致”，然而追求两者一致是终极目标。此时，我们就假定这种目标已经实现了，那么图 5-6 既是原型图也是程序员需要开发的界面，这就避免了两者之间的诸多复杂的交互性工作（如沟通元素的颜色、长度、宽度、字体等）。

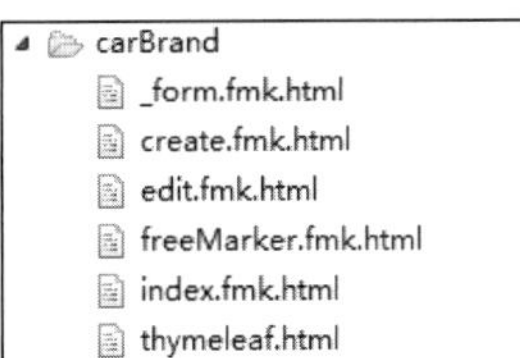

图 5-7 前端代码文件

新增的需求该怎么样完成呢？我们来看看前端的 HTML 代码。我们来看看完成这个需求所需要的几个代码文件，如图 5-7 所示。

Spring Boot 项目的目录结构跟其他项目是不一样的，这点之前也讲解过。那么，我们从该目录的 4 个文件也可以明白，create.fmk.html 是新增界面、edit.fmk.html 是编辑界面，index.fmk.html 是品牌管理的列表界面，_form.fmk.html 自然是新增和编辑所需要用到的表单了。可能有细心的读者会问，那么删除界面去哪里了呢？其实，在软件开发中，一般不会为删除单独开发一个界面，它一般就包含在这些界面当中，以一个按钮的方式呈现，点击该按钮，弹出含类似“是否删除”信息的提示框（直接调用 AJAX 接口便能完成这个操作）。接着，我们从头到尾来分别讲解这几个界面的实现步骤。create.fmk.html 界面的内容如代码清单 5-12 所示。

代码清单 5-12 create.fmk.html

```
<#import "/car/public/lib.fmk.html" as l/>
<#assign header>
    <link rel="stylesheet" href="${ctx!}/css/manage/role/role.css">
</#assign>
<#assign footer>
    <script src="${ctx!}/js/manage/role/role.js"></script>
    <script>
       $(document).ready(function () {
            jQuery.validator.addMethod("passwordVa", function (value, element) {
                return this.optional(element) || /^(?![0-9]+$)(?![a-zA-Z]+$)[0-9A-Za-z]
{6,20}$/.test(value);
            }, "必须是字母和数字的组合，最短 6 位，最长不要超过 20 位");
            jQuery.validator.addMethod("phone", function (value, element) {
                return this.optional(element) || /^1([358][0-9]|4[579]|66|7[0135678]|
9[89])[0-9]{8}$/.test(value);
            }, "请输入正确的手机号");
        });
    </script>
</#assign>
<#assign breadcrumbs=[{'label':'汽车管理'}, {'label': '品牌管理','href':'/car/carBrand'},
{'label': '新增'}]/>
<@l.layout title="标题" header=header footer=footer breadcrumbs=breadcrumbs>
    <div class="col-md-10 col-md-offset-1 mt30">
        <form carbrand="form" method="post" action="${ctx!}/car/carBrand" class=
"form-horizontal validate">
             <#include "./_form.fmk.html"/>
        </form>
    </div>
</@l.layout>
```

代码解析

首先，使用<#import>元素来引入公共的 lib.fmk.html，这种语法与传统 HTML 引入 JavaScript 文件的 iframe 框架没有太大区别，只是细节不一样。这个 lib.fmk.html 文件的作用也不难理解，因为 Java EE 项目大多都是类似汽车管理系统的，界面基本上形成了一个简单的固化样式，那就是由左侧树、顶部的欢迎信息、底部的界面构成。所以，这个文件的内容就是左侧树。在这里，我们可以先不用考虑它，只需要将它引入即可。

而$(document).ready(function ()语句块中的内容是 EL 表达式，用来验证表单输入。可以看到，在这里我们写了两则简单的 EL 表达式，用于验证密码和手机号。如何引用它们呢？只需要把表单中对应的属性 Name 的值给它即可，如代码清单中的“phone”。至于如何实现，需要读者细心研究一下 EL 表达式，对于简单的需求，EL 表达式是很容易修改的。例如，密码的规则是“最短 6 位，最长不要超过 20 位”，修改 EL 表达式中对应的数字即可修改密码的规则，若把“{6,20}”修改成“{7,30}”，那么规则便会成为“最短 7 位，最长不要超过 30 位”。

breadcrumbs 则设置了新增品牌功能的标题项，一个功能总该有一个标题。例如，这段代码中，该功能的顺序便是汽车管理→品牌管理→新增这样的，其他界面类似。

而最为重要的是<form carbrand="form" method="post" action="${ctx!}/car/carBrand">语句，它表明了 create.fmk.html 文件最终是要提交到 Action 的，是一个 POST 类型的 AJAX 请求，地址是"${ctx!}/car/carBrand"。说明白点，${ctx!}是本地目录变量，/car/carBrand 对应的是 CarBrandController 中负责新增的方法，具体是哪一个，要根据请求的参数名称、类型等来匹配，这里先不讲解，等到讲解程序的时候再说。

<#include "./_form.fmk.html"/>用于引入_form.fmk.html 文件，也就是新增界面的表单。这里需要注意一点，其实表单是可以写在新增界面中的，但因为新增和编辑都会使用同一个表单，所以就把它单独提取出来，作为公共的内容来使用，如果不嫌麻烦的话，也完全可以写在这里。

create.fmk.html 界面的功能就介绍完毕了，接下来我们继续追根溯源，去看看_form.fmk.html 是如何实现的。此处需要注意一点，每一个项目对于前端的设计是不一样的。例如，在汽车管理系统项目中，它的 create.fmk.html 文件只进行了公共的设置，如设置了正则表达式，还引入了菜单栏的 role.js，而对于具体的表单则直接引入了_form.fmk.html 界面。因此，接下来我们还需要看看该界面的内容才能继续讲解程序的运行，_form.fmk.html 的内容如代码清单 5-13 所示。

代码清单 5-13　_form.fmk.html

```
<div class="form-group">
    <lable class="col-md-4 col-md-2 control-label" for="carsBrand">
    <span class="careful">*</span>品牌:</lable>
    <div class="col-md-5 col-sm-10">
        <input carbrand="text" class="form-control" name="carsBrand"
            value="${(carbrand.carsBrand)!}" data-message-maxlength="最多允许 50 个字符">
    </div>
</div>
<div class="form-group">
    <lable class="col-md-4 col-md-2 control-label" for="name"> <span
        class="careful">*</span>姓名:</lable>
    <div class="col-md-5 col-sm-10">
        <input carbrand="text" class="form-control" name="name"
            data-validate="required, maxlength[20]" value="${(carbrand.name)!}"
            data-message-required="姓名不允许为空" data-message-maxlength="最多允许 20 个字符">
    </div>
</div>
<div class="form-group">
    <lable class="col-md-4 col-md-2 control-label" for="phone"> <span
        class="careful">*</span>手机号:</lable>
    <div class="col-md-5 col-sm-10">
        <input carbrand="text" class="form-control phone" name="phone"
            data-validate="required, maxlength[20]" value="${(carbrand.phone)!}"
            data-message-required="手机号不允许为空" data-message-maxlength="最多允许 20 个字符">
    </div>
</div>
```

```
    <div class="form-group">
        <lable class="col-md-4 col-md-2 control-label" for="interest">
        <span class="careful">*</span>兴趣:</lable>
        <div class="col-md-5 col-sm-10">
            <input carbrand="text" class="form-control" name="interest"
                data-validate="required, maxlength[50]"
                value="${(carbrand.interest)!}" data-message-required="兴趣不允许为空"
                data-message-maxlength="最多允许 50 个字符">
        </div>
    </div>
    <div class="form-group">
        <lable class="col-md-4 col-md-2 control-label" for="dept"> <span
            class="careful">*</span>单位:</lable>
        <div class="col-md-5 col-sm-10">
            <input carbrand="text" class="form-control" name="dept"
                data-validate="required, maxlength[50]" value="${(carbrand.dept)!}"
                data-message-required="单位不允许为空" data-message-maxlength="最多允许 50 个字符">
        </div>
    </div>
    <div class="form-group">
        <lable class="col-md-4 col-md-2 control-label" for="description">
        <span class="careful">*</span>说明:</lable>
        <div class="col-md-5 col-sm-10">
            <textarea class="form-control autogrow" name="description"
                data-validate="required,maxlength[100]" rows="3"
                data-message-required="说明不允许为空" data-message-maxlength="最多允许 100 个字符">
    ${(carbrand.description)!}</textarea>
        </div>
    </div>
    <div class="col-md-offset-3">
        <button class="btn btn-orange col-md-1">保存</button>
        <button class="btn btn-blue col-md-1 ml50" type="button"
            onclick="javascript:window.location.href='${ctx!}/car/carBrand';">取消
        </button>
    </div>
```

代码解析

这段代码绘制了品牌新增功能的表单界面，表单的组成内容分别是品牌、姓名、手机号、兴趣、单位和说明这 6 个项目，除了说明使用文本域，其他的都使用文本框。这些都是很简单的 HTML 功能，并没有什么难度。值得注意的是，在每个元素中增加了 data-validate 语句，用来验证输入的字段是否合规，例如 maxlength[100]语句的作用便是设置最大长度为 100 个字符。另外，需要注意的是表单需要跟 POJO 的属性保持一致，例如 value="${(carbrand.dept)!}"语句的作用便是设置文本框 dept 与 POJO 中的 dept 的绑定，它们的作用都是表示部门。

前面已经设置了，如果点击“保存”按钮，该表单便会提交给 Java 后端，从代码中可以看到，如果点击“取消”按钮，该表单仍然会提交到 Java 后端，只不过地址和参数不一样罢了，那么 ${ctx!}/car/carBrand 这个地址代表的后台接收方法便正好用于显示品牌管理的列表界面，也就是取消后需要回到的界面。

为新增品牌填入数据的界面如图 5-8 所示。

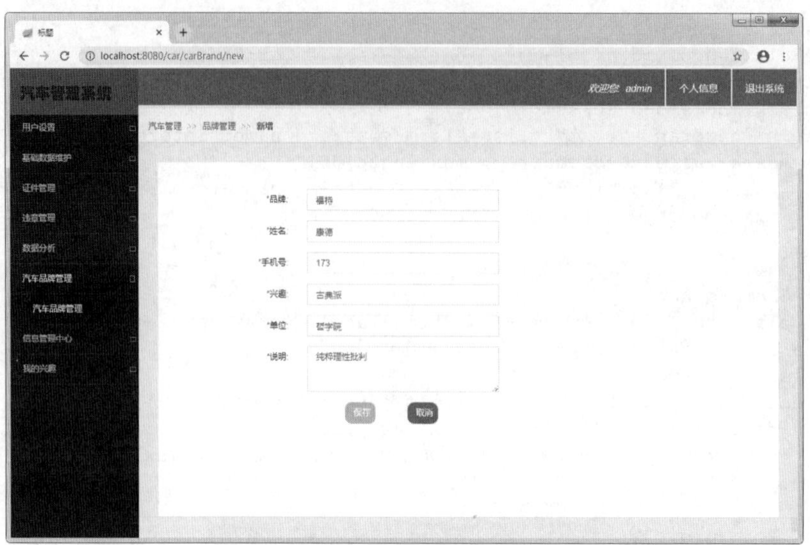

图 5-8　为新增品牌填入数据的界面

我们来看看点击“保存”之后会发生些什么。点击图 5-8 中所示的保存按钮，程序会再次进入 CarBrandController.java 文件，并且在保存功能的代码断点处停下来，我们来看一下保存功能的代码，如代码清单 5-14 所示。

代码清单 5-14　CarBrandController.java

```
/**
 * 保存汽车品牌
 *
 * @param carBrand 汽车品牌
 * @param attributes
 * @return index
 */
@RequestMapping(method = RequestMethod.POST, produces = MediaType.TEXT_HTML_VALUE)
public String save(@Validated(New.class) CarBrand carBrand, RedirectAttributes attributes) {
    Boolean exist = carBrandService.isExist(-1L, carBrand.getCarsBrand());
    if (exist) {
        attributes.addFlashAttribute(Constants.ERROR, "汽车品牌已存在！");
        attributes.addFlashAttribute("refuseReason", carBrand);
        return "redirect:/car/carBrand/new";
    }
    carBrandService.create(carBrand);
    attributes.addFlashAttribute(Constants.INFO, "添加成功!");
    return "redirect:/car/carBrand";
}
```

代码解析

这段代码很简单。首先，通过 Boolean exist = carBrandService.isExist(-1L, carBrand.getCarsBrand()) 语句来判断数据库中是否存在该汽车品牌，然后对结果进行布尔值判断，如果存在则返回“汽车品牌已存在!”，反之则把在数据库中新增该汽车品牌信息。我们分两步来解析这段代码。

第一步，通过 isExist()方法判断汽车品牌是否存在，该方法把品牌名当作参数传入 Service 层，再传入 CarBrandServiceImpl 层，最后进入 CarBrandRepository 层，在该层中使用 countByReason()方法来查询汽车品牌是否存在，它是通过@Query 动态地写 SQL 语句来实现的，这种方式很简单，不像 MyBatis 那样，需要在对应的 XML 文件中编写 SQL 语句并将其放在正确的标签中。具体代码如下：

```
@Query("select count(0) from CarBrand r where r.id <> :id and r.carsBrand = :carsBrand
and r.enabled = true")
Long countByReason(@Param("id") Long id, @Param("carsBrand") String carsBrand);
```

第二步，通过 carBrandService.create(carBrand)语句进行新增操作。新增操作很简单，对应的最后一层代码是 CarBrandRepository.save(CarBrand)，也就是直接调用底层接口来实现。在源码中，org.springframework.data.repository 的 CrudRepository.class 中有一句<S extends T> S save(S entity)语句，负责新增操作，接着往下看，已经打不开源码了，这就是一个 Spring Boot 项目的新增功能的完整的实现。

我们来看看编辑功能是怎么实现的。回到“品牌管理”界面（见图 5-5），可以看到列表中有 4 条记录。这时，我们选择其中的某一条记录，点击“操作”栏目下的“编辑”按钮，进入“编辑”界面。关于编辑功能，大家需要记住一点，凡是修改列表中的某一条记录，必然在点击“编辑”按钮后，会在触发 Action 的时候传入 id 参数，而 id 参数因为在列表展示的时候就已经获取了，所以这个值是必须有的。打开 index.fmk.html，找到编辑对应的代码：

```
<a href="${ctx!}/car/carBrand/${carbrand.id}/edit"class="blue" onclick="">编辑</a>
```

上述代码触发修改的 Action，在对应的方法中，传入 id 值。点击“编辑”后，程序会携带 carbrand 的 id 值正式进入后端控制器 CarBrandController（如代码清单 5-15 所示）。

代码清单 5-15　CarBrandController.java

```
/**
  * 编辑汽车品牌信息
 *
 * @param id
 * @param map
 * @return edit
 */
@RequestMapping(value = "{id}/edit", method = RequestMethod.GET, produces = MediaType.
TEXT_HTML_VALUE)
public String edit(@PathVariable("id") Long id, Map<String, Object> map) {
    map.put("carbrand", carBrandService.findById(id));
    return "/car/CarBrand/edit";
}
```

代码解析

前端的代码已经很明显地表现出是对应 edit()方法的，当请求被拦截时，我们自然就进入该方法内部了。carBrandService.findById(id)的作用是根据 id 值查询具体的数据，返回类型为 CarBrand。从 Controller 到 Service 没什么特别的，需要注意的是，在 CarBrandRepository 中，该方法名称变成了 CarBrand findByIdAndEnabled(Long id, Boolean enabled)，也就是具有 JPA 特征的方法名称，参数传递过程没什么特别的，关键是该方法名称是很有讲究的。该方法是最底层的，并且没有具体的实现，也看不到源码。我们都知道 JPA 有一个特征，就是根据方法名称来查询数据库。所以，findByIdAndEnabled()的具体含义便是，根据 id 查询 CarBrand 对象所在的表，并且 enabled 是有效的数值，因为 enabled 数据被设置为了 true，在字段在数据库是 bit 类型，所以 true 对应地是有效的。查到这个数据之后，便返回给前端的“编辑”界面。

edit.fmk.html 界面与 create.fmk.html 界面基本一致，这里只列出不同的代码。因为数据已经查出来了，所以可以直接读取该表单并且赋值，这时候点击“保存”，便会触发 Action()方法：

```
<form carbrand="form" method="post" action="${ctx!}/car/carBrand" class="form-horizontal
validate">
    <input type="hidden" value="put" name="_method">
    <input type="hidden" value="${carbrand.id}" name="id">
    <#include "./_form.fmk.html"/>
</form>
```

代码解析

从这两个 hidden 类型的<input>元素中可以看到，该 AJAX 请求的类型是 PUT，而且仍然传递了 id 信息。那么，AJAX 请求进入 CarBrandController 中便会寻找 POST 类型的方法。

我们来看一下控制器中关于汽车品牌更新的代码，如代码清单 5-16 所示。

代码清单 5-16　CarBrandController.java

```
/**
 * 汽车品牌更新
 *
 * @param carBrand
 * @param attributes   A RedirectAttributes model is empty when the method is called and
is never used unless the method returns a redirect view name or a RedirectView.
 * @return to index page
 */
@RequestMapping(method = RequestMethod.PUT, produces = MediaType.TEXT_HTML_VALUE)
public String update(CarBrand carBrand, RedirectAttributes attributes) {
    Boolean exist = carBrandService.isExist(carBrand.getId(), carBrand.getCarsBrand());
    if (exist) {
        attributes.addFlashAttribute(Constants.ERROR, "汽车品牌已存在！");
        attributes.addFlashAttribute("carBrand", carBrand);
        return "redirect:/car/CarBrand/new";
    }
    carBrandService.update(carBrand);
    attributes.addFlashAttribute(Constants.INFO, "更新成功!");
    return "redirect:/car/carBrand";
}
```

代码解析

首先，通过 Boolean exist = carBrandService.isExist(carBrand.getId(), carBrand.getCarsBrand())语句来判断数据库中是否存在该汽车品牌，然后对结果进行布尔值判断，如果存在则返回“汽车品牌已存在!”，反之则把该汽车品牌信息更新到数据库中。我们分两步来解析这段代码。第一步，如何判断汽车品牌已经存在，利用 isExist()方法来判断，该方法之前已经讲述过，和代码清单 5-14 中一样；第二步，看代码是如何更新的。查看 carBrandService.update(carBrand)会意外地发现，在 CarBrandServiceImpl 类的 update()方法中，最终完成与数据库交互并进行更新操作的仍然是 CarBrandRepository.save(CarBrand)语句，跟新增加功能的源码一样。这并没有什么特别令人惊奇的，很多与数据库交互的 API 都是这样设计的，新增与更新使用同一个方法。在源码里进行判断，如果不存在某个 ID 就进行新增，反之则进行更新。

我们来看看删除功能是怎么实现的。回到“品牌管理”界面（见图 5-5），可以看到列表中有 4 条记录。这时，我们选择其中的某一条记录，点击“操作”栏目下的“删除”按钮，进入“删除”界面。汽车品牌删除功能界面如图 5-9 所示。

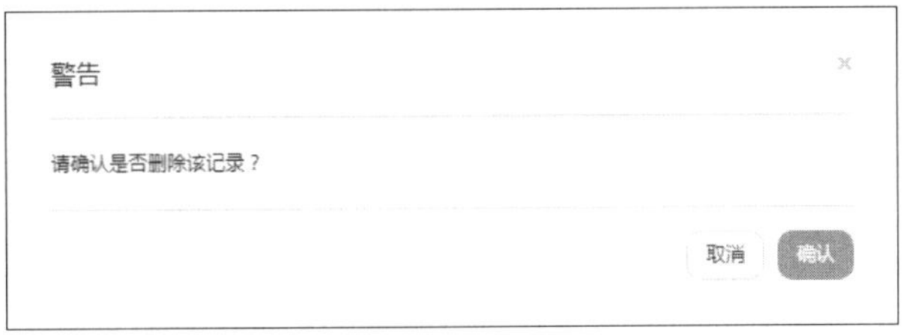

警告

请确认是否删除该记录？

取消 确认

图 5-9 汽车品牌删除功能界面

接着，我们来看看删除功能对应的前端页面代码（在 index.fmk.html 文件中）：

```
<@p.deleteDialog id="deleteModal" url="${ctx!}/car/carBrand"/>
```

上述代码里有 deleteModal，仅看 url 值也分辨不出来究竟是怎么进入删除方法的，其实源码中还有一个删除功能相关的 JavaScript 文件，该 JavaScript 文件的内容如代码清单 5-17 所示。

代码清单 5-17 public.fmk.html

```
<#macro deleteDialog id url=''>
<div class="modal fade" id="${id}">
    <div class="modal-dialog">
        <div class="modal-content">
            <div class="modal-header">
                <button type="button" class="close" data-dismiss="modal"
                    aria-hidden="true">&times;</button>
                <h4 class="modal-title">警告</h4>
            </div>

            <div class="modal-body">请确认是否删除该记录？</div>

            <div class="modal-footer">
                <button type="button" class="btn btn-white" data-dismiss="modal">取消</button>
                <button type="button" class="btn btn-info btn-del-confirm">确认</button>
            </div>
        </div>
    </div>
</div>
<script type="application/javascript">

        $(function () {
            $("#" + "${id}").bind("show.bs.modal", function(evt) {
                var id = $(evt.relatedTarget).data("id");
                $(this).find('button.btn-del-confirm').on('click', function () {
                    $(this).prop('disabled', true);
                    var $input = $("<input>").attr("type", "hidden").attr("name",
"_method").val("delete");
                    $("<form/>")
                        .attr("action", "${url}/" + id)
                        .attr("method", 'post')
                        .append($input)
                        .appendTo($("body"))
                        .submit();
                    $(this).prop('disabled', false);
                });
            });
        });
```

```
</script> </#macro>
```

代码解析

这段代码是一个封装好的删除插件，具体的前端逻辑不用讲解大家也知道，无非就是设置一个提示“请确认是否删除该记录？”的对话框，再设置“取消”和“确认”按钮。点击“取消”的话就关闭对话框，而点击“确认”的话则会进入后端控制器。从代码中可以看到后端控制器中对应的方法是 delete()，那么我们便打开后端控制器来看看具体的代码实现。

我们来看一下控制器中关于汽车品牌删除功能的代码，如代码清单 5-18 所示。

代码清单 5-18　CarBrandController.java

```
/**
 * 根据 ID 删除汽车品牌
 *
 * @param id         id
 * @param attributes A RedirectAttributes model is empty when the method is called and
is never
 *                   used unless the method returns a redirect view name or a RedirectView.
 * @return ModelAndView<RefuseReason>
 */
@RequestMapping(value = "/{id}", method = RequestMethod.DELETE, produces = MediaType.
TEXT_HTML_VALUE)
public ModelAndView delete(@PathVariable("id") Long id, RedirectAttributes attributes) {
    carBrandService.delete(id);
    attributes.addFlashAttribute(Constants.INFO, "删除成功!");
    return new ModelAndView("redirect:/car/carBrand");
}
```

代码解析

删除功能通过方法 carBrandService.delete(id)实现，这是自定义的方法，持久层中删除功能对应的方法是 CarBrandRepository.delete(CarBrand)，查看源码，可以看到具体的删除操作是这样进行的：void delete(T entity)。

我们来讲讲分页条件查询的开发。首先，打开“品牌管理”界面，在“姓名”文本框中输入张三这个名字，然后点击“查询”，看看具体会触发什么样的操作。我们来看一下控制器中关于汽车品牌查询的代码，如代码清单 5-19 所示。

代码清单 5-19　CarBrandController.java

```
/**
 * 分页条件查询
 *
 * @param carBrandSearch 分页条件查询
 * @param map
 * @return 汽车品牌管理列表
 */
@RequestMapping(value = "/query", method = RequestMethod.GET, produces = MediaType.
APPLICATION_JSON_VALUE)
@ResponseBody
public Page<CarBrand> query(Map<String, Object> map, CarBrandSearch carBrandSearch) {
    Page<CarBrand> pages = carBrandService.findAll(carBrandSearch);
    return pages;
}
```

代码解析

这段代码很简单，就是实现单纯的查询功能，只不过传入了分页查询条件 carBrandSearch，如果查询成功，会返回一个 CarBrand 类型的分页对象给前端以进行视图渲染。

carBrandSearch 的内容如图 5-10 所示。

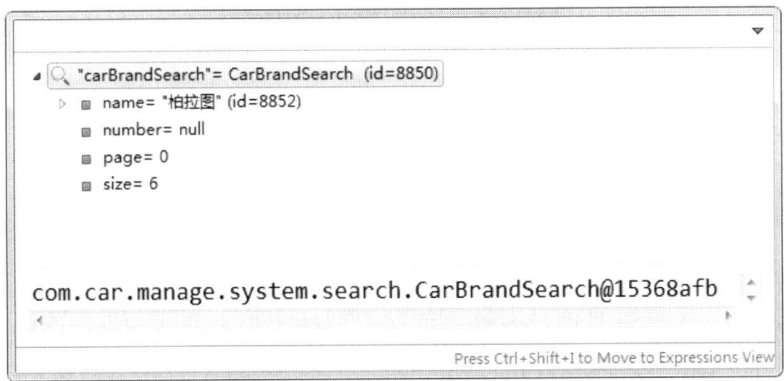

图 5-10 carBrandSearch 的内容

我们来看 findAll()方法的具体实现，如代码清单 5-20 所示。

代码清单 5-20 CarBrandServiceImpl.java

```
public Page<CarBrand> findAll(CarBrandSearch CarBrandSearch) {
    return CarBrandRepository.findAll(CarBrandSearch.getSpecification(), CarBrandSearch.
getPageInfo());
}
```

代码解析

这段代码使用 JPA 提供的 findAll()方法查询数据，该方法本身已经被封装好，并不需要特别注意，关键是它所需要的参数还需要我们手动去处理。具体实现过程是调用 getSpecification()方法，通过一些公共代码来处理。最后，直接返回一个分页信息变量 pages 给前端即可完成解析。

按条件查询品牌的界面如图 5-11 所示。

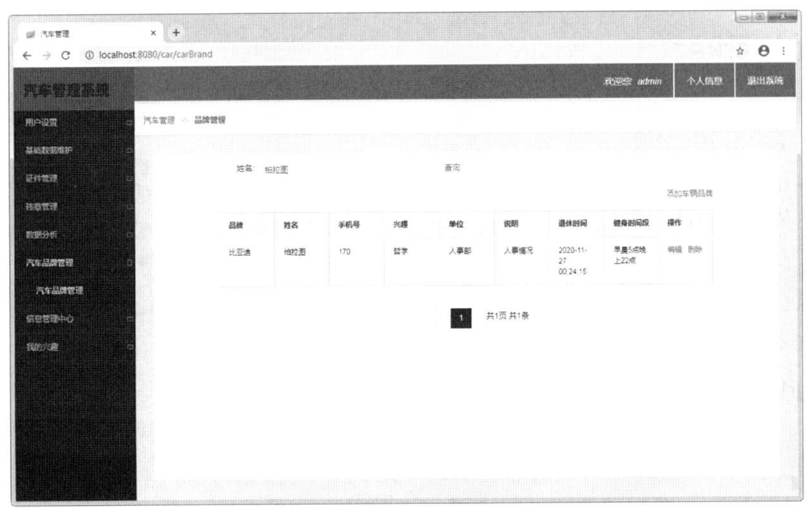

图 5-11 按条件查询品牌

5.5 视图技术

编程领域的视图技术就是展现层使用的技术，也就是 MVC 模式中的视图。常见的视图技术有 JSP、FreeMarker、Velocity、Thymeleaf、HTML 等。视图技术的概念很简单，但种类繁多。在互联网技术刚开始发展的时候，大家主要使用的都是 HTML 和 JSP。随着框架技术的不断发展，视图技术也在不断更新，从一开始对视图技术没有要求，到现在，已经发展到了某种框架需与某种视图技术所匹配的程度。例如，对于 Spring Boot 框架，你可以使用原始的 JSP 来开发项目，但官方推荐的是 Thymeleaf、FreeMarker。这是因为这些视图技术与框架的匹配度更高，更容易编写代码，表现得更好。在本节中，我们就来正式介绍一下常见的视图技术以及它们的使用方法。

HTML 是最简单的视图技术之一，起初大家都使用它做静态网页，常见的元素有<body><html><style><table><frame>等，主要就是通过表格、框架、超链接等来展现数据。而随着动态网站的发展，大家不再使用单纯的 HTML 了，逐渐开始使用 JSP，因为 JSP 以下有几个优点。

- 功能强大，可以内嵌 Java 代码。
- 支持 JSP 标签（JSP Tag）。
- 支持表达式语言（如 EL 表达式）。
- 有丰富的第三方 JSP 标签库。
- 性能良好，JSP 文件可以直接编译成.class 文件运行，提高展示速度。

后来，出现了一个新的视图技术 Velocity，用来代替 JSP，它有以下几个优点。

- 不用编写 Java 代码，严格遵照 MVC 模式，无侵入式。
- 使用表达式语言。因为 Velocity 模板引擎使用了模板缓冲，在页面开发完毕之后模板一般不再改变，运行速度要优于 JSP。

但是，因为 Velocity 并不是官方标准，用户群体和第三方标签库没有 JSP 多，再加上很久没有更新，使用它的人逐渐减少，所以逐渐过渡到了使用 FreeMarker 和 Thymeleaf 的时代，本章主要讲的也正是这两个视图技术。

5.5.1 FreeMarker

1. FreeMarker 介绍

FreeMarker 是一款使用 Java 编写的模板引擎，特别适合开发 Web 应用的展现层组件。它的特点是：轻量级模板，不依赖 Servlet 环境就可以嵌入应用程序；能生成各种类型（HTML、XML、RTF、Java 源码等）的文本；入门简单。FreeMarker 的性能比 JSP、Velocity 要弱一些，但几十毫秒的差距并不会影响到什么。它在包含大量判断、日期/金额格式化、数学计算等的页面上处理性能非常好，因为它提供了很多用于计算的标签。

2. FreeMarker 标签

FreeMarker 可以在 Spring MVC 框架中使用，也可以在 Spring Boot 中使用，使用方法都很简单，只是配置不一样。其中，Spring MVC 的配置要比 Spring Boot 复杂得多，当然也有一些操作是必需的，如引入 POM 文件。接着，我们就来搭建一个 FreeMarker 的使用环境，来学习它的用法。

首先，在 POM 文件中引入 FreeMarker，如代码清单 5-21 所示。

代码清单 5-21 在 POM 文件中引入 FreeMarker

```
<dependency>
    <groupId>org.springframework.boot</groupId>
    <artifactId>spring-boot-starter-freemarker</artifactId>
    <exclusions>
        <exclusion>
            <groupId>ch.qos.logback</groupId>
            <artifactId>logback-classic</artifactId>
        </exclusion>
        <exclusion>
            <groupId>org.slf4j</groupId>
            <artifactId>jul-to-slf4j</artifactId>
        </exclusion>
        <exclusion>
            <groupId>org.slf4j</groupId>
            <artifactId>log4j-over-slf4j</artifactId>
        </exclusion>
    </exclusions>
</dependency>

<!-- freemarker shiro（标签）-->
<dependency>
    <groupId>net.mingsoft</groupId>
<artifactId>shiro-freemarker-tags</artifactId>
    <version>0.1</version>
</dependency>
```

代码解析

这段代码可以引入 FreeMarker。与其他 Web 插件类似，FreeMarker 也可以直接通过编写 POM 文件的方式引入，非常简单、高效，避免了复制、粘贴 JAR 包的麻烦。

FreeMarker 需要对文件返回格式进行设置，否则程序无法正常运行。关于 FreeMarker 文件返回格式的设置，可以参考 application.properties 中的一段设置代码，如代码清单 5-22 所示。

代码清单 5-22 application.properties

```
spring.freemarker.allow-request-override=false
attributes of the same name.
spring.freemarker.allow-session-override=false
spring.freemarker.cache=false
spring.freemarker.settings.template_update_delay=0
spring.freemarker.charset=UTF-8
spring.freemarker.check-template-location=true
spring.freemarker.content-type=text/html
spring.freemarker.enabled=true
spring.freemarker.expose-request-attributes=false
spring.freemarker.expose-session-attributes=false
spring.freemarker.expose-spring-macro-helpers=true
spring.freemarker.prefer-file-system-access=true
spring.freemarker.request-context-attribute=request
spring.freemarker.suffix=.fmk.html
spring.freemarker.template-loader-path=classpath:/templates/
```

代码解析

这段代码的主要配置的含义是：spring.freemarker.cache 表示是否开启缓存；spring.freemarker.charset 用于设置字符编码格式；spring.freemarker.suffix 用于设置文件扩展名；spring.freemarker.template-loader-path 用于设置目录地址。

接着，在 com.car.manage.controller 下新建 FreeMarkerController.java，其内容如代码清单 5-23 所示。

代码清单 5-23　FreeMarkerController.java

```
package com.car.manage.controller;

import org.springframework.stereotype.Controller;
import org.springframework.ui.Model;
import org.springframework.web.bind.annotation.RequestMapping;

@Controller
public class FreeMarkerController {

    @RequestMapping("/car/freeMarker")
    public String helloFreeMarker(Model model) {
        model.addAttribute("name","FreeMarker学习");
        return "car/CarBrand/freeMarker";
    }
}
```

代码解析

这段代码用于输出一句话——“FreeMarker 学习”，把它设置给变量 name，并返回给前端的 freeMarker 文件，也就是 freeMarker.fmk.html。此处需要注意的是，文件扩展名必须跟配置文件中的 spring.freemarker.suffix=.fmk.html 属性保持一致。

freeMarker.fmk.html 文件的内容如代码清单 5-24 所示。

代码清单 5-24　freeMarker.fmk.html

```
<html>
    <head>
        <meta http-equiv="Content-Type" content="text/html; charset=UTF-8">
        <title>FreeMarker</title>
    </head>
    <body>
        <h1>${name}! </h1>
        <h1>字符串截取：${name[3]}</h1>

        <!-- 加、减、乘、除等运算 -->
        <#assign number1 = 20 />
        <#assign number2 = 10 />
        加法 : ${number1 + number2}
        减法 : ${number1 - number2}
        乘法 : ${number1 * number2}
        除法 : ${number1 / number2}
        取余 : ${number1 % number2}

        </br>
        内建函数：
        <#assign data = "test123">
        第一个字母大写：${data?cap_first}
        所有字母小写：${data?lower_case}
```

```
        所有字母大写：${data?upper_case}

        </br>
        Map 集合：
        <#assign mapData={"name":"架构师", "工资":35000}>
        直接通过 Key 获取 Value 值：${mapData["name"]}
        通过 Key 遍历 Map：
        <#list mapData?keys as key>
        Key: ${key} - Value: ${mapData[key]}
        </#list>
        通过 Value 遍历 Map：
        <#list mapData?values as value>
        Value: ${value}
        </#list>

        </br>
        List 集合：
        <#assign listData=["ITDragon", "blog", "is", "cool"]>
        <#list listData as value>${value} </#list>

        </br>
        macro 宏指令：
        <#macro wb>
        定义无参数的宏 macro--${name}
        </#macro>
        使用宏 macro: <@wb />
        <#macro wbArgs a b c>
        定义带参数的宏 macro-- ${a+b*c}
        </#macro>
        使用带参数的宏 macro: <@wbArgs a=30 b=1 c=2 />

    </body>
</html>
```

代码解析

这段代码表现了 FreeMarker 的用法，其中根据 FreeMarker 的语法呈现了一些简单的实例，如获取 Map 集合、获取 List 集合、macro 宏指令的使用方法等。

运行结果如图 5-12 所示。

图 5-12 运行结果

5.5.2 Thymeleaf

1. Thymeleaf 概述

Thymeleaf 是一种常用的视图技术，目前的使用率基本和 FreeMarker 持平。Thymeleaf 支持静态嵌入，浏览器可以直接打开、查看标签，方便调试。与其他模板引擎相比，Thymeleaf 最大的特点便是可以直接在浏览器中打开标签并且显示正确，而不用启动 Web 程序，这点类似于 HTML。在显示方面，Thymeleaf 通过 HTML 标签属性渲染标签内容，与 HTML 非常契合，基本上与 HTML 标签可以结合起来使用，并且可以正常地渲染内容。Thymeleaf 可以静态地显示，如果后期应用程序与数据库连接成功，那么原先未生效的标签便会被正常地渲染出来。Spring 官方支持的服务的渲染模板有 Thymeleaf 和 FreeMarker 等。不过，Thymeleaf 也有一些弊端，例如它的模板必须符合 XML 规范，理解它对于一些不熟悉 XML 开发的人来说具有一定的难度。

2. Thymeleaf 介绍

Thymeleaf 可以在 Spring MVC 框架中使用，也可以在 Spring Boot 中使用，使用方法都很简单，只是配置不一样。其中，Spring MVC 的配置要比 Spring Boot 复杂得多，当然也有一些操作是必需的，如引入 POM 文件。接着，我们就来搭建一个 Thymeleaf 的使用环境来学习它的用法。

第一步是在 POM 文件中引入 Thymeleaf，如代码清单 5-25 所示。

代码清单 5-25　在 POM 文件中引入 Thymeleaf

```
<dependency>
    <groupId>org.springframework.boot</groupId>
    <artifactId>spring-boot-starter-thymeleaf</artifactId>
</dependency>
```

代码解析

这段代码可以引入 Thymeleaf 文件，与其他 Web 插件类似，Thymeleaf 也可以直接通过编写 POM 文件的方式引入，非常简单、高效，避免了复制、粘贴 JAR 包的麻烦。

Thymeleaf 需要对文件返回格式进行设置，否则程序无法正常运行。关于 Thymeleaf 文件返回格式的设置，可以参考 application.properties 中的一段设置代码，如代码清单 5-26 所示。

代码清单 5-26　application.properties

```
# Thymeleaf 模板配置
spring.thymeleaf.prefix=classpath:/templates/
spring.thymeleaf.suffix=.html
spring.thymeleaf.mode=HTML5
spring.thymeleaf.encoding=UTF-8
# 热部署文件，页面不产生缓存，及时更新
spring.thymeleaf.cache=false
```

代码解析

这段代码的主要配置的含义是：spring.thymeleaf.prefix 用于设置 Thymeleaf 的目录地址；spring.thymeleaf.suffix 用于设置文件扩展名；spring.thymeleaf.mode 用于设置模式；spring.thymeleaf.encoding 用于设置字符编码格式。

接着，在 com.car.manage.controller 下新建 ThymeleafController.java 文件，其内容如代码清单 5-27

所示。

代码清单 5-27 ThymeleafController.java

```
package com.car.manage.controller;

import org.springframework.stereotype.Controller;
import org.springframework.ui.Model;
import org.springframework.web.bind.annotation.RequestMapping;

import com.car.manage.system.entity.CarBrand;

@Controller
public class ThymeleafController {

    @RequestMapping("/car/thymeleaf")
    public String helloFreeMarker(Model model) {
        model.addAttribute("name","Thymeleaf 学习");
        CarBrand vo = new CarBrand();
        vo.setCarsBrand("奥拓");
        vo.setDept("产品部");
        vo.setDescription("设计");
        model.addAttribute("carbrand", vo);
        return "car/CarBrand/thymeleaf";
    }
}
```

代码解析

这段代码主要用于生成一个 CarBrand 对象 vo，并且分别为它设置不同的数据，再返回给前端的 thymeleaf 文件，也就是 thymeleaf.fmk.html。此处需要注意的是，文件扩展名必须跟配置文件中的 spring.thymeleaf.suffix=.html 属性保持一致。

新建 thymeleaf.html 文件，其内容如代码清单 5-28 所示。

代码清单 5-28 thymeleaf.html

```
<!DOCTYPE HTML>
<html xmlns:th="http://www.thymeleaf.org">
    <head>
        <title>Spring Boot 模板渲染</title>
    <meta http-equiv="Content-Type" content="text/html;charset=UTF-8"/>
    </head>
    <body>
        <p th:text="'用户名称: ' + ${name}"/>
        <p th:text="'数学计算: 1+2=' + (1 + 2)"/>

        <div>
            <p th:text="'品牌名称: ' + ${carbrand.carsBrand}"/>
            <p th:text="'部门: ' + ${carbrand.dept}"/>
            <p th:text="'说明: ' + ${carbrand.description}"/>

           <span th:unless="${16 gt 18}">
             这个公式成立!
            </span>

            <span th:switch="${carbrand.dept}">
                <p th:case="技术部">技术部门人员</p>
                <p th:case="产品部">产品部门人员</p>
```

```
                <p th:case="*">没有匹配成功的数据！</p>
            </span>

            <table>
                <tr><td>品牌</td><td>部门</td><td>说明</td></tr>
                <tr th:each="user : ${carbrand}">
                    <td th:text="${user.carsBrand}">Onions</td>
                    <td th:text="${user.dept}">Onions</td>
                    <td th:text="${user.description}">2.41</td>
                </tr>
            </table>

        </div>

    </body>
</html>
```

代码解析

这段代码表现了 Thymeleaf 的用法，其中通过一些有用的实例，集中体现了 Thymeleaf 的取值、计算、循环取值等功能。

运行结果如图 5-13 所示。

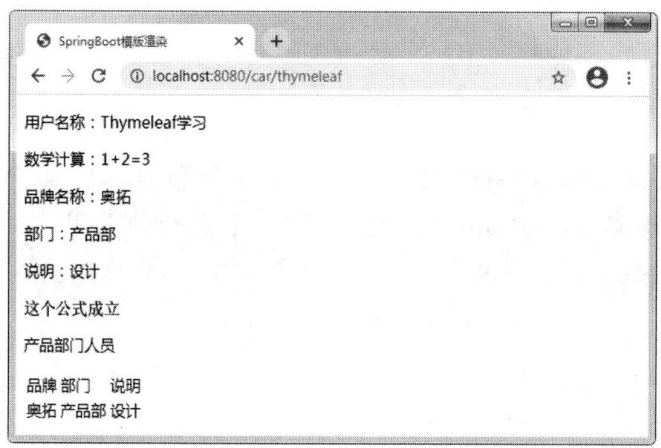

图 5-13　运行结果

5.6　小结

本章主要介绍了 Spring Boot 框架技术的核心对象，并且对这些对象的源码进行了分析。从框架的特点到执行过程，本章一一阐述，并且搭建了一个 Spring Boot 的汽车管理系统项目，开发了汽车品牌管理的功能，并且对常用的增、删、改、查功能进行了开发。在此基础上，读者应该完全理解了 Spring Boot 的用法。为了拓宽读者的知识面，本章又介绍了 JPA 的用法。最后，本章对当前最流行的视图技术（FreeMarker 和 Thymeleaf）进行了详细的讲解，以帮助读者掌握常见的使用方法。通过本章的学习，读者应该能够全面掌握 Spring Boot 框架。

第 6 章　数据库

Java 领域的开发与数据库是息息相关的，如果没有数据库，在学习 Java 的时候只能依靠模拟数据。例如，把模拟数据保存在 List 之中，来完成业务逻辑的开发。但是，这种学习方式只能单纯满足 Java 编程技能的学习，如果应用到项目实战开发中则会捉襟见肘。所以读者要进行项目实战的前提就是掌握数据库，这样才能把所有的知识串联起来，在实战中不断地加深对 Java 的理解和强化自己的 Java 开发水平。

6.1　MySQL

MySQL 是关系数据库，是由瑞典的 MySQL AB 公司开发的，该公司后来被 Oracle 公司收购。MySQL 最大的特点是软件体积较小，同时又拥有不错的执行效率，所以受到了广大中小企业的欢迎，也成了程序员自行学习技术的首选数据库。成功安装 MySQL 后，结合可视化工具便可以轻松地实现 MySQL 的诸多功能，即便是数据库经验尚少的人也能轻松做到。作为开源软件，MySQL 也为企业节省了不少成本，很多项目开发前期都会使用 MySQL 数据库，到后期随着业务复杂度的增加以及数据量的大幅增长，才会考虑切换为 Oracle 数据库。

6.1.1　命令

数据库有图形化的管理工具，自然也会有命令模式，MySQL 这种短小精悍的数据库也不例外。下面我们正式开始学习一些常用的 MySQL 命令，在操作之前可以进入 Windows 的服务列表，关闭 MySQL56 服务，让 MySQL 停止运行。

在 DOS 界面下操作 MySQL 时，需要进入它的 bin 目录。注意：和 DOS 命令不同，在 MySQL 环境下执行的任意命令都需要按照数据库的语法，在命令末尾带一个分号作为结束符，以标识这是一条完整的命令语句。

（1）启动 MySQL56 服务：

```
D:\Program Files (x86)\MySQL\MySQL Server 5.6\bin>net start MYSQL56
MySQL56 服务正在启动.
MySQL56 服务已经启动成功。
```

（2）关闭 MySQL56 服务：

```
D:\Program Files (x86)\MySQL\MySQL Server 5.6\bin>net stop MYSQL56
MySQL56 服务正在停止.
MySQL56 服务已成功停止。
```

解析：还有另一种关闭 MySQL56 服务的方法，就是进入 Windows 服务列表，手动关闭。

启动服务后，才可以对 MySQL 进行各种常规操作，但在此之前需要对数据库进行连接。

（3）连接 MySQL：

```
D:\Program Files (x86)\MySQL\MySQL Server 5.6\bin>
D:\Program Files (x86)\MySQL\MySQL Server 5.6\bin>mysql -u root -p
Enter password: ******
```

按“Enter”键后会看到很多提示信息。如果启动成功，DOS 界面的盘符会变成 mysql>，表示可以输入 MySQL 命令了。

还有一种情况是，连接一个远程的数据库（假设地址是 127.0.0.2），它的操作命令是这样的：

```
mysql -127.0.0.2 -u root -p 123456
```

（4）修改密码：

```
D:\Program Files (x86)\MySQL\MySQL Server 5.6\bin>mysqladmin -uroot -p123456 pas
sword 123
Warning: Using a password on the command line interface can be insecure.
```

（5）增加新用户：

```
mysql> CREATE USER 'lisi'@'%' IDENTIFIED BY '123456';
Query OK, 0 rows affected (0.00 sec)
```

解析：本例新建的用户名是 lisi，@代表登录本机，密码是 123456。

（6）用户授权：

```
mysql> GRANT SELECT, INSERT ON test.user TO 'lisi'@'%';
Query OK, 0 rows affected (0.00 sec)
```

解析：授予 lisi 查询、插入权限，生效范围是数据库 test 的 user 表。注意：如果不对新用户进行授权，该用户是无法进行任何操作的，甚至不能登录。

```
mysql> REVOKE INSERT ON *.* FROM 'lisi'@'%';
Query OK, 0 rows affected (0.00 sec)
```

解析：之前已经授予 lisi 对于 test 数据库下 user 表的查询、插入权限，但该权限太小以至于不方便用户管理数据库，所以可以使用通配符*.*授予 lisi 所有数据库的所有表的插入权限。

（7）设置密码：

```
mysql> SET PASSWORD FOR 'lisi'@'%' = PASSWORD("lisi");
Query OK, 0 rows affected (0.00 sec)
```

解析：设置 lisi 的密码为 lisi。

（8）删除用户：

```
mysql> DROP USER 'lisi'@'%';
Query OK, 0 rows affected (0.00 sec)
```

解析：删除用户 lisi。

（9）新建数据库：

```
mysql> create database manage;
Query OK, 1 row affected (0.01 sec)
```

解析：新建数据库 manage。

（10）显示数据库：

```
mysql> show databases;
+--------------------+
| Database           |
+--------------------+
| information_schema |
| mysql              |
| performance_schema |
| sakila             |
| test               |
| world              |
+--------------------+
6 rows in set (0.00 sec)
```

解析：该命令用于显示当前用户下的所有数据库。

（11）删除数据库：

```
mysql> drop database manage;
Query OK, 0 rows affected (0.10 sec)
```

解析：删除数据库 manage。

（12）使用数据库：

```
mysql> use test;
Database changed
```

解析：在 MySQL 中如果想对某个数据库进行操作，必须先使用它。

（13）查询 MySQL 版本号：

```
mysql> select version();
+------------+
| version()  |
+------------+
| 5.6.23-log |
+------------+
1 row in set (0.00 sec)
```

（14）查询系统时间：

```
mysql> select now();
+---------------------+
| now()               |
+---------------------+
| 2017-10-26 01:58:52 |
+---------------------+
1 row in set (0.03 sec)
```

（15）新建表：

```
mysql> create table student(
    -> id INT(6) NOT NULL PRIMARY KEY AUTO_INCREMENT,
    -> name CHAR(50) NOT NULL);
Query OK, 0 rows affected (0.45 sec)
```

解析：使用 create 命令可以完成新建表的操作，但建议使用 GUI 来完成这种操作。

（16）在表中插入数据：

```
mysql> insert into student values(1,'王超'),(2,'李娜'), (3,'赵飞');
Query OK, 3 rows affected (0.05 sec)
Records: 3  Duplicates: 0  Warnings: 0
```

解析：使用 insert into 在 student 表中插入 3 条数据。

（17）查询表：

```
mysql> select * from student;
+----+------+
| id | name |
+----+------+
|  1 | 王超 |
|  2 | 李娜 |
|  3 | 赵飞 |
+----+------+
3 rows in set (0.00 sec)
```

解析：使用 select 语句查询 student 表的数据。

（18）删除数据：

```
mysql> delete from student where id=3;
Query OK, 1 row affected (0.04 sec)
```

解析：使用 delete 语句删除 student 表中 id 为 3 的数据。

（19）修改数据：

```
mysql> update student set name='王涛' where id=2;
Query OK, 1 row affected (0.05 sec)
Rows matched: 1  Changed: 1  Warnings: 0
```

解析：使用 update 语句修改 student 表中 id 为 2 的数据，并为它的 name 设置新值。

（20）增加字段：

```
mysql> alter table student add score float(4);
Query OK, 0 rows affected (0.86 sec)
Records: 0  Duplicates: 0  Warnings: 0
```

解析：使用 alter 语句的 add 命令为 student 表增加字段 score，它的数据类型是 float，长度是 4。

（21）删除字段：

```
mysql> alter table student drop score;
Query OK, 0 rows affected (1.36 sec)
Records: 0  Duplicates: 0  Warnings: 0
```

解析：使用 alter 语句的 drop 命令为 student 表删除字段 score。

（22）新建主键索引：

```
mysql>  alter table student add primary key(id);
Query OK, 0 rows affected (0.80 sec)
Records: 0  Duplicates: 0  Warnings: 0
```

解析：设置 student 表的主键索引为字段 id。设置主键索引的意义重大，不但可以保证学生 id 的唯一性，使其不会出现重复数据，还能提高对学生数据的查询速度。因为索引会使用基于数据结构的算法，所以单独开辟一块空间来存储和维护索引。

（23）新建普通索引：

```
mysql> alter table student add index student_name (name);
Query OK, 0 rows affected (0.40 sec)
Records: 0  Duplicates: 0  Warnings: 0
```

解析：MySQL 的普通索引基于 B 树，为除主键外的其他常用字段（如 name）建立普通索引，依然能大幅度提高查询效率。

（24）新建唯一索引：

```
mysql> alter table student add unique student_card(card);
Query OK, 0 rows affected (0.35 sec)
Records: 0  Duplicates: 0  Warnings: 0
```

解析：student 表除字段 id 不能重复外， card 也是不能重复的，但又不能把 card 设置为主键索引，所以就只能把 card 设置成唯一索引了。

（25）删除索引：

```
mysql> alter table student drop index student_name;
Query OK, 0 rows affected (0.15 sec)
Records: 0  Duplicates: 0  Warnings: 0
```

解析：在实际应用中，为 student 表的 name 字段建立普通索引的意义是不大的，因为已经有主键索引 id 的存在了，所以我们使用 drop 命令删除 name 字段的索引。

（26）导出数据库：

```
D:\Program Files (x86)\MySQL\MySQL Server 5.6\bin>mysqldump -uroot -p123456 tes
t>E:\备份\test.sql
```

解析：使用 mysqldump 工具在 DOS 界面下，导出 test 数据库的全量数据并且保存在 E 盘。因为导出的文件是 SQL 脚本，所以可以直接用代码编写工具来打开和查看。

（27）导出表：

```
D:\Program Files (x86)\MySQL\MySQL Server 5.6\bin>mysqldump -uroot -p test student > E:\
备份\student.sql
Enter password: ******
```

解析：使用 mysqldump 工具在 DOS 界面下，导出 test 数据库中的 student 表的全量数据并且保存在 E 盘。因为导出的文件是 SQL 脚本，所以可以直接用代码编写工具来打开和查看。

（28）数据库还原：

```
D:\Program Files (x86)\MySQL\MySQL Server 5.6\bin>mysql -uroot -p123456 test < E:
\备份\test.sql
Warning: Using a password on the command line interface can be insecure.
```

解析：使用 mysql 工具可以直接恢复保存在 E 盘的 SQL 脚本，但在此之前最好删除 student 表以检测还原效果。

6.1.2 profiling

在熟练掌握 MySQL 的命令之后，我们已经可以对 MySQL 数据库进行诸多常规操作了。但作为架构师，我们只掌握 MySQL 的常规操作还是远远不够的，因为在项目中很可能会遇到很多数据库性能问题，如遇见查询速度特别慢的情况，如果已经确认 Java 代码没有任何问题了，但它的运行时间仍然特别长，问题就有可能出在 SQL 语句自身上。之前我们只是凭借常识和经验来建立索引的，如果要提升 MySQL 的性能并发挥更大的作用，则需要专业的工具来帮我们从数据库层面分析，为此我们可以借助 profiling 工具。

profiling 工具的典型应用场景：当一条查询语句运行完之后，我们只直观地看到了它所呈现的结果，却无法看到这条查询语句所消耗的详细资源，如 I/O 操作为多少，CPU 占用为多少，还有如 IPC、SWAP 等参数值为多少。对于简单的 SQL 语句，可以不去关注这些，但遇见查询特别慢的 SQL 语句，如果不去分析这些参数，就无法找到问题的根源所在，也自然谈不上突破性能的瓶颈了。因此，使用 profiling 工具来查看这些参数是解决这类问题的最好方式，接着我们就通过示例来学习 profiling 工具的用法。

（1）show variables like '%profiling%';的使用示例如图 6-1 所示。

解析：该命令用于查看 profiling 自身的信息。

（2）set profiling = 1;

解析：因为 profiling 工具默认是关闭的，所以需要先开启，把它设置为 1。

（3）select * from servant;的使用示例如图 6-2 所示。

```
mysql> show variables like '%profiling%';
+------------------------+-------+
| Variable_name          | Value |
+------------------------+-------+
| have_profiling         | YES   |
| profiling              | OFF   |
| profiling_history_size | 15    |
+------------------------+-------+
3 rows in set (0.00 sec)
```

图 6-1　列出 profiling 工具的使用情况

```
mysql> select * from servant;
+----+------------+------+--------+
| id | name       | card | remark |
+----+------------+------+--------+
|  1 | 水星       |  520 | planet |
|  2 | 金星       |  521 | planet |
|  3 | 地球       |  522 | planet |
|  4 | 火星       |  523 | planet |
|  5 | 木星       |  524 | planet |
|  6 | 土星       |  525 | planet |
|  7 | 天王星     |  526 | planet |
|  8 | 海王星     |  527 | planet |
|  9 | 冥王星     |  528 | planet |
+----+------------+------+--------+
9 rows in set (0.00 sec)
```

图 6-2　运行查询语句

解析：运行一条查询语句，该语句作为性能分析的载体。

（4）show profiles;的使用示例如图 6-3 所示。

```
mysql> show profiles;
+----------+------------+------------------------+
| Query_ID | Duration   | Query                  |
+----------+------------+------------------------+
|        1 | 0.00026550 | SELECT DATABASE()      |
|        2 | 0.00059400 | select * from servant |
+----------+------------+------------------------+
2 rows in set, 1 warning (0.00 sec)
```

图 6-3　分析性能

解析：运行该语句，即可分析之前的查询语句所消耗的详细资源，例如，结果中列出了 select * from servant;语句的 Query_ID 是 2，消耗时间是 0.00059400s。

（5）多语句分析的使用示例如图 6-4 所示。

```
mysql> show profiles;
+----------+------------+-----------------------------------------+
| Query_ID | Duration   | Query                                   |
+----------+------------+-----------------------------------------+
|        1 | 0.00026550 | SELECT DATABASE()                       |
|        2 | 0.00059400 | select * from servant                   |
|        3 | 0.00046025 | select * from servant where id = 1      |
+----------+------------+-----------------------------------------+
3 rows in set, 1 warning (0.00 sec)
```

图 6-4 分析多语句的性能

解析：因为之前只有两条语句，难以对比出运行结果的差异，所以我们先运行 select * from servant where id = 1;后，再运行 show profiles;就可以得出针对同一张表（servant）的两条分析结果，可以看出 Query_ID 是 3 的语句的运行时间明显比 Query_ID 是 2 的语句少，因为 Query_ID 是 3 的语句加了查询条件。但这也只是从消耗时间来分析，接着我们来分析更多的参数。

（6）show profile for query 2;的使用示例如图 6-5 所示。

```
mysql> show profile for query 2;
+----------------------+----------+
| Status               | Duration |
+----------------------+----------+
| starting             | 0.000119 |
| checking permissions | 0.000016 |
| Opening tables       | 0.000077 |
| init                 | 0.000031 |
| System lock          | 0.000016 |
| optimizing           | 0.000008 |
| statistics           | 0.000023 |
| preparing            | 0.000019 |
| executing            | 0.000003 |
| Sending data         | 0.000173 |
| end                  | 0.000007 |
| query end            | 0.000010 |
| closing tables       | 0.000011 |
| freeing items        | 0.000058 |
| cleaning up          | 0.000024 |
+----------------------+----------+
15 rows in set, 1 warning (0.00 sec)
```

图 6-5 根据 Query_ID 分析性能

解析：运行该语句可以列出 Query_ID 是 2 的语句所消耗的资源详情，左边是资源项目，右边是持续时间。如果把这些持续时间的值全部加起来的话，应该约等于 0.00059400，我们就可以分析出该列表中占用时间最长的选项，并且针对该选项进行性能优化了。

（7）show profile cpu for query 2;的使用示例如图 6-6 所示。

解析：运行该语句，可以单独分析 Query_ID 是 2 语句的 CPU 运行情况，另外，除了 cpu，还能把参数替换为 memory 来分析内存情况。总之，本例所揭示的就是在性能优化的时候需要对症下药。例如，遇见运行得特别慢的 SQL 语句，我们通过“show profile 系列”语句分析出了该语句在内存方面占用了较大的时长，那么我们就可以查看服务器的内存是否过小，如果服务器的内存只有 4 GB，我们可以考虑将它升级成 8 GB 后再进行一轮测试。同理，在软件方面也可以尝试为该表设置针对性的索引，再使用“show profile 系列”语句进行测试，如果运行时间变短了，就说明我们的优化是成功的！

```
mysql> show profile cpu for query 2;
+----------------------+----------+----------+------------+
| Status               | Duration | CPU_user | CPU_system |
+----------------------+----------+----------+------------+
| starting             | 0.000119 | 0.000000 |   0.000000 |
| checking permissions | 0.000016 | 0.000000 |   0.000000 |
| Opening tables       | 0.000077 | 0.000000 |   0.000000 |
| init                 | 0.000031 | 0.000000 |   0.000000 |
| System lock          | 0.000016 | 0.000000 |   0.000000 |
| optimizing           | 0.000008 | 0.000000 |   0.000000 |
| statistics           | 0.000023 | 0.000000 |   0.000000 |
| preparing            | 0.000019 | 0.000000 |   0.000000 |
| executing            | 0.000003 | 0.000000 |   0.000000 |
| Sending data         | 0.000173 | 0.015600 |   0.000000 |
| end                  | 0.000007 | 0.000000 |   0.000000 |
| query end            | 0.000010 | 0.000000 |   0.000000 |
| closing tables       | 0.000011 | 0.000000 |   0.000000 |
| freeing items        | 0.000058 | 0.000000 |   0.000000 |
| cleaning up          | 0.000024 | 0.000000 |   0.000000 |
+----------------------+----------+----------+------------+
15 rows in set, 1 warning (0.00 sec)
```

图6-6　根据 Query_ID 分析 CPU 性能

（8）使用 set profiling = 0;关闭 profiling 工具。

解析：使用 profiling 分析完成 SQL 性能后，最好使用该语句关闭 profiling 工具。

（9）性能优化小结。

本节通过学习 profiling 来对数据库进行性能优化，profiling 可检测的范围很多，包括 block io、cpu、memory、source、swaps 等参数，读者可以使用“show profile 系列”语句分别对这些参数进行测试，直到找出问题的根源所在，总结出最好的优化方案。另外，在数据库方面还需要特别注重索引，因为索引是直接提升查询速度的手段。总结一下，数据库索引就是在数据库里单独开辟出一段空间来保存的索引数据，而这些索引数据就是利用结构算法来提高查询效率的。正确的索引可以提升查询速度，而错误的索引会降低性能，而且索引过多会影响插入和更新操作的执行效率。因为这两种操作不但需要更新数据字段，还需要更新数据字段对应的索引信息。我们可以形象地把索引理解为数据库的指针，用于快速定位到某条记录。主键索引、普通索引、唯一索引、外键索引、全文索引的合理利用可以让表与表之间的连接更为科学、紧密，例如具有外键索引的字段不能直接删除，这也可以保证数据库操作的正确性。

另外，可以针对每条 SQL 语句进行性能分析。例如，对于 select * from table;这条语句，在运行的时候加上 EXPLAIN，使其变为 EXPLAIN select * from table;，便可以查询这条 SQL 语句的运行性能，看它是全表查询还是索引查询。具体的字段参数为 select_type：值为 SIMPLE 则表示简单查询，不包括 UNION 操作或子查询操作；值为 PRIMARY/UNION 则表示具有 UNION 操作，或者子查询的外层表操作为 PRIMARY。Type 值表示访问方式，例如，ALL 表示全表扫描；ref 表示使用普通索引；eq_ref 表示使用唯一索引。如果使用全表扫描，那么查询速度便会大打折扣，可以修改 SQL 语句，将查询方式改为索引查询。

6.1.3　SQLyog

MySQL 可以通过命令的方式来进行管理和操作，但纯粹地使用命令并不直观，而且对程序员自身的素质要求特别高，如果技术不过硬，可能很容易出现操作失误，造成难以挽回的损失！所以在本节中，我们来学习 SQLyog，使用 GUI 来操作数据库。使用 GUI 的好处不只是操作简单、提高效率，更重要的是能够防止程序员因为对命令不熟悉而导致错误操作。

SQLyog 的安装特别简单，这里不赘述。打开 SQLyog，选择“连接”，即可出现“连接到我的 SQL 主机”对话框，如图 6-7 所示。

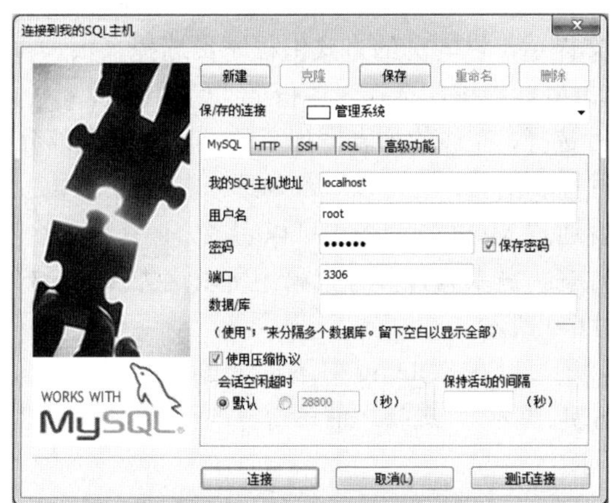

图 6-7 SQLyog 连接数据库

点击“连接”后，如果用户名和密码没有问题，就会进入数据库操作界面。SQLyog 可以完成的事情有很多，它不但可以完成数据库的常规操作，如对数据表的增、删、改、查操作，还可以通过它自身提供的一些新功能完成特定操作，如最常用的 SQL 优化。新建一个查询窗口，如果输入或者复制的 SQL 语句特别冗长，就可以选中这条语句，点击 进行 SQL 优化，把冗长的 SQL 语句优化得更易让人阅读，从而方便程序员调试。

用户管理、权限管理等在命令行模式下不方便实现的功能，在 SQLyog 中也可以轻松实现，可以直接从菜单里选择用户，进行 GUI 操作。我们可以直接通过提示信息在每个文本框内输入正确的数值来完成设置，如图 6-8 所示。

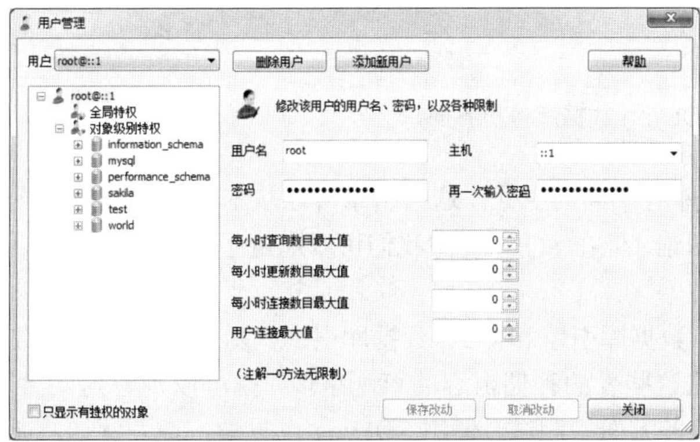

图 6-8 SQLyog 用户管理

最为重要的一点是数据库的函数、游标、存储过程等内容都可以在SQLyog中实现，它既可以管理数据库，又可以作为数据库相关脚本的编辑器。利用SQLyog来写这些脚本会游刃有余，且它会显示各种提示信息，包括语法错误、编译错误等的提示信息。如果脚本出现了错误，我们就可以根据错误提示信息来找出正确的解决方案，直到脚本编译通过。而DOS界面也会提供类似的提示信息，但很不直观，就连把提示信息复制出来都特别麻烦。

最后讲一下SQLyog的特色功能。SQLyog可以通过可视化界面完成对数据库的备份和还原，非常方便，且各种参数都会用中文提示，以勾选的方式供程序员选择，很大程度上降低了维护的难度。

选中“test数据库”，点击鼠标右键，选择“备份/导出”下的“备份到数据库，转储到SQL”。在弹出的对话框中根据提示进行选择，左边的列表罗列了数据库的组成部分，可以选择导出的内容，如只导出表和视图，而忽略存储过程和函数，也可以全部勾选。右边的选项是一些导出相关的设置，可以根据实际情况来选择。这些内容通过MySQL命令也可以完成，但那些命令都是纯英文的，一不留神就会出错，如果需要设置的选项过多，就要写许多行代码，所以这类操作最好还是通过SQLyog来完成吧。SQLyog数据库备份界面如图6-9所示。

在完成数据库备份之后，还可以在SQLyog中还原数据库。选中“test数据库”，点击鼠标右键，选择“导入”功能下的“执行SQL脚本”，选择之前备份好的全量数据的脚本，再点击“执行”即可完成数据库的还原，如图6-10所示。

图6-9　SQLyog数据库备份界面

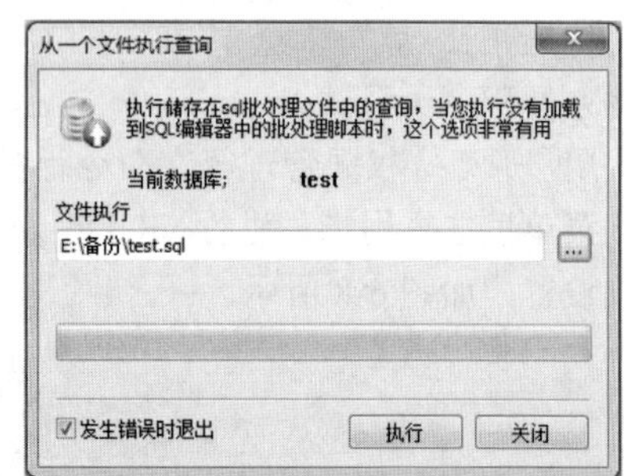

图6-10　SQLyog数据库还原

另外，MySQL数据库有不同的引擎，这些引擎可以从本质上影响数据库的存储结构。数据库引擎在操作和测试上都比较困难，但在SQLyog中我们可以通过手动删除，并且快速新建数据库的操作来测试不同数据库引擎的特性。

例如，测试InnoDB数据库引擎和CSV数据库引擎，新建两个不同的数据库，在对应的数据库里新建不同的表，通过对比这些表的存储内容的直观呈现，就可以理解这两种不同的数据库引擎的差异了。当然，对于数据库事务方面的测试，使用SQLyog也更加方便。例如，通过对比读取未提交、读取已提交、可重读、可串行化这些隔离级别在表中的不同展现就可以明白它们的区别了。

6.1.4 函数

函数的作用与存储过程类似，都是为了完成某些业务而把所有涉及该业务的逻辑使用数据库能识别的语言描述出来，可描述程序中常见的逻辑，如变量、循环、条件等。这些逻辑的代码综合起来实现某种功能需求，并且提供合理的输入参数以方便程序员调用。

在数据库中，我们会用到很多函数。这些函数大致分为两种。一种是系统函数，例如，MySQL 提供的控制流程函数 CASE WHEN、IF 等，字符串函数 CONCAT、FORMAT 等，这些函数是系统提供的，我们只需要调用即可，调用方法也很简单。另一种是自定义函数，下面我们将使用 MySQL 的语法创建一个自定义函数，并且讲述它的用法，如代码清单 6-1 所示。

代码清单 6-1 FN_GET_TITLE

```
DELIMITER $$
USE `manage`$$
DROP FUNCTION IF EXISTS `FN_GET_TITLE`$$
CREATE DEFINER=`admin`@`%` FUNCTION `FN_GET_TITLE`(CITY CHAR(32)) RETURNS VARCHAR(500)
CHARSET utf8
BEGIN
  DECLARE i INT;
  SET i = 0;
  SET @result = '';
  SET @CITY = CITY;
  SET @cityCount = 0;
  SET @goodsTitle = '';
  SELECT COUNT(*) INTO @cityCount FROM goods_sendcount goods WHERE goods.city = @CITY;
  IF @cityCount = 1 THEN
    SELECT goods.goods INTO @goodsTitle FROM goods_sendcount goods WHERE goods.city = @CITY;
    SET @result = @goodsTitle;
  ELSE
    WHILE i < @cityCount DO
      SELECT goods.goods INTO @goodsTitle FROM goods_sendcount goods WHERE goods.city =
@CITY LIMIT i, 1;
      SET @result = CONCAT(@result,@goodsTitle,",");
      SET i = i + 1;
    END WHILE;
  END IF;
  RETURN @result;
END$$
DELIMITER ;
```

代码解析

这个自定义函数的作用是获取商品的名称。它先传入城市名称 CITY，通过查询该城市的产品来判断运行哪一条语句。如果产品只有一件，就返回这件产品的名称。如果产品有多件，就使用循环来获取产品名称。很明显，自定义存储过程是为了完成某个逻辑而创建的。函数很重要，一般用来完成某个特定的业务需求，例如根据 ID 获取某个员工的信息，这明显是一个业务需求，如果业务比较简单，就可以从数据库中获取一些特定的字段，将其返回到 Java 后端再次处理。但有时，我们可能会希望获取的这些字段都是经过层层筛选的，这就不是几条 SQL 语句可以解决的问题。因此，可以把这个特定的业务需求写成一个自定义函数，每当需要获取符合条件的员工字段时，就调用这个函数。

6.1.5　游标

游标（cursor）是一个缓冲区，主要存放 SQL 语句的运行结果，也可以作为数据库操作时的一个中间过渡区。游标的典型应用场景是通过 SQL 语句逐一获取记录，并且对其进行操作。举个简单的例子，如果需要查询 10 条记录，有时候，我们往往只能查到这 10 条记录的结果集，将它呈现出来，或者将其保存到一个临时表中。那么，只获取这 10 条记录的结果集，并不能完全解决问题，关键是我们需要对 10 条记录的每一条都进行一次操作，例如将符合某个条件的记录删掉等，这就需要对每一条记录进行逻辑判断，游标的作用就体现在这里。下面我们将使用 MySQL 的语法创建一个游标，并且讲述它的用法，如代码清单 6-2 所示。

代码清单 6-2　SC_TITLE_VALIDAT

```
DELIMITER $$
USE `manage`$$
DROP PROCEDURE IF EXISTS `SC_TITLE_VALIDAT`$$
CREATE DEFINER=`admin`@`%` PROCEDURE `SC_TITLE_VALIDAT`(IN city CHAR(32), OUT success INT)
BEGIN
  DECLARE no_more_record INT DEFAULT 0;
  DECLARE pValue CHAR(32);

  DECLARE cur_record CURSOR FOR select goods from goods_sendcount t where city = city;
  DECLARE CONTINUE HANDLER FOR NOT FOUND
  SET  no_more_record = 1;
  select count(goods)into @goodsCount from goods_sendcount t where city = city;
  IF @goodsCount = 1;
    SET success = 1;
  ELSE
    OPEN  cur_record;
    FETCH  cur_record INTO pValue;

    WHILE no_more_record != 1 DO
      SELECT sum(AMOUNT) AS AMOUNT INTO @goodsTemp FROM goods_sendcount WHERE goods = pValue;
      SET @goodsCount = @goodsCount + @goodsTemp;
      FETCH  cur_record INTO pValue;
    END WHILE;
    CLOSE  cur_record;
    CASE WHEN @goodsCount > 10 THEN
      SET success = 10;
      WHEN @goodsCount > 100 THEN
        SET success = 100;
    END CASE;
  END IF;
END$$
DELIMITER ;
```

代码解析

该游标的作用是求某个城市产品的总量。首先，求出某个城市产品的种类，如果种类为 1，就返回 1。如果种类大于 1，就利用游标求出该城市产品的所有种类，并且把所有种类的数量加起来。如果种类大于 10，就返回 10。如果种类大于 100，就返回 100，游标可以对一个结果集的每条记录都进行运算。在查询数据库的时候，如果返回的查询记录只有一条，就可以通过 INTO 语句来把它赋给某个变量。

接下来，就可以对这个变量进行下一步处理。如果返回的记录有多条，显然不能直接用 INTO 语句来赋值，这就需要使用游标对每一条记录使用 INTO 语句进行赋值。

6.1.6 存储过程

存储过程（stored procedure）是大型数据库系统用于完成特定功能的 SQL 语句集，它存储在数据库中，经过第一次编译，被再次调用则不需要再次编译，用户通过指定存储过程的名字并给出参数（如果该存储过程带有参数）来运行它。存储过程是数据库中的一个重要对象，一般适用于业务复杂、操作繁多的场景。例如，针对一个订单的状态写一个存储过程，就需要对这个状态进行多次判断。例如，该订单付款怎么办，退款怎么办，用户在签收快递的时候，订单的状态应该怎么同步。这些复杂的、互相关联的业务，就可以通过写在一个存储过程里来实现。下面我们将使用 MySQL 的语法创建一个存储过程，并且讲述它的用法，如代码清单 6-3 和代码清单 6-4 所示。

代码清单 6-3　SC_DELETE

```
DELIMITER $$
USE `manage`$$
DROP PROCEDURE IF EXISTS `SC_DELETE`$$
CREATE DEFINER=`admin`@`%` PROCEDURE `SC_DELETE`(IN CITY CHAR(32), OUT success CHAR(2))
BEGIN
  delete goods_sendcount where city = CITY;
  SET success=1;
END$$
DELIMITER ;
```

代码解析

这是一个非常简单的存储过程，传入参数是城市名称。然后以城市名称作为条件，删除表中符合条件的记录。在学习存储过程的时候，把握基本的代码格式就可以顺利地写出存储过程。只要存储过程的代码格式正确，写逻辑处理的过程就和写 Java 代码没什么两样，写得多了自然会得心应手。

代码清单 6-4　SC _LIST

```
DELIMITER $$
USE `manage`$$
DROP PROCEDURE IF EXISTS `SC _LIST `$$
CREATE DEFINER=`admin`@`%` PROCEDURE `SC_ LIST `(IN CITY CHAR(32), OUT totalRecords INT)
BEGIN
  SET @CITY = CITY;
  SET @sql = CONCAT('select * from goods_sendcount where city = ?');
  PREPARE _stmt FROM @sql;
  EXECUTE _stmt USING @CITY;
  DEALLOCATE PREPARE _stmt;
END$$
DELIMITER ;
```

代码解析

这是一个预处理参数的存储过程，用于查询发货表。在封装 SQL 语句的时候，使用"?"作为条件占位符，在封装 SQL 语句完毕后，使用 PREPARE _stmt FROM @sql;来触发封装好的 SQL 语句，使用 EXECUTE_stmt USING @CITY;来传递参数，使用 DEALLOCATE PREPARE_stmt;来运行 SQL 语句。

存储过程的写法就跟套用公式一样，只要掌握了它的基本代码格式，写得多了，就会非常流利。建议大家从最基本、最简单的存储过程开始写起，如书中的这两个例子。等写得熟练了，就可以驾驭几百行甚至几千行、业务逻辑非常复杂的存储过程了。

6.2 Oracle

Oracle 数据库是美国甲骨文公司的产品，在世界范围内处于领先地位。首先 Oracle 适合数据量庞大的系统，这是业界已经形成的共识，其次 Oracle 的安全性特别高，这也是众多大企业选择它的原因之一。虽然在学习时使用 MySQL 已经足够，但作为架构师，如果不会使用 Oracle 肯定是不行的。因为很多项目并没有对数据库的选型进行过专业的评估，可能该项目更适合 MySQL，但公司选择了 Oracle 也是可以完成任务的，所以国内的项目大部分不是使用 Oracle 就是使用 MySQL，把两种数据库都熟练掌握是最好的。

6.2.1 命令

Oracle 的命令需要在 SQL Plus 环境下执行，因为 Oracle 在安装的时候会自动配置环境变量，所以我们只需要启动 DOS，在根目录下直接执行 sqlplus 命令即可进入 SQL Plus 程序。

（1）启动 SQL Plus：

```
C:\>sqlplus
SQL*Plus: Release 10.2.0.1.0 - Production on 星期五 10月 27 00:57:26 2017
Copyright (c) 1982, 2005, Oracle.  All rights reserved.
请输入用户名:  system
输入口令:
连接到:
Oracle Database 10g Enterprise Edition Release 10.2.0.1.0 - Production
With the Partitioning, OLAP and Data Mining options
SQL>
```

解析：在输入用户名和口令，并按“Enter”键之后，如果没有报错并且出现了 SQL>标识符，就说明 Oracle 正式进入 SQL Plus 程序的环境。

（2）获取当前数据库：

```
SQL> select name from v$database;
NAME
---------
MANAGE
```

解析：该命令用于获取当前用户下的数据库。

（3）新建用户：

```
SQL> create user admin identified by admin;
用户已创建。
```

解析：该命令用于新建 admin 用户。

（4）修改密码：

```
SQL> alter user admin identified by manage;
用户已更改。
```

解析：该命令用于将 admin 的密码修改为 manage。

（5）授权：

```
SQL> grant create session to admin;
授权成功。
SQL> grant unlimited tablespace to admin;
授权成功。
SQL> grant create table to admin;
授权成功。
SQL> grant drop any table to admin;
授权成功。
SQL> grant insert any table to admin;
授权成功。
SQL> grant update any table to admin;
授权成功。
```

解析：新建 admin 用户后，使用该用户登录，在数据库里进行一些常规的操作。但是因为该用户没有进行过任何授权，所以执行常规操作的时候会提示“权限不足”。为了解决这种问题，必须对 admin 用户进行授权操作，这些权限是登录权限、使用表空间的权限、创建表的权限、删除表的权限、插入表的权限、修改表的权限。只有这些权限授予成功，用户才能进行相应的操作。而取消该用户的某些权限则用 revoke 命令，其他的语法格式保持不变。

（6）授予角色：

```
SQL> create role adminRole;
角色已创建。
SQL> grant create session to adminRole;
授权成功。
SQL> grant adminRole to admin;
授权成功。
SQL> drop role adminRole;
角色已删除。
```

解析：对 admin 用户授权成功后，它就可以进行数据库的常规操作。但是如果再次新建一个用户后又要重新授权，这种情况比较麻烦，所以我们可以使用角色。角色即权限的集合，可以为用户授予一个角色，主要作用是进行批量授权。本例中新建 adminRole 角色，并为该角色授予登录权限，再把该角色授予 admin 用户。如果有多个用户，就可以直接继续授权。

（7）查看权限：

```
select * from dba_sys_privs where grantee = 'ADMIN';
select * from dba_role_privs where grantee = 'ADMIN';
```

解析：如何判定某个用户的角色是否授予成功？除了直接进行某些操作，还可以使用该语句查看用户拥有的权限。

（8）新建表：

```
SQL> create table SERVANT
  2  (
  3    ID      NUMBER(6),
  4    NAME    VARCHAR2(50),
  5    CARD    NUMBER(20),
```

```
    REMARK VARCHAR2(200)
);
表已创建。
```

解析：在 Oracle 中新建表时需要考虑很多参数。如果对性能没有特别的要求，可以先使用本例中的简单语法来新建表，只是它会把其他参数（如对于表空间的选择）置为默认值，但后期仍然可以通过语句来进行修改。

（9）删除表：

```
SQL> drop table servant;
表已删除。
```

（10）清除表数据：

```
SQL> truncate table servant;
表被截断。
```

解析：在操作 Oracle 数据库的时候，往往需要单纯地清除表数据而不是删除该表。

（11）新增列：

```
SQL> alter table servant add address varchar2(50);
表已更改。
```

（12）删除列：

```
SQL> alter table servant drop column address;
表已更改。
```

（13）插入数据：

```
SQL> insert into servant values (1, '水星 ', 520, 'planet');
已创建 1 行。
SQL> commit;
提交完成。
```

（14）更新数据：

```
SQL> update servant set remark = 'Ruler' where id = 1;
已更新 1 行。
SQL> commit;
提交完成。
```

（15）删除数据：

```
SQL> delete from servant where id = 1;
已删除 1 行。
SQL> commit;
提交完成。
```

（16）创建主键索引：

```
SQL> alter table servant add constraint pk_id primary key(id);
表已更改。
```

（17）创建唯一索引：

```
SQL> create unique index servantCard on servant(card);
索引已创建。
```

（18）创建普通索引：

```
SQL> create index servantName on servant(name);
索引已创建。
```

（19）创建视图：

```
SQL> create or replace view servantView as select * from servant;
视图已创建。
```

（20）删除视图：

```
SQL> drop view servantview;
视图已删除。
```

（21）备份表：有多种方法对 Oracle 数据进行备份，区别在于备份附加的参数不同，而且执行备份的前提是：在 DOS 中进入 Oracle 目录，如 E:\oracle\product\10.2.0\db_1\BIN。

（a）按表备份：

```
exp userid=system/manage@manage tables=(servant) file=E:/备份/servant.dmp
```

解析：如果执行时没有出错，会列出表名和导出记录数量，说明备份成功。

（b）按表还原：

```
imp system/manage@manage file=E:/备份/servant.dmp tables=(servant)
```

解析：为了方便查看还原效果，可以在还原之前删除 servant 表，如果操作结束后该表的数据出现，说明还原成功。

（c）按用户备份：

```
exp system/manage@manage file=E:/备份/admin.dmp owner=(admin)
```

解析：使用 owner 参数设置备份 admin 用户下的所有内容，如果没有出错，会列出该用户下的视图、存储过程、触发器等项目和记录数量，说明备份成功。

（d）备份还原表：

```
imp system/manage@manage file=E:/备份/admin.dmp fromuser=admin
```

解析：如果执行时没有出错，执行完毕后会列出导入项目和记录数量，说明还原成功，fromuser 选项是 DMP 文件中的对应的用户名。

（e）按条件备份：

```
exp system/manage@manage file=E:/备份/servant.dmp tables=(servant)query=\" where card= 520 \"
```

解析：将数据库中表 servant 的字段 card 以“520”开头的数据导出进行备份，还原方法参考按表还原命令。

（f）备份所有数据：

```
exp system/manage@manage file=E:/备份/manage.dmp full=y
```

解析：把数据库 manage 内的所有内容全部导出进行备份，需要加入参数 full=y。

（g）还原所有数据：

```
imp system/manage@manage file=E:/备份/manage.dmp full=y
```

解析：还原 manage 数据库，需要加入参数 full=y。该操作可能会出现错误，因为如果在导入之前没有清洗 manage 数据库，就会出现数据重复的问题。为了解决这种问题，可以在语句末尾加上 ignore=y 参数。

6.2.2 PLSQL

对于 Oracle 这样庞大的数据库，如果在 DOS 界面中进行日常管理和开发就太难了。因此，Oracle 有很多可视化的操作工具，其中最为常用的就是 PLSQL，本节将帮助读者对 PLSQL 进行入门级的学习，PLSQL 的登录界面如图 6-11 所示。

PLSQL 登录成功后，直接打开 SQL 窗口，在窗口里输入一条 SQL 语句，点击“执行”即可完成对应的操作，如图 6-12 所示。

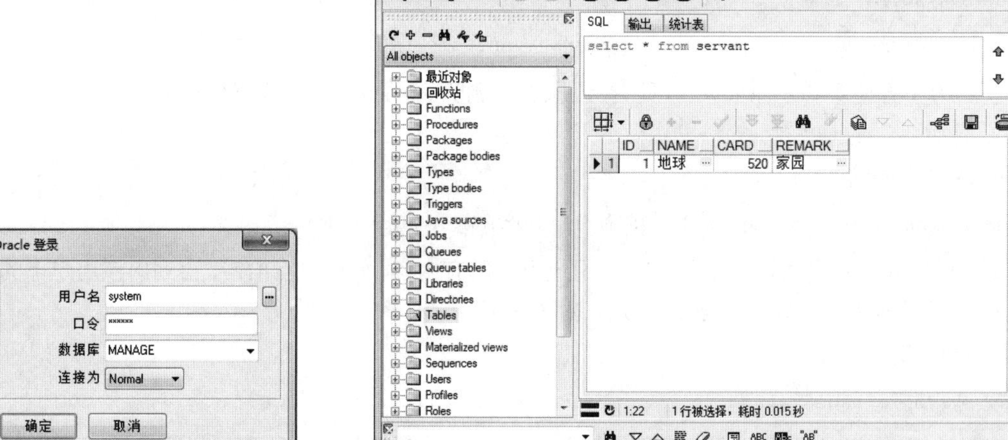

图 6-11　PLSQL 的登录界面　　　　图 6-12　SQL 窗口

图 6-12 所示的界面是 PLSQL 最经典的界面之一，其左侧列出了 Oracle 数据库的诸多信息，如 Functions、Procedures、Jobs、Tables、Views、Users 等，其中最常用的是 Tables，它包含我们的数据库里所有的表；右侧的 SQL 选项卡用来输入 SQL 语句，其下方的面板则用来显示 SQL 语句运行的结果，基本上通过 Oracle 命令完成的操作都可以使用 PLSQL 完成。

PLSQL 还提供了一些其他的特色工具，如代码优化器，它可以将杂乱的代码一键优化，以方便程序员阅读和调试。实现代码优化功能可以点击工具栏的按钮。除该功能外，PLSQL 还提供了经典的函数、存储过程、游标等的编写界面，在其中编写和调试脚本会非常方便，而这在 DOS 界面中就显得太难了，如果出错了都不知道怎么解决。另外，使用 PLSQL 管理权限、角色要比在 DOS 界面中使用命令简单多了，如图 6-13 所示。

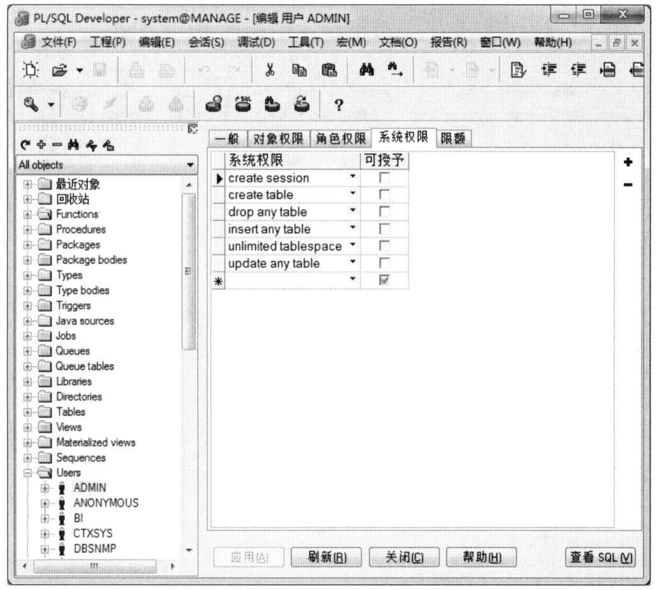

图 6-13 PLSQL 权限设置

其余比较常用的功能就是导出和导入了，在“工具”菜单中选择“导出表”功能即可弹出该功能的操作界面，可以在列出的表中选择需要导出的内容，也可以在 Oracle 导出窗口中设置“缓冲区大小”、增加“Where”子句等，如图 6-14 所示。

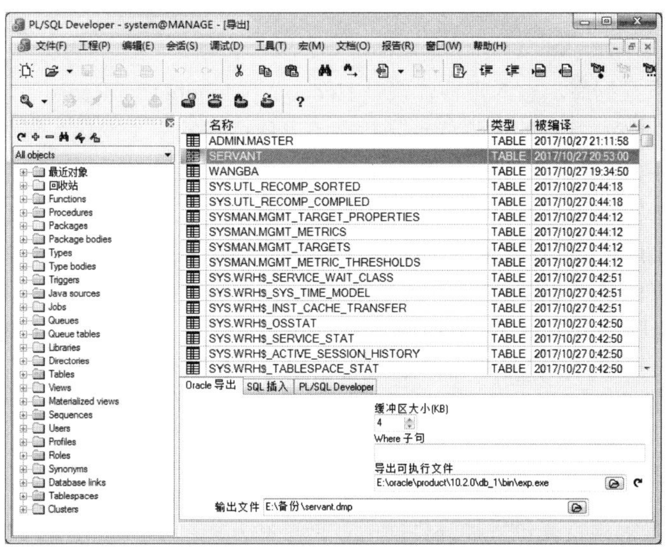

图 6-14 PLSQL 导出功能

导出 DMP 文件后，如果数据库出现了问题就可以使用该 DMP 文件来还原数据库，具体的做法是选择“工具”菜单中的“导入表”功能。

在弹出的窗口中设置诸如“提交”“约束”“授权”“索引”及“缓冲区大小”等选项，从硬盘中选择 DMP 文件后，点击“导入”按钮即可开始还原操作，如图 6-15 所示。

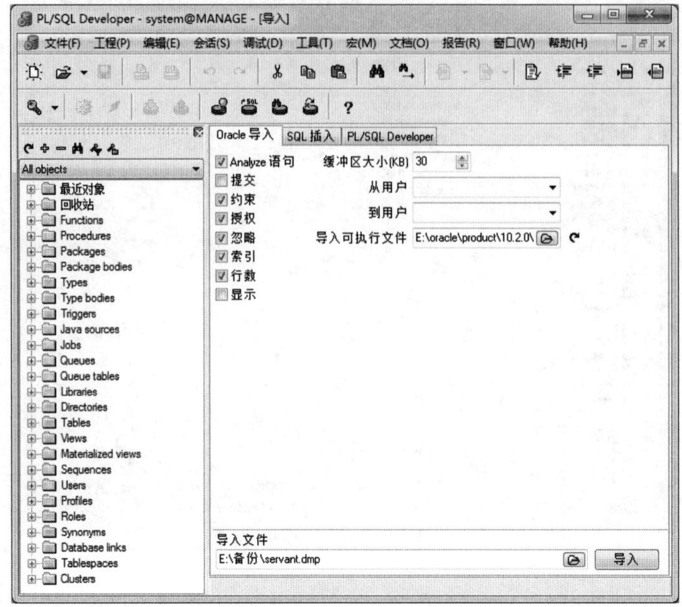

图 6-15 PLSQL 导入功能

6.3 NoSQL

NoSQL 泛指非关系数据库，它的主要代表是 Hadoop、MongoDB、Redis 等，它区别于传统的关系数据库（如 Oracle、MySQL 等）的主要特点是数据的存储格式发生了变化。例如，关系数据库的存储格式是在 Name 字段下存储张三这条数据，而非关系数据库则把字段和数据以键值对的方式同时存储在单条记录里，如{"Name":"张三"}这样的格式。非关系数据库的优点是可以更加方便地获取数据，而弊端是这样的存储格式可能需要修改大量的 Java 后端逻辑代码。总之，使用关系数据库还是非关系数据是仁者见仁，智者见智的事情。提出非关系数据库的概念其实就是为了彻底改变数据库，但非关系数据库在实际项目中的应用则是利弊参半。坚持使用非关系数据库的人始终认为传统的关系数据库无法满足超大规模和高并发的系统，但是业界采用 Oracle 来支持这种系统的情况仍然很多。

MongoDB

MongoDB 的宗旨是为项目提供更加高性能的数据存储方案，它同时有着关系数据库和非关系数据库的特点。它的数据存储格式就是键值对，类似 JSON，所以不论是多么复杂的数据都可以转换成 MongoDB 中的存储格式。它的语法和关系数据库非常相似，因此对熟悉 SQL 的程序员来说很容易学习。此外，MongoDB 支持索引，也支持针对集合的存储。

下面介绍 MongoDB 的下载与安装。

首先进入 MongoDB 官方网站，点击“Download”进入下载界面，打开“Community Server”选项卡，如图 6-16 所示。

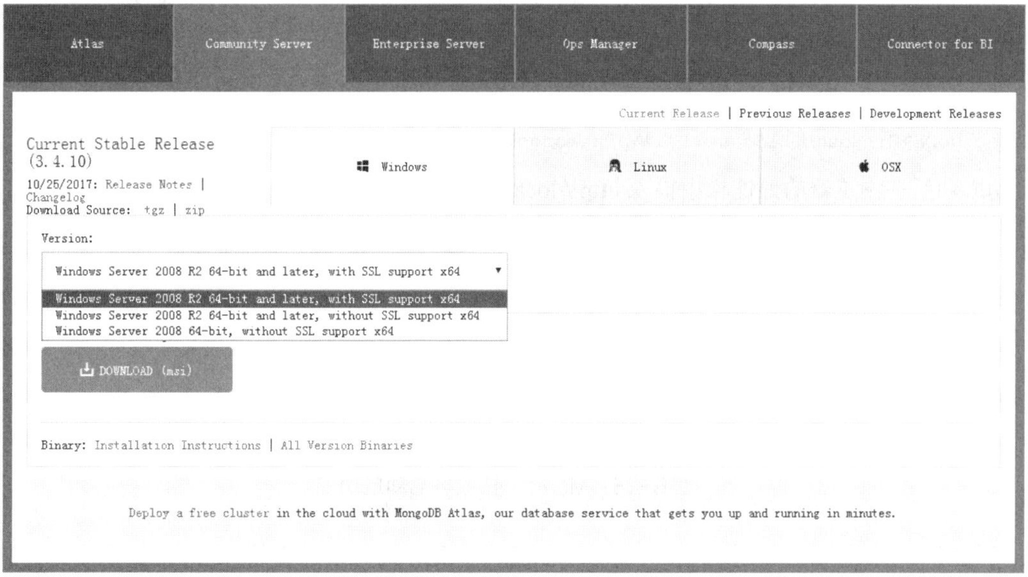

图 6-16　MongoDB 下载

这里有 3 个版本，我们选择下载第一个版本，该选项的含义是“适合 64 位的 Windows Server 2008 及之后的版本，支持 SSL 加密”。而其他两个版本分别是不支持 SSL 加密、支持 SSL 加密但不支持 Windows 7。

双击下载之后的文件，进入安装界面，如图 6-17 所示。

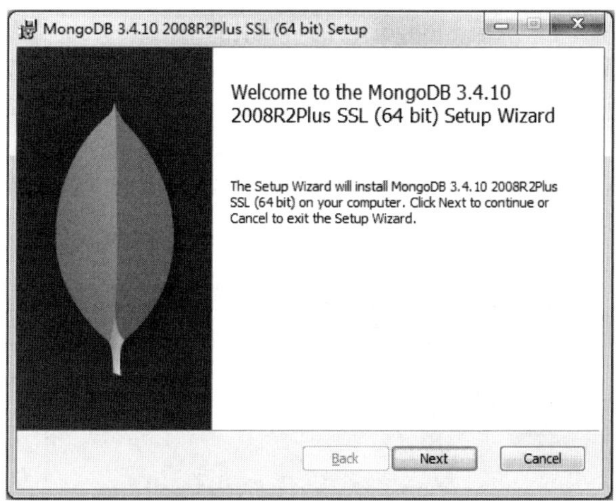

图 6-17　MongoDB 安装界面

点击“Next”，选择同意协议，继续点击“Next”，进入安装模式的选择。在这里可以选择完整安装，也可以选择自定义安装，在这里我们选择“Custom”后，点击“Next”，选择好安装路径之后，就可以点击"Next"开始安装了。安装结束后，跟其他数据库略有不同，MongoDB需要在安装路径里新建数据存储目录，打开DOS界面，切换到E盘的安装路径，输入以下命令建立数据存储目录。

```
E:\MongoDB>md E:\MongoDB\data\db
```

目录建立成功后，执行启动命令，正式启动MongoDB服务。

```
E:\MongoDB>E:\MongoDB\Server\3.4\bin\mongod.exe --dbpath E:\MongoDB\data\db
```

启动成功后在浏览器的地址栏中输入http://localhost:27017，按"Enter"键，如图6-18所示。

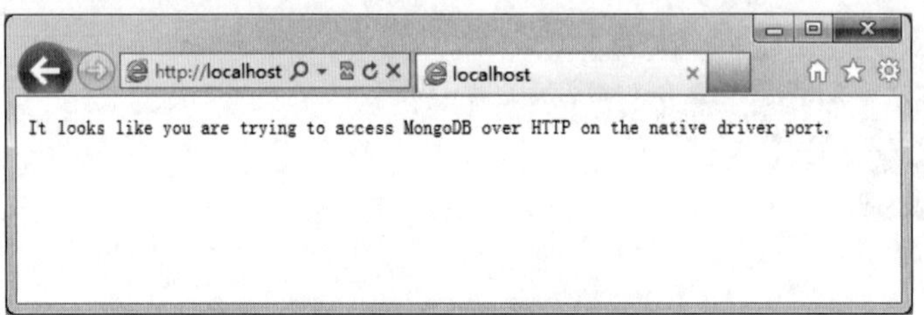

图6-18　MongoDB服务启动成功

如果每次都要执行命令来启动MongoDB服务不太方便，因此可以安装MongoDB服务，这就可以在Windows的服务列表中设置启动模式（如可以设置为自动运行）了。在E:\MongoDB目录下新建mongod.cfg配置文件，它的内容如下：

```
dbpath = E:\MongoDB\data\db
logpath = E:\MongoDB\data\log\mongod.log
```

接着使用以下命令安装服务：

```
C:\>"E:\MongoDB\Server\3.4\bin\mongod.exe" --config "E:\MongoDB\mongod.cfg" --install
```

启动MongoDB服务后，再来安装MongoDB的可视化操作工具Robo 3T。首先打开Robomongo网站的下载界面，选择支持Windows 64位的版本进行下载，接着打开安装文件，如图6-19所示。

图6-19　Robo 3T安装界面

Robo 3T的安装过程比较简单，一直保持默认设置，点击"下一步"即可完成安装。安装结束后，双击桌面图标打开软件，在弹出的对话框中选择"New Connection"，分别输入管理系统的各项信息，如图 6-20 所示。

点击“Save”后，再点击“Connect”进行连接。目前有两个数据库——admin 和 local，再建立一个 manage 数据库，以方便学习和测试，如图 6-21 所示。

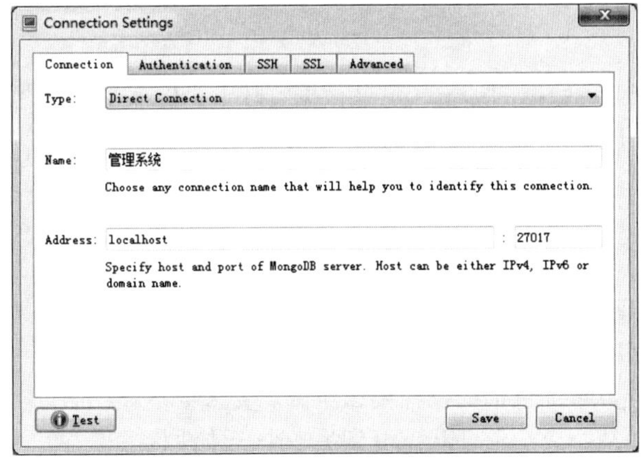

图 6-20 Robo 3T 新建连接

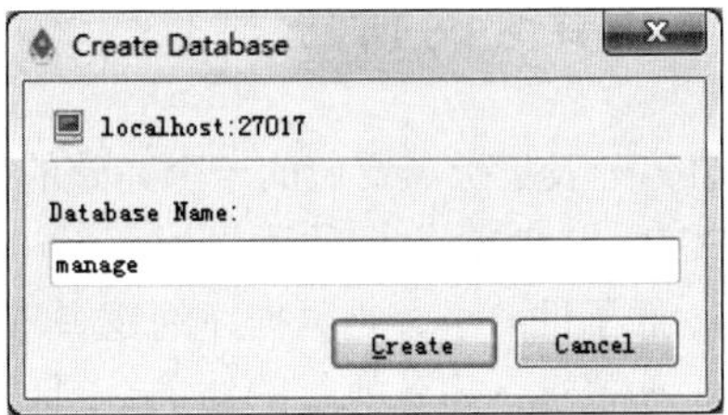

图 6-21 Robo 3T 建立数据库

点击“Create”，完成数据库“manage”的建立，接着我们就在“manage”数据库里进行一些常规的操作，来学习 MongoDB 的用法。选择“manage”下的“Collections”，点击鼠标右键，选择“Collections Statistics”，会在右侧新建一个选项卡，该选项卡下面列出了连接信息，如端口号和数据库名称。点击鼠标右键，选择“Create Collection”，可以新建集合。当然，也可以使用命令来操作，选择数据库，点击鼠标右键，选择“Open Shell”，就可以在弹出的对话框中输入以下命令了。

```
use manage
show collections
db.user.save({"name":"张三"})
db.user.insert({"name":"李四"})
db.user.insert({"name":"李四","addres":"西安"})
db.user.find()      //查找 users 集合中所有数据
db.user.findOne()  //查找 users 集合中的第一条数据
db.user.find({"name":"张三"})    //查找 users 集合中所有数据
```

使用 Robo 3T 操作 MongoDB，如图 6-22 所示。

图 6-22 Robo 3T 常规操作

学会了这些基础的操作后，如果想进一步学习 MongoDB 开发，就可以像学习 JDBC 那样，写一个连接 MongoDB 的 Java 测试类，然后从中获取数据，通过对数据增、删、改、查即可熟练掌握 MongoDB。

6.4 数据库的事务

用一句话概括起来，数据库就是保存所有业务数据的地方，这些数据实际上是保存在硬盘之中的，只不过我们需要通过数据库来科学地存储和管理。

6.4.1 事务的特性

事务一般是指需要做的一个完整的操作，通常由 SQL、Java 等高级语言编写的程序发起，并且包含 BEGIN 与 END 之间的逻辑处理语句。数据库事务有以下 4 个特性。

- **原子性**：事务是数据库的逻辑工作单位，事务包括的操作要么全做，要么全不做。
- **一致性**：事务执行的结果必须是数据库从一个一致性状态变到另一个一致性状态。
- **隔离性**：事务的执行不能被其他事务干扰。
- **持续性**：事务一旦提交，它对数据库中数据的改变就应该是永久性的。

6.4.2 隔离级别

事务的隔离级别与隔离性有关系，由多个用户发起的并发事务同时访问一个数据库，其中的一个用户的事务不能被其他用户的事务干扰，这是事务之间的隔离性。如果事务之间没有隔离性，便会出现以下几种问题。

（1）脏读：一个事务在处理自己的数据的时候，却意外地读取到了其他事务中的数据。

```
-- 事务 1
START TRANSACTION;
update student set name = '张三' where id = 1; -- 事务 1 要把 name 设置为张三，但它还没有提交
ROLLBACK;

--事务 2
select * from student where id = 1; -- 事务 2 在查询 ID 是 1 的用户的时候，却已经查询到了 name 为张三
                                    -- 这是不对的，因为事务 1 并没有提交，所以造成了脏读数据
```

（2）不可重复读：数据库的某条记录，在一个事务范围内的多次查询返回了不同的结果，造成这种情况的原因是在查询的时候，该数据已经被另一个事务修改并且提交了。不可重复读与脏读的区别在于，脏读读取到的是未提交的数据，不可重复读读取到的是某个事务已经提交、发生改变后的数据。

```
-- 事务 1
select name from student where id = 1; -- 查询结果 name 为张三
select name from student where id = 1; -- 查询结果 name 为李四，因为事务 2 已把 name 改成李四并提交

--事务 2
START TRANSACTION;
update student set name = '李四' where id = 1;
COMMIT;
```

（3）幻读：它和不可重复读类似，细微的区别在于，不可重复读一般指的是同一个记录，而幻读则指的是一批整体数据。如果这样解释还不透彻的话，我们可以从解决方式上来深入理解一下，不可重复读的解决方案是锁行，这就很明显了，因为针对同一条记录锁行就够了；而幻读的解决方案是锁表，因为它是针对批量数据的处理，固然只能通过锁表来完成了。

```
-- 事务1
select * from student; -- 查询结果中 id、name、age、hobby 这些字段都是 NULL，因为已经批量清空
select * from student; -- 查询结果中凭空多出了几十条新记录，像出现了幻觉，因此就叫幻读

--事务2
START TRANSACTION;
insert into student values(1,'牛顿',50,'物理');
insert into student values(2,'莱布尼茨',50,'数学');
-- 把类似的插入语句复制几十条，新建批量数据
COMMIT;
```

针对上述的脏读、不可重复读、幻读的隔离性问题，数据库采用了隔离级别来应对，大致分为以下4种。

（1）读未提交（read uncommitted）：该事务隔离级别下，select 语句不会加锁。操作的时候，可能会读取到不一致的脏数据。读未提交的意思很简单，就是可以读取没有提交的数据。在这种情况下，数据库的工作效率会很高，但也意味着这是并发最高、一致性最差的隔离级别。

（2）读已提交（read committed）：可避免脏读的发生，可以读取已提交的数据，难免会出现类似不可重复读、幻读的场景，理论上不会产生脏读的现象。但是这种隔离级别在高并发的情况下，极其容易造成很多不可知的数据问题。

（3）可重复读（repeatable read）：MySQL 的默认隔离级别，可有效避免脏读、不可重复读的发生。

（4）串行化（serializable）：可避免脏读、不可重复读、幻读的发生，是最严格的一种隔离级别。

以上4种隔离级别中，级别最高的是串行化，最低的是读未提交，级别越高执行效率就越低。因此，选择合适的隔离级别至关重要。串行化保证了上述隔离性问题都不会发生，却也付出了昂贵的代价。那就是采用锁表的方式来应对这些问题，锁表是指等某个事务把数据表完全操作完毕后，其他事务才能对这个表进行操作。因为这种隔离级别非常消耗资源，所以 MySQL 采用了可重复读这种比较折中的隔离级别。

在数据库差异性方面，MySQL 支持以上4种事务隔离级别，默认为可重复读，而 Oracle 则只支持串行化和读已提交这两种级别，默认为读已提交。

6.4.3 传播行为

事务传播行为是指当一个事务方法被另一个事务方法调用的时候，该事务方法应对的方式，有很多种传播行为可供选择。例如，methodA 事务方法执行的时候，又开始调用 methodB 事务方法，而 methodB 本身也有自己的事务，现在就面临着多个事务的情况，究竟该如何处理这多个事务，这就要看 methodB 的事务传播行为如何设定了，具体可参见表3-1。

现在我们再回到刚才的例子，如果 methodB 的事务传播行为是 REQUIRED，那么当前已经有一个 methodA 的事务了，所以它会加入其中，而不用新建事务；如果 methodB 的事务传播行为是 REQUIRES_NEW，那么它会新建一个自己的事务，并且把 methodA 的事务挂起。其他几种事务传播方

法类似，需要自行设置并实际测试。

6.5 Redis 快速入门

Redis 是一种非关系数据库，专门用来应对高并发的时候，瞬间对磁盘进行读写操作的场景。在高并发的场景下，因为数据量特别大，大量的读写操作会在极短的时间内对数据库进行 I/O 操作，很容易造成数据库宕机。为了彻底解决这种问题，Redis 应运而生，这就要求我们在开发产品的时候，不但需要传统意义上的数据库，还需要 Redis 缓存数据库，专门用来处理类似抢票、商品排行榜等相关数据的处理与保存。

6.5.1 基础操作

Redis 和 Memcached 都属于非关系数据库，主要用于分布式系统。它们可以把一些常用的数据保存在内存中，在使用这些数据的时候不是直接从数据库里读取，而是直接从内存中获取，极大地提高了项目的性能，减轻了 Web 服务器的负载。

Redis 和 Memcached 都支持 key-value 的存储结构，这是典型的键值对，和 Java 中的 HashMap 容器类似。然而这些只是相似点，它们的区别还有很多，主要体现在支持的数据类型、维护方式等方面。另外，Memcached 在跟 Java 项目集成的时候需要复制很多 JAR 包，且很容易出错，而 Redis 相对比较简单，所以这也是近年来 Redis 更加流行的原因之一。

首先进入 Redis 官方网站，选择 Windows 版本来下载。选择 Windows 版本后会跳转到 GitHub 页面，可将 Windows 版本保存到本地。下载的软件是压缩文件，对其进行解压缩后，选择合适的版本，把文件夹复制到 E 盘根目录，如 E:\redis64-3.0.501。

接着打开 DOS，并且进入 E:\redis64-3.0.501 目录，输入 redis-server redis.windows.conf 命令即可启动 Redis，如图 6-23 所示。

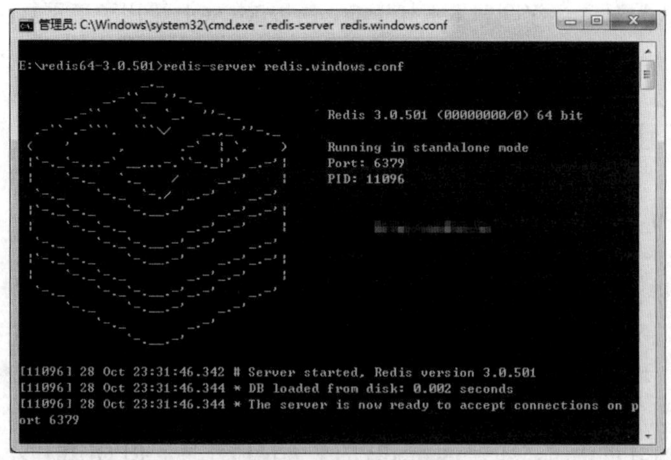

图 6-23　Redis 启动成功

看到图 6-23 所示的界面说明 Redis 已经成功启动了，因为每次启动 Redis 都需要在 DOS 界面中进行，退出界面，Redis 就停止了，所以最好把 Redis 设置成 Windows 的服务，以方便程序员开发和学习。

安装 Redis 服务，命令如下：

```
redis-server.exe --service-install redis.windows.conf --loglevel verbose
```

卸载 Redis 服务，命令如下：

```
redis-server --service-uninstall
```

开启 Redis 服务，命令如下：

```
redis-server --service-start
```

停止 Redis 服务，命令如下：

```
redis-server --service-stop
```

Redis 操作测试命令如下：

```
E:\redis64-3.0.501>redis-cli.exe
127.0.0.1:6379> set name zs
OK
127.0.0.1:6379> get name
"zs"
127.0.0.1:6379>
```

代码解析

进入 Redis 的操作工具后，使用 set 命令设置 name 变量，把变量值 zs 保存在内存中，接着使用 get name 从内存中获取变量值。

当然，这只是一个简单的测试。关于 Redis，很多人都知道它可以从内存中获取数据，例如获取电商排行榜的数据，就比直接从数据库中获取要节省 I/O 资源。因为电商排行榜的数据需要从不同的数据表中获取，再进行整合，如果事先把它们准备好并且保存在 Redis 中，当成千上万的用户同时访问的时候就不必建立成千上万的 JDBC 了，也就会节省大量 I/O 资源。但是这样就会产生另一个问题，例如，当项目有两个及以上的 Tomcat（如 Tomcat A 和 Tomcat B）的时候，使用 Redis 如何保持 Session 的一致性呢？例如，张三登录了系统是 Tomcat A 操作的，张三执行报表查询是 Tomcat B 操作的，如果 Session 不一致，很可能就会提示没有权限进行操作。因此，我们以一个简单的例子来解决 Redis 中 Session 一致性的问题。

分别建立两个 JSP 文件，将其存放到不同 Tomcat 的 ROOT 文件夹里，以便同时访问它们。这两个文件的内容分别如代码清单 6-5 和代码清单 6-6 所示。

代码清单 6-5 session.jsp

```
<%@ page language="java" contentType="text/html; charset=UTF-8" pageEncoding= "UTF-8"%>
<!DOCTYPE html>
<html>
    <head>
        <meta http-equiv="Content-Type" content="text/html; charset=UTF-8">
        <title>session 一致性测试</title>
    </head>
    <body>
        <br>session id=<%=session.getId()%>
```

```
        <br>tomcat6
    </body>
</html>
```

代码清单 6-6　session.jsp

```
<%@ page language="java" contentType="text/html; charset=UTF-8" pageEncoding="UTF-8"%>
<!DOCTYPE html>
<html>
    <head>
        <meta http-equiv="Content-Type" content="text/html; charset=UTF-8">
        <title>session 一致性测试</title>
    </head>
    <body>
        <br>session id=<%=session.getId()%>
        <br>tomcat7
    </body>
</html>
```

代码解析

在访问两个 JSP 文件之前需要修改另一个 Tomcat 的端口号，可以让第一个 Tomcat 保持不变，将第二个 Tomcat 的端口号分别改为 18005、18080、18009，以方便调试。同时启动两个 Tomcat，分别访问不同的 session.jsp 文件，却发现 Session 并不一致。

解决这个问题需要修改两个 Tomcat 的 context.xml 文件，在<Context>元素里增加关于 Redis 的配置信息，让 Redis 托管 Session，才能起到共享 Session 的作用。

```
<Valve className="com.radiadesign.catalina.session.RedisSessionHandlerValve" />
<Manager className="com.radiadesign.catalina.session.RedisSessionManager"
     host="localhost"
     port="6379"
     database="0"
     maxInactiveInterval="600" />
```

上述代码的输出结果如下：

```
session id=EE4C9EAB45E248C55BC5D7299A65D0CE
```

接着进行 Redis 关于 Session 一致性的测试，打开浏览器，在地址栏中分别输入 http://localhost:8080/session.jsp 和 http://localhost:18080/session.jsp，然后按“Enter”键，可以看到两个 Tomcat 得到的 session id 是一样的，说明 Session 共享成功。

6.5.2　备份与恢复

Redis 为数据安全提供了简单的备份与恢复模式。在 Redis 中，创建当前数据库的备份有两种方式。

（1）使用 SAVE 命令备份，其基本语法如下：

```
redis 127.0.0.1:6379> SAVE
```

（2）使用 BGSAVE 命令在后台完成备份，其基本语法如下：

```
redis 127.0.0.1:6379> BGSAVE
```

该命令将在 Redis 安装目录中创建 dump.rdb 文件。

如果 Redis 数据库出现问题，可以从之前的备份中恢复数据。如果需要恢复数据，只需将备份文件（dump.rdb）移动到 Redis 安装目录并启动服务即可。获取 Redis 安装目录可以使用 CONFIG 命令，如下所示：

```
redis 127.0.0.1:6379> CONFIG GET dir
1) "dir"
2) "/usr/local/redis/bin"
```

以上命令输出的 Redis 安装目录为/usr/local/redis/bin。

6.6 数据库加锁

本节讲解一下数据库的加锁机制。所谓加锁机制，就是数据库在进行持久化操作的时候，为了保证数据的一致性而设定的一种规则。因为数据库面对的连接往往是非常多的，这些连接同时在操作数据库的时候，会产生大量的并发行为。如果没有加锁机制，那么线程 A 在操作表的时候，线程 B 又把这张表的数据修改了，这样就导致表中最终的数据不正确。为了彻底解决这种问题，数据库便设计了加锁机制。MySQL 数据库有几种数据库引擎，可应对不同的场景。可以说，每种引擎对应了不同的加锁机制，分别是表级锁定、行级锁定和页级锁定。

6.6.1 表级锁定

表级锁定在 MySQL 中实现的逻辑很简单。因为它一次性把整张表都锁定，然后独占线程进行操作，等操作完表之后再释放资源，所以有效地避免了死锁问题。正是因为这种特性，所以表级锁定获取锁和释放锁的速度都很快，但带来的负面影响就是占用资源多，性能也会降低。使用表级锁定的主要数据库引擎有 MyISAM、MEMORY、CSV 等一些非事务性引擎。

MySQL 的表级锁有两种模式：表共享读锁（即 table read lock）和表独占写锁（即 table write lock），从名称就可以看出这两种模式的内涵，表共享读锁是指在读取数据的时候，这个锁是共享的，可以被多个线程访问；而表独占写锁是指在写入数据库的时候，该操作要独占线程，直到操作结束后才释放锁。而不同的数据库引擎在对数据库表进行读取和写入的时候面对的情况是不一样的，这主要取决于数据库厂商的设定。例如，一个线程获得了写锁之后，它会独占资源，直到写入操作结束之后，其他操作才可以继续进行；一个线程获得了写锁之后，也可以同时进行部分读取操作。总结起来很简单，就是线程要么并行，要么等待某个资源结束之后，再进行操作。

一般情况下，MySQL 在对数据库进行操作的时候，会自动给涉及的表加锁，如果是查询操作就加读锁，如果是插入操作就加写锁，不需要用户手动去输入、设定。虽然表级锁定的逻辑特别简单，但是因为它直接把整张表锁了，所以它的颗粒度比较大，会造成资源拥堵的情况。很多线程都要操作同一个订单表，而订单表却被某个操作锁定了，这就意味着排在这个操作后面的几十个线程都要进入等待状态。这样非常影响性能，极大地降低了并发处理能力。

想要提高 MyISAM 数据库引擎的性能，可以使用特定的 SQL 语句来查询系统内的资源竞争情况：

```
mysql> SHOW STATUS LIKE 'table%';
+----------------------------+-------+
| Variable_name              | Value |
+----------------------------+-------+
| Table_locks_immediate      | 214   |
| Table_locks_waited         | 0     |
| Table_open_cache_hits      | 0     |
| Table_open_cache_misses    | 0     |
| Table_open_cache_overflows | 0     |
+----------------------------+-------+
5 rows in set (0.00 sec)
```

代码解析

这里有两个主要的变量，可以表现 MySQL 内部表级锁的情况。

（1）Table_locks_immediate：产生表级锁的次数。

（2）Table_locks_waited：出现表级锁竞争而发生等待的次数。

这两个状态变量的值会在系统启动之后开始记录，每次出现对应的情况就加 1，从变量中可以看出：Table_locks_immediate 的变量值是 214，也就是说，数据库截至当前，产生表级锁的数量是 214 次；Table_locks_waited 的变量值是 0，说明并发量小。至于如何优化表级锁，可以从两方面着手，一是优化 SQL 语句，让其查询速度加快，这样便可以减少线程竞争时的等待时间；二是通过执行命令 SET LOW_PRIORITY_UPDATES 来设置读的优先级，适用于以读为主的数据库。

6.6.2 行级锁定

理解了表级锁，理解行级锁就不难了。顾名思义，行级锁就是以数据库中表的行为基础的锁，也就是针对行进行加锁。因为行级锁的行为颗粒度极小，所以它的资源竞争概率也非常小，能够让系统的并发处理达到最优的程度。行级锁为系统的并发处理提高了性能，也就带来了更多的资源消耗，因为针对一个表的若干行进行锁定的话，仅加锁和解锁操作就要消耗不少资源。另外，行级锁因为颗粒度小，也很容易发生死锁，使用行级锁的典型数据库引擎是 InnoDB。

行级锁的概念虽然简单，但它涉及的细节之处确实非常多。例如，当一个事务要处理自己需要的资源的时候，正好有一个共享锁正锁定着这个资源，它可以再加一个共享锁，却不能加入排他锁。可是，如果它遇见一个已经加入了排他锁的资源，就只能等该事务处理完自己的事情释放了锁之后，才能获取所需的资源再加锁。

除此之外，还有意向锁。当这个线程访问的资源被排他锁占用的时候，可以给这个表加入一个意向锁，来表明自己的操作意向，可加入意向共享锁或意向排他锁。意向共享锁可以存在多个，但意向排他锁只能存在一个，这也是根据锁的性质来决定的。毕竟，共享是指资源可以并发访问，而排他是指资源独占。因此，InnoDB 的锁分为共享锁（S）、排他锁（X）、意向共享锁（IS）和意向排他锁（IX）这 4 种。意向锁是 InnoDB 自动为操作加的。对于 UPDATE、DELETE、INSERT 语句，对应更新、删除、插入操作，InnoDB 都会给具体的数据加入排他锁，让其独占资源，而 SELECT 语句不加入任何锁。与表级锁不同的是，行级锁可以通过以下语句来显示加入的是共享锁还是排他锁。

- 加入共享锁（S）：SELECT * FROM car_brand WHERE id=1 LOCK IN SHARE MODE。
- 加入排他锁（X）：SELECT * FROM car_brand WHERE id=1 FOR UPDATE。

另外，需要注意的是 InnoDB 的行级锁实际上是根据索引来加入的，如果查询的数据没有索引，则会自动使用表级锁，这点需要特别注意。

页级锁定的应用并不广泛，因此不在此赘述。

6.7 数据库锁与事务

锁是数据库中的一个非常重要的概念，它主要用于多用户环境下保证数据库完整性和一致性。我们知道，多个用户同时访问同一个数据库中的数据，可能会发生数据不一致现象。即如果没有锁定且多个用户同时访问一个数据库，当他们的事务同时访问相同的数据时可能会发生问题。这些问题包括：丢失更新、脏读、不可重复读和幻读。

6.7.1 悲观锁

“悲观锁”从字面上分析就是很悲观的意思，每次获取数据的时候总认为数据会被更改，保持着悲观的态度。因此获取数据的时候会把这条记录锁上，以防止别人修改这条数据，这种情况一直持续到业务执行完毕并且把锁释放。悲观锁具有强烈的独占性和排他性，对数据的操作持有保守态度，在默认情况下倾向于数据会被修改。悲观锁主要分为共享锁和排他锁，共享锁又被称为读锁，即多个事务对同一数据可以共享一把锁，都能访问数据，但只能读取不能修改。排他锁又被称为写锁，不能与其他锁并存，如果一个事务获取了排他锁，它可以对数据进行读取和修改，但其他事务就只能等待了。

6.7.2 乐观锁

“乐观锁”从字面上分析就是很乐观的意思，获取数据的时候总认为数据不会被修改，等到更新的时候再判断这个数据有没有被修改，如果有线程修改了数据则本次更新失败。乐观锁的态度比较乐观，乐观锁就是为了防止太过于谨慎而导致数据处理效率下降的一种机制。实现乐观锁一般采用版本号机制，即给数据增加一个版本标识，当读取数据的时候，把版本（version）值读取出来，每更新一次，version值加一。这样，在更新数据的时候，会拿当前 version 值与第一次取出来的 version 值进行比较，如果相同，则予以更新。第二种方法便是使用时间戳来进行记录，通过时间戳进行比较。

6.7.3 分布式事务

分布式事务的概念并不复杂，但理解它需要一定的知识储备。分布式事务是指在分布式系统中，事务位于不同的节点之上，仍然需要保证它的 AICD 特性。分布式事务一般用在微服务框架中，因为在微服务框架中，各种不同的服务一般都在不同的服务器上，它们之间的数据交互肯定是要保证正常的。典型的例子便是库存、订单、积分这样的服务，它们可能位于 3 个不同的服务器，如何让它们的事务保持在正常的状态下呢？这是一个难点。分布式事务一般有 4 种解决方案，接下来我们就具体了解一下。

1. 两阶段提交

两阶段提交（Two-Phase Commit，2PC）是指通过引入协调者（coordinator）来协调参与者（participant）的行为，并最终决定这些参与者是否要真正执行事务。首先，在一个事务运行的准备阶段，协调者会询问参与者事务是否执行成功，参与者把事务执行的结果反馈给协调者。接着，协调者开始进行逻辑计算，如果事务在每一个参与者身上都执行成功，那么协调者就发送通知让参与者提交事务，否则，协调者发送通知让参与者回滚事务。在准备阶段，参与者实际上执行了事务，但没有提交，只有收到协调者在提交阶段发来的通知后，才最终提交或者回滚事务。

两阶段提交可能存在以下问题。

- 同步阻塞：所有事务参与者在等待其他参与者响应的时候都处于同步阻塞状态，无法进行其他操作。
- 单点阻塞：在 2PC 中协调者的作用非常大，如果它发生故障的话，那么所有参与者都会保持在等待状态，无法去做其他事情。而且，如果协调者只发送了部分提交（Commit）信息，此时网络发生异常，那么便只有部分数据会被提交，从而使得数据不一致。2PC 模式太过于保守，任意一个节点失败就会导致整个事务失败，容错机制脆弱。

2. 补偿事务

补偿事务采用了 TCC 补偿机制，它会针对每个操作，注册一个与其对应的确认和补偿操作。它分为以下 3 个阶段。

- 尝试（Try）阶段主要是对业务系统进行检测及资源预留，为了测试该操作是否能够执行成功。
- 确认（Confirm）阶段执行提交操作。只要尝试阶段成功，确认阶段一定会成功，这是因为 TCC 在尝试阶段已经根据系统当前的综合情况进行了模拟检测，来保证它执行的成功或者失败。
- 撤销（Cancel）阶段在业务执行出现错误后，在回滚状态下取消当前业务，释放预留资源。

举个例子，张三需要购买一个游戏机，他在尝试阶段，会综合验证系统资源，并且模拟该操作是否会成功，如果成功的话，就把这笔钱暂时冻结了。接着进入确认阶段，因为之前已经验证购物操作成功了，所以这一步直接提交数据就可以了，也就是钱会到账。如果这个阶段成功了，那么这笔交易就完成了；如果这个阶段失败了，就调用其他接口把钱原路退回即可。

TCC 与 2PC 比较起来，实现流程简单一些，但在保证数据一致性方面比 2PC 差一点。TCC 的缺点比较明显，因为是补偿事务，所以它需要在程序中编写很多补偿代码。

3. 异步确保

异步确保的实现方法是新建一个本地消息表与业务数据表，并将其保存在同一个数据库中，这样的话，就可以利用本地事务来保证对业务的操作满足事务特性，并且使用消息队列保证数据的一致性。它的具体做法如下。

（1）在分布式事务操作完成的时候向本地消息表也发送一个消息，本地事务会把这个消息写入本地消息表。

（2）把本地消息表的数据转发给 Kafka 等的消息队列中，如果转发成功就删除本地消息，否则继续转发。

（3）其他分布式事务从 Kafka 等的消息队列中读取消息，并且执行消息中的操作。

异步确保是一种非常经典的分布式事务处理方法，从理论上避免了分布式事务带来的弊端，实现了数据的一致性。然而它带来的不好的地方就是本地消息表会和业务系统耦合，需要做多余的事情。

4. MQ 事务消息

阿里巴巴公司的 RocketMQ 中间件默认支持了事务，可以直接使用它来对分布式事务进行管理，其思想大概是：第一阶段，预处理消息；第二阶段，开始执行本地事务；第三阶段，通过第一阶段拿到的地址去访问消息，并修改状态。核心做法很简单，就是在业务内发送两次消息请求，如果消息发送失败了，它会向消息发送者确认是回滚还是继续发送确认消息，这样就能保证消息发送与本地事务的同时成功或者失败。该方式的优点是实现了一致性，也不需要依赖本地数据库，缺点是主流消息队列（MQ）不支持。

6.8 小结

在本章中，我们主要学习了 Oracle 与 MySQL，非关系数据库的代表 MongoDB。其实说到底，现在的主流数据库仍然是 Oracle 与 MySQL，而 MongoDB 的市场占有率仍然很小。这是因为，传统的关系数据库已经使用了很多年了，不论是企业，还是其他组织机构，保存在这些数据库里的数据已经太多了，如果要换成 MongoDB，那将是一个非常庞大的工程，不但耗费大量人力、物力，结果也许还会不尽如人意，所以没人会冒这个险。而选择 MongoDB 的公司，大多都是从一个刚开始的项目来建立的，这样就不会存在历史数据的迁移了。

与此同时，Oracle 与 MySQL 的内容也非常多，本章只列出了一些常用的语法，在学习这两个数据库的时候，建议先把它们安装好，再使用可视化 GUI 来学习和操作，这样可以很直观地看见执行命令前和执行命令后的结果，再由此对比，就能知道 SQL 命令的用法了。总之，读者需要记住一件事，那就是在学习这些数据库的时候，最好安装可视化的 GUI，安装好后，再慢慢地多练习、多查阅资料，积累经验。另外，涉及一些删除操作的时候要格外小心，如果没有备份的话，数据恢复起来就会特别麻烦！

第 7 章 Apache Shiro 安全框架

Apache Shiro 是一个简单且功能强大的 Java 安全框架，其主要作用就是进行权限验证，其中包括身份验证、授权、密码和会话管理等多个方面。我们可以轻松地把 Shiro 集成到自己的项目当中，并且根据官方提供的 API，对项目的安全机制进行管理。Shiro 包含 3 个核心组件，分别是 Subject、SecurityManager 和 Realm。

- Subject 代表当前用户。
- SecurityManager 代表管理所有用户的安全操作，采用典型的 Facade 模式。
- Realm 则充当数据桥梁，当对用户进行认证和授权的时候，Shiro 会从配置好的 Realm 中查询用户的权限信息，因此，Realm 是一个封装了数据源细节的 DAO 组件。

7.1 快速入门

Apache Shiro 是一个安全框架，在技术圈的使用率非常高，远高于同类产品 Spring Security，这一点倒是让人有点意外。一般，Spring Security 与 Spring 家族的其他产品的兼容性最好，结合起来使用的效率也是最高的，但它比较复杂，实际上很多功能都用不到，因此大家选择了比较简单的 Shiro。毕竟，在这个年代，简单、高效才是大家选择软件的第一要素。

在权限验证中，我们要做到的不仅是让程序记住当前的用户，还需要在执行某些操作的时候对其权限进行验证。因此，Shiro 的目标便是做好身份验证、权限管理、会话管理、加密这 4 个方面，只要做好了这 4 个方面，它就是一款比较成熟的安全框架。

7.1.1 安装部署

Apache Shiro 的安装不难，和其他框架一样，都可以使用 POM 方式安装，如代码清单 7-1 所示。

代码清单 7-1 pom.xml

```
<dependency>
    <groupId>org.apache.shiro</groupId>
    <artifactId>shiro-core</artifactId>
    <version>1.2.3</version>
</dependency>

<dependency>
    <groupId>org.apache.shiro</groupId>
    <artifactId>shiro-web</artifactId>
    <version>1.2.3</version>
</dependency>
```

```
<dependency>
    <groupId>org.apache.shiro</groupId>
    <artifactId>shiro-spring</artifactId>
    <version>1.2.3</version>
</dependency>

<dependency>
    <groupId>org.apache.shiro</groupId>
    <artifactId>shiro-ehcache</artifactId>
    <exclusions>
        <exclusion>
            <groupId>net.sf.ehcache</groupId>
            <artifactId>ehcache-core</artifactId>
        </exclusion>
    </exclusions>
    <version>1.2.3</version>
</dependency>

<dependency>
    <groupId>org.apache.shiro</groupId>
    <artifactId>shiro-quartz</artifactId>
    <version>1.2.3</version>
    <exclusions>
        <exclusion>
            <groupId>org.opensymphony.quartz</groupId>
            <artifactId>quartz</artifactId>
        </exclusion>
    </exclusions>
</dependency>
```

代码解析

这段代码的作用是安装 Apache Shiro 安全框架，其中 shiro-core 是核心组件，shiro-web 是 Web 方面的支持，shiro-spring 是 Spring 方面的支持，而 shiro-ehcache 则是缓存方面的内容。如果仅有核心还是不足以使用 Shiro 的，要完成整个 Shiro 的使用需要其他框架的支持。

Apache Shiro 缓存方面的具体内容如代码清单 7-2 所示。

代码清单 7-2 ehcache-shiro.xml

```
<?xml version="1.0" encoding="UTF-8"?>
<ehcache updateCheck="false" name="shiroCache">

    <defaultCache
        maxElementsInMemory="10000"
        eternal="false"
        timeToIdleSeconds="120"
        timeToLiveSeconds="120"
        overflowToDisk="false"
       diskPersistent="false"
        diskExpiryThreadIntervalSeconds="120"
     />
</ehcache>
```

代码解析

以上是 Apache Shiro 缓存方面的配置代码，其中：

- maxElementsInMemory 指内存中最大缓存对象数；
- timeToIdleSeconds 指允许对象处于空闲状态的最长时间，以 s 为单位；
- overflowToDisk 为 true 表示当内存缓存的对象数目达到了 maxElementsInMemory 界限后，会把溢出的对象写到硬盘缓存中；
- diskExpiryThreadIntervalSeconds 指磁盘失效线程运行时间间隔，默认为 120s。

7.1.2 安全验证

下面，我们通过启动汽车管理系统来编写和理解一下 Apache Shiro 的代码。第一步，启动程序，然后代码在断点处停住了，我们逐步分解一下这些代码，看看它们究竟做了什么，等把整个过程理顺，也就自然而然地理解了 Apache Shiro 的使用方法。Apache Shiro 的具体内容在类 ShiroConfiguration 中。首先进行初始化操作，如代码清单 7-3 所示。

代码清单 7-3 初始化操作

```
/**
 * Shiro 生命周期处理器
 *
 * @return life cycle bean post processor
 */
@Bean(name = "lifecycleBeanPostProcessor")
public static LifecycleBeanPostProcessor lifecycleBeanPostProcessor() {
    LOGGER.info("注入 Shiro 的 Web 过滤器-->lifecycleBeanPostProcessor");
    return new LifecycleBeanPostProcessor();
}


/**
 * 开启 Shiro 的注解(如@RequiresRoles、@RequiresPermissions)
 * 需借助 Spring AOP 扫描使用 Shiro 注解的类，并在必要时进行安全逻辑验证
 * 配置两个 Bean,DefaultAdvisorAutoProxyCreator(可选)和 AuthorizationAttributeSourceAdvisor
 *
 * @return DefaultAdvisorAutoProxyCreator
 */
@Bean
@DependsOn({"lifecycleBeanPostProcessor"})
public DefaultAdvisorAutoProxyCreator advisorAutoProxyCreator() {
    LOGGER.info("注入 Shiro 的 Web 过滤器-->advisorAutoProxyCreator");
    DefaultAdvisorAutoProxyCreator daap = new DefaultAdvisorAutoProxyCreator();
    daap.setProxyTargetClass(true);
    return daap;
}
```

代码解析

首先运行的是 LifecycleBeanPostProcessor()方法，DefaultAdvisorAutoProxyCreator 用来扫描上下文，寻找所有的 Advistor（通知器），将这些 Advisor 应用到所有符合切入点的 Bean 中。因此，必须在 lifecycleBeanPostProcessor 创建之后创建，所以加上：

```
@DependsOn({"lifecycleBeanPostProcessor"})
```

保证创建 DefaultAdvisorAutoProxyCreator 之前先创建 lifecycleBeanPostProcessor。同时，可以看到

在源码中的一些设置，proxyTargetClass 表示是否设置代理，optimize 表示是否优化，exposeProxy 表示当前代理是否为可暴露状态。

LifecycleBeanPostProcessor()将 Initializable 和 Destroyable 的实现类统一在其内部分别自动调用了 Initializable.init()和 Destroyable.destroy()方法，从而达到了管理 Shiro Bean 生命周期的目的。

接着运行代码清单 7-4 所示代码。

代码清单 7-4 新建一个缓存管理器

```
@Bean(name = "cacheManager")
public EhCacheManager ehCacheManager() {
    LOGGER.info("注入 Shiro 的 Web 过滤器-->cacheManager");
    EhCacheManager em = new EhCacheManager();
    em.setCacheManagerConfigFile("classpath:ehcache-shiro.xml");
    return em;
}
```

代码解析

上述代码新建一个缓存管理器，用来保存 Shiro 框架所用到的信息。

接着运行代码清单 7-5 所示代码。

代码清单 7-5 生成 AuthRealm

```
/**
 * auth realm bean.
 *
 * @param cacheManager cache manager
 * @return auth realm
 */
@Bean(name = "authRealm")
public AuthRealm authRealm(@Qualifier("cacheManager") EhCacheManager cacheManager) {
    LOGGER.info("注入 Shiro 的 Web 过滤器-->authRealm");
    AuthRealm realm = new AuthRealm();
    realm.setCacheManager(cacheManager);
    return realm;
}
```

代码解析

生成 AuthRealm，里面主要保存令牌（token）信息，用来保存它们对当前用户进行判断的结果。

接着运行代码清单 7-6 所示代码。

代码清单 7-6 DefaultWebSecurityManager 类

```
/**
 * web security manager.
 *
 * @param authRealm    realm
 * @param cacheManager cache manager
 * @return DefaultWebSecurityManager
 */
@Bean(name = "securityManager")
public DefaultWebSecurityManager defaultWebSecurityManager(
        @Qualifier("authRealm") AuthRealm authRealm,
        @Qualifier("cacheManager") EhCacheManager cacheManager) {
    LOGGER.info("注入 Shiro 的 Web 过滤器-->securityManager");
    DefaultWebSecurityManager dwsm = new DefaultWebSecurityManager();
```

```
    dwsm.setRealm(authRealm);
    // <!-- 用户授权/认证信息 Cache, 采用 EhCache 缓存 -->
    dwsm.setCacheManager(cacheManager);
    return dwsm;
}
```

代码解析

DefaultWebSecurityManager 类主要定义了设置 subjectDao、获取会话模式、设置会话模式、设置会话管理器、判断是不是 HTTP 会话模式等操作，这些信息均保存在缓存中。这个抽象类默认继承 Web 层次的安全管理器，还实现了一个接口，这个接口的功能就是判断当前是不是 Web 环境。

接着配置拦截器规则，如代码清单 7-7 所示。

代码清单 7-7　创建 ShiroFilter

```
/**
 * ShiroFilter.<br/>
 * 参数中的 StudentService 和 IScoreDao 是一个例子
 * 读取数据库相关配置，把它配置到 shiroFilterFactoryBean 的访问规则中。实际开发的时候，请使用 Service
来处理业务逻辑
 *
 * @param securityManager security manager
 * @return ShiroFilterFactoryBean
 */
@Bean(name = "shiroFilter")
public ShiroFilterFactoryBean shiroFilterFactoryBean(
        @Qualifier("securityManager") DefaultWebSecurityManager securityManager) {

    LOGGER.info("注入 Shiro 的 Web 过滤器-->shiroFilter");
    ShiroFilterFactoryBean shiroFilterFactoryBean = new MShiroFilterFactoryBean();

    // Shiro 的核心安全接口，这个属性是必需的
    shiroFilterFactoryBean.setSecurityManager(securityManager);
    //要求登录时的地址（可根据 URL 替换）默认会自动寻找 Web 工程根目录下的/login.jsp
    shiroFilterFactoryBean.setLoginUrl(singleLogout + "/sys/logout");
    // 登录成功后要跳转的连接，可以自定义逻辑，例如返回上次请求的界面
    shiroFilterFactoryBean.setSuccessUrl("/index");
    // 用户访问没有权限的资源跳转的地址
    shiroFilterFactoryBean.setUnauthorizedUrl("/403");
    /* 定义 Shiro 过滤器，例如实现自定义的 formAuthenticationFilter，需要继承
    FormAuthenticationFilter
    /* 定义 Shiro 过滤链的 Map 结构，Map 中 key（XML 中是指 value）的第一个/代表的路径是根据
    HttpServletRequest.getContextPath()的值来的，* anon.do 和.jsp 后面的*表示参数
    例如 login.jsp?main 这种 * authc 过滤器下的页面必须验证后才能访问
    Shiro 内置的一个拦截器 org.apache.shiro.web.filter.authc.FormAuthenticationFilter
     */
    Map<String, String> filterChainDefinitionMap = new LinkedHashMap<String, String>();
    // 配置退出过滤器，对于具体的退出代码，Shiro 已经替我们实现了
    filterChainDefinitionMap.put("/logout", "anon");
    filterChainDefinitionMap.put("logout", "anon");

    // <!-- 过滤链定义，从上向下顺序运行，一般将 /**放在最下边 -->
    // <!—authc 表示所有 URL 都必须认证通过才可以访问； anon 表示所有 URL 都可以匿名访问，anon 可以理解
    // 为不拦截-->
    filterChainDefinitionMap.put("/login", "anon");
    filterChainDefinitionMap.put("login", "anon");
    filterChainDefinitionMap.put("/api/**", "anon");
```

```
        filterChainDefinitionMap.put("/**", "authc");
        shiroFilterFactoryBean.setFilterChainDefinitionMap(filterChainDefinitionMap);
        return shiroFilterFactoryBean;
    }
```

代码解析

这段代码主要介绍在 Spring Boot 中用 ShiroFilterFactoryBean 来创建 ShiroFilter 的方法，还配置过滤器规则，用来确定哪些内容需要过滤，哪些内容不需要过滤。例如，这段代码配置了 PC 端和手机端的访问方式。

接着运行代码清单 7-8 所示代码。

代码清单 7-8 开启 ShiroAOP 的注解支持

```
    /**
     * authorization advisor
     *
     * @param securityManager security manager
     * @return authorization advisor
     */
    @Bean
    public AuthorizationAttributeSourceAdvisor authorizationAttributeSourceAdvisor(
            @Qualifier("securityManager") DefaultWebSecurityManager securityManager) {
        LOGGER.info("注入 Shiro 的 Web 过滤器-->authorizationAttributeSourceAdvisor");
        AuthorizationAttributeSourceAdvisor aasa = new AuthorizationAttributeSourceAdvisor();
        aasa.setSecurityManager(securityManager);
        return aasa;
    }
```

代码解析

这段代码开启了 Shiro AOP 的注解支持，因为 Shiro 使用了代理方式，所以需要开启代码支持。

最后运行代码清单 7-9 所示代码。

代码清单 7-9 进行实例注册

```
    /**
     * filter proxy
     *
     * @return FilterRegistrationBean
     */
    @Bean
    public FilterRegistrationBean delegatingFilterProxy() {
        LOGGER.info("注入 Shiro 的 Web 过滤器-->filterRegistrationBean");
        FilterRegistrationBean filterRegistration = new FilterRegistrationBean();
        DelegatingFilterProxy proxy = new DelegatingFilterProxy();
        proxy.setTargetFilterLifecycle(true);
        proxy.setTargetBeanName("shiroFilter");
        filterRegistration.setFilter(proxy);

        filterRegistration.addUrlPatterns("/*");
        filterRegistration.setDispatcherTypes(EnumSet.allOf(DispatcherType.class));
        return filterRegistration;
    }
```

代码解析

通过 FilterRegistrationBean 进行实例注册，并通过在 Spring Boot 的 configuration 中配置不同的

FilterRegistrationBean 实例来注册自定义过滤器。具体而言，自定义 Filter 需要两个步骤：第一步，实现 Filter 的 javax.servlet.Filter 接口，实现 Filter()方法；第二步，添加@Configuration 注解，将自定义 Filter 加入过滤链。当这一切处理完毕后，一个完整的 Shiro 安全验证的过程就结束了。

7.1.3　Subject

Subject 代表当前用户，是一个抽象概念，所有 Subject 都需要绑定到 SecurityManager，与 Subject 的所有交互都会委托给 SecurityManager 执行。具体内容如代码清单 7-10 所示。

代码清单 7-10　LoginController.java

```
/**
 * @param username username
 * @param password password
 * @return String
 */
@RequestMapping(method = RequestMethod.POST, produces = MediaType.APPLICATION_JSON_VALUE)
@ResponseBody
public RegisterType login(String username, String password) {
    RegisterType rt = new RegisterType();

    UsernamePasswordToken token = new UsernamePasswordToken(username, CryptographyUtil.
md5(password,Constants.SALT));
    // 获取当前的 Subject
    Subject currentUser = SecurityUtils.getSubject();
    //Serializable id = currentUser.getSession().getId();
    try {
        // 在调用了 login()方法后，SecurityManager 会收到 AuthenticationToken，并将其发送给已配置
        // 的 Realm 执行必需的认证检查
        // 每个 Realm 都能在必要时针对提交的 AuthenticationTokens 给出反应
        // 所以这一步在调用 login(token)方法时，它会运行 MyRealm.doGetAuthenticationInfo()方法，
        // 具体验证方式详见此方法
        currentUser.login(token);
        User user = userService.findByUsername(token.getUsername());
        if ("driver".equals(user.getSymbol().toString())) {
            rt.setStatus("fail");
            rt.setContent("非管理员禁止登录");
        } else if ("manager".equals(user.getSymbol().toString())) {
            // 将 user 信息保存到 session
            Session session = SecurityUtils.getSubject().getSession();
            session.setAttribute(Constants.SESSION_USER_KEY, user);
            rt.setStatus("success");
            rt.setContent("manager");
        } else {
            rt.setStatus("fail");
            rt.setContent("系统异常，请联系管理员");
        }

    } catch (Exception ae) {
        // 通过处理 Shiro 的运行时 AuthenticationException 就可以应对用户登录失败或密码错误时的情景
        if (LOGGER.isInfoEnabled()) {
            LOGGER.info("对用户[" + username + "]进行登录验证..验证未通过，栈轨迹如下");
        }

        rt.setStatus("fail");
```

```
            rt.setContent("用户名或者密码错误，请检查后重新输入");
        }
        // 验证是否登录成功
        if (currentUser.isAuthenticated()) {
            if (LOGGER.isInfoEnabled()) {
                LOGGER.info("用户[" + username + "]登录认证通过（这里可以进行一些认证通过后的系统参数
初始化操作）");
            }
         // rt.setStatus("success");
            return rt;
        } else {
            token.clear();
            currentUser.logout();
            rt.setStatus("fail");
            return rt;
        }
    }
```

代码解析

通过 UsernamePasswordToken 获取令牌（token）信息，currentUser.login(token);把用户信息保存在当前用户的 Subject 中。

接下来调用 AuthRealm 的 doGetAuthenticationInfo()方法，如代码清单 7-11 所示。

代码清单 7-11 AuthRealm.java

```
try {
    // UsernamePasswordToken 对象用来存放提交的登录信息
    UsernamePasswordToken token = (UsernamePasswordToken) authenticationToken;
    LOGGER.info("#################验证当前 Subject:[" + token.getUsername() + "]
##################");
    // 查询是否存在此用户
    User user = userDao.findByUsernameAndEnabled(token.getUsername(), true);
    if (user != null) {
        // 若存在，将 user 存放到登录认证 SimpleAuthenticationInfo 中，无须进行密码对比，Shiro 会为
        // 我们进行密码对比校验
        SimpleAuthenticationInfo authenticationInfo =
new SimpleAuthenticationInfo(user.getUsername(), user.getPassword(), getName());

        // 将 user 信息保存到 session 中
        Session session = SecurityUtils.getSubject().getSession();
        if ("driver".equals(user.getSymbol().toString())) {
            session.setAttribute(Constants.SESSION_DRIVER_KEY, user);
        } else if ("manager".equals(user.getSymbol().toString())) {
            session.setAttribute(Constants.SESSION_USER_KEY, user);
        }
        return authenticationInfo;
    } else {
        throw new UnknownAccountException(); // 没找到此用户
    }

} catch (Exception e) {
    throw new RuntimeException(e);
}
```

代码解析

判断 token 中的信息和数据库的信息是否匹配，如果是则返回当前用户，并且把它们保存在

SimpleAuthenticationInfo 和 Session 中，这样系统便记住了当前用户，否则抛出异常信息。

接着回到之前的 login()方法，把登录类型信息提供给 RegisterType，并且根据登录失败或者成功给出反应。RegisterType 是自定义 id，用来记录登录信息。

7.1.4 AuthorizingRealm

Shiro 中自定义 Realm 一般继承自 AuthorizingRealm，通过实现 doGetAuthenticationInfo()和 doGetAuthorizationInfo()方法，来完成登录和权限的验证。doGetAuthorizationInfo()方法主要用于当前用户登录授权，具体内容代码清单 7-12 所示。

代码清单 7-12 AuthRealm.java

```
package com.car.manage.common.security;

import com.car.manage.common.constants.Constants;
import com.car.manage.system.dao.IUserRepository;
import com.car.manage.system.entity.Role;
import com.car.manage.system.entity.User;
import org.apache.shiro.SecurityUtils;
import org.apache.shiro.authc.AuthenticationException;
import org.apache.shiro.authc.AuthenticationInfo;
import org.apache.shiro.authc.AuthenticationToken;
import org.apache.shiro.authc.SimpleAuthenticationInfo;
import org.apache.shiro.authc.UnknownAccountException;
import org.apache.shiro.authc.UsernamePasswordToken;
import org.apache.shiro.authz.AuthorizationInfo;
import org.apache.shiro.authz.SimpleAuthorizationInfo;
import org.apache.shiro.realm.AuthorizingRealm;
import org.apache.shiro.session.Session;
import org.apache.shiro.subject.PrincipalCollection;
import org.slf4j.Logger;
import org.slf4j.LoggerFactory;
import org.springframework.beans.factory.annotation.Autowired;

import java.util.List;

/**
 * 权限认证
 */
public class AuthRealm extends AuthorizingRealm {
    private static final Logger LOGGER = LoggerFactory.getLogger(AuthRealm.class);

    @Autowired
    private IUserRepository userDao;

    /**
     * 登录认证
     */
    @Override
    protected AuthenticationInfo doGetAuthenticationInfo(AuthenticationToken authenticationToken)
throws AuthenticationException {

        try {
```

```
            // UsernamePasswordToken 对象用来存放提交的登录信息
            UsernamePasswordToken token = (UsernamePasswordToken) authenticationToken;
            LOGGER.info("###验证当前 Subject:[" + token.getUsername() + "] ###");
            // 查询是否存在此用户
            User user = userDao.findByUsernameAndEnabled(token.getUsername(), true);
            if (user != null) {
                // 若存在，将 user 存放到登录认证 SimpleAuthenticationInfo 中，无须进行密码对比，
                // Shiro 会为我们进行密码对比校验
                SimpleAuthenticationInfo authenticationInfo =
                        new SimpleAuthenticationInfo(user.getUsername(), user.getPassword(),
getName());

                // 将 user 信息保存到 session 中
                Session session = SecurityUtils.getSubject().getSession();
                if ("driver".equals(user.getSymbol().toString())) {
                    session.setAttribute(Constants.SESSION_DRIVER_KEY, user);
                } else if ("manager".equals(user.getSymbol().toString())) {
                    session.setAttribute(Constants.SESSION_USER_KEY, user);
                }
                return authenticationInfo;
            } else {
                throw new UnknownAccountException(); // 没找到此用户
            }

        } catch (Exception e) {
            throw new RuntimeException(e);
        }
    }

    /**
     * （授权）权限认证，为当前登录的 Subject 授予角色和权限
     *
         * @see 经测试：本例中该方法的调用时机为需授权资源被访问时
    并且每次访问需授权资源时都会执行该方法中的逻辑，这表明本例中默认未启用 AuthorizationCache
    如果连续访问同一个 URL（如刷新 URL），该方法不会被重复调用，Shiro 有一个时间间隔
     * （也就是 cache 时间，在 ehcache-shiro.xml 中配置），超过这个时间间隔再刷新页面，该方法会被运行
     */
    @Override
    protected AuthorizationInfo doGetAuthorizationInfo(PrincipalCollection principalCollection) {
        LOGGER.info("###执行 Shiro 授权..授权开始###");
        // 获取当前登录输入的用户名，等价于(String) principalCollection.fromRealm(getName()).
iterator().next();
        String loginName = (String) super.getAvailablePrincipal(principalCollection);
        // 通过数据库查询是否有此对象
        User user = userDao.findByUsernameAndEnabled(loginName, true);
        // 实际项目中，这里可以根据实际情况设置缓存
            // 如果不设置 Shiro 自己也有时间间隔机制，2min 内不会重复运行该方法
        if (user != null) {
            // 权限信息对象 info，用来存放查出的用户的所有角色（role）及权限（permission）
            SimpleAuthorizationInfo info = new SimpleAuthorizationInfo();
            // 用户的角色集合
            info.setRoles(user.getRolesName());
            // 用户的角色对应的所有权限，如果只使用角色定义访问权限，下面的 4 行代码可以不要
            List<Role> roleList = user.getRoleList();

            for (Role role : roleList) {
                info.addStringPermissions(role.getPermissionsName());
            }
```

```
            // 或者按下面这样添加
            // 添加一个角色，不是配置意义上的添加，而是证明该用户拥有 admin 角色
            // simpleAuthorInfo.addRole("admin");
            // 添加权限
            //  simpleAuthorInfo.addStringPermission("admin:manage");
            //  LOGGER.info("已为用户[mike]赋予了[admin]角色和[admin:manage]权限");

            LOGGER.info("###执行 Shiro 授权..授权结束###");
            return info;
        }
        // 返回 null 的话，就会导致任何用户访问被拦截的请求时，都会自动跳转到 unauthorizedUrl（见代码
        // 清单 7-7）指定的地址
        LOGGER.info("###执行 Shiro 授权..权限为空###");
        return null;
    }
}
```

代码解析

生成 AuthRealm，里面主要保存令牌信息，用来保存它们对当前用户进行判断的结果。DoGetAuthorizationInfo()在 token 通过验证之后，用来从数据库读取权限，并且将权限复制给 SimpleAuthorizationInfo 权限列表。然后用户就成功登录了，如果验证失败的话，就直接返回错误信息。

7.1.5　细粒度权限管理

Apache Shiro 根据粗粒度和细粒度对权限管理也进行了划分，但在使用之前，我们必须理解它们的概念。权限管理分为粗粒度和细粒度，大家可以理解一下，便于自己在框架当中设计权限模块。

粗粒度权限管理，就是指对资源类型的管理，如对菜单、URL、用户信息、按钮等的管理。粗粒度权限的赋值结果可以是，管理员可以查看所有页面，而普通用户只能看到报表菜单。细粒度权限管理，就是指把对资源的管理具体化了，例如针对某个菜单的使用权限只能允许 ID 为 1 的用户访问等。细粒度权限管理更多的是数据级别的权限管理，例如张三只能查看自己本部门的信息。在程序实现方面，粗粒度权限管理比较简单，例如可以通过拦截器实现；细粒度权限管理比较复杂，可以放在单独的业务层，也可以把细粒度权限管理的业务都抽取出来，放在架构的层面完成。举个典型的例子，可以在具体的服务层限制用户只能查看自己本部门的信息。

7.2　单点登录

单点登录（Single Sign On，SSO），是一种企业中多个项目的整合解决方案。SSO 的作用是在多个联网应用中，用户只需要登录一次就可以访问所有关联的应用系统。实现单点登录主要有两种方式，最早的方式是共享 Session，现在比较流行的方式是使用令牌。

7.2.1　单点登录介绍

SSO 有一个认证中心，只有使用认证中心授权通过的用户名和密码等信息才能正常登录，而其他

应用系统则没有登录界面，所有应用共享一个独立的登录界面，并且通过认证中心进行授权。当用户通过认证中心的授权之后，即创建了授权令牌，在接下来的跳转过程中，授权令牌能够被不同的子系统识别，也就是间接授权。这样的话，便能做到只登录一次，就能在不同的应用之间跳转，操作不同的业务。一般，单点登录的过程如下。

（1）用户 wb 访问汽车管理系统，汽车管理系统发现 wb 没有登录，便跳转到了 SSO 提供的登录界面，这时候用户 wb 可以在该界面输入用户名和密码进行登录。

（2）SSO 认证中心校验用户信息，创建用户与 SSO 之间的全局会话，同时创建授权令牌。

（3）SSO 认证中心带着令牌跳转到请求汽车管理系统的请求地址。

（4）汽车管理系统拿到令牌，去 SSO 认证中心验证令牌的有效性。

（5）如果令牌有效，登录汽车管理系统，并且创建局部会话。

（6）用户 wb 访问学生管理系统，并且跳转至 SSO 认证中心，用请求地址作为参数。

（7）SSO 认证中心发现用户已经登录，再跳转回学生管理系统，并且携带令牌。

（8）学生管理系统拿到令牌，去 SSO 认证中心验证令牌的有效性。

（9）如果令牌有效，则登录学生管理系统。

7.2.2 单点登录实现

单点登录在不同的项目中的实现方式不尽相同，但大致都是之前那个过程，本章提供一个稍微规范且完整的实现方式，以供大家参考。因为单点登录涉及多个系统间的调用，这里只给出思路和大概代码，具体的实现还需要读者进一步研究。

oauth.txt 的内容如代码清单 7-13 所示。

代码清单 7-13 oauth.txt

```
# 客户端 id
# oauth.client.id=ddId
oauth.client.id=ddId1
# 客户端密钥
# oauth.client.secret=97678e1e-f10a-4d03-9752-9685421ba6f3
oauth.client.secret=ddmy
# 认证地址
# oauth.authorize.url=http://sso.项目认证中心.com:9082/sso/profile/oauth2/authorize
oauth.authorize.url=http://sso.项目认证中心.com:8090/sso/authorize
# 利用令牌获取地址
# oauth.accesstoken.url=http://sso.项目认证中心.com:9082/sso/profile/oauth2/accessToken
oauth.accesstoken.url=http://sso.项目认证中心:8090/sso/getToken
# 用户信息获取地址
# oauth.userinfo.url=http://sso.项目认证中心.com:9082/sso/profile/oauth2/profile
oauth.userinfo.url=http://sso.项目认证中心.com:8090/sso/userinfo
# 自己系统的回调地址
callBackUrl=http://127.0.0.1:8080/car/quickLogin
# callBackUrl=http://127.0.0.1:8080/car/loginsso
# callBackUrl=http://127.0.0.123:8080/car/quickLogin
```

代码解析

首先，我们需要一个配置文件，它要保存所有单点登录用到的信息。在实际开发之中，如果碰到单点登录的需求，也是需要这样一个文件的，文件大同小异，改成适合自己的即可。

SysLoginController.java 的内容如代码清单 7-14 所示。

代码清单 7-14　SysLoginController.java

```
/**
 * @Description: 单点登录
 * @Date: 2021/3/2
 */
@GetMapping("/quickLogin")
public String quickLogin(HttpServletRequest request, HttpServletResponse httpResponse,
ModelMap mmap) {
    PropertiesUtils properties = new PropertiesUtils("ehcache/oauth.txt");
    OAuth20Config configInfo = new OAuth20Config(properties.getValue("oauth.client.id"),
        properties.getValue("oauth.client.secret"), properties.getValue("callBackUrl"),
        properties.getValue("oauth.authorize.url"), properties.getValue("oauth.accesstoken.
url"));
    IOAuth20Service service = new OAuthServiceBuilder(configInfo).build20Service();
    String code = request.getParameter("code");
    try {
        if (StringUtils.isEmpty(code)) {
            String redUrl = service.getAuthorizationUrl();
            // 跳转到认证中心，进行认证，获取 code 信息
            System.out.println("单点登录 redUrl======" + redUrl);

            httpResponse.sendRedirect(redUrl);
            return null;
        }
    } catch (IOException e) {
        e.printStackTrace();
    }
    String userId = "";
    // 应用已经发起过认证请求，code 信息已经传递过来
    try {
        // 根据 code 信息使用 SDK 中的方法获取令牌信息
        Token accessToken = service.getAccessToken(code);
        // 根据令牌信息使用 SDK 中的方法获取用户登录信息
        UserInfo oauthUser = new UserInfo(accessToken);
        UserInfo loginUser = oauthUser.requestUserInfo(properties.getValue("oauth.userinfo.
url"));
        System.out.println(loginUser.getId());
        userId = loginUser.getId();
        // 保存 Session
        System.out.println("单点登录 userId======  " + userId);
        SysUser sysUser = userService.selectUserByLoginName(userId);
        if(sysUser == null){
            return "login";
        }
        // 保存 Session
        UsernamePasswordToken token = new UsernamePasswordToken(sysUser.getLoginName(),
"dddltoken-01", false);
        Subject subject = SecurityUtils.getSubject();
        subject.login(token);
        // 保存 Session
        String sessionId = String.valueOf(UUID.randomUUID()).replace("-", "");
```

```
            HttpSession session = request.getSession();
            session.setAttribute("sessionId", sessionId);
            session.setAttribute("sysUser", sysUser);
        } catch (Exception e) {
            e.printStackTrace();
            return "login";
        }
        return "forward:/index";
    }
```

代码解析

首先，我们需要通过 OAuth20Config 类读取到配置文件的信息，如 oauth.client.id（客户端 ID）、oauth.client.secret（客户端密钥）、callBackUrl（回调地址）、oauth.authorize.url（认证地址）、oauth.accesstoken.url（利用令牌获取地址），并把它们封装到 IOAuth20Service 中。封装成功之后，获取单点登录地址“单点登录 redUrl======http://sso.项目认证中心.com:8090/sso/authorize?client_id=ddId1&response_type=code&redirect_uri=http%3A%2F%2F127.0.0.1%3A8080%2Fipms%2FquickLogin&oauth_timestamp=1609176278476”，然后进行跳转，然后单点登录，成功后拿到信息，将信息保存在本地 Session 中。这里需要注意的是拿到的信息必须跟 Shiro 中的保持一致。UsernamePasswordToken 保存在令牌之中，然后获取 Subject subject = SecurityUtils.getSubject()这个变量，跟没有单点登录时一样的操作，也就是本地操作。接着，使用 subject.login(token)正式跟本地系统验证用户名是否有效，如果有效，通过下面两条语句将用户信息保存在 Session 中：

```
session.setAttribute("sessionId", sessionId);
session.setAttribute("sysUser", sysUser);
```

接着通过下面的语句跳转到首页：

```
return "forward:/index";
```

也就是登录状态了。相当于把本地登录改成了从 SSO 系统登录，这就是单点登录的实现办法。

7.3 WebService

WebService 是一个基于 SOAP（Simple Object Access Protocol，简单访问协议）的跨平台传输技术，其本质仍然是依靠 HTTP 传输，但需要 XML 来进行数据的封装。因为互联网的普及，各种信息都被保存在数据库中，并且被展示在 Web 页面上，但信息与信息之间仍然存在距离，因为它们可能保存在不同的数据库里。这就产生了一个问题，A 公司在开发某个项目的时候可能会用到 B 公司的数据，解决这个问题的方法很多，如果数据量不是特别大，通常大家会选择使用 WebService 来进行数据的传输。这样做的主要原因有两点：第一，WebService 是轻量级的，不用部署即可依靠 XML 文件完成数据传输；第二，WebService 学习起来简单，开发起来比较容易，并且已经成为业界规范。如果需要进行大数据传输，建议使用 Socket 技术。

7.3.1 服务器端实现

首先在工作空间中新建 manageWebService 项目，并且新建 com.manage.service 包，需要在这个包下新建 3 个文件，分别是完成 WebService 传输需要编写的代码。下面，我们来阐述一下该 WebService 服务的需求——根据用户来查询他喜欢的游戏。

（1）服务器端查询游戏方法的内容如代码清单 7-15 所示。

代码清单 7-15　WebService.java

```
package com.manage.service;
import javax.jws.WebMethod;

@javax.jws.WebService
public interface WebService {
    @WebMethod
    String findGame(String name);
}
```

代码解析

在这段代码中，加上了 WebService 规定的注解，@javax.jws.WebService 标识了以下内容是 WebService 服务，@WebMethod 标识了以下内容是服务的方法。

（2）服务器端查询游戏方法的内容如代码清单 7-16 所示。

代码清单 7-16　WebServiceImpl.java

```
package com.manage.service;

@javax.jws.WebService
public class WebServiceImpl implements WebService {
    public String findGame(String name) {
        String game = "荣耀";
        return game;
    }
}
```

代码解析

上述代码依然使用了 WebService 规定的注解，除此之外 WebServiceImpl 类需要实现之前定义好的 WebService 接口，实现该接口中定义的方法 findGame()，并且为其编写详细的逻辑代码。在本类中定义的逻辑是当传入用户名的时候，返回该用户喜欢的游戏。

（3）服务器端的 WebService 接口发布过程如代码清单 7-17 所示。

代码清单 7-17　WebServicePublish.java

```
package com.manage.service;
import javax.xml.ws.Endpoint;

public class WebServicePublish {
    public static void main(String[] args) {
        // 定义 WebService 发布地址，接口的方法最好跟业务相关，如 findGame()查询游戏
        String address = "http://localhost:8888/WS_Server/findGame";
        // 使用 Endpoint 类来发布 WebService 服务
        Endpoint.publish(address, new WebServiceImpl());
        System.out.println("WebService 服务发布成功！");
    }
}
```

代码解析

WebServicePublish 类的主要作用是把已经完全定义好的 WebService 服务内容进行整体发布，主要代码是 Endpoint.publish(address, new WebServiceImpl())，参数的含义：address 是地址，WebServiceImpl 是查询游戏服务的实现类。在完成该类的编写后，使用“Java Application”运行一次，即可完成服务的发布。

注意，在更新 WebService 接口后必须重新发布一次服务，这样重新生成的代码才会是最新的。

```
2017-10-15 16:01:12 com.sun.xml.internal.ws.model.RuntimeModeler getRequestWrapperClass
信息: Dynamically creating request wrapper Class com.manage.service.jaxws.FindGame
2017-10-15 16:01:12 com.sun.xml.internal.ws.model.RuntimeModeler getResponseWrapperClass
信息: Dynamically creating response wrapper bean Class com.manage.service.jaxws.FindGameResponse
WebService 服务发布成功!
```

7.3.2 客户端实现

实现了服务器端，说明请求 WebService 已经可以获得我们所需要的数据了。但是，我们还需要实现客户端，才可以向服务器端发出请求来完成完整的工作链。

新建 manageWebClient 项目，再新建两个包，第一个是 com.manage.client，用来编写客户端测试类，第二个是 com.manage.service，用来接收自动生成的代码。理论上测试类可以和自动生成的代码放在一个包里，但为了代码的简捷，也为了方便学习和调试，最好把它们分开。

com.manage.service 包下的内容由 wsimport 命令自动生成，下面是自动生成代码的步骤。

（1）确保 WebService 服务发布成功。

（2）在浏览器的地址栏中输入 http://localhost:8888/WS_Server/findGame?wsdl，按“Enter”键，请求成功的界面如图 7-1 所示。

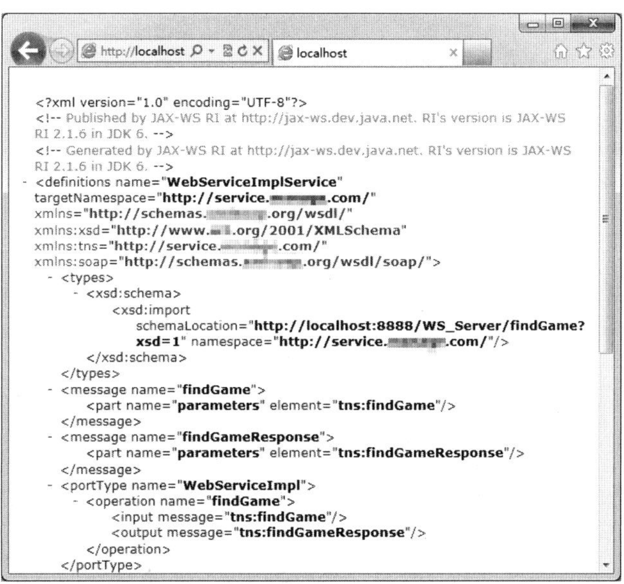

图 7-1 WSDL（Web 服务描述语言，Web Services Description Language）界面

（3）使用 C:\>wsimport -s E:\manage\manageWebClient\src -keep http://localhost:8888/ WS_Server/findGame?wsdl 命令生成 WebService 服务所需要的类，执行成功的界面如图 7-2 所示。

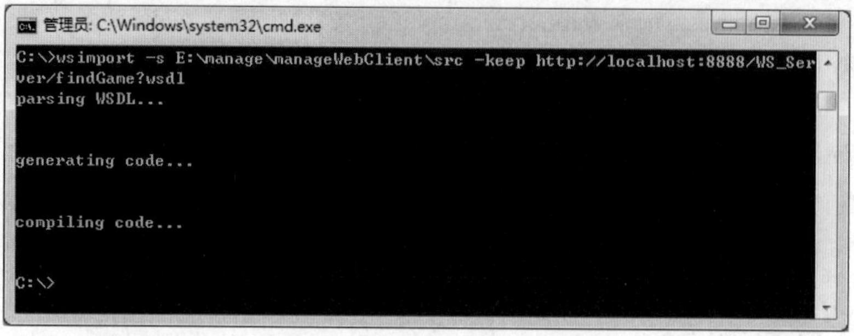

```
管理员: C:\Windows\system32\cmd.exe
C:\>wsimport -s E:\manage\manageWebClient\src -keep http://localhost:8888/WS_Ser
ver/findGame?wsdl
parsing WSDL...


generating code...


compiling code...


C:\>
```

图 7-2　用 wsimport 生成类

接下来刷新 manageWebClient 项目，打开 com.manage.service 包就会出现 6 个文件，关于这些文件的内容，读者有兴趣的话可以看看源码，大概也能理解它们的意思。这些类的主要作用是搭建 WebService 请求和响应之间的数据通道，只要服务器端和客户端代码的编写没有问题，这个数据通道的内容就一定是正确的。

（4）开发测试类。打开 com.manage.client 包并且新建 WebClient 类，具体内容如代码清单 7-18 所示。

代码清单 7-18　WebClient.java

```
package com.manage.client;
import com.manage.service.WebServiceImpl;
import com.manage.service.WebServiceImplService;

public class WebClient {
    public static void main(String[] args) {
        // 创建程序使用的实例
        WebServiceImplService factory = new WebServiceImplService();
        // 通过实例调用接口中对应的远程地址，也就是找到相应的接口
        WebServiceImpl wsImpl = factory.getWebServiceImplPort();
        // 通过实例调用接口中的方法
        String resResult = wsImpl.findGame("张三");
        System.out.println("最喜欢的游戏是："+resResult);
    }
}
```

这段代码的运行结果如下：

```
最喜欢的游戏是：荣耀
```

代码解析

客户端的测试类就是用来远程调用服务器端的入口，因为服务器端是根据用户名来查询游戏的，所以客户端在调用 findGame()方法的时候传入了“张三”，这样服务器端就会把“荣耀”作为响应内容，返回给客户端，客户端拿到数据后输出。当然，这只是一种简单的逻辑，主要用来演示 WebService 的整个过程，读者如果需要继续编写的话，可以在合理的类中继续增加逻辑，一般在开发 WebService 的时候都会事先“调通”整个服务，接下来才继续完善逻辑。

7.4 小结

在本章中，我们重点学习了 Apache Shiro 安全框架和单点登录，因为单点登录成功之后，还会涉及与 Apache Shiro 之间的一些协同处理，所以把它们放到了一章中。学完本章的内容后，读者应该对安全框架有所了解，可以学会配置和使用 Apache Shiro 权限框架，并且能够彻底掌握单点登录的通用实现方法。一般来说，Apache Shiro 在搭建框架的时候需要用到，而单点登录是在系统集成的时候必须掌握的技术，因此这些内容都需要重点学习。因为在接口调试的时候经常会使用到 WebService 技术，所以本章也特地把这门经典、实用的技术加入了进来，以典型、实用的例子来讲解它，让读者能够轻松学习接口调试。

第 8 章　Spring Boot 程序部署

说到程序部署，大家熟知的方式就是把项目打包成 WAR 包或者 JAR 包来部署到服务器上，这些服务器可以是 Tomcat、WebSphere、WebLogic 等，而部署环境一般都是 Windows 或者 Linux。但是在 Spring Boot 框架下，部署方式是有一些区别的。在本章中，我们就来讲讲 Spring Boot 程序的部署，还有 Docker 的部署方式。

8.1　打包

项目部署一般有两种方式：一种是打包成 JAR 包直接执行，另一种是打包成 WAR 包放到 Tomcat 服务器下。Spring Boot 一般情况下默认为 JAR 包方式，本节把 JAR 包和 WAR 包两种方式都讲解一下。

8.1.1　JAR 包

我们以汽车管理系统为例，打开系统所在的目录 E:\work\car，可以看到 pom.xml 文件就在这个目录下。我们查看一下 pom.xml 文件的内容，看看 JAR 包部署方式是怎样的，如代码清单 8-1 所示。

代码清单 8-1　pom.xml

```
<modelVersion>4.0.0</modelVersion>
<groupId>com.car</groupId>
<artifactId>manage</artifactId>
<packaging>jar</packaging>
<name>School Vehicle Management System Web</name>
//请读者自行输入 Car 官网地址
<url>http://car.co*</url>
<version>1.0.9.4</version>
```

代码解析

可以看到，pom.xml 文件是默认利用 JAR 包部署的，这点可以参考<packaging>元素之中的字样。它的<groupId>元素的值是 com.car，<artifactId>元素的值是 manage，而<name>元素的值是项目名称，<url>元素的值是网址。然后，就可以执行部署命令了。

JAR 包部署的过程具体如下。

（1）进入 E:\work\car，可以看到项目的 pom.xml 文件，接着使用 mvn clean 命令清理一下。

（2）使用忽略测试类的 JAR 打包命令 mvn clean package -Dmaven.test.skip=true；在当前目录下打开命令行模式，输入该命令。

（3）将 target 文件夹下的 JAR 包放到任意目录，执行命令 ohup java -jar target/spring-boot-scheduler-

1.0.0.jar &，以 JAR 包方式启动，也就是使用 Spring Boot 内置的 Tomcat 开始运行。前提条件是服务器上面需要配置 JDK 8（及以上版本），不需要外置 Tomcat。这也是 Spring Boot 的亮点之一。

注意，如果是 Linux 环境的话很方便，直接这样做即可。如果没有 Linux 环境，可以使用虚拟机来测试。例如，在虚拟机的某个文件夹 car 下，保存 car.jar 包文件，如图 8-1 所示。

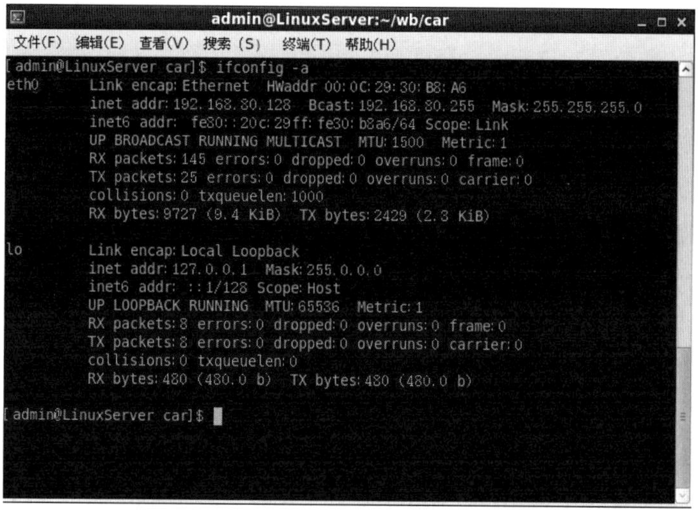

图 8-1 在 Linux 环境下部署 JAR 包

8.1.2 WAR 包

WAR 包的方式受众较广，在 Windows 环境和 Linux 环境下都能顺利部署。具体的做法是将 POM 文件中的<packaging>jar</packaging>改为<packaging>war</packaging>，代码如下：

```
<modelVersion>4.0.0</modelVersion>
<groupId>com.car</groupId>
<artifactId>manage</artifactId>
<packaging>war</packaging>
<name>School Vehicle Management System Web</name>
<url>http://car.co*</url>
<version>1.0.9.4</version>
```

修改<scope>元素，代码如下：

```
<dependency>
  <groupId>org.springframework.boot</groupId>
  <artifactId>spring-boot-starter-tomcat</artifactId>
  <scope>provided</scope>
</dependency>
```

将<scope>元素设置为 provided，这样在 WAR 包中就不会包含这个 JAR 包，也就是不会提供内置的 Tomcat 运行组件，因为 WAR 包需要部署在外置的 Tomcat 中，所以把内置的 Tomcat 关闭了，以避免依赖冲突。Application.启动类继承 SpringBootServletInitializer 类，并重写、覆盖 configure()方法，如代码清单 8-2 所示。

代码清单 8-2 Application.java

```
public class Application extends SpringBootServletInitializer {

    @Override
    protected SpringApplicationBuilder configure(SpringApplicationBuilder builder) {
        return builder.sources(Application.class);
    }

    public static void main(String[] args) {
        new SpringApplicationBuilder(Application.class).web(true).run(args);
    }
}
```

做好了这一切后，就开始进行打包与部署的具体动作了，在项目的根目录（即包含 pom.xml 的目录）下，在命令行里输入 Maven clean，即清除缓存，然后点击“Run As”→“Maven install”，即打包成 WAR 包。最后，在 target 文件夹下找到打包好的 WAR 包。把 target 目录下的 WAR 包放到 Tomcat 的 webapps 目录下，在 bin 文件夹利用 startup.bat 启动 Tomcat，即可自动解压 WAR 包并部署。

8.2 Docker 部署

讲解完了传统的部署方式，我们来讲讲现在比较流行的容器部署方式，那就是使用 Docker 部署项目。Docker 是一个开源的应用容器引擎，使用 Go 语言开发，遵从 Apache 2.0 协议开源。Docker 的作用很简单，其操作也没有想象中那么复杂。它的作用就是让开发者把应用和依赖包统一放在一个可移植的容器中，再部署到 Linux 服务器上，其实就是一个沙箱机制，这样做的好处是容器的性能好而且开销很低，能够提高效率和节省成本，这也是 Docker 近年来流行的重要原因。

8.2.1 Docker 基础

Docker 的应用场景主要是，Web 应用自动化打包部署，以及自动化集成、测试、发布。它的优点便是让应用程序与实际架构分开，直接借助容器部署，一站式集成、部署、测试代码。Docker 使用 C/S 架构，即客户端-服务器架构模式，可以使用 API 来对 Docker 容器进行管理。Docker 包括如下 3 个基本概念。

- **镜像**（image）：镜像是一个模板，如果需要运行一个容器，就必须使用镜像，因为它提供了容器运行所依赖的各种资源。为镜像添加各种参数，这种影响也会反映到容器的运行上来。
- **容器**（container）：镜像和容器的关系非常密切，镜像提供了容器运行的一切资源，它是一个模板，而容器则是运行的实体，可以支持创建、自动、停止、删除等操作。
- **仓库**（repository）：仓库是代码库，用来保存镜像，类似于 SVN。

8.2.2 Docker 指令

下面，我们来介绍几个常用的 Docker 指令，以实战的方式来学习它。首先，我们先来学习从远程服务器拉取 Tomcat 镜像的一个方法。首先，设置国内源。

（1）打开终端，执行命令 docker-machine ssh。

- 修改配置文件，执行命令 sudo vi /var/lib/boot2docker/profile。
- 在--label provider=virtualbox 的下一行添加命令--registry-mirror，在该命令后输入镜像地址。

需要注意，直接输入:wq 即可保存、退出。执行 Docker 重启命令 docker docker-machine.exe restart：

从仓库拉取 Tomcat 镜像：

```
docker pull tomcat
```

运行 Tomcat：

```
docker run -d -p 8080:8080 tomcat
```

其中，-d 表示后台运行；-p 8080:8080 的作用是端口映射，前一个 8080 代表虚拟机端口，后一个 8080 代表 Docker 容器端口。这一命令执行完成后，在浏览器的地址栏中输入 http://192.168.99.100:8080，按“Enter”键，来访问 Tomcat 服务器。

（2）查看 Docker 版本号：

```
$ docker --version
Docker version 1.10.0, build 590d5108
```

（3）列出容器。参数-a 用于显示所有的容器，包括未运行的；参数-f 用于根据条件过滤显示的内容；参数--format 用于指定返回值的模板文件。

```
$ docker ps
CONTAINER ID        IMAGE               COMMAND             CREATED
STATUS              PORTS               NAMES
```

（4）执行 Docker 入门实例：

```
$ docker run hello-world

Hello from Docker!
This message shows that your installation appears to be working correctly.
```

（5）拉取 CentOS 镜像，可直接运行 Docker 镜像地址：

```
$  docker pull hub.c.163.com/library/centos:latest//请读者自行输入一个可访问的镜像地址
latest: Pulling from library/centos

2409c3878ba1: Downloading 42.55 MB/70.48 MB
2409c3878ba1: Downloading 67.17 MB/70.48 MB
2409c3878ba1: Pull complete
Digest: sha256:ab7e9c357fa8e5c822dd22615d3f704090780df1e089ac4ff8c6098f26a71fef
Status: Downloaded newer image for hub.c.***.com/library/centos:latest
```

（6）查看本机镜像：

```
$ docker images
hello-world                    latest          bf756fb1ae65        12 months
ago        13.34 kB
hello-world                    <none>          bf756fb1ae65        12 months
ago        13.34 kB
hub.c.***.com/library/centos   latest           328edcd84f1b        3 years
ago          192.5 MB
hub.c.***.com/library/centos   <none>           328edcd84f1b        3 years
ago          192.5 MB
```

（7）运行 Nginx：

```
$ docker pull nginx:latest
```

这里我们拉取官方的最新版本的镜像：

```
$ docker run --name nginx-test -p 8080:80 -d nginx
```

最后我们可以通过浏览器直接访问 8080 端口的 Nginx 服务，如图 8-2 所示。

图 8-2　直接访问 Nginx 服务

8.3　Jenkins 自动化部署

Jenkins 是开源的自动化部署工具，主要作用是解决项目的部署问题。例如，对于之前开发的 Web 商务管理系统、学生管理系统、汽车管理系统等项目，如果这些项目在进入运维阶段后，仍然需要手动部署就有些麻烦。所以，Jenkins 提供了相对完美的整套部署方案。

例如，使用 Jenkins 可以新建部署任务，并且建立触发器，对项目进行定时部署。而在部署的细节方面，Jenkins 可以在任务配置中设定版本库的地址（SVN 等），这样，在该部署任务启动后，就可以在特定的时间里对特定项目的最新版本进行构建和部署，完美地替代了人工操作。当然，它肯定是支持人工部署的。

当部署结束后，Jenkins 会列出当前项目的部署情况，如持续时间、失败原因，部署日志等信息，以供程序员参考，并且找出部署中存在的问题，继续改进代码或者部署方案。而且，Jenkins 在部署的时候，还会列出每个版本的修改记录，让程序员直观地看到不同版本的差异。

8.3.1　部署介绍

如果使用 Jenkins 来完成项目的自动化部署，就可以制定一些版本构建规则。例如：

（1）每周五对管理系统进行定时构建，如果失败会发送邮件给相关开发人员；

（2）除了对管理系统的定时构建，还可以对代码扫描工具 SonarQube 进行定时构建，按时完成对管理系统代码的扫描，以检查出违规代码，并且以邮件的方式通知相关开发人员。当然，这只是一种理想状态，如果想要成功实现，就必须编写完整而复杂的脚本。

8.3.2 搭配使用

首先，在浏览器的地址栏中输入 http://localhost:8080，按“Enter”键，进入 Jenkins 首页，如图 8-3 所示。

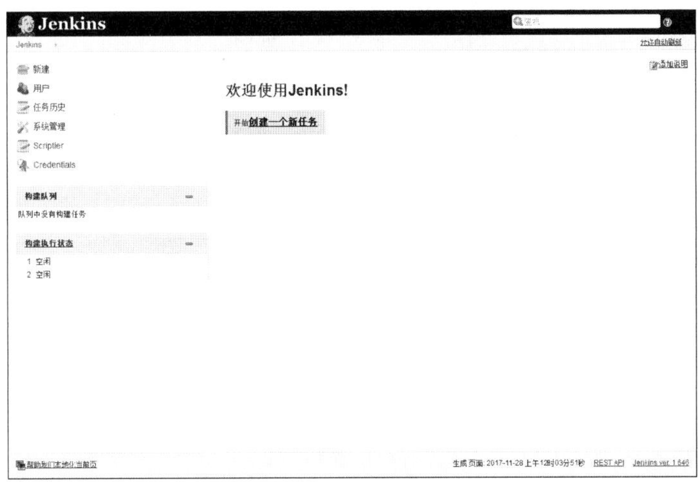

图 8-3 Jenkins 首页

中文界面学习起来相对简单，在这里，我们只学习 Jenkins 主要的几个功能，对于其他功能，读者可以自行摸索，毕竟 Jenkins 这个工具是运维人员需要精通的，而理论上开发人员没有必要过于深入地学习。

点击 Jenkins 首页上的“开始创建一个新任务”来新建代码扫描任务。

新建任务的前提是，我们把生成自定义规则的 JAR 包的项目保存进 SVN 里，因为 Jenkins 需要从 SVN 里自动化地构建项目。首先，把 java-custom-rules 文件复制到 E:\wb\trunk 下。接着，我们进入该文件夹，在版本库浏览器中选择要加入的文件夹，把它加入 SVN 的控制中。接着，就可以使用 Jenkins 来完成项目的构建了。首先，我们知道生成代码扫描规则的项目是通过 POM 文件来生成 JAR 包（保存在 SonarQube 的 plugins 目录中）的，所以只需要让 Jenkins 编译该 POM 文件就能进行自动打包工作，不用我们在 DOS 界面中输入 mvn install 手动进行了。至于部署工作，就是把生成的 wb-java-custom-rules-1.0.0.jar 文件复制到 SonarQube 的 plugins 目录中，这一步操作可以使用编写脚本的方式来执行，也可以使用 Java 的 File 对象来完成。

接下来，我们在 Eclipse 中新建一个 auto 项目，再新建一个 com.auto.test 包，并且在该包下新建 MyName 类，如代码清单 8-3 所示。

代码清单 8-3 MyName.java

```
package com.auto.test;

public class MyName {
    public static void main(String[] args) {
        System.out.println("wb");
    }
}
```

部署方式

把 auto 项目使用的 SVN 工具添加到本地的 E:\wb\trunk 下，也就是本地的 SVN 目录下面。然后，在 Jenkins 中新建一个 Item，名称是“auto 项目”，类型选择“构建一个自由风格的软件项目”，其他保持默认。在下一步的设置中，我们只需要修改“源码管理”功能即可，把“None”改成“Subversion”，在“Repository URL”中输入“http://human-pc/svn/wb/trunk/auto”，接下来在“Credentials”授权选项中，点击“Add”，随便添加一个授权，全空也行，点击“保存”，一个 Jenkins 任务就新建成功了。注意：需要删除 E:\wb\trunk\auto\bin 文件夹下的内容，以测试自动构建项目是否成功。

Jenkins 任务如图 8-4 所示。

图 8-4　Jenkins 任务

从图 8-4 可以看到，auto 项目还没有构建。因此，我们点击“auto 项目”会出现一个菜单，选择“立即构建”，Jenkins 便会执行对项目的构建过程。当构建结束，刷新页面后会看到构建结果，包括“上次成功”“上次失败”“上次持续时间”等信息。点击构建版本号可以打开构建详情，点击左侧菜单的“Console Output”就可以查看构建日志，如图 8-5 所示。

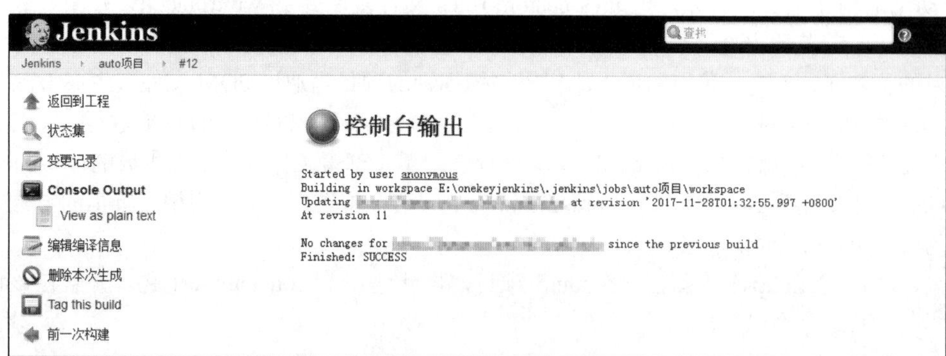

图 8-5　查看构建日志

接着，我们来查看构建后的工作空间（Workspace），来验证构建结果是否符合标准，如图 8-6 所示。

通过对构建结果进行分析，可以得出构建符合标准的结论。这是因为，在对 auto 项目进行构建之前，我们就已经把该项目 bin 目录下的内容完全清空了，而在构建结束后，Jenkins 会重新生成该目录结构，并且把 MyName.java 文件构建成.class 文件，这就是 Jenkins 构建的典型应用。

图 8-6 构建结果

当然 Jenkins 的应用还有很多，例如，设置定时触发器来构建不同的任务，根据构建结果来发送邮件给相关的开发人员，进行项目关系的设置、文件指纹的检查等，因为这些内容大多是由专业的运维人员来做的，且需要编写大量的脚本代码，所以本章不过多介绍，有兴趣的读者可以参考 Jenkins 的相关资料。

8.4 Swagger UI 与阿里云部署

本节的任务主要是学习 Swagger UI 与阿里云部署，在学习之前，我们有必要先了解一下这两种技术。Swagger UI 是一个标准的接口文档生成与调试工具，使用它可以轻松地构造可视化的 RESTful 风格的接口描述与访问界面。由于 Swagger UI 使用的方法依赖于注解，因此程序员完成接口开发后，只要按照规范描述了该接口的定义，Swagger UI 访问界面中的接口 API 文档就会自动更新，方便程序员进行接口调试。举个例子，如果某个项目有 1000 个后端接口，那么要维护这些接口的 API 文档也是一项相当耗费时间和精力的事情，与其专门维护，不如在开发的时候就自动生成 API 文档，而且是谁开发的接口就由谁来写，这不就是一件非常高效的事情吗？因此，Swagger UI 很受软件公司的青睐，也极大地方便了程序员的日常开发工作。接着，再说说阿里云，十几年前，软件行业的项目部署是比较凌乱的，基本上没有一套规范的流程，而近年来随着阿里云等云部署的流行，很多软件公司开始把自己的项目部署在阿里云上运行。本节便在本地环境开发一个 Swagger UI 项目，接着再把它部署到阿里云上，从而带领读者学习这两种当下比较流行的技术。

8.4.1 Swagger UI 开发实例

本节大体上讲解一下 Swagger UI 接口开发的过程。首先需要在 Swagger UI 项目中针对每一个 API 进行开发，开发内容包括 APT 的方法名称、类型、逻辑处理步骤和返回值等，这样可以保证该项目中的每一个 API 都可以被正确识别和构建。当 Swagger UI 识别了所有的 API 之后，通过 Spring Boot 启动程序运行该项目，在该 Swagger UI 的访问界面对接口进行调试。需要注意的是，由于 Swagger UI 是通过注解的方式来识别接口的，因此如果需要把 Swagger UI 集成到某个业务系统中的话，该项目需要支持 Spring MVC。

首先打开 Eclipse 的工作空间，新建一个 Spring Boot 程序 swaggerui。

接着来编写 POM 文件，打开 pom.xml，输入以下代码，具体内容如代码清单 8-4 所示。

代码清单 8-4　pom.xml

```
<?xml version="1.0" encoding="UTF-8"?>
<project xmlns="http://maven.apache.org/POM/4.0.0"
         xmlns:xsi="http://www.w3.org/2001/XMLSchema-instance"
         xsi:schemaLocation="http://maven.apache.org/POM/4.0.0 http://maven.apache.org/
xsd/maven-4.0.0.xsd">
    <modelVersion>4.0.0</modelVersion>

    <groupId>com.demo.springboot</groupId>
    <artifactId>swaggeruiDM</artifactId>
    <parent>
        <groupId>org.springframework.boot</groupId>
        <artifactId>spring-boot-starter-parent</artifactId>
        <version>2.0.5.RELEASE</version>
    </parent>

 <dependencies>
        <dependency>
            <groupId>org.springframework.boot</groupId>
            <artifactId>spring-boot-starter-web</artifactId>
        </dependency>
     <dependency>
         <groupId>io.springfox</groupId>
         <artifactId>springfox-swagger2</artifactId>
         <version>${swagger.version}</version>
     </dependency>

     <dependency>
         <groupId>io.springfox</groupId>
         <artifactId>springfox-swagger-ui</artifactId>
         <version>${swagger.version}</version>
     </dependency>
 </dependencies>

    <properties>
        <java.version>1.8</java.version>
        <swagger.version>2.9.2</swagger.version>
    </properties>

    <build>
        <plugins>
            <plugin>
                <groupId>org.springframework.boot</groupId>
                <artifactId>spring-boot-maven-plugin</artifactId>
            </plugin>
        </plugins>
    </build>
</project>
```

该 pom.xml 文件在之前的章节中已经讲解过很多遍了，它的作用就是通过互联网拉取 JAR 包，以供当前的项目来使用不同的工具集合，方便程序员的开发工作。本节不再讲述这些 JAR 包的内容，读者只需要明白一个完整的 Swagger UI 项目必须要使用这些 JAR 包即可，相关的程序写法也基本都是固定的。

接着来讲解 Swagger UI 项目的重点内容——具体业务代码的开发。新建 com.swagger.swaggerui 包，在该包下新建 SwaggeruiApplication.java 文件，SwaggeruiApplication 类的作用便是扫描整个项目，识别和加载各个 Java 类，然后运行该项目，具体内容如代码清单 8-5 所示。

代码清单 8-5 SwaggeruiApplication.java

```
package com.swagger.swaggerui;

import org.springframework.boot.SpringApplication;
import org.springframework.boot.autoconfigure.SpringBootApplication;
import org.springframework.context.annotation.ComponentScan;

@SpringBootApplication
@ComponentScan("com.wb")
public class SwaggeruiApplication
{

        public static void main( String[] args )
        {
               SpringApplication.run( SwaggeruiApplication.class, args );
        }
}
```

代码解析

因为之前已经详细讲解过 Spring Boot 的项目了，所以这部分代码对读者而言应该非常容易理解，无非就是通过 main()函数来运行 Spring Boot 程序，因此这里也是一切 Spring Boot 程序的入口。其他需要注意的是，@ComponentScan 注解标记了所有需要扫描的包的路径均为 com.wb，也就是说 com.wb 包下的所有 Java 类都会被扫描到，并且在程序通过注解调用的时候能够自动加载这些类，建立它们的依赖关系。

接着在 com.wb.config 包下新建 SwaggerConfig.java 文件，顾名思义，SwaggerConfig 类的作用就是对 Swagger UI 项目的框架进行配置，具体内容如代码清单 8-6 所示。

代码清单 8-6 SwaggerConfig.java

```
package com.wb.config;

import org.springframework.context.annotation.Bean;
import org.springframework.context.annotation.Configuration;

import springfox.documentation.builders.ApiInfoBuilder;
import springfox.documentation.builders.PathSelectors;
import springfox.documentation.service.ApiInfo;
import springfox.documentation.service.Contact;
import springfox.documentation.spi.DocumentationType;
import springfox.documentation.spring.web.plugins.Docket;
import springfox.documentation.swagger2.annotations.EnableSwagger2;

@Configuration
@EnableSwagger2
public class SwaggerConfig
{
   @Bean
   public Docket api()
   {
      return new Docket( DocumentationType.SWAGGER_2 ).apiInfo( apiInfo() )
```

```
            .pathMapping( "/" )
            .select().paths( PathSelectors.regex( "/.*" ) )
            .build();
    }

    private ApiInfo apiInfo()
    {
        return new ApiInfoBuilder().title( "" ).contact( new Contact( "wb", "", "test@qq.
com" ) ).description( "SwaggerUI 生成的接口文档" ).version( "1.0" ).build();
    }
}
```

代码解析

上述代码看起来比较复杂，实际上都是对一些固定方法的调用，也就是说需要程序员直接调用的方法比较多，而需要动手去写的逻辑则很少。我们来看看上述代码的作用，首先 SwaggerConfig 类通过 Docket api()方法来规定 Swagger UI 项目的访问路径与匹配规则，注意，此处的“/.*”表示匹配路径下所有的方法，读者也可以自定义其他的匹配规则，但这不是重点。api()方法中的内容基本上都依赖于 springfox-spring-web 包中已经编写好的源码，此处传入需要的参数即可。而 apiInfo()方法的类型是 ApiInfo，依赖于 springfox-core 包，直接调用 ApiInfoBuilder 类，对 title()和 contact()参数进行赋值，赋值的内容是 Swagger UI 项目访问界面的联系方式和说明文字。

最后，新建服务器端需要呈现的内容，也就是 Swagger UI 项目访问界面的接口定义。在项目中新建 com.wb.server 包，在该包下新建 MyMethodAPI.java 文件，在 MyMethodAPI 类中定义需要展示的 API 接口，具体内容如代码清单 8-7 所示。

代码清单 8-7 MyMethodAPI.java

```
package com.wb.server;

import javax.servlet.http.HttpServletResponse;

import org.springframework.web.bind.annotation.RequestMapping;
import org.springframework.web.bind.annotation.RequestMethod;
import org.springframework.web.bind.annotation.RestController;

import io.swagger.annotations.Api;
import io.swagger.annotations.ApiOperation;

@RestController
@Api(value = "/", description = "API 接口方法")
public class MyMethodAPI
{
    @RequestMapping(value = "/getEmpId", method = RequestMethod.GET)
    @ApiOperation(value = "获得员工信息", httpMethod = "GET")
    public String getEmpId( HttpServletResponse response )
    {
        return "获得员工 Id 成功";
    }

    @RequestMapping(value = "/getEmpName", method = RequestMethod.POST)
    @ApiOperation(value = "获得员工姓名", httpMethod = "POST")
    public String getEmpName( HttpServletResponse response )
    {
        //String empVO = emp.getEmpVOByEmpId();
```

```
            //return "获得员工姓名成功，他的名字是："+ empVO.getName();
              String empName = "张三";
              return "获得员工姓名成功，他的名字是："+ empName;
        }
    }
```

代码解析

上述代码便是本节的重点内容，它的作用是构造和描述 API 接口的内容。MyMethodAPI 类有两个方法，分别是 getEmpId()与 getEmpName()，它们的作用分别是获得员工 ID 与获得员工姓名。@RequestMapping 注解用来进行请求路径匹配，它的值分别对应/getEmpId 与/getEmpName，而二者的方法名也保持一致。method 参数分别对应 GET 与 POST 请求，这一点可以根据实际情况来选择，此处仅为演示。@Api 需要与 SwaggerConfig 类中的路径保持一致，此处设置"/"。@ApiOperation 注解包含该接口的说明信息与类型，也就是在 Swagger UI 项目访问界面中看到的内容。

具体方法的实现其实很简单，getEmpId()直接返回"获得员工 Id 成功"字样，getEmpName()则手动编写一个 String 类型的 empName 变量，赋值为"张三"，当用户发出请求的时候，便会返回"获得员工姓名成功，他的名字是：张三"字样。有两条注释代码可以留意一下，它们表示把 Swagger UI 集成到实际项目中时应该怎么做。那就是直接调用服务层，再调用 Dao 层，即可得到数据库中真实的员工信息。

最后，使用 SwaggeruiApplication 类启动 Swagger UI 项目，实际查看一下该项目的运行情况。在浏览器的地址栏中输入 http://localhost:8080/swagger-ui.html#/，便可以看见该项目的首页，如图 8-7 所示。

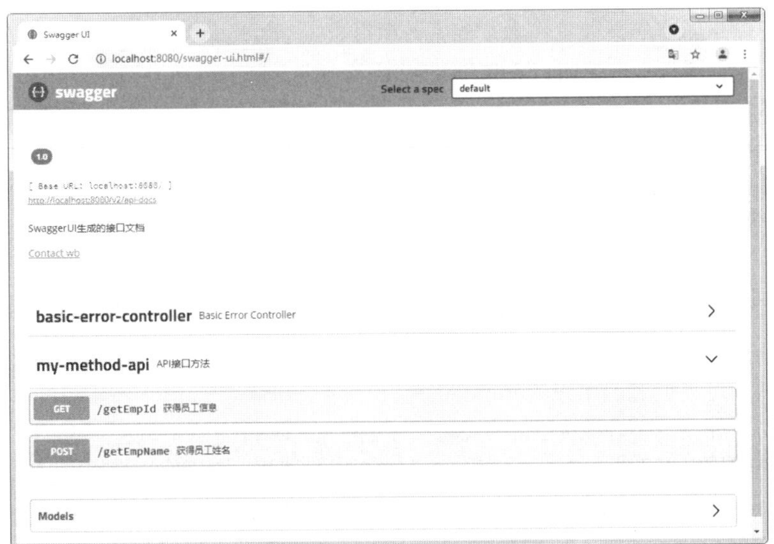

图 8-7 Swagger UI 项目首页

当读者看到 Swagger UI 项目首页的时候，本项目的开发就基本结束了。在这个可视化界面中，我们可以做很多事情，比如通过阅读接口的说明文字来学习接口的使用方法，通过填入接口提供的参数来调试该接口能否返回正确的数据。如果生产环境中的某个项目集成了 Swagger UI，那么程序员只要为新开发的接口程序认真填写了接口注解与内容，那么当新代码部署到服务器上的时候，Swagger UI 界面的接口也自然会更新，这是一件特别令人激动的事情。至于接口调试的方法，选择某个接口，点击"Try it out”按钮，填入需要的参数，再点击“Execute”按钮，即可出现结果，如图 8-8 所示。

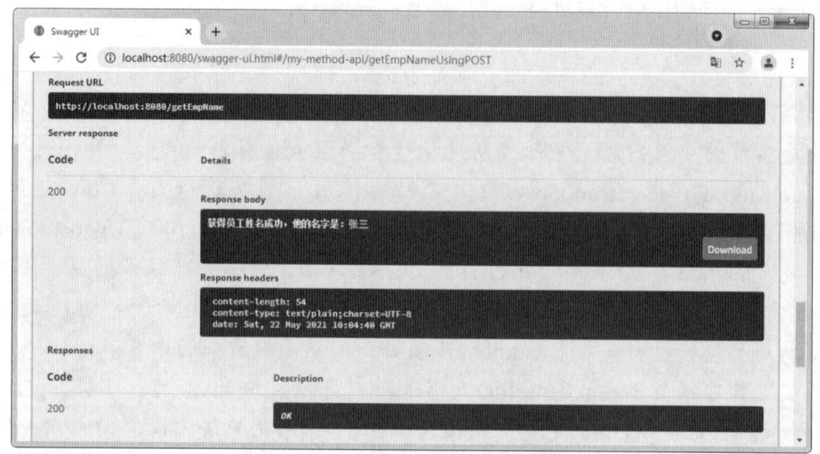

图 8-8　Swagger UI 调试结果

8.4.2　阿里云项目部署

本节我们来学习如何把之前开发好的 Swagger UI 项目部署到阿里云上。先简单分析一下为什么要上云，其实原因很简单，那就是节省成本。首先，项目上云后在安全性上更有保障，阿里云的安全系数是毋庸置疑的；其次，项目上云后可以方便地进行域名绑定，也方便互联网用户访问。如果是一个社交网站，那么上云是非常有必要的，因为如果不上云，自己配置起来非常麻烦，比如要自己进行域名解析，还会遇到安全方面的问题，服务器的日常维护也必不可少，把项目放到云上的话，这些都不用自己操心。

下面来讲解如何把 Swagger UI 项目部署到阿里云上。部署阿里云的过程详细讲解起来是比较麻烦的，细节太多了，如果全面来讲的话可能会让读者丧失学习的兴趣，因此这里我会把重点与难点挑选出来进行详细讲解，至于一些无关紧要的配置，读者可以自行去翻阅详细的说明文档。

要部署阿里云，首先需要创建一个阿里云账号，并购买阿里云的 ECS 服务器。接着，使用自己的账号进行登录，在操作界面便可以看到所有关于 ECS 服务器的配置内容，基本上所有配置都是可视化的，大部分功能项都可以通过名字来得知其作用。

在这里，我简单介绍一下什么是云服务器。一般来说，项目需要部署在一台服务器上，按照常理，这台服务器可以配置 Windows 或者 Linux 操作系统。相信读者都能够理解这些内容，说白了，云服务器就是提供一个 Windows 或者 Linux 的机器，让你可以像在本地部署一样对项目进行操作。至于这台云服务器究竟对应哪些物理机器，便不是我们该关心的问题了，你可以把它理解为一台虚拟划分的机器。理解了这一点，其实云部署就非常简单了，无非就是在自己的 ECS 服务器上安装 Windows 或者 Linux 操作系统，再把自己的项目上传上去。

比如，我用自己的阿里云账号创建了一个 ECS 服务器实例，阿里云便会列出它对应的实例 ID、实例名称、公网 IP、内网 IP，如图 8-9 所示。

这台云服务器在生成的时候已经安装了 Linux，如果有必要，也可以选择 Windows。这一切看似已经水到渠成了，那么只要把 Swagger UI 项目部署到阿里云上，不就可以通过公网进行访问了吗？话是这样说，但实际上该 ECS 服务器上只安装了 Linux，并没有安装 Linux 下的 Tomcat、JDK、MySQL 等 Java 程序必备的运行环境。实际上，这是云部署最困难的问题之一，但阿里云已经帮用户想到了解决方案，用户可以通过傻瓜式的教程来一步一步地完成这些运行环境的配置，所需要的命令都已经在文档中罗列出来了，可以直接复制、粘贴并执行，如图 8-10 所示。

图 8-9　ECS 服务器

图 8-10　ECS 服务器环境安装

通过教程来配置运行环境非常简单，比如安装 JDK，使用 yum list java*命令来查询 yum 源中的 JDK 版本，然后执行 yum -y install java-1.8.0-openjdk*命令来安装 JDK8，最后使用 java –version 命令来查看 JDK 版本，如果成功显示版本，说明 JDK 安装成功，这和自己在本地安装 JDK 的操作基本一样。MySQL 数据库和 Tomcat 的安装也大同小异，借助阿里云文档，基本上花不了一小时就能把这些配置全部搞定。

配置好了运行环境，我们便可以使用 Xshell 工具，把 Swagger UI 项目上传至阿里云 ECS 服务器上，这跟操作一台局域网的服务器是一模一样的，如图 8-11 所示。

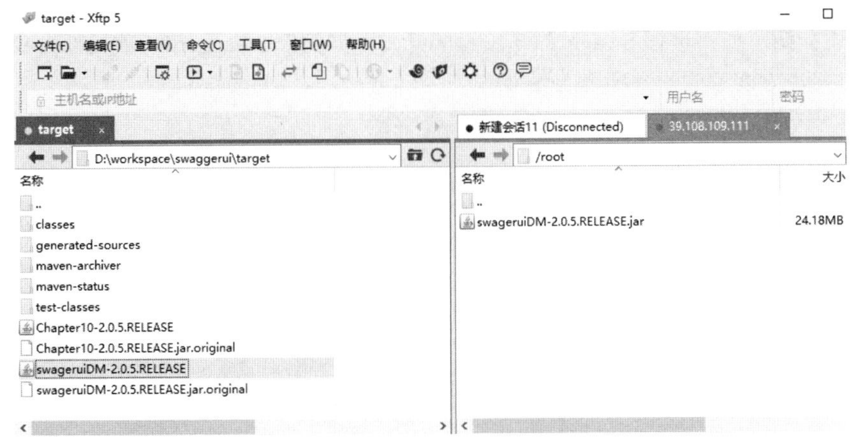

图 8-11　把 Swagger UI 项目上传至阿里云 ECS 服务器上

把项目上传到阿里云之后，便可以通过命令来启动 Swagger UI 项目了。首先，输入 ls 命令，查询 Swagger UI 项目的 JAR 包是否存在，如果存在的话，使用 java - jar swaggeruiDM-2.0.5.RELEASE.jar 命令来直接运行该 Spring Boot 应用程序，运行成功之后，便可以通过公网 IP 来访问我们部署在阿里云上的 Swagger UI 项目了，如图 8-12 所示。

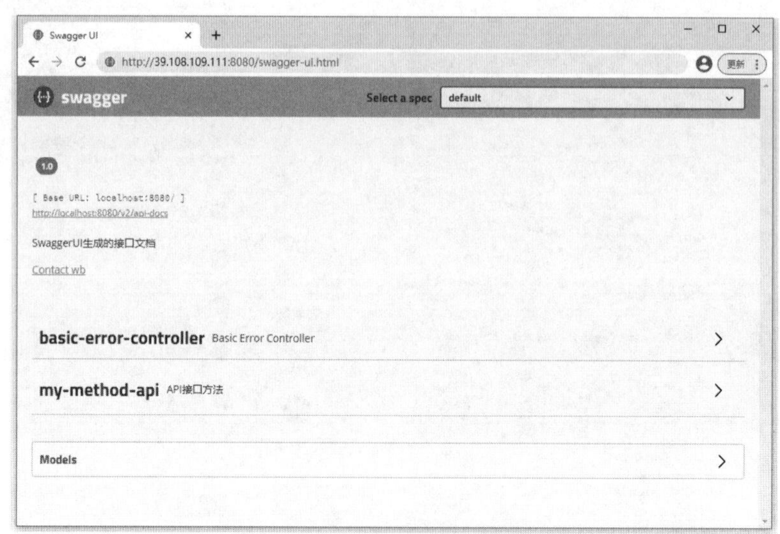

图 8-12　通过公网 IP 访问部署在阿里云上的 Swagger UI 项目

8.5　小结

本章使用详细的实例，介绍了 Spring Boot 程序的打包工作，主要分为 JAR 包与 WAR 包这两种方式，还介绍了 Spring Boot 程序的部署，可以说针对这个框架的学习已经基本接近尾声。为了最大限度地拓展程序员的知识面，本章又加入了 Docker 快速入门与 Jenkins 自动化部署的内容，旨在帮助读者在学习开发知识的同时，也学习到一些有用的运维知识。最后，为了让读者更好地将本章知识应用于实际项目中，本章还介绍了如何进行 Swagger UI 项目的开发，如何把 Swagger UI 项目部署到阿里云上并通过公 IP 进行访问，为读者拨开云部署的迷雾。

第 9 章　Spring Cloud 微服务

读者针对 Spring Boot 的学习已经逐渐接近尾声了，可是大家都知道，学习知识是永无止境的，虽然我们学习完了 Spring Boot 技术，可市面上还有更新的 Spring Cloud 微服务技术，如果读者前进的脚步就此停下，那么知识体系便不完整。因此，本章通过一个简单而全面的实战例子，带领大家深入浅出地学习一遍 Spring Cloud 微服务，虽然不能完全让读者精通这门技术，但也能让读者熟练使用 Spring Cloud 微服务。这样的话，当读者学习完本书所有的内容之后，便能真正地达到一个特别高的层次了。

关于微服务技术，目前的两大阵营是 Spring Cloud 与 Dubbo，一到这里有些读者可能又头疼了，怎么又是两个技术，这样不就又要多学习一阵子了吗？其实这种心理大家都有，但幸运的是在微服务方面我们不用担心这点了，因为 Dubbo 的使用率逐渐下降，它的框架体系远不如 Spring Cloud 完美。因此，在微服务方面，我们只要学习了 Spring Cloud 就可以，这真是一件令人高兴的事情！

毫无疑问，Spring Cloud 是目前微服务架构领域的翘楚，大家都在讨论这门技术。实际上，Spring Cloud 是一个全家桶式的技术栈，包含很多组件，可以应对微服务所需要的各种场景。这些组件主要有 Eureka、Ribbon、Feign、Hystrix、Zuul 等，学习微服务，其实就是学习这些组件，并且要懂得如何搭配和使用它们。

9.1　微服务架构

下面，我们来看看微服务架构师是怎么运转项目的。在学习微服务架构之前，我们先来全方位地理解一下软件框架搭建的架构，只有熟悉了这部分知识，才能彻底明白单机、集群、微服务这三者之间的关系，拨开了眼前的这层迷雾，对微服务才能真正做到游刃有余。

9.1.1　单机

项目部署的单机结构，一般就是我们初次接触 Java 的时候学习的那套结构。实际上目前很多公司的项目仍然采用单机结构，这是因为项目的并发量并不是很大，可能来来去去就几个人在使用。所以，把这样的项目部署到 Tomcat 服务器里，大家每天点一点也不会有什么性能问题，包括我们在日常开发当中把项目部署到 Tomcat 里的这种结构，其实都是单机结构。

一个系统业务量很小的时候，所有的代码都放在一个项目中就好了，然后把这个项目部署在一台服务器上就好了，整个项目的所有服务都由这台服务器提供，这就是单机结构。那么，单机结构有啥缺点呢？其实缺点是显而易见的，单机的处理能力毕竟是有限的，当你的业务量增长到一定程度的时候，单机的硬件资源将无法满足你的业务需求。说白了，单机结构就是一台服务器，要搞定所有的事情。单机结构的优势就是集中精力办大事，没有分布式事务的复杂场景，基本上所有的操作都在本地完成。言下之意，只要把单机系统部署到一台单独的服务器上，它只要 24 小时不间断运行，便能为客户持续地提供服务。如果宕机了，重启它就行；如果运行稳定，客户就通过访问它的地址来实际操作它，通过它提供的服务来满足自己的需求。这就是单机系统，也是人们的思维最容易理解和接受的系统。其实可以这样说，如果一台计算机的性能完全可以满足任何大数据量与并发的情况，那么我们把单机系统部署到它上面也就万事大吉了。因为它的性能特别好，我们便没有必要通过拆分业务、分库分表等手段来规避和处理这些情况。因此，不论是单机、集群，还是微服务，实际上都是为了应付不同的场景罢了。如果某种模式能满足所有的场景，又有什么必要采用新的模式呢？

9.1.2　集群

当单机无法满足并发或者其他性能需求的时候，集群结构就出现了，这个名词听起来很高大上，让刚入门的人很难理解透彻。在程序员群体中对集群有各种解释，有的可能高深到让人根本无法理解，其实它非常简单，就是对若干服务器进行一些配置，形成一个集群。

单机处理到达瓶颈的时候，我们可以把单机“复制”几份，这样就构成了一个集群。集群中每台服务器就是这个集群的一个节点，所有节点构成一个集群。每个节点都提供相同的服务，那么集群的处理能力就相当于提升了好几倍（有 *N* 个节点就相当于提升了 *N* 倍）。

然而，用户的访问入口节点从何而来呢？如果要优化集群，可以以负载较小的节点作为访问入口节点，从而实现各个服务器的资源均衡。而这个访问入口节点的角色就是调度者，用户的所有请求都先交给它，然后它根据当前所有节点的负载情况，决定将这个请求交给哪个节点处理。这个调度者就叫作负载均衡服务器。集群结构的好处就是系统非常容易扩展。随着业务复杂度的提升，集群是会出现瓶颈的，无论如何增加服务器，性能都不会有什么提升。这时候，就需要新的解决方案出场了。

集群可以视为由很多台服务器组成的矩阵，它们共同处理一个项目。这样，当单机结构搞不定的时候，我们就为这个项目配置很多台高性能服务器，组成集群。一般而言，集群是可以解决项目的性能问题的。在实际应用中，如果服务器足够多，程序健壮性不错，那么集群基本上是可以解决大部分性能问题的。但是，人们总是热衷于精益求精，因此有了微服务的概念。

9.1.3　微服务

随着互联网的飞速发展，各种各样的技术层出不穷，当今最流行的分布式微服务出场了。

要使用所谓的微服务结构，就需要对整个项目架构进行重新设计。从单机结构到集群结构，你的代码基本无须做任何修改，你要做的仅仅是多部署几台服务器，每台服务器上运行相同的代码。但是，当项目要从集群结构演进到微服务结构的时候，之前的那套代码就需要发生较大的改动了。

所以，对于新系统，建议在系统设计之初就采用微服务结构，这样后期运维的成本更低。但是，如果一套老系统需要升级成微服务结构的话，那就得对代码大动干戈了。所以，对老系统而言，究竟是继续保持集群结构，还是升级成微服务结构，这需要架构师深思熟虑、权衡投入产出比。好的，下面开始介绍所谓的分布式结构。

分布式结构就是将一个完整的系统，按照业务功能，拆分成一个个独立的子系统，在分布式结构中，每个子系统就被称为“服务”。这些子系统能够独立运行在 Web 容器中，它们之间通过 RPC 方式通信。

举个例子，假设需要开发一个在线商城。按照微服务的思想，我们需要将功能模块拆分成多个独立的服务，如用户服务、产品服务、订单服务、后台管理服务、数据分析服务等。这一个个服务都是一个个独立的项目，可以独立运行。如果服务之间有依赖关系，那么通过 RPC 方式互相调用。这样的优点如下。

（1）系统之间的耦合度大大降低，可以独立开发、独立部署、独立测试，系统与系统之间的边界非常明确，排错也变得相当容易，开发效率大大提升。系统之间的耦合度降低，从而系统更易于扩展。我们可以针对性地扩展某些服务。假设这个商城要做一次大的促销活动，下单量可能会大大提升，因此我们可以针对性地提升订单系统、产品系统的节点数量，而对于后台管理系统、数据分析系统而言，节点数量维持原有水平即可。

（2）服务的复用性更高。例如，当我们将用户系统作为单独的服务后，该公司所有的产品都可使用该系统作为用户系统，无须重复开发。

除了上述优点，分布式微服务还有一个重要的特点，那就是在开发的时候，我们可以把一个完整的项目拆分成几十个服务，如订单服务、会员服务、后台管理服务等。再把这些服务交给不同的团队去开发，彼此间只需要预留接口给对方，除去联调的时间之外，大部分时间都是各自为战，投入自己的服务开发中，也解决了大型项目对应的多个技术团队之间协作困难的问题（如某个团队需要等另一个团队完成某项任务，它的进度才能继续推进）。

我们重点阐述了单机结构、集群结构、分布式微服务模式的概念和发展历程，大致帮读者理清楚了来龙去脉，相信读者阅读完本章内容，一定会豁然开朗，其实 Java 世界没有那么多困难。总结一下知识点，如下。

- 单机：只有一台服务器，性能弱。
- 集群：同一个业务系统，部署在多个服务器上。
- 分布式：一个业务系统拆分为多个子业务，部署在不同的服务器上。

当然，未来的发展趋势仍然是以分布式微服务为主，集群肯定还会存在。微服务的项目是否也可以用集群的模式去部署呢？这是值得尝试的问题。而单机结构肯定不会淘汰，毕竟我们的日常开发就是纯单机的行为。接下来，我们来研究一下微服务底层的运行原理，帮助大家扫除知识盲点。通过阅读本章的内容，读者可以彻底明白微服务底层的运行原理。毫无疑问，Spring Cloud 是目前最流行的微服务技术之一，而 Dubbo 虽然已经托管于 Apache，但已经许久没有维护了。这也有好处，因为微服务系统比较复杂，一旦确定了技术就很难更换，如果 Spring Cloud 可以解决大部分问题，反而为我们省去了很多麻烦。Spring Cloud 是一个全家桶式的技术栈，包含很多组件。下面我们就来剖析一下 Eureka、Feign、Ribbon、Hystrix、Zuul 的工作原理。

1. 微服务业务拆分

举个例子，如果我们在汽车管理系统中增加了销售服务，使其成为一个电商网站那么整个系统如果依靠单机或者集群可能就“玩”不转了，因为并发量会非常大。在这种情况下，我们会考虑使用微服务来重构整个系统，我们就言简意赅，来讲述一下业务如何拆分，以及 Spring Cloud 微服务的几个组件如何调用吧。

首先，需要明确几点，既然要开发一个电商网站，那么它离不开几个特有的服务，如订单服务、仓库服务、积分服务等。具体的业务逻辑是：用户登录汽车管理系统，在商品的 SKU 界面拍下了一款汽车配件，那么我们就需要调用银联接口，在收到款项后把订单状态修改为已支付，同理仓库服务也需要把汽车配件的数量进行扣减，与此同时仓库服务还需要对汽车配件进行发货，而积分服务则负责给用户的购买行为增加一定的积分。其实具体的情况要比这更复杂，但我们姑且这样做吧，毕竟本例是为了介绍微服务而设计的。

针对上面的购物过程，我们需要有订单服务、仓库服务、积分服务、因此，在微服务中，我们就把这 3 个服务（也称业务）从整体业务中拆分开来，它们各司其职，如果稍微再细致一点，也可以增加用户服务，负责会员的信息维护，但此处暂且忽略。我们可以使用一张图来表示微服务的拆分过程，以及调用过程，如图 9-1 所示。

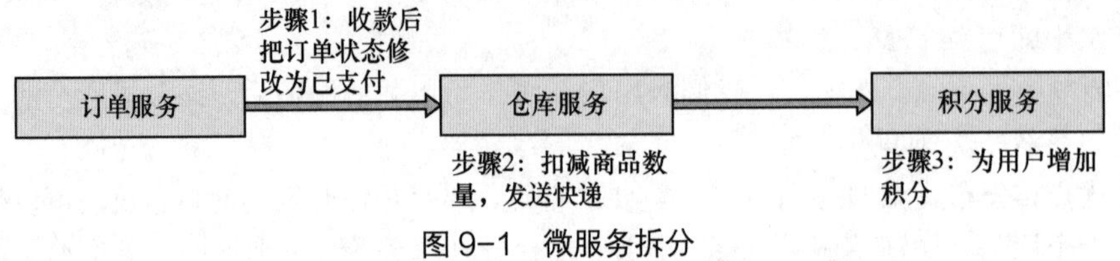

图 9-1　微服务拆分

服务的业务部分拆分完毕，接下来我们就来看看如何使用 SpringCloud 的各大组件，让这些业务互相协作、有序执行，并且剖析背后的运行原理。

2. 核心组件 Eureka

既然业务已经拆分完毕了，我们就来看看这些服务之间是如何调用的。例如，用户已经付款下单了，那么如何调用仓库服务呢，执行完仓库服务又如何调用积分服务呢？这些问题该怎么解决，就是接下来要讨论的。针对这种服务间的调用，Spring Cloud 使用核心组件 Eureka 来处理。其实这些问题的核心就是，服务如何注册与服务如何调用。Eureka 是微服务架构体系中的服务注册中心，专门负责服务的注册与发现，既然服务已经拆分完毕，那么订单服务、仓库服务、积分服务中都会有一个 Eureka Client 组件来把服务信息注册到 Eureka Server 中（类似于 Windows 的注册表机制），它专门保存了各个服务器的地址和端口号。例如，订单服务的 Eureka Client 会在程序启动的时候，向 Eureka Server 询问订单服务的机器地址，并监听端口，其他服务类似。这样的话，这些服务的信息都能从 Eureka Server 中获取，并且可以把它们保存在本地缓存中，也就不用每次都发请求获取了。这样，微服务对应的主机、端口号都有了，架构的模型已经初见端倪了，如图 9-2 所示。

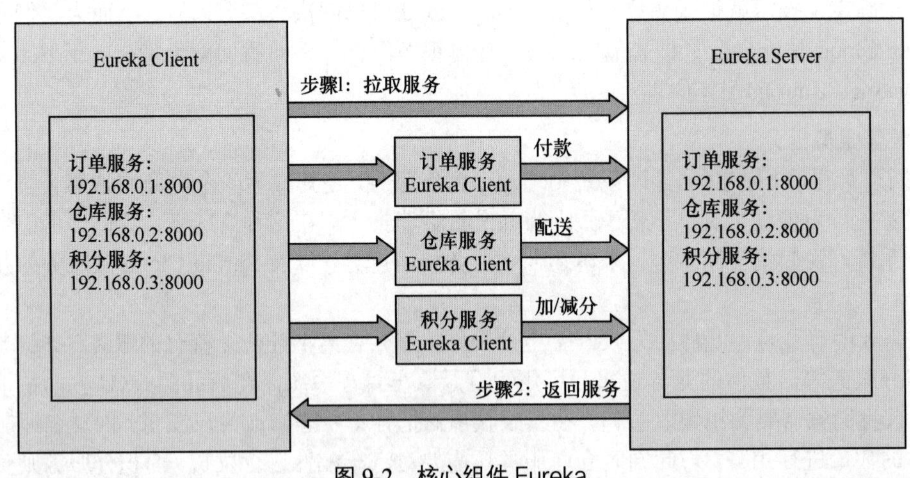

图 9-2　核心组件 Eureka

3. 核心组件 Feign

使用了 Eureka 之后，程序已经知道了订单服务、仓库服务、积分服务的目标地址和端口号了，也可以直接调用这些服务器的接口，可是新的问题出现了：究竟该如何调用这些服务器呢？其实，这就是微服务的一个核心问题，关于服务的调用。我们都知道，微服务是基于 RPC 的，那么 RPC 的方式有很多，但它们都需要新建网络连接，再使用常见的 HttpPost()方法和 HttpGet()方法来完成操作，涉及的都是我们日常开发中司空见惯的代码。如果我们使用这些代码当然是可以实现微服务之间的调用的，但需要我们手动编写目标地址，传递各种各样的参数，这就太复杂了。这种编程模式令人感到不舒适，因此，Spring Cloud 微服务提供了 Feign 组件，使用 Feign 组件的目标就是让我们在调用远程接口进行操作的时候，就如同调用本地方法一样，让人感觉不到丝毫差别。

举个例子，你使用传统的编程方式调用订单服务器可能要这样写代码：

```
// 建立 HttpPost 对象
HttpPost httppost = new HttpPost("http://192.168.0.1:8000/");
// 建立 NameValuePair 数组，用于存储传送的参数
List<NameValuePair> params = new ArrayList<NameValuePair>();
// 设置参数
params.add(new BasicNameValuePair("wb","123456"));
// 设置编码
httppost.setEntity(new UrlEncodedFormEntity(params,HTTP.UTF_8));
// 发送 POST 请求，返回一个 HttpResponse 对象
HttpResponse response = new DefaultHttpClient().execute(httppost);

if(response.getStatusLine().getStatusCode()==200){
    String result = EntityUtils.toString(response.getEntity(), "UTF-8");
    System.out.println(result);
}
```

这样写非常麻烦，不但需要新建网络连接，而且需要手动编写传递参数的过程，更复杂的是，还需要手动处理返回的 HttpResponse 对象，对其进行编码还有关闭连接等操作，可谓非常麻烦。如果针对微服务的调用都要这样做，那也太不方便了。幸运的是，Spring Cloud 微服务提供了 Feign 组件，来应对这种棘手的情况。如果我们使用 Feign 的话，刚才的那些代码就会变成这样了：

```
// 使用组件
@FeignClient("order-service")
 public interface OrderClient {
     @RequestMapping(method = RequestMethod.GET, value = "/add/{skuId}")
    public String add(@PathVariable("skuId") String skuId);
};

// 调用业务逻辑
@Autowired
OrderClient orderClient;
@RequestMapping(method = RequestMethod.GET, value = "/add/{skuId}")
public String add() {
   return orderClient.add("wt-1");
};
```

通过阅读这段代码可以发现，我们全程没有新建网络连接，也没有类似声明 HttpPost 这样的语句，使用@FeignClient 调用远程订单服务 order-service，就如同调用本地的接口一样，直接传入 skuId 参数即可，也可以直接使用 orderClient.add("wt-1")这样的代码来调用远程接口，是不是特别方便？就跟操作本地的代码一样，这就是 Spring Cloud 微服务的 Feign 组件的作用。代码整体上不用建立连接、构造请

求参数，也不用处理返回类型，无非就是定义一个 OrderClient 接口，框架已经帮你做了其他的操作。Feign 是如何做到这一切的呢？实际上 Feign 实现动态代理机制，首先，我们调用@FeignClient 注解的时候，就已经创建了一个动态代理，之后调用接口，仍然会创建动态代理，把这一切都构造完毕之后，它会按照这个目标地址，携带封装好的参数发起请求，如图 9-3 所示。

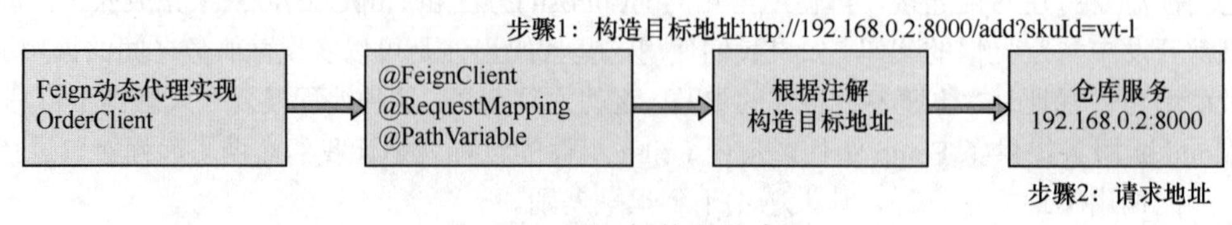

图 9-3　Feign 组件调用过程

4. 核心组件 Ribbon

大家都知道，使用了 Feign 组件之后，我们如果向 192.168.0.2:8000 这台机器上的 order-service 服务调用它的 add()方法，便能触发一个业务，例如可以让订单变成等待派送的状态。那么问题来了，因为 order-service 是仓库服务，它不但需要对商品进行管理，例如减少和增加库存，还需要对订单进行派送，与快递合作。可想而知，它要处理的数据量非常之多。如果为了提高性能，增加了 2 台服务器，那么仓库服务器就变成了 3 台，它们分别是：

```
192.168.0.2:8000
192.168.0.20:8000
192.168.0.21:8000
```

那么，如果 Feign 向仓库服务 order-service 发送请求，该调用哪一台服务器呢？这就成了问题。为了解决这种问题，Spring Cloud 微服务提供了 Ribbon 组件，它的作用便是实现负载均衡，一般使用轮询算法来实现这个机制。该算法很简单，就是依次请求服务器，例如，我们有 3 台仓库服务器，它就会依次请求第一台、第二台、第三台服务器，请求完毕之后，再从第一台开始循环，如图 9-4 所示。

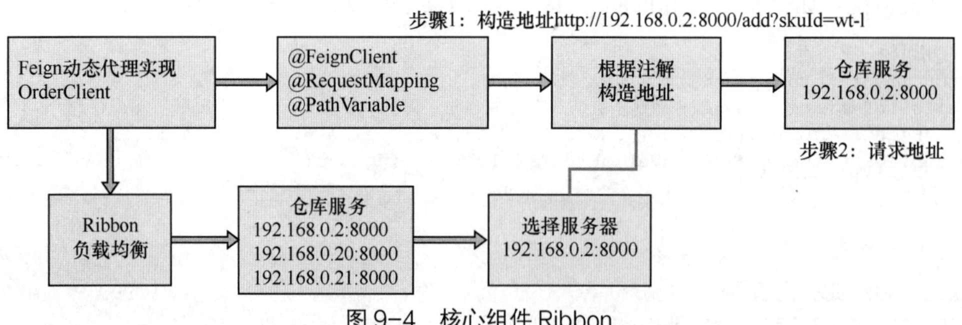

图 9-4　核心组件 Ribbon

5. 核心组件 Hystrix

在微服务架构中，通常有很多的服务。在汽车管理系统中，订单需要调用 3 个服务，它们分别是订单服务、仓库服务、积分服务。那么在如此庞大的业务背景下，如果并发量足够大，程序在运行的时候如果某个服务挂掉了该怎么处理呢？例如，积分服务挂了，难道整个程序也要停止运行吗？显然这是不合适的。倘若不处理也不行，庞大的数据量会引起雪崩，造成整个系统的崩溃。那么积分服务挂了，有没有什么补救和降低损失的方法呢？答案是有，这就是核心组件 Hystrix 的使用场景了，它会在服务挂了之后，进行有效的处理。简而言之，因为积分服务是微服务架构中的一个服务，每个下单业务都需要调用它，如果它挂了，那么与之相关联的其他服务也会被卡在那里不能往下进行。为了解决单个服务挂掉，导致其他服务出现问题的情况，Spring Cloud 推出了 Hystrix 组件。它可以针对挂掉的服务进行降级，还可以通过熔断操作，有效地避免服务雪崩的场景。Hystrix 组件的作用是隔离、熔断、降级，它有一个线程池来应对突发情况。例如，积分服务挂了，我们可以保证其他服务的正常运转，而积分数据可以考虑使用故障服务器中的数据来进行恢复。核心组件 Hystrix 如图 9-5 所示。

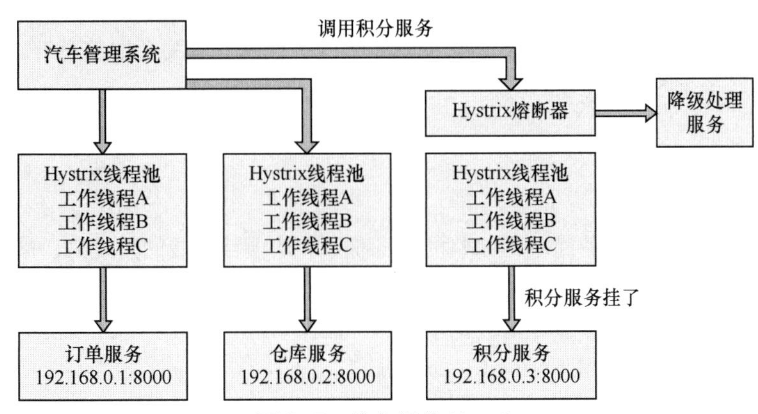

图 9-5 核心组件 Hystrix

6. 核心组件 Zuul

学习完了 Hystrix，我们来学习最后一个组件 Zuul，就是微服务网关，该组件是负责路由控制的。很多人不懂网络，虽然知道路由是做什么的，却不明白它在微服务中的应用。而如果按照路由的概念来理解，也有点困难。为此，我就拿大白话来介绍一下吧！例如，你的微服务有几十个，对应成百上千的接口，如果前后端分离的话，前端人员和后端人员总得调试接口吧，想想也明白，这么多个接口也太耗时了，这样开展工作，效率会很差劲。而且服务的名称也有几百个，总不能让前端工程师都记住吧？就比如之前的订单服务 order-service，总不能都写到前端代码中吧？为了彻底解决这种问题，Spring Cloud 微服务就开发了核心组件 Zuul，它可以针对网关进行统一设置。也就是说，对于 Android、iOS、PC、微信端、H5 等应用场景，都统一在网关里进行配置，用一定的规则特征来发送请求，然后由网关统一转发给后端的服务，这样，前端工程师和后端工程师都能够“解脱”了。因为前端工程师只需要按照规则给路由发送请求就行了，至于路由怎么转发给后端，由负责控制路由的同事来制定规则。这样，对项目中的成员都有好处，大家能各司其职。而且，网关也提供了一系列的认证、安全方面的功能。因此，在微服务中是必须使用 Zuul 的。

7. 小结

经过本节的学习，相信大家对微服务已经有了一个相对透彻的认识。下面我们来总结一下，微服务就是把业务复杂的系统拆分为具体的 *N* 个服务，这些服务被分别部署到不同的服务器上，以应对高并发的访问量，来降低系统的压力。Spring Cloud 核心组件在微服务架构中分别扮演以下角色。

- Eureka：程序运行的时候，由 Eureka Client 把服务注册到 Eureka Server，并且从 Eureka Server 中把服务拉取到本地注册表缓存起来，让程序知道每一个服务的地址和端口号，以供调用。
- Feign：基于动态代理机制，根据注解和参数，来构造访问的 URL，并且发起请求。

- Ribbon：用于实现负载均衡，采用轮询算法来从多台服务器中选择一台处理请求。
- Hystrix：请求通过 Hystrix 的线程池来进行，实现了服务间的隔离，避免了服务器雪崩，也支持熔断、降级等操作，可针对异常情况进行处理。
- Zuul：不同的渠道请求统一从网关进入，由网关根据不同的请求特征转发给后端，再由后端代码进行逻辑处理。

这些就是微服务核心组件的大概用法，我们采用了一个在线商城的例子来讲解它的原理。明白了原理，那么接下来我们通过具体的项目实战来理解和练习 Spring Cloud 微服务，争取帮助读者在掌握了 Spring Boot 框架核心技术的基础上，对 Spring Cloud 微服务技术有较为全面的理解，毕竟 Spring Cloud 微服务项目便是由若干个 Spring Boot 微服务程序构成的。

9.2　微服务实战

在本节中，我们通过一个业务简单且完整的电商例子，从项目实战的角度来讲解微服务。通过对本节的学习，读者应该能够彻底掌握 Spring Cloud 微服务，并且可以在这个项目的基础上自行开发和拓展更加复杂的业务。俗话说，真正的学习是自我学习、自我驱动。本节的学习目标就是通过搭建一个微服务框架，帮助读者深入浅出地理解 Spring Cloud 微服务，并且为日后的自我学习扫清一切障碍。

9.2.1　Eureka

Eureka 是 Netflix 开发的一个服务发现框架，主要作用就是在微服务中进行服务的注册与发现。因为微服务架构需要将很多的服务部署到不同的服务器上，如果没有一个类似 Eureka 这样的注册中心是无从谈起的。Eureka 分为服务发现组件 Eureka Server 和服务注册组件 Eureka Client，也可以称 Eureka 为注册中心。在服务的注册与发现方面，Eureka 有一个心跳的概念，那就是默认以 30s 的时间来进行通信，如果不能发现服务，Eureka 就会把这个服务节点从注册表中移除。而且如果服务拉取成功，还会默认缓存到本地，这样便可以直接调用了。那么如何使用 Eureka 呢？下面，我们就正式通过代码来演示一番。

1. 搭建 Maven 父项目

在 Eclipse 中新建一个工作空间 shop，接着创建一个 Maven 父项目 shop-springcloud，并在项目的 pom.xml 文件中添加 Spring Cloud 的版本依赖等信息，还需要注意在<modules>元素中加入子项目的信息如代码清单 9-1 所示。

代码清单 9-1　pom.xml

```
<project xmlns="http://maven.apache.org/POM/4.0.0"
         xmlns:xsi="http://www.w3.org/2001/XMLSchema-instance"
         xsi:schemaLocation="http://maven.apache.org/POM/4.0.0 http://maven.apache.
org/xsd/maven-4.0.0.xsd">
    <modelVersion>4.0.0</modelVersion>
    <groupId>com.shop</groupId>
    <artifactId>shop-springcloud</artifactId>
    <version>0.0.1-SNAPSHOT</version>
    <packaging>pom</packaging>
    <modules>
```

```
        <module>shop-eureka-user</module>
        <module>shop-eureka-server</module>
        <module>shop-eureka-order</module>
        <module>shop-eureka-integral-hystrix</module>
        <module>shop-eureka-zuul</module>
    </modules>
    <parent>
        <groupId>org.springframework.boot</groupId>
        <artifactId>spring-boot-starter-parent</artifactId>
        <version>1.5.6.RELEASE</version>
        <relativePath />
    </parent>
    <properties>
        <project.build.sourceEncoding>
            UTF-8
        </project.build.sourceEncoding>
        <project.reporting.outputEncoding>
            UTF-8
        </project.reporting.outputEncoding>
        <java.version>1.8</java.version>
    </properties>
    <dependencyManagement>
        <dependencies>
            <dependency>
                <groupId>org.springframework.cloud</groupId>
                <artifactId>spring-cloud-dependencies</artifactId>
                <version>Dalston.SR3</version>
                <type>pom</type>
                <scope>import</scope>
            </dependency>
        </dependencies>
    </dependencyManagement>
    <dependencies>
<!--         <dependency> -->
<!--             <groupId>org.springframework.cloud</groupId> -->
<!--             <artifactId>spring-cloud-starter-config</artifactId> -->
<!--         </dependency> -->
<!--         <dependency> -->
<!--             <groupId>org.springframework.boot</groupId> -->
<!--             <artifactId>spring-boot-devtools</artifactId> -->
<!--         </dependency> -->
    </dependencies>
    <build>
        <plugins>
            <!--Spring Boot 的编译插件 -->
            <plugin>
                <groupId>org.springframework.boot</groupId>
                <artifactId>spring-boot-maven-plugin</artifactId>
            </plugin>
        </plugins>
    </build>
</project>
```

2. 搭建电商平台

在父项目 shop-springcloud 中，创建 shop-eureka-server 作为子项目，该项目由 Spring Boot 生成，因此也比较简单。打开 shop-eureka-server，开始编写这一子项目的代码。

（1）编写依赖关系。打开 pom.xml 文件，在该文件中添加 Eureka Server 的依赖，该操作的主要作用就是通过 POM 信息来构造基本的 Spring Boot 程序架构，此处主要指搭建 Eureka Server 组件，如代码清单 9-2 所示。

代码清单 9-2　pom.xml

```
<project xmlns="http://maven.apache.org/POM/4.0.0"
         xmlns:xsi="http://www.w3.org/2001/XMLSchema-instance"
         xsi:schemaLocation="http://maven.apache.org/POM/4.0.0 http://maven.apache.
org/xsd/maven-4.0.0.xsd">
    <modelVersion>4.0.0</modelVersion>
    <parent>
        <groupId>com.shop</groupId>
        <artifactId>shop-springcloud</artifactId>
        <version>0.0.1-SNAPSHOT</version>
    </parent>
    <artifactId>shop-eureka-server</artifactId>
    <dependencies>
        <dependency>
            <groupId>org.springframework.cloud</groupId>
            <artifactId>spring-cloud-starter-eureka-server</artifactId>
        </dependency>
    </dependencies>
</project>
```

（2）编写配置文件。在配置文件中需要增加端口号等配置信息，如代码清单 9-3 所示。

代码清单 9-3　application.yml

```
server:
  port: 8761
eureka:
  instance:
    hostname: localhost
  client:
    register-with-eureka: false
    fetch-registry: false
    service-url:
      defaultZone: http://${eureka.instance.hostname}:${server.port}/eureka/
#   server:
#     enable-self-preservation: false
```

上述代码中，首先配置了端口号为 8761，所有服务的实例都需要该端口注册。接下来配置了实例名为 localhost。Eureka 作为项目的服务注册中心，可以忽略自己的注册与发现行为，因此 register-with-eureka 和 fetch-registry 可以设置为 false，而 defaultZone 对应的地址便是注册中心的访问地址，使用它便可以在浏览器中访问 Eureka Server 组件的可视化界面，直观地查看组件状态。

（3）修改注册中心服务项的 Java 代码。在项目的引导类中添加注册@EnableEurekaServer，该注解用于声明该类是一个 Eureka Server，如代码清单 9-4 所示。

代码清单 9-4　EurekaApplication.java

```
package com.shop.springcloud;
import org.springframework.boot.SpringApplication;
import org.springframework.boot.autoconfigure.SpringBootApplication;
import org.springframework.cloud.netflix.eureka.server.EnableEurekaServer;
/**
 * Eureka Server
```

```
 */
@SpringBootApplication
@EnableEurekaServer
public class EurekaApplication {
    public static void main(String[] args) {
        SpringApplication.run(EurekaApplication.class, args);
    }
}
```

（4）点击鼠标右键，选择“Run As”下的“Java Application”启动程序，当程序启动完毕之后，在浏览器的地址栏中输入“http://localhost:8761/”并按“Enter”键，即可看到 Eureka 的信息界面，如图 9-6 所示。

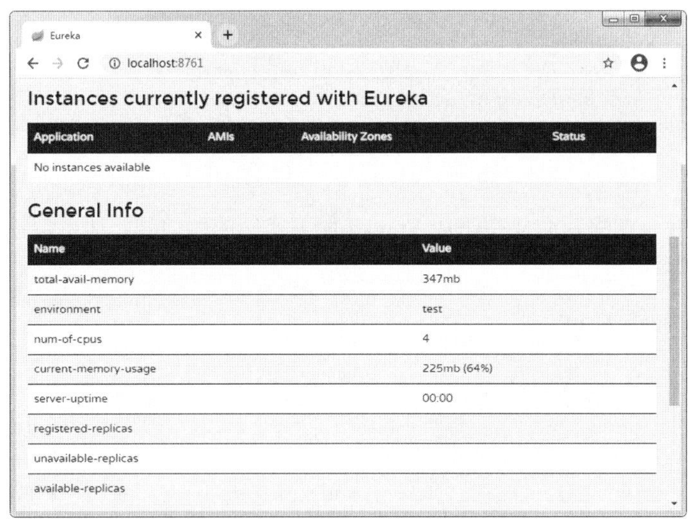

图 9-6 Eureka 的信息界面

从图 9-6 中可以看出，Eureka Server 的信息界面已经成功显示，是不是特别简单？这也是微服务的一个特点，一切都会变得简单，但我们需要重新学习它，因为它的编程模式与过去不太一样。界面上信息很多，我们只需要关注“Instances currently registered with Eureka”即可，这一栏会列出目前接入 Eureka Server 的服务，当前显示是“No instances available”，说明还没有 Eureka Client 接入，那么一会儿我们可以开发一个 Eureka Client 程序，并且把它启动，看看这里会不会发生一些变化。

3. 搭建客户端项目

打开父项目 shop-springcloud，创建 Maven 子项目 shop-eureka-user，用来接入微服务电商平台的用户服务。因为微服务需要拆分业务，所以我们在搭建好公共的父项目之后，便可以在父项目下不断添加子项目来扩充它的功能。例如，该子工程是指用户功能，那么在实际项目开发当中，所有关于用户的操作都可以写在这个工程里，如用户的注册、审核、密码找回等。

（1）添加依赖。打开子项目 shop-eureka-user，在 pom.xml 中添加 Eureka 依赖，如代码清单 9-5 所示。

代码清单 9-5 pom.xml

```
<project xmlns="http://maven.apache.org/POM/4.0.0"
```

```
            xmlns:xsi="http://www.w3.org/2001/XMLSchema-instance"
            xsi:schemaLocation="http://maven.apache.org/POM/4.0.0 http://maven.apache.
org/xsd/maven-4.0.0.xsd">
    <modelVersion>4.0.0</modelVersion>
    <parent>
        <groupId>com.shop</groupId>
        <artifactId>shop-springcloud</artifactId>
        <version>0.0.1-SNAPSHOT</version>
    </parent>
    <artifactId>shop-eureka-user</artifactId>
    <dependencies>
        <dependency>
            <groupId>org.springframework.cloud</groupId>
            <artifactId>spring-cloud-starter-eureka</artifactId>
        </dependency>
        <dependency>
            <groupId>org.springframework.boot</groupId>
            <artifactId>spring-boot-devtools</artifactId>
        </dependency>
    </dependencies>
</project>
```

（2）编写配置文件。在配置文件中添加 Eureka 服务实例的端口号、服务器端地址、应用名称等信息，如代码清单 9-6 所示。

代码清单 9-6　application.xml

```
server:
  port: 8000 # Eureka 实例端口号
eureka:
  instance:
    prefer-ip-address: false  # 主机 IP 地址
    instance-id: ${spring.cloud.client.ipAddress}:${server.port} # 服务实例设置为 IP:端口号
  client:
    service-url:
      defaultZone: http://localhost:8761/eureka/  # Eureka 服务器端地址
spring:
  application:
    name: shop-eureka-user # 应用名称
```

（3）修改主程序 Java 代码。打开 com.shop.springcloud 包下的 Application.java 文件，在项目的引导类上添加注解@EnableEurekaClient，该注解用于声明该类是一个 Eureka Client 组件，如代码清单 9-7 所示。

代码清单 9-7　Application.java

```
package com.shop.springcloud;
import org.springframework.boot.SpringApplication;
import org.springframework.boot.autoconfigure.SpringBootApplication;
import org.springframework.cloud.client.loadbalancer.LoadBalanced;
import org.springframework.cloud.netflix.eureka.EnableEurekaClient;
import org.springframework.context.annotation.Bean;
import org.springframework.web.bind.annotation.RequestMapping;
import org.springframework.web.bind.annotation.RestController;
import org.springframework.web.client.RestTemplate;
@SpringBootApplication
@EnableEurekaClient
@RestController
```

```
public class Application {
    @RequestMapping("/hello")
    public String hello() {
        return "test";
    }
    // RestTemplate用于访问Rest服务，提供了多种HTTP方法的调用
    @Bean
    @LoadBalanced
    public RestTemplate restTemplate() {
        return new RestTemplate();
    }
    public static void main(String[] args) {
        SpringApplication.run(Application.class, args);
    }

}
```

（4）分别在 shop-eureka-server（注册中心）、shop-eureka-user（用户服务）项目的主程序中，点击鼠标右键，选择“Run As”下的“Java Application”启动程序，当程序启动完毕之后，在浏览器的地址栏中输入“http://localhost:8761/”并按“Enter”键，我们可以从 Eureka 的信息界面中看到服务注册信息，如图 9-7 所示。

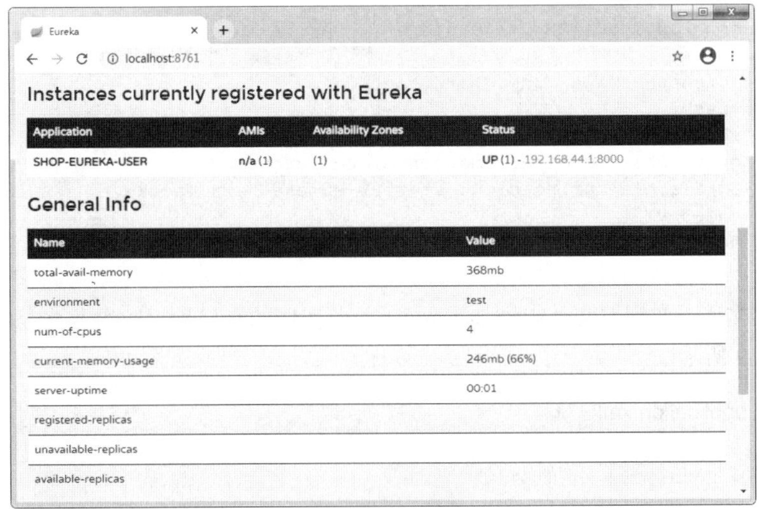

图 9-7 Eureka 服务注册信息

从图 9-7 中看到，shop-eureka-user 用户服务已经成功注册，这样的话，用户服务就可以正式使用了，我们如果有一些关于用户的需求，如用户的注册、登录、密码找回等，便可以在该子项目下开发。而涉及订单模块的开发，则不需要写在这里，因为关于订单的所有需求都可以写在订单服务中。

9.2.2 RestTemplate

微服务的核心便是服务之间的调用，如果服务之间不能调用，那么微服务就是徒有虚名了。那么如何实现服务间的调用呢？在前文中，我们已经成功地把用户服务注册到了注册中心里，因为目前只有一

个用户服务，还无法做到与其他服务之间进行调用，所以在本节中，我们先新建一个订单服务，正式执行用户服务和订单服务之间的业务，以便大家熟悉微服务。然后将通过一个用户服务和订单服务之间的调用案例，来演示 Eureka Server 中服务之间的调用。

1. 搭建订单服务项目

在父项目 shop-springcloud 中，创建 Maven 子模块 shop-eureka-order，具体的实现过程与之前并没有什么大的差别。

（1）在 pom.xml 中，添加订单服务所需要的依赖，注意需要添加 spring-cloud-starter-eureka 依赖，使订单服务与注册中心可以进行通信。如果没有它，订单服务就无法被注册中心发现，也就无法进行服务间的通信了。该文件的内容如代码清单 9-8 所示。

代码清单 9-8　pom.xml

```
<project xmlns="http://maven.apache.org/POM/4.0.0"
         xmlns:xsi="http://www.w3.org/2001/XMLSchema-instance"
         xsi:schemaLocation="http://maven.apache.org/POM/4.0.0 http://maven.apache.
org/xsd/maven-4.0.0.xsd">
    <modelVersion>4.0.0</modelVersion>
    <parent>
        <groupId>com.shop</groupId>
        <artifactId>shop-springcloud</artifactId>
        <version>0.0.1-SNAPSHOT</version>
    </parent>
    <artifactId>shop-eureka-order</artifactId>
    <dependencies>
        <dependency>
            <groupId>org.springframework.cloud</groupId>
            <artifactId>spring-cloud-starter-eureka</artifactId>
        </dependency>
    </dependencies>
</project>
```

（2）编写配置文件。在配置文件中添加 Eureka 服务实例的端口号、应用名称、服务器端地址等信息，如代码清单 9-9 所示。

代码清单 9-9　application.xml

```
server:
  port: 7900 # Eureka 服务实例的端口号
eureka:
  instance:
    prefer-ip-address: true  #主机 IP 地址
  client:
    service-url:
      defaultZone: http://localhost:8761/eureka/  # Eureka 服务器端地址
spring:
  application:
    name: shop-eureka-order # 应用名称
```

（3）创建订单实体类，创建 com.shop.springcloud.bean 包，并且在包中创建订单实体类 Order，如代码清单所示 9-10 所示。

代码清单 9-10　Order.java

```
package com.shop.springcloud.bean;
```

```
public class Order {
    private String id;
    private Double price;
    private String name;
    private String address;
    private String phone;
    private String sku;
    private String integral;

    public String getId() {
        return id;
    }

    public void setId(String id) {
        this.id = id;
    }

    public Double getPrice() {
        return price;
    }

    public void setPrice(Double price) {
        this.price = price;
    }

    public String getName() {
        return name;
    }

    public void setName(String name) {
        this.name = name;
    }

    public String getAddress() {
        return address;
    }

    public void setAddress(String address) {
        this.address = address;
    }

    public String getPhone() {
        return phone;
    }

    public void setPhone(String phone) {
        this.phone = phone;
    }

    public String getSku() {
        return sku;
    }

    public void setSku(String sku) {
        this.sku = sku;
    }
```

```
    public String getIntegral() {
        return integral;
    }

    public void setIntegral(String integral) {
        this.integral = integral;
    }

    @Override
    public String toString() {
        return "Order [id=" + id + ", price=" + price + ", name=" + name + ", address=
" + address + ", phone=" + phone+ ", sku=" + sku + ", integral=" + integral + "]";
    }
}
```

（4）新建订单服务控制器类。在 com.shop.springcloud.controller 包下，新建订单服务控制器类 OrderController。在该类中我们模拟编写一个通过 id 查询订单的方法。也就是说，如果用户服务调用订单服务，订单服务需要去数据库中查询某个符合 id 的用户的订单信息，但此处我们省略连接数据库的过程，直接在程序中拼接一条订单信息返回，如代码清单 9-11 所示。

代码清单 9-11　OrderController.java

```
package com.shop.springcloud.controller;
import org.springframework.web.bind.annotation.GetMapping;
import org.springframework.web.bind.annotation.PathVariable;
import org.springframework.web.bind.annotation.RestController;

import com.shop.springcloud.bean.Order;
import com.shop.springcloud.util.RibbonUtil;
@RestController
public class OrderController {
    /**
     * 通过 id 查询订单
     */
    @GetMapping("/order/{id}")
    public String findOrderById(@PathVariable String id) {
          System.out.println(RibbonUtil.getServicePort());
          Order order = new Order();
          order.setId("1");
          order.setPrice(88.8);
          order.setSku("李白全集");
          order.setAddress("大理古镇");
          order.setName("王波");
          order.setPhone("123456");
          return order.toString();
    }

    /**
     * 通过 id 查询积分
     */
    @GetMapping("/orderIntegral/{id}")
    public String findOrderIntegralById(@PathVariable String id) {
        System.out.println(RibbonUtil.getServicePort());
        Order order = new Order();
        order.setId("1");
        order.setPrice(88.8);
```

```
        order.setSku("李白全集");
        order.setAddress("大理古镇");
        order.setName("王波");
        order.setPhone("123456");
        order.setIntegral("100");
        return order.toString();
    }
}
```

（5）在 shop-eureka-order 订单服务的主程序引导类中，添加@EnableEurekaClient 注解。打开 shop-eureka-order 项目，再打开 com.shop.springcloud 包，在该包下面找到 Application.java 文件，为其增加@EnableEurekaClient 注解，表明订单服务是一个需要被发现的服务，接受注册中心的管理。

2. 编写用户服务

既然订单服务已经开发好了，那么我们再次回到用户服务 shop-eureka-user 中，来编写一个远程调用订单服务 shop-eureka-order 的程序。这样，服务间的调用才会正式启用，这才是一个真正有生命力的微服务项目。

（1）在 shop-eureka-user 项目的主程序引导类中，创建 RestTemplate 的 Spring 实例。RestTemplate 是 Spring 提供的用于远程访问 Rest 服务的客户端方法，它提供了很多种便捷的 API 来远程访问 HTTP 服务，因为做了很多良好的封装，所以 RestTemplate 编写起来非常简单，执行效率也不错。具体内容代码清单 9-12 所示。

代码清单 9-12 Application.java

```
@Bean
@LoadBalanced
public RestTemplate restTemplate() {
    return new RestTemplate();
}
```

（2）在 shop-eureka-user 项目中，创建用户控制器类 UserController，并在类中编写查询方法。具体内容如代码清单 9-13 所示。

代码清单 9-13 UserController.java

```
package com.shop.springcloud.controller;
import org.springframework.beans.factory.annotation.Autowired;
import org.springframework.web.bind.annotation.GetMapping;
import org.springframework.web.bind.annotation.PathVariable;
import org.springframework.web.bind.annotation.RestController;
import org.springframework.web.client.RestTemplate;

@RestController
public class UserController {
    @Autowired
    private RestTemplate restTemplate;
    /**
     * 根据用户 id 获取订单信息
     */
    @GetMapping("/findOrderInfoByUserId/{id}")
    public String findOrderInfoByUserId(@PathVariable String id) {
        // 用户订单号(oid)为 1
        int oid = 1;
//        return this.restTemplate.getForObject("http://localhost:7900/order/" + oid,
```

```
String.class);
        return this.restTemplate
            .getForObject("http://shop-eureka-order/order/" + oid, String.class);
    }
}
```

在上述代码中，当用户查询订单的时候，首先会通过 id 查询与用户相关的所有订单（由于这里主要演示服务的调用，所以省略了查询方法，并且自定义了一个 oid 的订单变量，来模拟查询出的结果）。然后通过 restTemplate 对象的 getForObject()方法调用了订单的查询方法来查询订单号为 1 的订单信息。

（3）分别启动注册中心 shop-eureka-server、用户服务 shop-eureka-user、订单服务 shop-eureka-order 这 3 个项目，当启动完毕之后，在浏览器的地址栏中输入 http://localhost:8761/并按“Enter”键，我们可以从 Eureka 的信息界面中看到注册的服务信息，即用户服务与订单服务。当通过浏览器访问地址 http://localhost:8000/findOrderInfoByUserId/1（1 表示用户 id）后，浏览器的显示效果如图 9-8 所示。

图 9-8　RestTemplate 远程调用接口

从图 9-8 中可以看到，通过从浏览器中远程访问订单服务 shop-eureka-order 的地址，便可以获取 id 为 1 的用户的订单信息。此处需要特别注意，我们是通过浏览器访问用户服务 shop-eureka-user 的 findOrderInfoByUserId()方法的 URL 的，这样，拦截器便会进入对应的 UserController 中，找到 findOrderInfoByUserId()方法。而该方法则会远程调用 http://shop-eureka-order/order/这个地址，并且携带用户 id 信息，这样，订单服务 shop-eureka-order 的 OrderController 会拦截到该请求，从而调用 findOrderById()方法，把程序中已经拼接好的订单信息通过 toString()方法返回。

9.2.3　Ribbon

在没有微服务架构之前，服务器的负载均衡通常是由 Nginx 来实现的，Spring Cloud 微服务框架诞生后，也推出了自己的负载均衡组件 Ribbon，我们来学习它，看看它是如何实现负载均衡的，又怎么能起到选择服务器的作用。

Eureka 的自动配置依赖模块 spring-cloud-starter-eureka 已经集成了 Ribbon，具体可以参考其依赖层级关系，因此可以直接使用 Ribbon 来演示负载均衡效果。在程序运行的时候，Ribbon 会从 Eureka 中查看服务信息，并且以一定的算法进行负载均衡。在 Eureka 中使用 Ribbon 非常简单，只需要在实例化 RestTemplate 的方法前添加@LoadBalanced 注解，并且在其执行方法中使用服务实例名称即可。具体实现过程如下。

（1）打开 shop-eureka-user 项目，在 com.shop.springcloud 包下打开主程序文件 Application.java，在 restTemplate()方法上面增加@LoadBalanced 注解，如代码清单 9-14 所示。

代码清单 9-14 Application.java

```
@Bean
@LoadBalanced
public RestTemplate restTemplate() {
    return new RestTemplate();
}
```

在上述代码中，RestTemplate 被@LoadBalanced 注解后，就具有了负载均衡的能力。

（2）打开 shop-eureka-user 项目，在 com.shop.springcloud.controller 包下打开 UserController.java 控制层代码。getForObject()方法的 URI 中既可以使用主机和端口号组合的方式，也可以使用注册中心显示的订单服务的实例名称。此处使用实例名称来执行方法，如代码清单 9-15 所示。

代码清单 9-15 UserController.java

```
@GetMapping("/findOrderInfoByUserId/{id}")
public String findOrderInfoByUserId(@PathVariable String id) {
    // 订单号（orderId）为 1
    int orderId = 1;
    return this.restTemplate
        .getForObject("http://shop-eureka-order/order/" + orderId, String.class);
}
```

（3）创建服务监听类。为了演示负载均衡的实现效果，这里在订单服务 shop-eureka-order 中创建一个用于监听服务实例端口的工具类 RibbonUtil，如代码清单 9-16 所示。

代码清单 9-16 RibbonUtil.java

```
package com.shop.springcloud.util;
import org.springframework.boot.context.embedded.EmbeddedServletContainerInitializedEvent;
import org.springframework.context.ApplicationListener;
import org.springframework.context.annotation.Configuration;
/**
 * 服务监听类
 */
@Configuration // 注册组件
public class RibbonUtil implements ApplicationListener<EmbeddedServletContainerInitializ
edEvent> {
    /**
     * event 对象用于获取运行服务器的本地端口号
     */
    private static EmbeddedServletContainerInitializedEvent event;
    @Override
    public void onApplicationEvent(
            EmbeddedServletContainerInitializedEvent event) {
        RibbonUtil.event = event;
    }
    /**
     * 获取端口号
     */
    public static int getServicePort() {
        int port = event.getEmbeddedServletContainer().getPort();
        return port;
    }
}
```

上述工具类实现了 ApplicationListener 解耦，该接口在 Spring 3.0 中添加量反省来声明所需要监听的事件类型，其中 EmbeddedServletContainerInitializedEvent 主要用于获取运行服务器的本地端口号。

（4）添加输出语句。在订单控制器类 OrderController 的查询订单方法中，增加一条输出当前实例端口号的语句。具体如下：

```
System.out.println(RibbonUtil.getServicePort());
```

（5）分别启动注册中心 shop-eureka-server、用户服务 shop-eureka-user 和订单服务 shop-eureka-order，然后修改订单服务的端口号（如 8082），再次启动一个订单服务后，Eureka 信息界面的注册信息如图 9-9 所示。

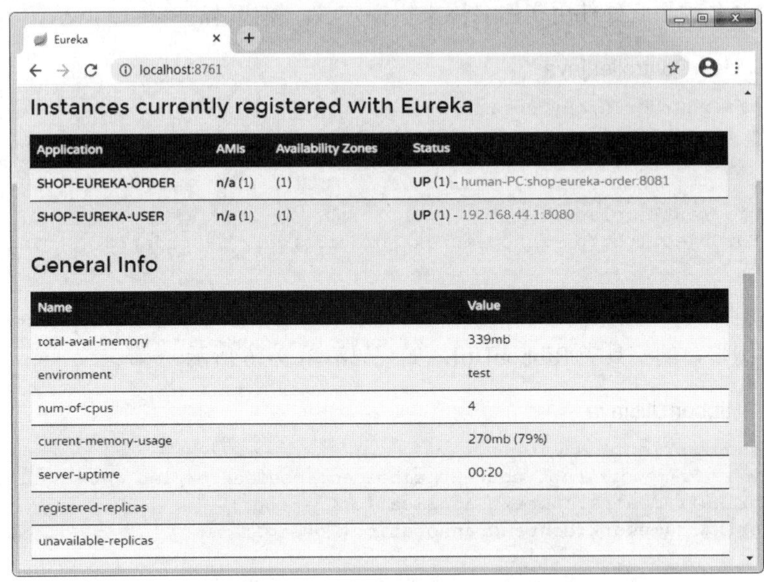

图 9-9　Eureka 信息界面的注册信息

名称为 shop-eureka-order 的实例名称下包含两个具有不同端口号（如 8081 和 8080）的实例应用。当通过浏览器连续 10 次访问地址 http://localhost:8000/findOrderInfoByUserId/1 后，两个实例应用的 Eclipse 控制台的输出结果分别是输出 8081 的信息有 4 条，输出 8082 的信息有 6 条，说明 Ribbon 已经实现了负载均衡，并且通过轮询算法选择了不同的服务器。

9.2.4　Hystrix

在前文中，我们已经讲解了 Sping Cloud 中的服务发现与负载均衡，本节主要讲述 Hystrix 熔断器的使用方法。Hystrix 用于隔离、熔断以及降级的一个框架。Hystrix 会生成多个线程池，例如，用户服务是一个线程池，订单服务是一个线程池，积分服务又是一个线程池。每个线程池里的线程仅用于请求对应的那个服务。Hystrix 还有一个特点是可以在服务调用者发现异常的时候，迅速返回一个定义好的结果，避免大量的线程进入同步等待的状态，这样就避免了服务器的资源被长期占用（得不到释放）而导致的宕机。

在本节中，我们通过实际操作来演示 Hystrix 熔断器的用法，需要使用到之前创建的几个项目，如下。

- shop-eureka-server：注册中心，端口号为 8761。
- shop-eureka-order：订单服务，需要启动两个实例来进行模拟测试，端口号为 8081 与 8082。
- 为了验证 Hystrix，我们还需要创建一个项目 shop-eureka-integral-hystrix。其他项目之前已经创建好了，而 shop-eureka-integral-hystrix 则需要重新创建和编写。

（1）创建 shop-eureka-integral-hystrix，并在其 pom.xml 中引入 Eureka 和 Hystrix 的依赖，如代码清单 9-17 所示。

代码清单 9-17 pom.xml

```
<project xmlns="http://maven.apache.org/POM/4.0.0"
         xmlns:xsi="http://www.w3.org/2001/XMLSchema-instance"
         xsi:schemaLocation="http://maven.apache.org/POM/4.0.0 http://maven.apache.
org/xsd/maven-4.0.0.xsd">
    <modelVersion>4.0.0</modelVersion>
    <parent>
        <groupId>com.shop</groupId>
        <artifactId>shop-springcloud</artifactId>
        <version>0.0.1-SNAPSHOT</version>
    </parent>
    <artifactId>shop-eureka-integral-hystrix</artifactId>
    <dependencies>
        <dependency>
            <groupId>org.springframework.cloud</groupId>
            <artifactId>spring-cloud-starter-eureka</artifactId>
        </dependency>
        <!-- Hystrix 依赖 -->
        <dependency>
            <groupId>org.springframework.cloud</groupId>
            <artifactId>spring-cloud-starter-hystrix</artifactId>
        </dependency>
        <dependency>
            <groupId>org.springframework.boot</groupId>
            <artifactId>spring-boot-starter-actuator</artifactId>
        </dependency>
    </dependencies>
</project>
```

（2）编写配置文件。在配置文件中添加 Eureka 服务实例的端口号、服务器端地址等，如代码清单 9-18 所示。

代码清单 9-18 application.yml

```
server:
  port: 8088 # Eureka 服务实例的端口号
eureka:
  instance:
    prefer-ip-address: true  # 主机 IP 地址
  client:
    service-url:
      defaultZone: http://localhost:8761/eureka/  # Eureka 服务器端地址
spring:
  application:
    name: shop-eureka-integral-hystrix # 应用名称
```

在上述文件中，Eureka 实例的端口号为 8088，同时该应用的名称为 shop-eureka-integral-hystrix。

（3）在项目主程序的 Application 类中使用@EnableCircuitBreaker 注解开启熔断器功能，如代码清单 9-19 所示。

代码清单 9-19　Application.java

```
package com.shop.springcloud;
import org.springframework.boot.SpringApplication;
import org.springframework.boot.autoconfigure.SpringBootApplication;
import org.springframework.cloud.client.circuitbreaker.EnableCircuitBreaker;
import org.springframework.cloud.client.loadbalancer.LoadBalanced;
import org.springframework.cloud.netflix.eureka.EnableEurekaClient;
import org.springframework.context.annotation.Bean;
import org.springframework.web.client.RestTemplate;
@SpringBootApplication
@EnableCircuitBreaker
@EnableEurekaClient
public class Application {
    // RestTemplate 用于访问 Rest 服务，提供了多种 HTTP 方法的调用
    @Bean
    @LoadBalanced
    public RestTemplate restTemplate() {
        return new RestTemplate();
    }
    public static void main(String[] args) {
        SpringApplication.run(Application.class, args);
    }
}
```

（4）编写用户控制器类。在 com.shop.springcloud.controller 包下新建 UserController.java，并且在 findOrderIntegralByUserId()方法前添加@HystrixCommand 注解来指定回调方法，如代码清单 9-20 所示。

代码清单 9-20　UserController.java

```
package com.shop.springcloud.controller;
import org.springframework.beans.factory.annotation.Autowired;
import org.springframework.web.bind.annotation.GetMapping;
import org.springframework.web.bind.annotation.PathVariable;
import org.springframework.web.bind.annotation.RestController;
import org.springframework.web.client.RestTemplate;
import com.netflix.hystrix.contrib.javanica.annotation.HystrixCommand;
/**
 * 用户控制器类
 */
@RestController
public class UserController {
    @Autowired
    private RestTemplate restTemplate;

    /**
     * 获取用户积分信息
     * @HystrixCommand 注解用于指定异常时调用的方法
     */
    @GetMapping("/findOrderIntegralByUserId/{id}")
    @HystrixCommand(fallbackMethod = "errorInfo")
    public String findOrderIntegralByUserId(@PathVariable String id) {
        // 订单号（orderId）为 1
        int orderId = 1;
        return this.restTemplate
            .getForObject("http://shop-eureka-order/orderIntegral/" + orderId, String.class);
```

```
    }

    /**
     * 返回信息方法
     */
    public String errorInfo(@PathVariable String id){
        return "服务器停止运行了！";
    }
}
```

代码解析

在上述代码中，@HystrixCommand 注解用于指定当前方法发生异常时调用的方法，该方法是通过其属性 fallbackMethod 的值来指定的。这里需要注意的是，回调的方法参数类型以及其返回值必须跟原方法保持一致。

（5）分别启动 Eureka（端口号为 8761）、积分服务 shop-eureka-user-hystrix（端口号为 8088），启动两次订单服务 Order（端口号为 8081 与 8082）。

这时打开 http://localhost:8761/，可以看到 Eureka 中已经注册的服务如图 9-10 所示。

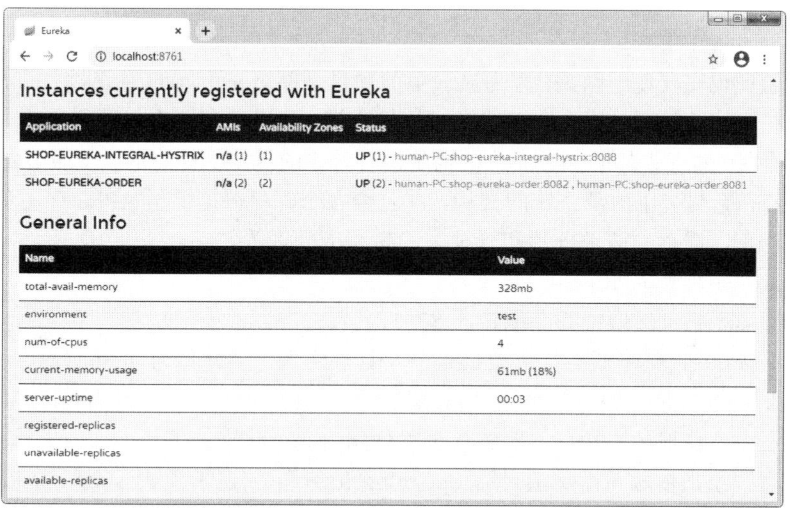

图 9-10 Eureka 中已经注册的服务

从图 9-10 中可以看到，服务注册中心启动了 3 个服务，分别是订单服务 shop-eureka-order:8082 和 shop-eureka-order:8081、积分服务 shop-eureka-integral-hystrix:8088，已经具备了模拟熔断器触发的条件。此时访问 http://localhost:8088/findOrderIntegralByUserId/1，浏览器的显示效果如图 9-11 所示。

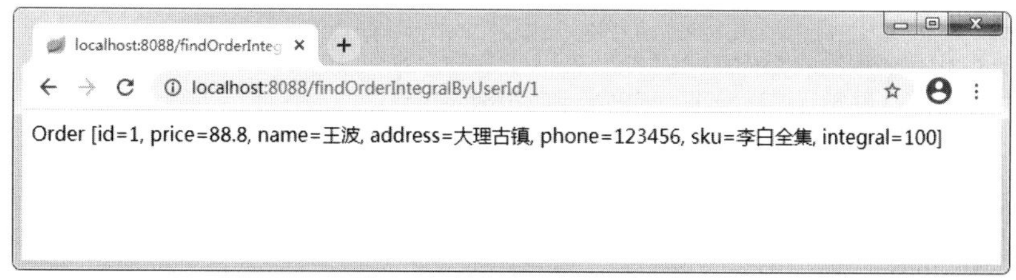

图 9-11 远程调用订单服务

当不停访问 http://localhost:8088/findOrderIntegralByUserId/1 的时候，后台将通过轮询的方式分别访问 8081 和 8082 端口所对应的服务。如果此时突然停止 8082 端口对应的服务，那么多次执行访问时，在轮询到 8082 端口对应的服务的时候，界面将显示 errorInfo()方法提示的信息，这也就说明了 Spring Cloud Hystrix 的服务回调生效，如图 9-12 所示。

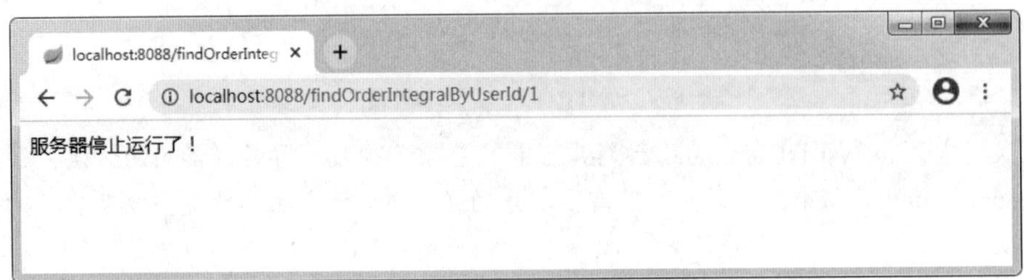

图 9-12　Hystrix 熔断器运行

9.2.5　Zuul

安全方面的验证也需要使用网关，因为微服务的项目是部署在不同的服务器上的。如果每一个子项目都需要做一次权限校验的话，势必会大幅度增加代码量，从设计层面来讲这样不太科学。因此，使用 API Gateway（网关）的方式是很有必要的，也是最有效率的。API 网关是一个服务器，也可以说是进入系统的唯一节点，它封装了内部系统的架构，并且给各个客户端提供了 API。它还有其他功能，如授权、监控、负载均衡、缓存、请求分片和管理、静态相应处理等。

本例主要涉及 3 个项目，如下。

- shop-eureka-server：注册中心，端口为 8761。
- shop-eureka-order：订单服务，需要启动一个订单实例，其端口号为 8081。
- shop-eureka-zuul：网关服务，使用 Zuul 测试一下 API 网关，端口号为 8050。

上面 3 个项目中，注册中心和订单服务都可以使用前面所建立的项目，而网关服务需要重新创建。

（1）创建项目，添加依赖。在父项目 shop-springcloud 下创建子模块 shop-eureka-zuul，并且在其 pom.xml 中添加 Eureka 和 Zuul 的依赖，如代码清单 9-21 所示。

代码清单 9-21　pom.xml

```
<project xmlns="http://maven.apache.org/POM/4.0.0"
         xmlns:xsi="http://www.w3.org/2001/XMLSchema-instance"
         xsi:schemaLocation="http://maven.apache.org/POM/4.0.0 http://maven.apache.
org/xsd/maven-4.0.0.xsd">
    <modelVersion>4.0.0</modelVersion>
    <parent>
        <groupId>com.shop</groupId>
        <artifactId>shop-springcloud</artifactId>
        <version>0.0.1-SNAPSHOT</version>
    </parent>
    <artifactId>shop-eureka-zuul</artifactId>
    <dependencies>
        <dependency>
            <groupId>org.springframework.cloud</groupId>
```

```
            <artifactId>spring-cloud-starter-zuul</artifactId>
        </dependency>
        <dependency>
            <groupId>org.springframework.cloud</groupId>
            <artifactId>spring-cloud-starter-eureka</artifactId>
        </dependency>
    </dependencies>
</project>
```

（2）编写配置文件。在配置文件中编写 Eureka 服务实例的端口号、应用名称、服务器端地址等信息，具体内容如代码清单 9-22 所示。

代码清单 9-22 application.yml

```
server:
  port: 8050 # Eureka 服务实例的端口号
#eureka:
#  instance:
#    prefer-ip-address: true  #主机 IP 地址
#  client:
#    service-url:
#      defaultZone: http://localhost:8761/eureka/  # Eureka 服务器端地址
spring:
  application:
    name: shop-eureka-zuul # 应用名称

zuul:
  routes:
      order-serviceId: # Zuul 的标识必须是唯一的，如果与 service-id 相同，则 service-id 的值可以省略
      path: /order/**   # 需要映射的路径
      service-id: shop-eureka-order  # Eureka 中的 service-Id
  #   order-url:
  #   path: /order-url/**
  #   url: http://localhost:7900/
  #   ignored-services:  #设置被忽略的服务，将不会被路由解析
```

上述代码配置了 API 网关服务的路由。其中 order-serviceId 为 Zuul 的唯一标识，可以任意设置名称，但必须是唯一的，如果该值与 service-id 相同时，service-id 的值可以省略。path 属性的值表示需要映射的路径，service-id 的值为 Eureka 中的 service-Id，应用程序运行的时候，所有符合映射路径的 URL 都会被转发到 shop-eureka-order 中。需要注意的是，Zuul 的配置方式有很多，这里只是针对本案例实现的一种方式。如果读者想要了解更多的配置方式，可以参考官方文档中 Zuul 的配置进一步学习。

当系统中包含多个服务，而我们只想将 shop-eureka-order 暴露给外部，不想暴露其他服务（如用户服务 shop-eureka-user）的时候，可以通过 Zuul 的 ignored-serice 属性来设置要忽略的服务，设置好的服务将不会被路由器管理。其配置方式如下：

```
zuul: ignored-services:  # 表示要忽略的服务，该设置下的服务将不会被路由器管理
```

（3）在 shop-eureka-zuul 项目主类 Application 中使用@EnableZuulProxy 注解开启 Zuul 的 API 网关功能，其内容如代码清单 9-23 所示。

代码清单 9-23 Application.java

```
package com.shop.springcloud;
import org.springframework.boot.SpringApplication;
import org.springframework.boot.autoconfigure.SpringBootApplication;
```

```
import org.springframework.cloud.netflix.eureka.EnableEurekaClient;
import org.springframework.cloud.netflix.zuul.EnableZuulProxy;
@EnableZuulProxy
@SpringBootApplication
@EnableEurekaClient
public class Application {
    public static void main(String[] args) {
        SpringApplication.run(Application.class, args);
    }
}
```

（4）分别启动注册中心 shop-eureka-server（8761）、订单服务 shop-eureka-order（端口号为 8081）和网关服务 shop-eureka-zuul（端口号为 8050），Eureka 中已经注册的服务如图 9-13 所示。

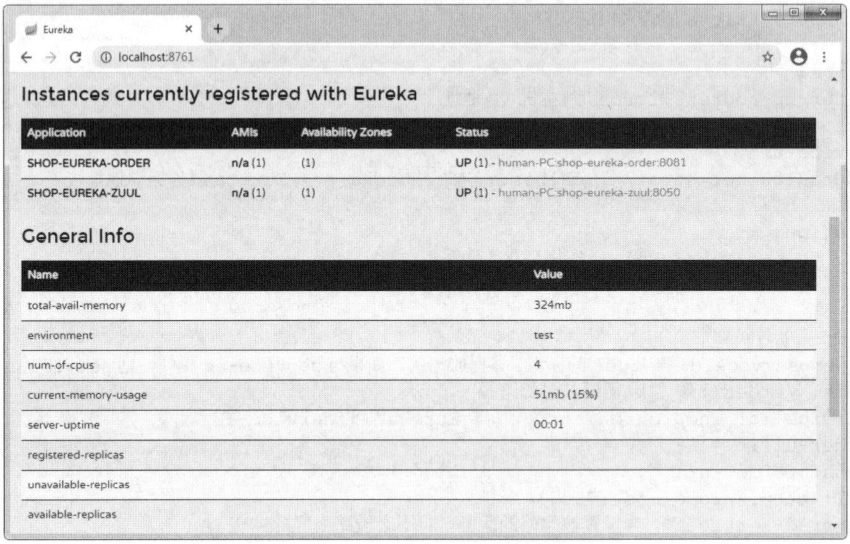

图 9-13　Eureka 中已经注册的服务

此时通过地址 http://localhost:8081/order/1 单独访问订单服务的时候，浏览器的显示效果如图 9-14 所示。

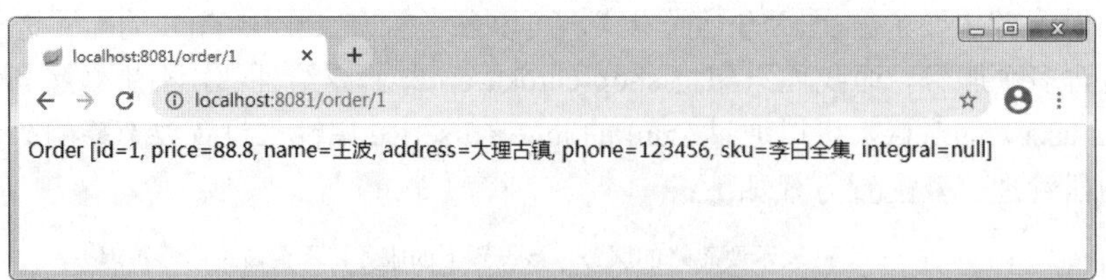

图 9-14　单独访问订单服务

下面通过 Zuul 来验证路由功能，通过网关来访问订单信息的时候。在浏览器的地址栏中输入 http://localhost:8050/shop-eureka-order/order/1 并按“Enter”键，浏览器的显示效果如图 9-15 所示。

从图 9-15 中可以看出，浏览器已经显示所访问的订单信息了。这说明使用 Zuul 配置的路由器已经生效，通过服务 ID 映射的方式已经可以跳转。我们来回顾一下之前的配置，service-id: shop-eureka-order

说明我们配置的服务 ID 是 shop-eureka-order（订单服务），而 path: /order/**则代表着映射路径是 order 下面的所有内容，所以成功获取了订单信息。

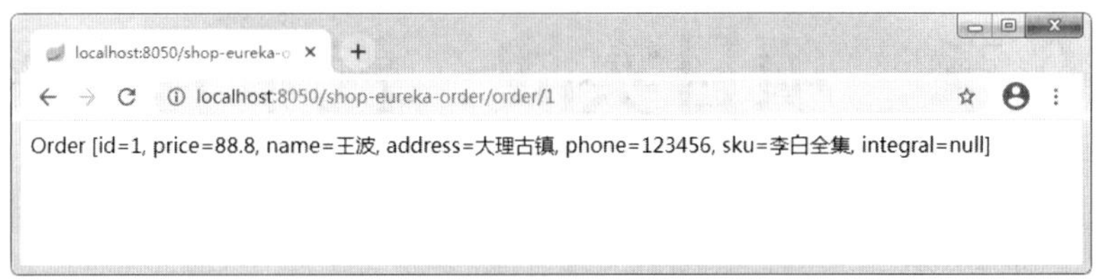

图 9-15 通过 Zuul 验证路由功能

9.3 小结

经过本章的学习，大家应该能把微服务中的几个核心组件应用得非常熟练了。所谓的 Eureka、Feign、Ribbon、Hystrix、Zuul 等组件的产生，都是因为微服务中不同服务部署在不同服务器上这一个特点，需要有各种各样的组件来保证微服务的正常运行。缺少其中的某一个组件，其他组件也无法正常运转。总结起来其实很简单，就是通过 Eureka 发现服务，通过 Feign 调用服务，通过 Ribbon 实现负载均衡与路由，通过 Hystrix 完成熔断器方面的处理工作，通过 Zuul 让所有的请求都从网关进入服务。其实，这些内容在单机、集群中或多或少也会用到，只不过随着业务被划分，这些必须要做的事情也被划分到了不同的组件中，以便更好地为大家服务。

第 10 章　项目实战：汽车管理系统

学习完了前面的内容，读者已经可以说基本上掌握了本书的所有内容。但是，如果只学会了知识技能而无法把它们串联起来进行实战的话，久而久之，这些留在脑海中的知识便会被遗忘，只有经历过实战演练的知识才可能真正转化为你的技能。因此，本章通过一个汽车管理系统，带领大家把 Spring Boot 相关的知识完全串联起来，真正开发一个基于 Spring Boot 的框架，并且在此基础上练习开发一些常规的需求。

10.1　系统概述

汽车管理系统就是一个简单且完整的采用 Spring Boot 框架体系的项目，亦可以称之为 Web 应用程序。它拥有一个自建的权限系统（基于 Shiro 安全验证），项目名称为 car，采用最新的 Maven 来管理 JAR 包，采用内置的 Tomcat 来部署程序。在第 5 章中，我们已经使用汽车管理系统完成了一些常见的需求，包括汽车品牌管理、JPA 事务、Application 配置文件等内容，接着我们来继续讲解 car 项目的其他需求的开发，完成 Spring Boot 的综合实战。

10.1.1　功能介绍

在本节中，我们来看看汽车管理系统的常见功能吧！首先，它包括一个登录界面，输入用户名 admin 和密码 123456，点击“登录”，进入后台管理系统，如图 10-1 所示。

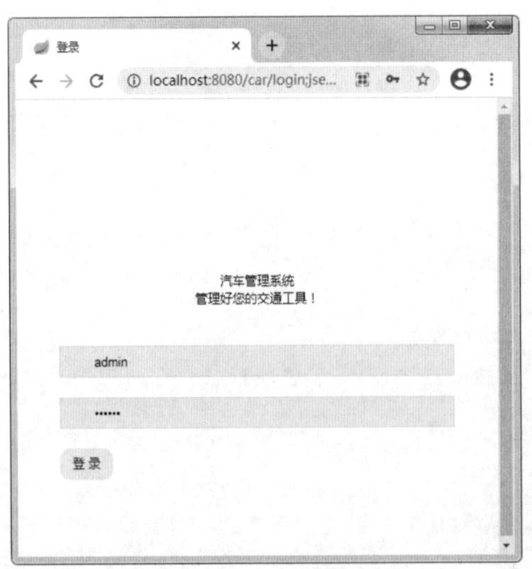

图 10-1　登录界面

接下来，我们来看后台管理系统的界面是什么样的，如图 10-2 所示。

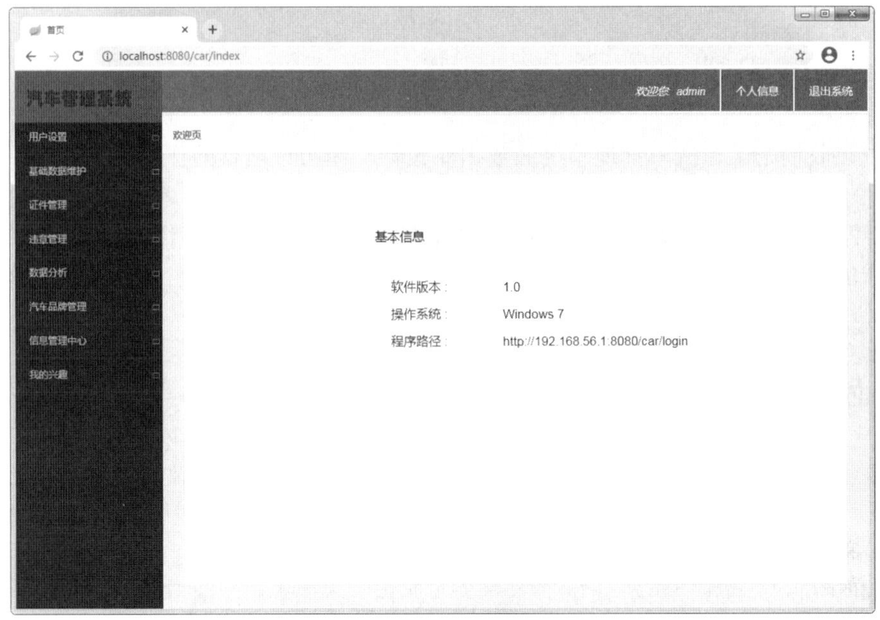

图 10-2 首页

首页左侧是菜单栏（被权限系统管理），分别有“用户设置”“基础数据维护”“证件管理”“违章管理”“数据分析”“汽车品牌管理”“信息管理中心”“我的兴趣”这几大模块，可以说完全覆盖了关于汽车管理系统项目的基本需求，但是，这些模块只体现在设计层面，很多模块并没有实现。其实基本的权限系统已经实现了，用户可以登录、进入后台，而用户设置与基础信息维护模块也实现了，第 5 章讲 Spring Boot 的核心功能的时候实际上已经实现了汽车品牌管理。那么在本章中，我们就再开发一个简单的功能，那就是信息管理中心模块的短消息功能。至于证件管理、违章管理、数据分析等模块，读者可以在学习完本书的内容之后，将其作为练习的内容自行开发，开发难度并不大，都和汽车品牌管理与信息管理中心模块类似。

10.1.2 需求分析

在开发一个功能之前，是需要进行需求分析的。其实需求分析就要站在一个架构师的角度去考虑问题，例如，我们即将要开发信息管理中心模块的短消息功能。那么，我们便需要明确以下 3 点。

（1）该功能需要建一张什么样的消息表，这张消息表中需要哪几个字段，它们的字段类型和长度又需要怎么定义。

（2）既然汽车管理系统已经被 Shiro 权限控制，那么我们肯定要把消息表的访问地址配置到权限系统中，否则便没有了模块的入口。

（3）考虑好了前两点，就进入正式的开发了。那么在开发之前，我们需要明白，当前开发的模块与其他模块之间有没有什么关系，如果有，要怎么处理才能保证模块之间的数据运转不会出错。如果它们之间有关系，就需要把这种关系的设计也体现在程序中；如果没有，就可以新建一个单独的模块，尽情地往里面填充代码了。

明白了这些，我们进入对 10.2 节内容的学习。

10.2　数据库设计

在本节中，我们来学习汽车管理系统的数据库设计。因为该项目的作用就是帮我们更好地学习 Spring Boot 框架，所以我们基本不用在性能上付出太多的关注。当然，读者如果感兴趣，可以在数据库的基础上不停地加入各种参数，来尝试不同参数搭配下，MySQL 的性能优化到底能够走到哪一步。因为汽车管理系统是一个单机程序，并发量不高，甚至可能只有一个人在用，所以数据库的设计也相对简单。

10.2.1　业务分析

本节的内容并不复杂，就是分析一下业务的数据流转情况。现在，我们假定在程序开发完备的情况下，来操作一下从登录到操作信息管理中心模块的完整过程。首先，我们在浏览器地址栏中输入 http://localhost:8080/car/，在首页中输入用户名和密码，便能进入系统之中；接着，我们点击左侧菜单栏的“信息管理中心”，点击“短消息”，便能够看见短消息界面了，如图 10-3 所示。

图 10-3　短消息界面

在这个界面中，我们可以新建短消息，可以在新建短消息的界面输入标题和内容，保存后自动回到短消息列表，刷新并显示出最新的一条记录，然后，可以通过标题进行查询。这就是短消息功能的完整操作流程，可以看出来，这个需求依旧要实现常规的增、删、改、查操作，没什么难度。

10.2.2　表单设计

下面，我们来设计一下汽车管理系统中，能够让程序“跑起来”的所有表单，我们需要在 MySQL

中新建数据库 car，基础字符集选择 utf8，数据库排序规则选择 utf8_general_ci。如何操作 MySQL 数据库呢？在这里我们选择 SQLyog 来操作和演示，读者也可以选择 Navicat。下面我们就来讲常用的几张数据库表的设计。

1. 用户表 car_sys_user

在数据库设计中，用户表是非常重要的。如果用户表设计得不合理，将会非常影响程序的性能，更有甚者，会让程序在权限管理的时候产生很多耦合代码。在本节中，我们创建权限管理中的用户表，并且为其新建主外键与索引。

```
CREATE TABLE 'car_sys_user' (
  'id' bigint(20) NOT NULL AUTO_INCREMENT,
  'created_at' datetime DEFAULT NULL,
  'enabled' bit(1) DEFAULT b'1',
  'modified_at' datetime DEFAULT NULL,
  'is_password_reset' bit(1) DEFAULT NULL,
  'password' varchar(255) NOT NULL,
  'real_name' varchar(255) DEFAULT NULL,
  'symbol' varchar(255) DEFAULT NULL,
  'telephone' varchar(255) DEFAULT NULL,
  'username' varchar(255) NOT NULL,
  'created_by' bigint(20) DEFAULT NULL,
  'modified_by' bigint(20) DEFAULT NULL,
  'org_id' bigint(20) DEFAULT NULL,
  PRIMARY KEY ('id'),
  KEY 'FK1n1l7nudpp0qc8ixo' ('created_by'),
  KEY 'FKn1ryhd6u0uqawc6pk' ('modified_by'),
  KEY 'FKj5ujdr7e28k1qv7yu' ('org_id'),
  CONSTRAINT 'FK1n1l76sqr' FOREIGN KEY ('created_by') REFERENCES 'car_sys_user' ('id'),
  CONSTRAINT 'FK5hs3m9kqt' FOREIGN KEY ('modified_by') REFERENCES'car_sys_user' ('id'),
  CONSTRAINT 'FKd4dycq4yf' FOREIGN KEY ('created_by') REFERENCES 'car_sys_user' ('id'),
  CONSTRAINT 'FKj5ujdr7e2' FOREIGN KEY ('org_id') REFERENCES 'car_sys_organization' ('id'),
  CONSTRAINT 'FKmxop4tua9' FOREIGN KEY ('modified_by') REFERENCES 'car_sys_user' ('id'),
  CONSTRAINT 'FKn1ryhd6u6' FOREIGN KEY ('modified_by') REFERENCES 'car_sys_user' ('id'),
  CONSTRAINT 'FKp5sefkewa' FOREIGN KEY ('created_by') REFERENCES 'car_sys_user' ('id'),
  CONSTRAINT 'FKrgy2lx201' FOREIGN KEY ('org_id') REFERENCES 'car_sys_organization' ('id'),
  CONSTRAINT 'FKt674nx322' FOREIGN KEY ('org_id') REFERENCES 'car_sys_organization' ('id')
) ENGINE=InnoDB AUTO_INCREMENT=11 DEFAULT CHARSET=utf8
```

代码解析

这是一张用户表，里面保存了当前系统登录所需要的用户名和密码，其中密码已经做过加密处理，其中 symbol 字段是一个权限分组，manager 分组的用户是管理者，driver 分组的用户是普通车主。根据他们的权限划分，不同的用户登录系统所看到的菜单是不同的。

2. 角色表 car_sys_role

在数据库设计中，角色表是非常重要的。如果角色表设计得不合理，那么我们会在权限管理的时候发现一些难以预料的问题，例如用户登录的时候无法匹配到相应的角色，获取不到动态菜单。下面，我们创建权限管理中的角色表，并且为其新建主外键与索引。

```
CREATE TABLE 'car_sys_role' (
  'id' bigint(20) NOT NULL AUTO_INCREMENT,
  'created_at' datetime DEFAULT NULL,
  'enabled' bit(1) DEFAULT b'1',
  'modified_at' datetime DEFAULT NULL,
```

```
  'description' varchar(255) DEFAULT NULL,
  'name' varchar(255) DEFAULT NULL,
  'role_id' varchar(255) DEFAULT NULL,
  'created_by' bigint(20) DEFAULT NULL,
  'modified_by' bigint(20) DEFAULT NULL,
  PRIMARY KEY ('id'),
  KEY 'FK8o8oyoj' ('created_by'),
  KEY 'FKtn0rryj' ('modified_by'),
  CONSTRAINT 'FK3in1gxrqy99pid'FOREIGN KEY ('modified_by') REFERENCES 'car_sys_user' ('id'),
  CONSTRAINT 'FK4pxw6md9cvbcna'FOREIGN KEY ('created_by') REFERENCES 'car_sys_user' ('id'),
  CONSTRAINT 'FK5rgdt8ipenjrtl'FOREIGN KEY ('created_by') REFERENCES 'car_t_sys_user' ('id'),
  CONSTRAINT 'FK6nlmkcvqa6chel'FOREIGN KEY ('modified_by') REFERENCES 'car_sys_user' ('id'),
  CONSTRAINT 'FK6nlmkcvqtlb4f4'FOREIGN KEY ('modified_by') REFERENCES 'car_sys_user' ('id'),
  CONSTRAINT 'FK6oy7e32jwe2osl'FOREIGN KEY ('modified_by') REFERENCES 'car_sys_user' ('id'),
  CONSTRAINT 'FK8o8oyose34jp34'FOREIGN KEY ('created_by') REFERENCES 'car_sys_user' ('id'),
  CONSTRAINT 'FKd5457utkqqhghd'FOREIGN KEY ('modified_by') REFERENCES 'car_t_sys_user' ('id'),
  CONSTRAINT 'FKth5wjqjtjsxj7v'FOREIGN KEY ('created_by') REFERENCES 'car_sys_user' ('id'),
  CONSTRAINT 'FKth5wjqjtjsxj7v'FOREIGN KEY ('created_by') REFERENCES 'car_sys_user' ('id')
) ENGINE=InnoDB AUTO_INCREMENT=3 DEFAULT CHARSET=utf8
```

代码解析

这是一张角色表，记录了管理员与其他用户拥有的角色信息。例如在这张表中，管理员对应的 id 是 1，那么只需要在角色授权表中找到该角色所授予权限的菜单，即可知道管理员权限的具体内容。

3. 角色授权表 car_role_permission

在数据库设计中，角色授权表是一个中间表，把角色 ID 与授权许可信息关联起来。如果没有这张表，理论上也是可以的，那就需要把角色授权表与授权表的所有业务都保存在一张表里。这样看似可行，但实际上会产生耦合，不利于数据库的管理，也不符合开发人员的常规思维。下面，我们创建权限管理中的角色授权表，并且为其新建主外键与索引。

```
CREATE TABLE 'car_role_permission' (
  'roles_id'bigint(20) NOT NULL,
  'permission_id'bigint(20) NOT NULL,
  KEY 'FKpermiss' ('permission_id'),
  KEY 'FKroles' ('roles_id'),
  CONSTRAINT 'FKmc2xj4fmadf' FOREIGN KEY ('roles_id') REFERENCES 'car_sys_role' ('id'),
  CONSTRAINT 'FKpe6eb6ncabce' FOREIGN KEY ('permission_id') REFERENCES 'car_sys_permission'
('id'),
  CONSTRAINT 'FKpermiss_idys' FOREIGN KEY ('permission_id') REFERENCES 'car_sys_permission'
('id'),
  CONSTRAINT 'FKrole_idysuf' FOREIGN KEY ('roles_id') REFERENCES 'car_sys_role' ('id')
) ENGINE=InnoDB DEFAULT CHARSET=utf8
```

代码解析

这是一张角色授权表，清楚地记载了角色 ID 对应的菜单信息。例如，在该表中有 15 行记录，它们的 roles_id 都是 1，而对应的 permission_id 则是 1～15，要想知道 1～15 对应的究竟是哪些菜单，就需要去找授权表了。

4. 授权表 car_sys_permission

在数据库设计中，授权表列出了所有菜单的信息，包括 ID、编码、分组、名称等，这些信息可能有成百上千条。如何为不同的角色组合这些菜单呢？这就需要管理员在前端进行设置了，当把匹配关系设置到 car_role_permission 这张角色授权表之后，那么对应的菜单信息便可以通过从 car_role_permission

表中取到角色 ID，再去 car_sys_permission 表中该角色的所有菜单。下面，我们创建权限管理中的授权表，并且为其新建主外键与索引。

```
CREATE TABLE 'car_sys_permission' (
  'id' bigint(20) NOT NULL AUTO_INCREMENT,
  'created_at' datetime DEFAULT NULL,
  'enabled' bit(1) DEFAULT b'1',
  'modified_at' datetime DEFAULT NULL,
  'code' varchar(255) DEFAULT NULL,
  'module' varchar(255) DEFAULT NULL,
  'name' varchar(255) DEFAULT NULL,
  'operation' varchar(255) DEFAULT NULL,
  'created_by' bigint(20) DEFAULT NULL,
  'modified_by' bigint(20) DEFAULT NULL,
  PRIMARY KEY ('id`),
  KEY 'FKpmc4f6go0d5' ('created_by'),
  KEY 'FKpmciyx4a1ge' ('modified_by'),
  CONSTRAINT 'FK6s9aso5f' FOREIGN KEY ('created_by') REFERENCES 'car_sys_user' ('id'),
  CONSTRAINT 'FKa9ntwhwa' FOREIGN KEY ('created_by') REFERENCES 'car_t_sys_user' ('id'),
  CONSTRAINT 'FKhbsx4m35' FOREIGN KEY ('modified_by') REFERENCES 'car_sys_user' ('id'),
  CONSTRAINT 'FKhgnevekc' FOREIGN KEY ('modified_by') REFERENCES 'car_sys_user' ('id'),
  CONSTRAINT 'FK1b0bxogy' FOREIGN KEY ('modified_by') REFERENCES 'car_t_sys_user' ('id'),
  CONSTRAINT 'FKpdihsjfs' FOREIGN KEY ('created_by') REFERENCES 'car_sys_user' ('id'),
  CONSTRAINT 'FKpmciyx4a' FOREIGN KEY ('modified_by') REFERENCES 'car_sys_user' ('id'),
  CONSTRAINT 'FKrkh67asb' FOREIGN KEY ('created_by') REFERENCES 'car_sys_user' ('id')
) ENGINE=InnoDB AUTO_INCREMENT=16 DEFAULT CHARSET=utf8
```

代码解析

这是一张授权表，清楚地记载了汽车管理系统中的菜单信息，例如，它有 15 条数据，其中 enabled 字段代表是否启用菜单，code 代表编码名称，module 代表模块名称。根据 car_role_permission 表中的数据来查询该表中的数据，即可获得菜单信息。

5. 短消息表 car_notice_manager

短消息表是汽车管理系统的一张业务表，主要记录了短消息功能所需要使用的字段，如主键 ID、创建时间、修改时间、创建人、修改人等公共属性，也包括标题、内容等两个业务字段。下面用一个单表的增、删、改、查业务来演示短消息功能的操作。

```
CREATE TABLE 'car_notice_manager' (
  'id' bigint(20) NOT NULL AUTO_INCREMENT,
  'created_at' datetime DEFAULT NULL,
  'enabled' bit(1) DEFAULT b'1',
  'modified_at' datetime DEFAULT NULL,
  'created_by' bigint(20) DEFAULT NULL,
  'modified_by' bigint(20) DEFAULT NULL,
  'description' varchar(255) DEFAULT NULL,
  'title' varchar(255) DEFAULT NULL,
  PRIMARY KEY ('id'),
  KEY 'FKfdioefbs7' ('created_by'),
  KEY 'FKmkfky2586' ('modified_by'),
  CONSTRAINT 'FK38sy0spha7mvm' FOREIGN KEY ('created_by') REFERENCES 'car_sys_user' ('id'),
  CONSTRAINT 'FK3bfr0407ft4af' FOREIGN KEY ('modified_by') REFERENCES 'car_sys_user' ('id'),
  CONSTRAINT 'FKdjkfws06u0bta' FOREIGN KEY ('created_by') REFERENCES 'car_sys_user' ('id'),
  CONSTRAINT 'FKdq3r0d53c4di4' FOREIGN KEY ('modified_by') REFERENCES 'car_sys_user' ('id'),
  CONSTRAINT 'FKqlyeldhf6tim8' FOREIGN KEY ('modified_by') REFERENCES 'car_sys_user' ('id'),
  CONSTRAINT 'FKscqbgia7pkwr8l' FOREIGN KEY ('created_by') REFERENCES 'car_sys_user' ('id'),
```

```
  CONSTRAINT 'car_notice_ibfk_1' FOREIGN KEY ('created_by') REFERENCES 'car_sys_user' ('id'),
  CONSTRAINT 'car_notice_ibfk_2' FOREIGN KEY ('modified_by') REFERENCES 'car_sys_user' ('id')
) ENGINE=InnoDB AUTO_INCREMENT=32 DEFAULT CHARSET=utf8
```

代码解析

这是一张短消息表，清楚地记载了短消息功能所使用的表的信息，有 id、created_at、created_by 等常规字段，还有 description（内容）以及 title（标题）字段。

10.3　后台开发

理解了汽车管理系统的整体需求，并且分析和搭建了数据库表结构之后，接下来我们正式步入短消息功能的后台开发。把这个功能的开发学习完毕，也就意味着读者已经彻底掌握了 Spring Boot 框架技术，可以顺利地在日常工作当中使用这门技术了。

10.3.1　短消息

说到项目实战，我们就以汽车管理系统来进行演练，在第 5 章中，我们已经以汽车管理系统来作为开发实战项目了。但是，汽车管理系统的功能仍然很少，在本节中，我们开发短消息功能。说到短消息功能，它实际上并不是消息服务，而是传统的增、删、改、查实现，由管理员发布一则信息通知，其他用户登录后直接就可以访问。本例旨在演示 Spring Boot 的开发过程。当然，读者有兴趣也可以自行集成消息组件，探索即时通信模式。这并非不可能实现，因为框架已经搭建完毕，所做的无非是不断地填充内容。

首先，打开汽车管理系统的短消息界面，如图 10-4 所示。

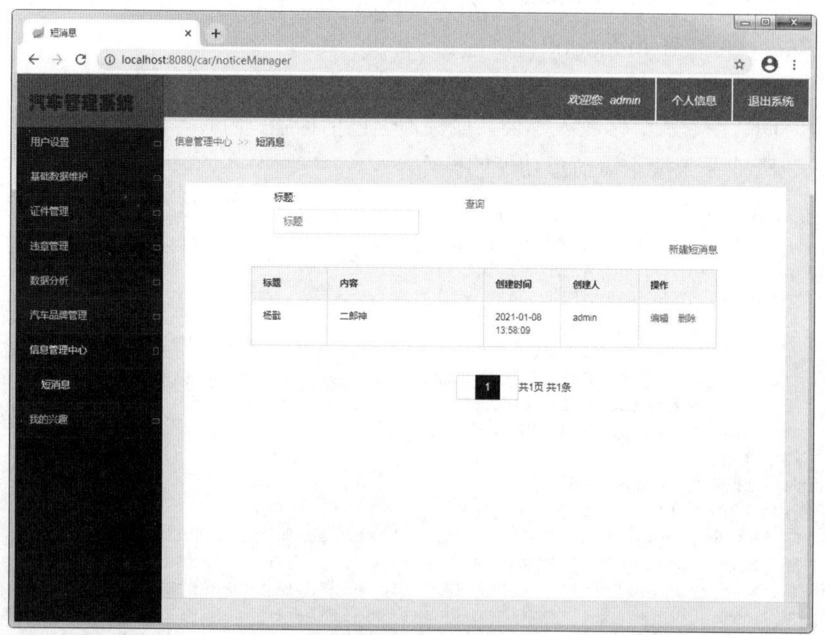

图 10-4　短消息界面

从图 10-4 中可以看到，短消息界面默认已经有一条记录了。我们需要开发的，就是短消息新增、编辑、删除功能，如果时间充足，可以再去开发它的查询功能。因为在 5.4.3 节中，我们已经详细地讲解了针对 Spring Boot 增、删、改、查功能的开发（基本上囊括了每一个模块、每一行代码）。而汽车品牌管理与短消息功能类似，所以在本节中，我们采取一种全新的学习方法，那就是先直接分析 Controller 的代码，然后讲解最后一层的实现，即可帮助读者将站内信功能理解透彻。

NoticeManagerController.java 如代码清单 10-1 所示。

代码清单 10-1 NoticeManagerController.java

```
package com.car.manage.controller;

import com.car.manage.common.constants.Constants;
import com.car.manage.common.constants.New;
import com.car.manage.system.entity.Notice;
import com.car.manage.system.search.NoticeSearch;
import com.car.manage.system.service.NoticeManagerService;
import com.car.manage.view.Message;
import org.springframework.beans.factory.annotation.Autowired;
import org.springframework.data.domain.Page;
import org.springframework.http.MediaType;
import org.springframework.stereotype.Controller;
import org.springframework.ui.Model;
import org.springframework.validation.annotation.Validated;
import org.springframework.web.bind.annotation.*;
import org.springframework.web.servlet.ModelAndView;
import org.springframework.web.servlet.mvc.support.RedirectAttributes;

import java.util.List;
import java.util.Map;

/**
 * 短消息管理
 */
@Controller
@RequestMapping("/car/noticeManager")
public class NoticeManagerController {
    @Autowired
    private NoticeManagerService noticeManagerService;

    /**
     * 短消息界面
     *
     * @param map map
     * @return index
     */
    @RequestMapping(method = RequestMethod.OPTIONS, produces = MediaType.TEXT_HTML_VALUE)
    public String index(Model map) {
        List<Notice> noticeList = noticeManagerService.findAll();
        map.addAttribute("noticeList", noticeList);
        return "car/noticeManager/index";
    }

    /**
     * 短消息界面
     *
```

```
     * @param map 存放所有短消息的信息
     * @param noticeSearch 分页查询条件
     * @return 短消息界面
     */
    @RequestMapping(method = RequestMethod.GET, produces = MediaType.TEXT_HTML_VALUE)
    public String index(Map<String, Object> map, NoticeSearch noticeSearch) {
        noticeSearch.setSize(Constants.PAGE_SIZE);
        noticeSearch.setPage(0);
        Page<Notice> pages = noticeManagerService.findAll(noticeSearch);
        List<Notice> notices = pages.getContent();
        Integer totalPages = pages.getTotalPages();
        Long totalElements = pages.getTotalElements();
        map.put("totalPages", totalPages);
        map.put("totalElements", totalElements);
        map.put("notices", notices);
        return "car/noticeManager/index";

    }


    /**
     * 短消息界面
     *
     * @param map 存放所有短消息的信息
     * @param noticeSearch 分页查询条件
     * @return 手机端短消息界面
     */
    @RequestMapping(value = "/mobile", method = RequestMethod.GET, produces = MediaType.
TEXT_HTML_VALUE)
    public String mobileIndex(Model map, NoticeSearch noticeSearch) {
        noticeSearch.setSize(Constants.PAGE_SIZE);
        noticeSearch.setPage(0);
        Page<Notice> pages = noticeManagerService.findAll(noticeSearch);
/*        List<Notice> notices = pages.getContent();
        Integer totalPages = pages.getTotalPages();
        Long totalElements = pages.getTotalElements();*/
/*        map.put("totalPages", totalPages);
        map.put("totalElements", totalElements);
        map.put("notices", notices);*/
        map.addAttribute("pages", pages);
        return "mobile/notice/index";

    }


    /**
     * 手机端分页查询
     *
     * @return list
     */
    @RequestMapping(value = "/mobile/queryAll", method = RequestMethod.GET, produces =
MediaType.APPLICATION_JSON_VALUE)
    @ResponseBody
    public List<Notice> query3() {
        List<Notice> list = noticeManagerService.findAll();
        return list;
    }
```

```
    /**
     * 根据 ID 删除短消息
     *
     * @param id
     * @return ModelAndView 跳转地址
     */
    @RequestMapping(value = "/{id}", method = RequestMethod.DELETE, produces = MediaType.
TEXT_HTML_VALUE)
    public ModelAndView delete(@PathVariable("id") Long id, RedirectAttributes attributes) {
        noticeManagerService.delete(id);
        attributes.addFlashAttribute(Constants.INFO, "删除成功!");
        return new ModelAndView("redirect:/car/noticeManager");
    }

    /**
     * 违章查询
     *
     * @param vId
     * @return url
     */
    @RequestMapping(value = "/deleteIds", method = RequestMethod.POST, produces = MediaType.
APPLICATION_JSON_VALUE)
    @ResponseBody
    public Message deleteIds(@RequestParam(value = "vId") String vId) {
        Message message = new Message();
        message.setSuccess(Boolean.TRUE);
        message.setData("审核成功!");
        return message;
    }

    /**
     * 创建短消息
     *
     * @param map
     * @return 创建页面
     */
    @RequestMapping(value = "/new", method = RequestMethod.GET, produces = MediaType.
TEXT_HTML_VALUE)
    public String create(Map<String, Object> map) {
        return "/car/noticeManager/create";
    }

    /**
     * 保存短消息
     *
     * @param notice 短消息
     * @param attributes
     * @return 页面跳转地址
     */
    @RequestMapping(method = RequestMethod.POST, produces = MediaType.TEXT_HTML_VALUE)
    public String save(@Validated(New.class) Notice notice, RedirectAttributes attributes) {
        Boolean exist = noticeManagerService.isExist(-1L, notice.getTitle());
        if (exist) {
            attributes.addFlashAttribute(Constants.ERROR, "短消息已存在!");
            attributes.addFlashAttribute("refuseReason", notice);
```

```
            return "redirect:/car/noticeManager/new";
        }
        noticeManagerService.create(notice);
        attributes.addFlashAttribute(Constants.INFO, "添加成功!");
        return "redirect:/car/noticeManager";
    }

    /**
     * 更新短消息
     *
     * @param id  refuseReason id
     * @param map map
     * @return edit
     */
    @RequestMapping(value = "{id}/edit", method = RequestMethod.GET, produces = MediaType.
TEXT_HTML_VALUE)
    public String edit(@PathVariable("id") Long id, Map<String, Object> map) {
        map.put("notice", noticeManagerService.findById(id));
        return "/car/noticeManager/edit";
    }


    /**
     *
     * @param map map
     * @return details
     */
    @RequestMapping(value = "{noticeId}/queryId", method = RequestMethod.GET, produces =
MediaType.TEXT_HTML_VALUE)
    public String queryId(@PathVariable("noticeId") Long noticeId, Map<String, Object> map) {
        map.put("notice", noticeManagerService.findById(noticeId));
        return "/mobile/notice/details";
    }


    /**
     * 短消息验证
     *
     * @param notice
     * @return 跳转地址
     */
    @RequestMapping(method = RequestMethod.PUT, produces = MediaType.TEXT_HTML_VALUE)
    public String update(Notice notice, RedirectAttributes attributes) {
        Boolean exist = noticeManagerService.isExist(notice.getId(), notice.getTitle());
        if (exist) {
            attributes.addFlashAttribute(Constants.ERROR, "审核拒绝原因已存在!");
            attributes.addFlashAttribute("notice", notice);
            return "redirect:/car/noticeManager/new";
        }
        noticeManagerService.update(notice);
        attributes.addFlashAttribute(Constants.INFO, "更新成功!");
        return "redirect:/car/noticeManager";
    }



    /**
```

```
     * 分页条件查询
     *
     * @param noticeSearch 分页条件查询
     * @param map
     * @return 短消息界面
     */
    @RequestMapping(value = "/query", method = RequestMethod.GET, produces = MediaType.
APPLICATION_JSON_VALUE)
    @ResponseBody
    public Page<Notice> query(Map<String, Object> map, NoticeSearch noticeSearch) {
        Page<Notice> pages = noticeManagerService.findAll(noticeSearch);
        return pages;
    }
}
```

代码解析

这段代码体现的是短消息 Controller 的入口类 NoticeManagerController，其作用就是控制器。因为只要 Action 被拦截器触发，那么进入后端的第一段代码便是 Controller 层，也就是该类。那么，我们便可以在该类的每一个方法上都加上断点，看看它们都做了些什么事情，依次来分析和学习 Controller 层的写法。打好断点后，我们进入后台，看看点击短消息的功能后，发生了什么事情。首先，程序进入了 index()方法，我们便发现它查询了 3 个变量来返回给前端，分别是 totalPages（总页数）、totalElements（总条数）和 notices（短消息内容）。可以分析出，totalPages 与 totalElements 都是数值型的变量，由 pages 分页获取的。而 Page 是 spring-data-commons 下的一个分页组件，已经对分页的信息进行了封装，要使用它只需要运行 Page<Notice> pages = noticeManagerService.findAll(noticeSearch)这样的代码即可，而 findAll()方法则根据 JPA 查询了对应的短消息表的全部数据，具体的实现过程已经被封装好了，但可以通过 Log4j 看到输出的 SQL 语句，以便调试。

当前端所需要的所有数据都封装完毕后，再直接返回一个地址（return "car/noticeManager/index"）就能看到最新的列表信息了，内容如代码清单 10-2 所示。

代码清单 10-2　index.fmk.html

```
<div class="col-md-10 col-md-offset-1 notice-table">
    <table class="table table-bordered table-model-2 table-hover">
        <thead>
            <tr>
                <!-- <th class="col-md-2"><input type="checkbox" id="ckball" name=
"ckball" />标题</th> -->
                <th class="col-md-2">标题</th>
                <th class="col-md-4">内容</th>
                <th class="col-md-2">创建时间</th>
                <th class="col-md-2">创建人</th>
                <th class="col-md-2">操作</th>
            </tr>
        </thead>
        <tbody>
            <tbody id="body">
            <#list notices as notice>
            <tr>
                 <!--
                      <td><input type="checkbox" id="ckb" name="ckb" value="${notice.id}"
/>${notice.title!''}</td>
```

```
                -->
                <td>${notice.title!''}</td>
                <td>${notice.description!''}</td>
                <td>${(notice.createdAt?string('YYYY-MM-dd HH:mm:ss'))!''}</td>
                <td>admin</td>
                <td>
                  <a href="${ctx!}/car/noticeManager/${notice.id}/edit" class="blue"
onclick="">编辑</a>
                  <a href="javascript:void(0);" class="ml10 blue btn-del" data-id=
"${notice.id}" data-toggle="modal" data-target="#deleteModal">删除</a>
                </td>
            </#list>
        </tbody>
    </table>
    <div style=" bottom:10%" class="col-md-4  col-md-offset-5">
        <ul class="pagination" id="page" style=" vertical-align:middle;line-height:
2.428571 "></ul>
    </div>
</div>
```

代码解析

这段代码的作用便是在前端渲染后端传递过来的数据。因为代码量太多，我只列出了关键的代码，即渲染页面的<div>元素的内容，大体就是通过<th>元素构造出标题、内容、创建时间、创建人和操作这 5 个表头内容，再由 FreeMarker 的循环标签输出 notice 变量的 title、description、createdAt 等内容，而操作部分则直接在界面显示“编辑”和“删除”按钮，再编写对应的 onclick（点击）事件即可。

学习完了列表展示，接着我们来看看新增功能如何实现？点击“短消息”，首先会触发已经编写好的新增业务逻辑，我们先来看看 NoticeManagerController.java 中对应的代码是什么样子的吧。新增业务逻辑如代码清单 10-3 所示。

代码清单 10-3　NoticeManagerController.java

```
/**
 * 创建短消息
 *
 * @param map map
 * @return 创建页面
 */
@RequestMapping(value = "/new", method = RequestMethod.GET, produces = MediaType.
TEXT_HTML_VALUE)
public String create(Map<String, Object> map) {
    return "/car/noticeManager/create";
}
```

代码解析

这段代码的作用是进入后台进行一些逻辑处理后，返回新增界面。如果没有特别需要处理的内容，直接写 return 语句就行了。

短消息的新增界面如图 10-5 所示。

新增界面就是在 create.fmk.html 中引入了一个 Form，对应的文件是_form.fmk.html，其内容之前也多次讲过，无非就是类似以下内容：

```
<div class="form-group">
    <lable class="col-md-4 col-md-2 control-label" for="name"><span class="risk">*
</span>内容:</lable>
    <div class="col-md-5 col-sm-10">
           <textarea class="form-control autogrow" name="description" data-validate=
"required,maxlength[200]" rows="3" data-message-required="内容不允许为空" data-message-
maxlength="最多允许 200 个字符">${(notice.description)!}</textarea>
    </div>
</div>
```

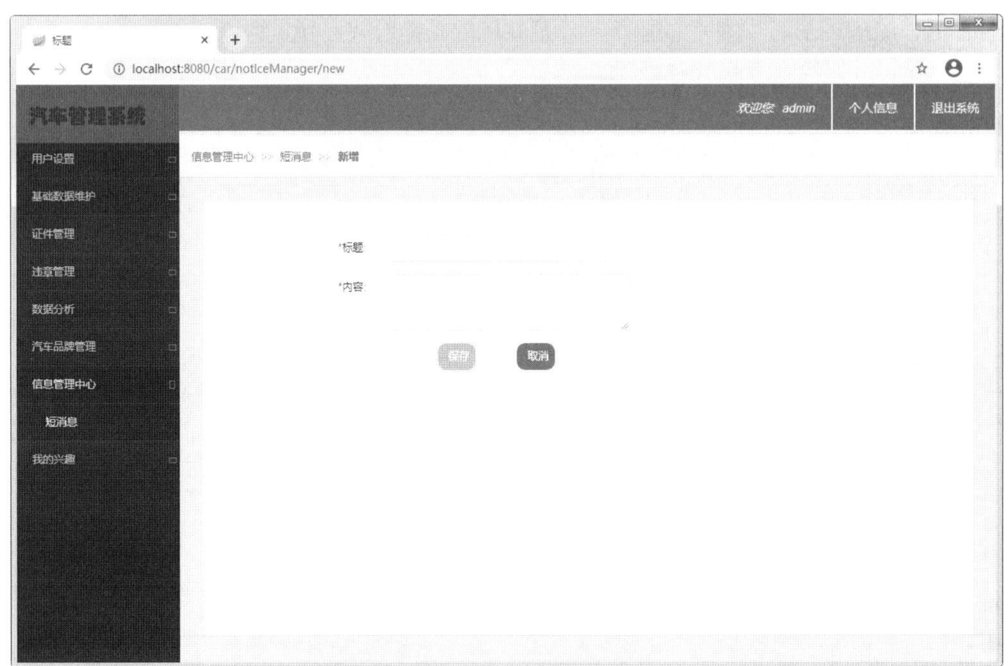

图 10-5 短消息的新增界面

用这样的代码来构成整个页面，接着点击“保存”按钮便能再次进入后端 Controller 层，而针对新增短消息功能，它对应的后端代码如下：

```
@RequestMapping(method = RequestMethod.POST, produces = MediaType.TEXT_HTML_VALUE)
public String save(@Validated(New.class) Notice notice, RedirectAttributes attributes) {
    Boolean exist = noticeManagerService.isExist(-1L, notice.getTitle());
    if (exist) {
        attributes.addFlashAttribute(Constants.ERROR, "短消息已存在!");
        attributes.addFlashAttribute("refuseReason", notice);
        return "redirect:/car/noticeManager/new";
    }
    noticeManagerService.create(notice);
    attributes.addFlashAttribute(Constants.INFO, "添加成功!");
    return "redirect:/car/noticeManager";
}
```

代码解析

在这段代码中，isExist()是一个验证短消息是否存在的方法，实现原理是直接使用拼接 SQL 语句，来验证消息的标题是否一致，如果一致就证明消息已经存在，这一方法写在 NoticeManagerRepository 类文件中，代码为@Query("select count(0) from Notice r where r.id <> :id and r.title = :title and r.enabled = true")。

而新增功能实际上是最简单的，直接调用 noticeManagerService.create(notice)方法就能完成。可以说框架选择得越好效率越高，好的框架都是逻辑清楚、开发步骤简捷的。最后在源码的 NoticeManagerServiceImpl 中，使用 noticeManagerRepository.save(notice)方法，依然是使用了 JPA 默认提供的 save()方法。

最后，我们来看看点击“删除”之后会发生些什么事情。点击“删除”按钮，程序会再次调用 NoticeManagerController.java 文件中的删除，并且在删除功能的代码断点处停下来，让我们分析一下这段删除功能的代码，如代码清单 10-4 所示。

代码清单 10-4　NoticeManagerController.java

```
/**
 * 根据 ID 删除短消息
 *
 * @param id
 * @param attributes A RedirectAttributes model is empty when the method is called and
is never used unless the method returns a redirect view name or a RedirectView.
 * @return ModelAndView 跳转地址
 */
@RequestMapping(value = "/{id}", method = RequestMethod.DELETE, produces = MediaType.
TEXT_HTML_VALUE)
public ModelAndView delete(@PathVariable("id") Long id, RedirectAttributes attributes) {
    noticeManagerService.delete(id);
    attributes.addFlashAttribute(Constants.INFO, "删除成功!");
    return new ModelAndView("redirect:/car/noticeManager");
}
```

代码解析

删除功能的代码也非常简单，其实难点反而在于前端如何把 id 参数顺利传递到后端。如果可以顺利传递过来，那么便可以直接使用 Service 提供的 delete()方法，对该 id 对应的这条数据进行删除，而具体过程则由 JPA 完成。这里有一点需要注意，那就是删除分物理删除和逻辑删除，物理删除可以直接用 noticeManagerService.delete(id)这样的语句，它可以直接删除表中对应 id 的记录；逻辑删除可以使用 Notice notice = noticeManagerRepository.findOne(id)查询到这条记录的信息，再使用 notice.setEnabled (Boolean.FALSE)语句把它的值置为 false，然后使用 noticeManagerRepository.save(notice)进行保存即可。因为列表显示的数据默认的 Enabled 字段需要为 true，那么置为 false 的数据自然就不会显示，也就起到了类似删除的作用。

10.3.2　授权操作

下面，我们来讲讲汽车管理系统是如何授权的。首先，我们使用管理员账户 admin 登录，它的密码为 123456；接着，选择“后台账户管理”功能，在弹出的列表中可以看到默认有一个 admin 账户；我们再使用“添加账户”的功能，新增一个 super 账户，它的密码为 super123，至于“单位”选择“停车场”即可。结果如图 10-6 所示。

图 10-6　后台账户管理界面

接着，我们需要为 super 账户赋予权限，在此之前，我们还需要为 super 账户新建一个单独的角色。点击“角色权限管理”，在弹出的界面点击“角色添加”，我们为 super 账户专门新建一个角色，分别赋值为我们最近开发的两个功能，即“短消息”与“汽车品牌管理”功能，如图 10-7 所示。

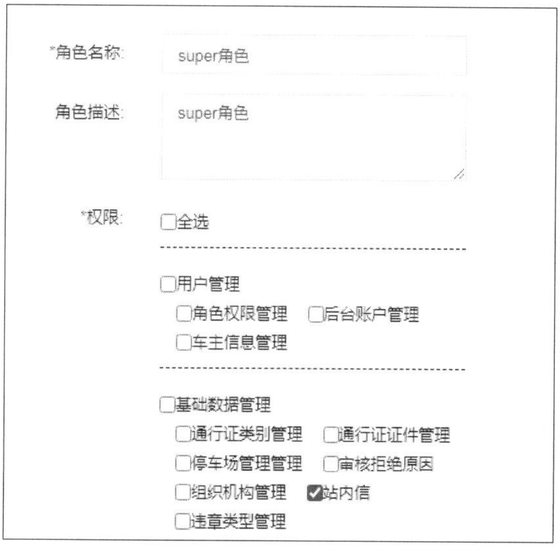

*角色名称: super角色
角色描述: super角色
*权限: 全选
用户管理
角色权限管理 后台账户管理
车主信息管理
基础数据管理
通行证类别管理 通行证证件管理
停车场管理管理 审核拒绝原因
组织机构管理 站内信
违章类型管理

图 10-7　授权树形界面

点击“确定”后，super 角色便新建好了，然后我们选择“后台账户管理”功能，选中 super 账户，在右侧的操作界面为它赋值，选择“分配权限”按钮，点击功能后如图 10-8 所示。

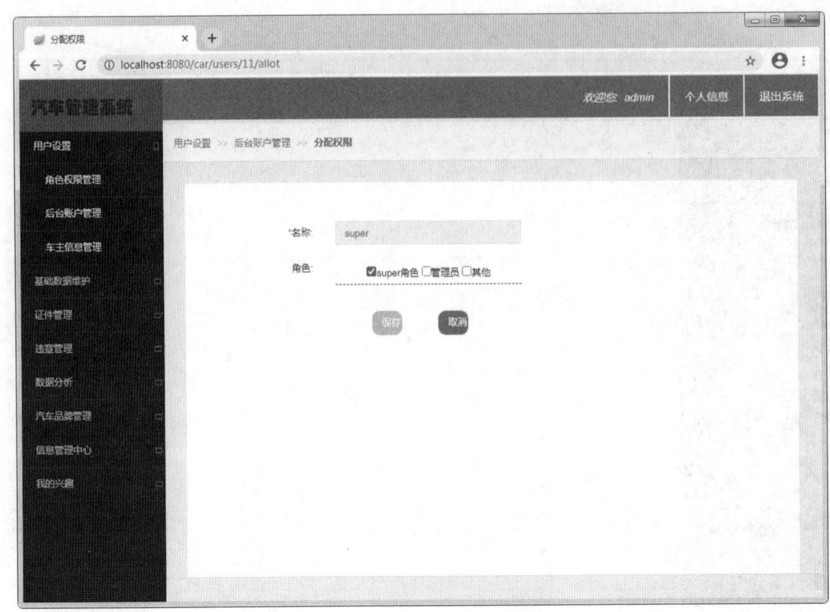

图 10-8　分配角色界面

选择“super 角色”后点击“保存”，接下来，我们就可以使用 super 账户登录了。使用该账户登录后，访问之前配置的两个功能，看看是否能够正常操作。登录系统后，发现只有汽车品牌管理和信息管理中心的两个功能可以操作，其他界面虽然也会显示，但无法操作，说明角色配置成功！

10.4　小结

本章通过对汽车管理系统项目的实际开发，把 Spring Boot 框架技术应用到实际的项目开发中，可以说只要认真学习了本章的内容，再对前面的内容进行梳理与回顾，读者即可完全掌握 Spring Boot 框架技术。总而言之，Spring Boot 框架技术就像一柄利剑，在 Java EE 领域中掀起了惊涛骇浪，以至于彻底革新了这个技术领域。十多年前，我们使用传统的 Servlet 和 JSP 便能开发出简单的动态交互系统，但互联网技术在不断发展，如果我们仍然在原地停顿，那么使用过去的技术便无法适应软件工程日益复杂的业务、大并发量、大数据量等。新技术的发展是永无止境的，短短十几年，我们见证了从 Servlet 到 Struts、Spring MVC，又到了如今以 Spring Boot 框架为基础的微服务架构，感慨万千。幸运的是，只要大家保持一颗努力上进的心，认真学习与实战，不论技术如何革新，我们都会站在技术的前沿。另外，第 10 章介绍了一个成型的 Spring Boot 框架，读者也可以在此基础上不断地进行新需求的开发实战，不断地提升自己的 Java 开发技术水平。